# 나무
## 쉽게 찾기 전면 개정판

윤주복 지음

진선 books

모과나무

# 머리말

2004년에 펴낸 《나무 쉽게 찾기》가 부족한 내용에도 불구하고 나무를 쉽게 찾을 수 있기 때문에 여러분의 많은 사랑을 받았습니다. 하지만 본문이 꽃 색깔별로 편집되어 있어서 초보자는 꽃 색깔을 따라 나무를 쉽게 찾기는 하지만 나무를 구분하는 데 익숙해지기 시작하면 본문이 계통분류로 되어 있지 않아서 비슷한 나무를 비교하는 데 불편하다는 의견도 있었습니다. 그래서 이번에 전면 개정판을 내면서 본문 편집은 최신의 분류 체계인 APG Ⅳ 분류 체계로 바꾸었습니다.

또한 기존 책처럼 나무를 쉽게 찾을 수 있도록 '잎 모양으로 나무 찾기'와 함께 '꽃 색깔로 나무 찾기'도 부록으로 실었습니다. 잎이나 꽃을 비교해서 찾아간 본문에는 같은 속에 속하는 유사종들을 한눈에 보고 비교할 수 있는 페이지도 만들어 쉽게 구분할 수 있게 했습니다.

이처럼 초보자도 나무를 쉽게 찾을 수 있을 뿐만 아니라 APG 분류 체계로 편집해서 오랫동안 곁에 두고 이 땅의 나무를 익힐 수 있도록 만들었습니다. 기존 책에서 누락되었던 나무들을 보충해서 총 817종의 나무를 수록하고 '잎 모양으로 나무 찾기'와 함께 '꽃 색깔로 나무 찾기'까지 따로 만들다 보니 부득이 800페이지가 넘는 두꺼운 책이 되었습니다. 모쪼록 이 책이 나무 이름을 찾고 익혀서 나무와 가까워지는 데 도움이 되었으면 합니다.

2018년 봄 윤주복

졸가시나무

# APG 분류 체계란?

　과학의 발전에 따라 식물에 관한 새로운 정보가 추가되면서 식물의 분류와 학명이 계속 바뀌고 있습니다. 특히 1998년에 속씨식물 계통분류 그룹(Angiosperm Phylogeny Group : 이하 APG라 칭함)에 의해 새로운 속씨식물 분류 체계가 발표되었습니다. APG 분류 체계는 이전에 분류에 이용되던 형질에 DNA 염기 서열의 분석을 통해 유전자를 비교한 것을 종합 검토해 식물의 유연관계를 밝혀낸 것이 특징입니다.

　사람도 유전자 검사를 통해 가족 관계를 거의 100% 맞힐 수 있는 것처럼 식물들도 유전자를 비교해 정확한 분류가 가능해졌습니다. 그 결과 기존의 앵글러(Engler) 분류 체계 등과 달라진 내용이 많이 나왔으며 이에 따라 여러 과와 속이 나누어지거나 합쳐지고 계통분류의 방법이나 차례도 많이 바뀌었습니다.

　APG 분류 체계는 1998년에 처음 발표된 뒤에 2003년에 APG Ⅱ 분류 체계로 계승되었습니다. 2009년에는 내용을 더욱 보완해서 APG Ⅲ 분류 체계로 계승되었고 2016년에는 APG Ⅲ 분류 체계를 약간 수정한 APG Ⅳ 분류 체계가 발표되었습니다.

　기존에 우리가 사용하던《대한식물도감》(이창복)과 같은 대부분의 식물 도감은 앵글러 분류 체계를 주로 채택하였고, 근래에는 크론키스트(Cronquist) 분류 체계를 채택한 책도 일부 나왔습니다. 이런 책들의 식물 정보와 새로운 APG 분류 체계의 정보를 담은 내용이 함께 뒤섞이면서 정보의 바다인 인터넷의 식물 검색 결과는 매우 혼란스러워졌습니다. 따라서 바른 식물 정보를 찾아내는 일이 그만큼 중요해졌습니다. 이번에 새롭게 펴내는《나무 쉽게 찾기》는 가장 최신의 분류 체계인 APG Ⅳ 분류 체계를 채택하였습니다.

# 차례

## 일러두기 🌿

1. 이 책은 2004년 펴낸 《나무 쉽게 찾기》의 전면 개정판으로 우리나라에서 자생하는 나무와 주변에서 흔히 심는 조경수를 골라서 모두 총 817종의 나무를 실었다.

2. 나무를 선정하는 데는 가장 널리 사용되고 있는 《대한식물도감》(이창복)을 주로 참고하였고 조경수는 주변에 흔히 심고 있는 종을 일부 보충해서 실었다. 이미 출간한 《우리나라 나무 도감》이나 《APG 나무 도감》을 참고하면 더 많은 조경수를 만날 수 있다.

3. 본문은 2016년에 발표된 최신의 분류 체계인 APGⅣ 분류 체계로 작성하였다. 현재도 《대한식물도감》을 비롯해 널리 사용되는 책은 대부분 앵글러 분류 체계를 채택하고 있어서 비교하며 익히는 데 도움이 되도록 본문의 현재 과명 옆에 《대한식물도감》의 예전 과명을 함께 표시해서 참고하도록 하였다.
   예) **금송**(금송과ㅣ낙우송과), **청미래덩굴**(청미래덩굴과ㅣ백합과)

4. 나무를 구분하는 데 기본이 되는 수형, 개화기, 결실기는 본문 설명글 앞에 따로 표시해서 도움이 되도록 하였다. 개화기와 결실기는 기존 도감들을 참고해서 작성하였으며 사진 설명에서는 실제 촬영한 날짜를 기준으로 표기하였다.

5. 해당 나무의 특성을 잘 나타내 주는 내용은 파란색 글자로 표기하여 한눈에 살필 수 있도록 하였다.

6. 같은 속에 속하는 유사종들은 한눈에 보고 비교할 수 있는 페이지를 따로 만들어 더욱 쉽게 나무를 찾고 구분할 수 있도록 하였다.

7. 부록에는 '잎 모양으로 나무 찾기'와 함께 '꽃 색깔로 나무 찾기'를 실어서 잎이나 꽃만 보고도 나무를 쉽게 구분할 수 있도록 하였다.

8. 내용은 누구나 쉽게 이해할 수 있도록 식물 용어는 가급적 한글로 된 용어를 사용하였으며 이해를 돕기 위해 부록의 '용어 해설'에서는 한자로 된 식물 용어도 함께 실었다.

스트로브잣나무

# I 겉씨식물군
GYMNOSPERMS

6월의 암그루

큰홀씨잎                    잎 뒷면                    4월의 소철

---

### 소철(소철과) *Cycas revoluta*

🌳 늘푸른바늘잎나무(높이 2~4m)  ✳️ 꽃 | 6~8월  🍎 열매 | 11~12월

중국과 일본 원산이며 남쪽 섬에서 관상수로 심는다. 둥근 줄기는 잎이 떨어져 나간 흔적이 비늘처럼 된다. 잎은 깃꼴겹잎이며 50~200㎝ 길이이고 줄기 윗부분에 촘촘히 돌려 가며 달린다. 바늘 모양의 작은잎은 선형이며 단단하다. 암수딴그루로 줄기 끝에 수솔방울(수구화수)과 암솔방울(암구화수)이 각각 자란다. 수그루의 수솔방울은 긴 타원형의 원기둥 모양이며 40~60㎝ 길이이고 많은 작은홀씨잎(소포자엽)이 촘촘히 돌려 가며 달린다. 작은

6월의 수그루

3월의 익은 씨앗

씨앗 모양

작은홀씨잎

5월의 새순

줄기

홀씨잎 뒷면에는 둥근 작은홀씨주머니(소포자낭)가 **빽빽**이 달린다. 암그루의 암솔방울은 20㎝ 정도 길이의 큰홀씨잎(대포자엽)이 촘촘히 모여 둥근 모양을 이룬다. 큰홀씨잎은 윗부분이 깃꼴로 갈라지고 황갈색 털로 덮여 있으며 밑부분에 2~6개의 동그스름한 밑씨가 붙는다. 밑씨가 자란 씨앗은 둥근 달걀형이며 4㎝ 정도 길이이고 붉은색으로 성숙하며 표면은 갈색 털로 덮여 있다.

강원도 강릉 장덕리 은행나무(천연기념물 제166호)

잎 뒷면

잎맥(두갈래맥)

겨울눈

## 은행나무(은행나무과) *Ginkgo biloba*

🌳 갈잎큰키나무(높이 40~60m)  ❋ 꽃 | 4~5월  🍂 열매 | 10~11월

중국 원산의 갈잎큰키나무로 흔히 가로수나 공원수로 심는다. 두꺼운 나무
껍질은 회백색이며 세로로 깊게 갈라진다. 부채 모양의 잎은 긴가지에서는
어긋나고 짧은가지 끝에서는 3~5장이 모여난다. 잎몸은 양면에 털이 없으
며 잎맥은 계속 2개로 갈라지는 두갈래맥(차상맥)이다. 암수딴그루로 봄에
짧은가지 끝에 잎과 함께 암솔방울과 수솔방울이 자란다. 암솔방울은 짧은
가지 끝에 6~7개씩 모여나며 길이 2cm 정도의 꽃자루에 각각 2개씩의 밑씨

4월의 암솔방울

5월 초의 수솔방울

7월의 어린 겉씨껍질

10월에 익은 겉씨껍질

씨앗

나무껍질

가 달리지만 대부분 1개만 열매가 된다. 수솔방울은 짧은가지 끝에 1~5개씩 모여나고 원기둥 모양이며 작은홀씨주머니가 나사 모양으로 돌려 가며 촘촘히 붙는다. 씨앗을 싸고 있는 겉씨껍질은 노란색으로 익으면 물렁해지며 고약한 냄새가 나는데 만지면 피부병을 일으키기도 한다. 씨앗은 둥근 달걀형으로 2~3개의 모가 있고 양 끝이 뾰족하며 표면이 흰색이다. 단단한 속껍질을 쪼개면 나오는 황록색 알맹이를 구워 먹는다.

잎 앞면 p.765

9월의 전나무 군락

잎 뒷면 　　　　4월 말의 새순 　　　　나무껍질

## 전나무/젓나무(소나무과) *Abies holophylla*

🌲 늘푸른바늘잎나무(높이 30~40m) ✳ 꽃 | 4~5월 🍂 열매 | 10월

주로 높은 산에서 자란다. 줄기는 곧게 자라며 나무 모습이 원뿔 모양으로 아름다워서 흔히 심어 기른다. 나무껍질은 회색~진갈색이며 거칠다. 잎은 촘촘히 돌려나고 선형이며 끝이 뾰족하고 2~4cm 길이이다. 잎 뒷면에 2개의 흰색 숨구멍줄이 있다. 암수한그루로 가지 끝의 잎겨드랑이에 모여 달리는 황록색 수솔방울은 길이 15㎜ 정도이고 달걀형이다. 가지 끝에 달리는 암솔 방울은 길이 3.5cm 정도이며 긴 타원형이고 암솔방울의 자루는 길이가 6㎜

4월의 수솔방울

5월의 어린 솔방울열매

9월의 솔방울열매

10월의 부서진 열매

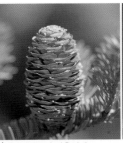

1)**일본전나무** 솔방울열매

1)**일본전나무** 잎 뒷면

정도이다. 원통 모양의 솔방울열매는 6~12㎝ 길이이고 위를 향해 곧게 서며 열매 표면으로 돌기가 나오지 않는다. 가을에 솔방울열매가 익으면 조각조각 부서지면서 한쪽에 날개가 달린 씨앗이 바람에 날려 퍼진다. 씨앗은 세모진 달걀형이다. 관상수로 심는 1)**일본전나무**(*A. firma*)는 선형 잎 끝이 2갈래로 갈라지고 갈래조각 끝이 뾰족하며 솔방울열매 표면으로 솔방울조각의 뾰족한 돌기가 나온다.

한라산의 구상나무 고사목

5월의 암솔방울

1)**푸른구상** 암솔방울

2)**붉은구상** 암솔방울

## 구상나무(소나무과) *Abies koreana*

🌲 늘푸른바늘잎나무(높이 10~15m)  ❋ 꽃 | 4~5월  🍂 열매 | 9~10월

우리나라에서만 자라는 특산식물이다. 한라산, 지리산, 덕유산 등 남부 지
방의 고산에서 자란다. 나무껍질은 회색~회갈색이며 매끈하지만 점차 거
칠어진다. 가지에 촘촘히 달리는 선형 잎은 10~25㎜ 길이이며 끝이 둥글거
나 갈라져서 오목하게 들어간다. 잎 뒷면에 흰색의 숨구멍줄이 2개가 있다.
암수한그루로 암솔방울은 긴 타원형이며 위로 곧게 선다. 암솔방울의 색깔
에 따라 품종을 구분하기도 하는데 1)**푸른구상**(f. *chlorocarpa*)은 암솔방울의

5월의 수솔방울

잎 뒷면

7월의 솔방울열매

3)**검은구상** 암솔방울

9월의 구상나무

나무껍질

색깔이 연녹색이다. 2)**붉은구상**(f. *rubrocarpa*)은 암솔방울의 색깔이 붉은색이다. 3)**검은구상**(f. *nigrocarpa*)은 암솔방울의 색깔이 흑자색이다. 솔방울열매는 4~6㎝ 길이이며 위를 향해 곧게 서고 솔방울조각 끝의 뾰족한 돌기는 뒤로 젖혀진다. 씨앗은 한쪽에 넓은 날개가 있어서 바람에 잘 날린다. 관상수로 심으며 서양에서는 크리스마스트리로 인기가 높다. 지구온난화의 영향으로 고사목이 늘고 개체 수는 줄고 있다.

잎 앞면 p.782

5월의 수솔방울

5월의 암솔방울

8월 초의 솔방울열매

잎 뒷면

7월의 분비나무

나무껍질

## 분비나무(소나무과) *Abies nephrolepis*

🌳 늘푸른바늘잎나무(높이 25m 정도) 🌸 꽃 | 4~5월 🍒 열매 | 9~10월

높은 산에서 곧게 자란다. 나무껍질은 회색이고 매끈하지만 노목이 되면서 점차 거칠어진다. 잎은 촘촘히 돌려나고 선형이며 끝이 갈라지고 뒷면에 2개의 흰색 줄이 있다. 암수한그루로 잎겨드랑이에 1cm 정도 길이의 타원형 수솔방울이 모여 달린다. 암솔방울은 긴 타원형이며 4.5cm 정도 길이이고 위로 곧게 선다. 솔방울열매는 원통형이며 4~9cm 길이이고 위를 향해 곧게 선다. 솔방울조각 끝의 뾰족한 돌기는 곧게 옆을 향한다.

잎 앞면 p.782

# 전나무속(*Abies*)의 비교

| 솔방울열매 | 잎과 겨울눈 | 잎 뒷면 | 특징 |
|---|---|---|---|

### 전나무

선형 잎은 끝이 뾰족하다. 솔방울 열매는 위를 향하며 열매 표면으로 돌기가 나오지 않는다.

### 일본전나무

선형 잎은 끝이 2갈래로 갈라지고 뾰족하다. 솔방울열매는 위를 향하며 열매 표면으로 뾰족한 돌기가 나온다.

### 구상나무

선형 잎은 끝이 둥글거나 오목하다. 솔방울열매는 위를 향하며 솔방울조각 끝의 뾰족한 돌기는 뒤로 젖혀진다.

### 분비나무

선형 잎은 끝이 둥글거나 오목하다. 솔방울열매는 위를 향하며 솔방울조각 끝의 뾰족한 돌기는 옆을 향한다.

4월의 수솔방울

4월의 암솔방울

10월의 솔방울열매

어린 가지와 잎 뒷면

6월의 솔송나무

나무껍질

## 솔송나무(소나무과) *Tsuga sieboldii*

🌲 늘푸른바늘잎나무(높이 20~30m) ❀ 꽃 | 4~5월 🌰 열매 | 10~11월

울릉도에서 자란다. 나무껍질은 회갈색~적갈색이며 노목은 세로로 불규
칙하게 갈라진다. 잎은 선형이며 1~2㎝ 길이이고 끝부분은 가운데가 오목
하게 파이며 뒷면에는 2개의 흰색 숨구멍줄이 있다. 암수한그루로 가지 끝
에 달리는 수솔방울은 달걀형이며 5~6㎜ 길이이고 자루가 있다. 암솔방
울은 달걀형이며 5㎜ 정도 길이이고 적자색이다. 솔방울열매는 타원형~
달걀형이며 2~3㎝ 길이이고 밑을 향해 달리며 갈색으로 익는다.

5월의 수솔방울

5월의 암솔방울

5월의 묵은 솔방울열매

7월의 어린 솔방울열매

어린 가지와 잎 뒷면

나무껍질

## 가문비나무(소나무과) *Picea jezoensis*

🌲 늘푸른바늘잎나무(높이 25~40m)  ✽ 꽃 | 5~6월  🍂 열매 | 9~10월

지리산과 덕유산, 강원도 계방산 이북의 높은 산에서 자란다. 나무껍질은
회흑갈색이다. 잎은 선형이며 1~2㎝ 길이이고 끝이 뾰족하며 잎의 가로
단면이 렌즈형이다. 암수한그루로 가지 끝에 달리는 수솔방울은 원통형이
며 붉은색에서 황갈색으로 변한다. 암솔방울은 타원형이며 적갈색 또는
녹색이다. 솔방울열매는 둥근 달걀형이며 3~7㎝ 길이이고 밑을 향해 매
달리며 갈색으로 익는다. 목재는 펄프재로 이용한다.

잎 앞면 p.782

4월 말의 수솔방울

5월의 암솔방울

4월의 묵은 솔방울열매

바늘잎 단면

9월의 종비나무

나무껍질

## 종비나무(소나무과) *Picea koraiensis*

🌲 늘푸른바늘잎나무(높이 20~30m) ❋ 꽃 | 5~6월 🌰 열매 | 10월

압록강 일대에서 자란다. 잎은 선형이며 1.2~2.2cm 길이이고 낫처럼 약간 굽으며 끝이 뾰족하다. 잎의 가로 단면은 네모꼴이다. 잎 앞면은 광택이 있고 뒷면에는 미세한 흰색 숨구멍줄이 있다. 암수한그루로 2년생 가지 끝에 달리는 긴 달걀형의 암솔방울은 적자색이고 수솔방울은 황갈색이다. 솔방울열매는 달걀 모양의 원통형이며 5~8cm 길이이고 밑으로 처진다. 씨앗은 달걀형이고 한쪽에 날개가 있다. 관상수로도 심는다.

5월의 수솔방울

4월의 암솔방울

5월 말의 어린 솔방울열매

바늘잎 단면

5월의 독일가문비

<sup>1)</sup>풍겐스가문비 솔방울열매

## 독일가문비(소나무과) *Picea abies*

🌲 늘푸른바늘잎나무(높이 40~50m)  ❇ 꽃 | 4~5월  🍂 열매 | 10월

원산지는 유럽이며 관상수로 심는다. 노목이 될수록 어린 가지는 더욱 밑으로 처진다. 잎은 선형이며 2㎝ 정도 길이이고 약간 굽으며 끝이 뾰족하다. 잎의 가로 단면은 찌그러진 마름모꼴이다. 암수한그루로 가지 끝에 긴 타원형의 암솔방울이 곧게 선다. 솔방울열매는 10~18㎝ 길이로 매우 크며 밑으로 처진다. <sup>1)</sup>풍겐스가문비/은청가문비(*P. pungens*)는 선형 잎이 푸른빛이 도는 녹색이며 가로 단면이 네모꼴이다. 관상수로 심는다.

## 가문비나무속(*Picea*)의 비교

| 솔방울열매 | 잎가지 | 바늘잎 단면 | 특징 |
|---|---|---|---|
|  | | | **가문비나무**<br>잎의 가로 단면이 렌즈형이다. 솔방울열매는 둥근 달걀형이며 3~7cm 길이이고 밑으로 처진다. |
| | | | **종비나무**<br>잎의 가로 단면은 네모꼴이다. 솔방울열매는 달걀 모양의 원통형이며 5~8cm 길이이고 밑으로 처진다. |
| | | | **독일가문비**<br>잎의 가로 단면은 찌그러진 마름모꼴이다. 솔방울열매는 10~18cm 길이로 매우 크며 밑으로 처진다. |
| | | | **풍겐스가문비**<br>잎은 푸른빛이 도는 녹색이며 가로 단면이 네모꼴이다. 솔방울열매는 원통형이며 5~10cm 길이이고 밑으로 처진다. |

5월 말의 수솔방울

5월 말의 암솔방울

7월의 솔방울열매

씨앗

9월의 잣나무

나무껍질

## 잣나무(소나무과) *Pinus koraiensis*

🌲 늘푸른바늘잎나무(높이 20~30m)  ❋ 꽃 | 5~6월  🍂 열매 | 다음 해 10월

지리산 이북의 높은 산에서 자란다. 5개가 한 묶음인 바늘잎은 6~12㎝ 길이이며 끝이 뾰족하지만 뻣뻣하지는 않다. 암수한그루로 햇가지 아래쪽에 모여 달리는 수솔방울은 달걀형이다. 햇가지 끝에 달리는 암솔방울은 긴 달걀형이며 연한 홍자색이다. 솔방울열매는 달걀형이며 9~15㎝ 길이이고 나뭇진이 배어 나온다. 씨앗은 세모진 달걀형이며 날개가 없다. 단단한 씨앗껍질에 싸인 노란 속살은 맛이 고소하며 식용한다.

6월의 암솔방울

5월의 수솔방울 봉오리

1월의 솔방울열매

잎가지

5월의 군락

나무껍질

## 눈잣나무(소나무과) *Pinus pumila*

🌳 늘푸른바늘잎나무(높이 2~6m) ❋ 꽃 | 5~7월 ⚫ 열매 | 다음 해 7~8월

설악산 이북의 높은 산에서 자란다. 줄기는 기면서 10m 길이까지 벋는다.
5개가 한 묶음인 바늘잎은 3~6㎝ 길이이고 끝이 뾰족하다. 잎 앞면은 진
녹색이며 뒷면에는 2개의 흰색 숨구멍줄이 있다. 암수한그루로 햇가지 끝
에 달리는 암솔방울은 달걀형이며 홍자색이 돈다. 햇가지 밑부분에 모여
달리는 수솔방울은 타원형이며 황갈색이다. 솔방울열매는 달걀형이며
3~4.5㎝ 길이이고 적갈색 씨앗은 날개가 없다.

잎 앞면 p.783

5월의 수솔방울

6월의 묵은 솔방울열매

5월의 암솔방울

11월의 스트로브잣나무

나무껍질

1)히말라야잣나무

## 스트로브잣나무 (소나무과) *Pinus strobus*

🌳 늘푸른바늘잎나무(높이 30m 정도) ❋ 꽃 | 5월 🍂 열매 | 9~10월

북아메리카 원산이며 관상수로 심는다. 나무껍질은 어릴 때는 매끈하다. 5개가 한 묶음인 바늘잎은 6~14㎝ 길이이며 녹색~회녹색이고 촉감이 부드럽다. 암수한그루로 햇가지 아래쪽에 모여 달리는 수솔방울은 달걀형이며 8~10㎜ 길이로 작고 암솔방울은 더 크다. 솔방울열매는 긴 원통형이며 7~20㎝ 길이이고 밑으로 늘어진다. 1)히말라야잣나무(*P. wallichiana*)는 5개가 한 묶음인 가는 바늘잎이 12~18㎝ 길이로 더욱 길고 밑으로 처진다.

5월의 수솔방울

5월의 암솔방울

5월의 어린 솔방울열매

9월의 새순

6월의 섬잣나무

나무껍질

## 섬잣나무(소나무과) *Pinus parviflora*

🌳 늘푸른바늘잎나무(높이 20~30m) ❄ 꽃 | 5~6월 🍂 열매 | 다음 해 10월

울릉도에서 자란다. 5개가 한 묶음인 바늘잎은 4~8㎝ 길이이며 뒷면에 흰색 숨구멍줄이 있다. 암수한그루로 햇가지 끝에 2~3개씩 모여 달리는 암솔방울은 타원형이며 붉은빛이 돈다. 햇가지 아래쪽에 촘촘히 모여 달리는 노란색 수솔방울은 긴 타원형이다. 솔방울열매는 달걀형이며 5~7㎝ 길이이고 다음 해 가을에 익으면 솔방울조각이 벌어진다. 달걀 모양의 씨앗은 1㎝ 정도 길이이고 윗부분에 짧은 날개가 있다.

잎 앞면 p.783

5월의 수솔방울

5월의 암솔방울

9월의 솔방울열매

리기다소나무 조림지

줄기의 움돋이

4월의 ¹⁾왕솔나무

## 리기다소나무(소나무과) *Pinus rigida*

🌲 늘푸른바늘잎나무(높이 25m 정도) ❋ 꽃 | 4~5월 🍂 열매 | 다음 해 9월

북아메리카 북동부 원산이며 조림수로 많이 심는다. 흔히 줄기에 막눈이 자란 짧은가지가 많다. 3개가 한 묶음인 바늘잎은 7~14㎝ 길이이고 약간 뒤틀리며 거칠다. 암수한그루로 햇가지에 암솔방울과 수솔방울이 모여 달린다. 솔방울열매는 달걀형이며 3~7㎝ 길이이고 솔방울조각 끝에는 날카로운 가시 모양의 돌기가 있다. ¹⁾왕솔나무/대왕송(*P. palustris*)은 3개가 한 묶음인 바늘잎이 20~46㎝ 길이로 길며 비스듬히 휘어진다.

5월의 수솔방울

8월의 솔방울열매

6월의 수정된 암솔방울

잎 모양

3월의 백송

나무껍질

## 백송(소나무과) *Pinus bungeana*

🌳 늘푸른바늘잎나무(높이 15m 정도) ✴ 꽃 | 5월 🍂 열매 | 다음 해 10월

중국 중북부 원산이며 관상수로 심는다. 나무껍질은 얇은 조각으로 벗겨지면서 회백색 얼룩이 많아진다. 그래서 '백송(白松)'이라고 한다. 3개가 한 묶음인 바늘잎은 5~10㎝ 길이이며 뻣뻣하고 끝이 뾰족하다. 암수한그루로 햇가지 밑부분에 황갈색 수솔방울이 모여 달리고 햇가지 끝에는 연녹색 암솔방울이 달린다. 솔방울열매는 달걀형이고 솔방울조각은 마름모꼴이며 윗부분에 가시 같은 돌기가 있다. 씨앗은 작은 날개가 있다.

잎 앞면 p.784

5월 초의 수솔방울

5월 초의 암솔방울

6월 초의 어린 솔방울열매

4월 초의 새순

2월의 곰솔

나무껍질

## 곰솔/해송(소나무과) *Pinus thunbergii*

🌲 늘푸른바늘잎나무(높이 20~25m)  ✳ 꽃 | 4~5월  🍂 열매 | 다음 해 9~10월

바닷가에서 자란다. 나무껍질은 흑회색~흑갈색이고 밑부분은 깊게 갈라진다. 겨울눈은 은백색이다. 2개가 한 묶음인 바늘잎은 6~12㎝ 길이이며 거칠고 끝이 뾰족하며 가로 단면은 원형이다. 암수한그루로 수솔방울은 햇가지 밑부분에 모여 달리고 암솔방울은 햇가지 끝에 1~2개가 달린다. 솔방울열매는 달걀형이며 4~6㎝ 길이이고 다음 해 가을에 갈색으로 익으면 솔방울조각이 벌어지면서 날개가 달린 씨앗이 나온다.

1)**반송**(경북 영양 답곡리 만지송, 천연기념물 제399호)

6월의 2)**금강송** 숲          3월의 새순          줄기 윗부분

나무껍질

## 소나무(소나무과) *Pinus densiflora*

🌳 늘푸른바늘잎나무(높이 25~35m)  ✽ 꽃 | 5월  🍂 열매 | 다음 해 9~10월

산에서 흔하게 자란다. 줄기 윗부분의 나무껍질은 적갈색이며 얇은 조각으로 갈라져 벗겨지고 밑부분의 나무껍질은 진한 회갈색으로 세로로 깊게 갈라져서 거북등처럼 보인다. 2개가 한 묶음인 바늘잎은 8~9㎝ 길이이고 밑부분은 연갈색 잎집에 싸여 있다. 암수한그루로 햇가지 끝에 1~3개가 달리는 암솔방울은 적자색이고 밑부분에 모여 달리는 수솔방울은 황색~황갈색이다. 솔방울열매는 달걀형이며 4~5㎝ 길이이고 익으면 한쪽에 긴 날개가

다음 해 9월의 솔방울열매

5월의 수솔방울

5월의 암솔방울

6월 말의 솔방울열매

다음 해 6월의 솔방울열매

9월의 새싹

달린 타원형 씨앗이 나온다. 목재는 건축재나 펄프재로 이용된다. 꽃가루 (수배우체)는 '송홧가루'라고 하여 꿀물이나 다식을 만들어 먹고 솔잎은 송편 을 찔 때 쓰인다. <sup>1)</sup>**반송**(f. *multicaulis*)은 소나무의 품종으로 땅에서부터 줄기 가 많이 갈라져 부채꼴의 나무 모양을 만든다. <sup>2)</sup>**금강송/금강소나무**(f. *erecta*) 는 소나무의 품종으로 위로 곧게 자라는 줄기가 더 붉은 편이다. 줄기가 곧 기 때문에 목재로 널리 쓰인다.

## 소나무속(*Pinus*)의 비교

| 솔방울열매 | 새순 | 잎 | 특징 |
|---|---|---|---|
|  | | | **잣나무**<br>5엽송이며 잎은 길이 6~12cm이다. 달걀형 열매는 길이 9~15cm이고 씨앗은 세모진 달걀형이며 날개가 없다. |
|  | | | **눈잣나무**<br>5엽송이며 잎은 길이 3~6cm이다. 달걀형 열매는 길이 3~4.5cm이며 씨앗은 날개가 없다. 줄기는 누워 자란다. |
|  | | | **스트로브잣나무**<br>5엽송이며 잎은 길이 6~14cm로 가늘다. 긴 원통형 열매는 길이 7~20cm이고 구부러진다. 씨앗은 한쪽에 긴 날개가 있다. |
| | | | **섬잣나무**<br>5엽송이며 잎은 길이 4~8cm이다. 달걀형 열매는 길이 5~7cm이고 씨앗은 달걀형이며 윗부분에 아주 좁은 날개가 있다. |

| 솔방울열매 | 새순 | 잎 | 특징 |
|---|---|---|---|

### 리기다소나무

3엽송이며 잎은 길이 7~14cm로 거칠다. 달걀형 열매는 길이 3~7cm이고 표면에 잔가시가 많다. 줄기에 새순이 많이 자란다.

### 백송

3엽송이며 잎은 길이 5~10cm이다. 달걀형 열매는 길이 5~7cm이고 표면에 잔가시가 많다. 나무껍질에 회백색 얼룩무늬가 있다.

### 소나무

2엽송이며 잎은 길이 8~9cm이다. 달걀형 열매는 길이 4~5cm이고 새순은 적갈색이다. 줄기 윗부분은 적갈색이며 밑부분은 회갈색이다.

### 곰솔

2엽송이며 잎은 길이 6~12cm로 거칠다. 달걀형 열매는 길이 4~6cm이다. 새순은 은백색이며 나무껍질은 흑회색~흑갈색이다.

11월 초의 일본잎갈나무 숲

3월의 일본잎갈나무

겨울눈

나무껍질

## 일본잎갈나무/낙엽송(소나무과) *Larix kaempferi*

🔵 갈잎바늘잎나무(높이 20m 정도)   ✳️ 꽃 | 4~5월   🟤 열매 | 9~10월

일본 원산의 갈잎큰키나무로 산에 심는다. 곧게 자라는 줄기는 원뿔 모양이
된다. 긴가지와 더불어 짧은가지가 발달한다. 겨울눈은 반구형이며 끝이 뾰
족하고 갈색~적갈색을 띤다. 잎은 선형이고 2~3㎝ 길이이며 부드럽다. 잎
뒷면은 연녹색이다. 잎은 긴가지에서는 촘촘히 돌려 가며 달리고 짧은가지
에서는 20~30개씩 모여난다. 암수한그루로 잎이 돋을 때 짧은가지 끝에
달리는 달걀 모양의 암솔방울은 위를 향한다. 짧은가지 끝에 달리는 수솔방

암솔방울

수솔방울

8월 말의 솔방울열매

4월의 암솔방울과 수솔방울

4월의 묵은 솔방울열매

잎 뒷면

긴가지의 잎

1)**잎갈나무** 솔방울열매

울은 둥근 타원형이며 대부분 밑을 향한다. 솔방울열매는 달걀형~구형이며 2~3.5㎝ 길이이고 가을에 익으면 솔방울조각이 벌어지면서 날개가 달린 씨앗이 나온다. 솔방울조각은 30~40개이고 끝이 뒤로 젖혀진다. 씨앗은 세모진 달걀형이며 4㎜ 정도 길이이고 약간 납작하며 끝에 8㎜ 정도 길이의 날개가 있다. 1)**잎갈나무**(*L. gmelinii* v. *olgensis*)는 주로 북한에서 자라며 솔방울조각이 25~40개이고 조각 끝이 곧다.

10월 말의 수솔방울

12월 초의 암솔방울

6월의 어린 솔방울열매

9월의 수솔방울 봉오리

7월의 개잎갈나무

나무껍질

## 개잎갈나무/히말라야시더(소나무과) *Cedrus deodara*

🌲 늘푸른바늘잎나무(높이 25~30m)  ✺ 꽃 | 10~11월  🍂 열매 | 다음 해 10월

히말라야 원산이며 곧게 자라고 전체적으로 원뿔 모양이 된다. 바늘 모양
의 잎은 4㎝ 정도 길이이며 단단하고 가로 단면은 세모꼴이다. 잎은 긴가지
에는 나사 모양으로 촘촘히 달리고 짧은가지에는 20~50개씩 모여난다.
암수한그루로 가을에 암수솔방울이 달린다. 솔방울열매는 달걀형이고
6~13㎝ 길이이며 익으면 조각조각 부서지면서 한쪽에 날개가 달린 씨앗
이 바람에 날려 퍼진다. 주로 남부 지방에서 관상수로 심는다.

잎 앞면 p.782

씨앗
열매턱

어린 씨앗과 열매턱

6월 초의 수솔방울

새로 돋은 잎

잎 뒷면

나한송 조경수

나무껍질

## 나한송(나한송과)  *Podocarpus macrophyllus*

🌳 늘푸른바늘잎나무(높이 20m 정도) ✳ 꽃 | 5~6월 🍂 열매 | 10~12월

전남 가거도에서 자란다. 나무껍질은 회백색~회갈색이며 얕게 갈라진다. 가지에 촘촘히 어긋나는 잎은 넓은 선형이며 10~15㎝ 길이이다. 잎 앞면은 광택이 있으며 뒷면은 연녹색이다. 암수딴그루로 잎겨드랑이에 달리는 수솔방울은 가는 원기둥 모양이고 황갈색이며 3㎝ 정도 길이이다. 긴 자루에 달린 둥근 씨앗은 흰색 가루로 덮여 있고 밑을 받치는 커다란 원통형 열매턱은 적자색으로 익으며 단맛이 난다. 남부 지방에서 관상수로 심는다.

잎 앞면 p.783

4월 말의 수솔방울

8월의 솔방울열매

4월 말의 암솔방울

잎이 자란 솔방울열매

10월의 금송

나무껍질

### 금송(금송과 | 낙우송과) *Sciadopitys verticillata*

🌳 늘푸른바늘잎나무(높이 15~30m) ✿ 꽃 | 3~4월 🌰 열매 | 다음 해 10~11월

일본 원산이며 관상수로 심는다. 나무껍질은 적갈색이며 세로로 길게 갈라져 벗겨진다. 짧은가지 끝에 15~40개씩 모여 달리는 바늘잎은 길이 6~13㎝, 너비 3~5㎜이며 2개가 합쳐져서 두껍다. 잎 양면 가운데에 얕은 골이 있고 끝은 오목하다. 암수한그루로 가지 끝에 꽃이삭이 달린다. 수솔방울은 20~30개가 모여 달리며 위로 곧게 선다. 타원형~달걀형 암솔방울은 가지 끝에 1~2개가 붙는다. 솔방울열매는 타원형~달걀형이다.

잎 앞면 p.784

2월 말의 수솔방울

4월의 암솔방울

7월의 솔방울열매

잎 뒷면

10월의 낙우송

나무껍질과 공기뿌리

## 낙우송(측백나무과|낙우송과) *Taxodium distichum*

🌳 갈잎바늘잎나무(높이 20~50m) ✱ 꽃 | 3~4월 🍂 열매 | 10~11월

북아메리카 원산이며 관상수로 심는다. 늪지에서 잘 자라며 땅속뿌리에서
땅 위로 혹 모양의 돌기를 내보낸다. 잔가지는 녹색이며 서로 어긋난다.
잔가지에 깃털 모양으로 어긋나는 잎은 선형이며 1~2㎝ 길이이다. 잎 앞
면은 밝은 녹색이고 뒷면은 회녹색이다. 암수한그루로 잎이 돋기 전에 먼
저 수솔방울이 햇가지 끝에 이삭처럼 촘촘히 늘어진다. 둥근 솔방울열매
는 지름 2~4㎝로 메타세쿼이아보다 크며 자루가 없다.

잎 앞면 p.783

43

11월의 메타세쿼이아 단풍

**메타세쿼이아**(측백나무과 | 낙우송과) *Metasequoia glyptostroboides*

🔵 갈잎바늘잎나무(높이 20m 정도) ✳ 꽃 | 3월 🔴 열매 | 10〜11월

중국 원산이며 나무 전체 모양이 원뿔 모양으로 매우 아름다워서 가로수나 공원수로 많이 심는다. 나무껍질은 적갈색이며 세로로 얇게 벗겨지고 겨울 눈은 달걀형이다. 잔가지는 녹색이며 2개씩 마주나고 선형 잎도 10〜20쌍 이 가지에 새깃처럼 마주난다. 잎은 2〜3㎝ 길이이고 부드러우며 앞면은 녹색이고 뒷면은 연녹색이다. 가을에 누렇게 변한 잎은 작은 가지와 함께 통째로 떨어진다. 암수한그루로 잎이 돋기 전에 먼저 수솔방울이 햇가지 끝에

3월의 수솔방울

3월의 묵은 솔방울열매

7월의 솔방울열매

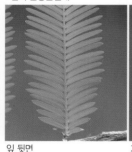

잎 뒷면

겨울눈

나무껍질

이삭처럼 촘촘히 늘어진다. 수솔방울은 타원형이며 3~5㎜ 길이이다. 동그스름한 암솔방울은 5~10㎜ 크기이고 녹색이며 짧은가지 끝에 달린다. 동그스름한 솔방울열매는 지름 1.5㎝ 정도이고 긴 자루에 매달리며 가을에 갈색으로 익으면 여러 조각으로 벌어지며 둘레에 날개가 있는 납작한 씨앗이 나온다. 메타세쿼이아는 화석으로만 알려지다가 1945년 중국에서 발견되면서 '살아 있는 화석 식물'로 유명해졌다.

잎 앞면 p.783

4월의 수솔방울

8월의 솔방울열매

4월 초의 암솔방울

새순이 돋은 어린 솔방울열매　11월의 삼나무　나무껍질

---

**삼나무**(측백나무과 | 낙우송과)　*Cryptomeria japonica*

🌳 늘푸른바늘잎나무(높이 40m 정도)　✳ 꽃 | 3~4월　🌰 열매 | 10~11월

일본 원산이며 남부 지방에서 조림수로 심는다. 짧은 바늘잎은 가지에 나사 모양으로 촘촘히 돌려 가며 달리는데 1㎝ 정도 길이이고 송곳처럼 차츰 가늘어지며 끝이 뾰족해서 찔리면 아프다. 낙엽도 잔가지와 잎이 함께 적갈색으로 말라서 통째로 떨어진다. 암수한그루로 수솔방울은 가지 끝에 모여 달리고 암솔방울은 1개씩 달린다. 솔방울열매는 둥근 달걀형~원형이며 지름 2㎝ 정도이고 뾰족한 돌기가 많으며 갈색으로 익는다.

4월 초의 암솔방울

2월의 솔방울열매

4월 초의 수솔방울

잎 뒷면

5월의 넓은잎삼나무

나무껍질

# 넓은잎삼나무(측백나무과 | 낙우송과)  *Cunninghamia lanceolata*

🌲 늘푸른바늘잎나무(높이 25m 정도)  ❋ 꽃 | 4월  🍃 열매 | 10~11월

중국과 대만 원산이며 남부 지방에서 관상수로 심는다. 가지에 촘촘히 붙
는 좁은 피침형 잎은 3~5㎝ 길이이고 단단하며 끝이 뾰족해서 찔리면 아
프다. 암수한그루로 가지 끝에 둥글게 모여 달리는 수솔방울은 타원형이다.
가지 끝에 1~3개가 달리는 암솔방울은 둥근 달걀형이다. 둥근 솔방울열
매는 지름 3~4㎝이며 광택이 있고 가을에 갈색으로 익으면 조각조각 벌
어지면서 좁은 날개가 달린 씨앗이 바람에 날려 퍼진다.

충북 단양 영천리 측백나무 숲(천연기념물 제62호)

8월의 측백나무　　　나무껍질　　　5월의 [1]천지백

## 측백나무(측백나무과) *Platycladus orientalis*

🔼 늘푸른바늘잎나무(높이 5~20m)　✳️ 꽃 | 4월　🍂 열매 | 9~11월

충청도와 경상도의 석회암 지대에서 자라며 전국에 관상수나 생울타리로
많이 심는다. 나무껍질은 적갈색에서 회갈색으로 변하며 오래된 나무는 섬
유 모양으로 세로로 벗겨진다. 잎은 달걀 모양의 타원형이고 1~3㎜ 길이이
며 비늘 모양으로 겹쳐진다. 녹색 잎은 앞면과 뒷면이 비슷하며 흰색 점이
조금 있다. 암수한그루로 가지 끝에 암솔방울과 수솔방울이 달린다. 암솔방
울은 구형이며 지름 3㎜ 정도이고 연갈색이 돈다. 수솔방울은 타원형이며

48

6월 말의 어린 솔방울열매

4월의 수솔방울

4월의 암솔방울

4월의 어린 솔방울열매

어린 솔방울열매 단면

10월 말의 솔방울열매

2~3㎜ 길이이고 적갈색이다. 솔방울열매는 분백색이 돌며 1.5~3㎝ 길이이고 뿔 같은 돌기가 있다. 솔방울열매는 가을에 적갈색으로 익으면 조각조각 벌어진다. 달걀형~타원형 씨앗은 회갈색이며 날개가 없다. 예로부터 잎은 피를 멎게 하는 약으로 사용했다. [1]천지백('Sieboldii')은 측백나무의 원예 품종으로 줄기 밑에서 많은 가지가 나와 빗자루처럼 자라며 관상수나 생울타리로 많이 심는다.

4월 초의 수솔방울

7월의 어린 솔방울열매

4월 초의 암솔방울

8월의 서양측백

나무껍질

1)황금서양측백

### 서양측백(측백나무과) *Thuja occidentalis*

🌲 늘푸른바늘잎나무(높이 10~20m)   ❋ 꽃 | 4~5월   🍂 열매 | 10~11월

원산지는 북아메리카이며 관상수로 심는다. 비늘 모양으로 겹쳐지는 잎은 달걀형이고 끝이 갑자기 뾰족해지며 앞면은 녹색이고 뒷면은 황록색이다. 암수한그루로 가지 끝에 암솔방울과 수솔방울이 달린다. 솔방울열매는 긴 타원형이며 1㎝ 정도 길이이고 가을에 적갈색으로 익는다. 긴 타원형 씨앗은 둘레에 좁은 날개가 있다. 1)황금서양측백('Aureo')은 서양측백의 왜성종으로 나무 모양은 원뿔형이며 잎은 황금빛이 돈다.

5월의 암솔방울

7월의 어린 솔방울열매

6월의 묵은 솔방울열매

잎 뒷면

8월의 눈측백

나무껍질

## 눈측백 / 찝빵나무(측백나무과) *Thuja koraiensis*

⬆ 늘푸른바늘잎나무(높이 4~10m)  ✿ 꽃 | 5월  🍃 열매 | 9월

태백산 이북의 고산에서 누워 자란다. 잎은 2~3㎜ 길이이며 마름모형~달 걀 모양의 타원형이고 끝이 둔하며 비늘 모양으로 겹쳐진다. 잎 앞면은 녹 색이며 광택이 있고 뒷면은 황록색이며 2개의 흰색 숨구멍줄이 있다. 암 수한그루로 가지 끝에 달리는 연홍색 암솔방울은 달걀형이며 2~3㎜ 길이 이다. 황적색 수솔방울은 달걀형~구형이며 2~3㎜ 길이이다. 솔방울열매 는 타원형~달걀형이며 7~10㎜ 길이이고 진갈색으로 익는다.

4월의 편백 숲

잎 뒷면          나무껍질          1)황금왜성편백

## 편백(측백나무과) *Chamaecyparis obtusa*

🌳 늘푸른바늘잎나무(높이 30m 정도) ❄ 꽃 | 4월 🍂 열매 | 10~11월

일본 원산이며 남부 지방의 산에 기르거나 공원수로 심는다. 나무는 전체적으로 원뿔 모양이다. 나무껍질은 적갈색이고 세로로 갈라져 벗겨진다. 잎은 1~3㎜ 길이이고 끝이 날카롭지 않으며 비늘 모양으로 겹쳐진다. 잎 뒷면은 연녹색이고 잎이 포개지는 부분은 흰색의 숨구멍줄이 Y자 모양으로 보인다. 암수한그루로 가지 끝에 달리는 연갈색 암솔방울은 3~5㎜ 길이이다. 가지 끝에 달리는 수솔방울은 타원형이며 3㎜ 정도 길이이다. 둥근 솔방울열매는

10월의 솔방울열매

4월의 수솔방울

4월의 암솔방울

7월 말의 어린 열매

5월의 묵은 열매

씨앗

지름 1㎝ 정도이고 8~10개의 솔방울조각으로 되어 있다. 솔방울조각 가운데의 배꼽 부분은 작고 뾰족하며 가을에 적갈색으로 익는다. 열매조각마다 2개씩 들어 있는 타원형 씨앗은 양쪽에 날개가 있다. 목재는 연하고 가벼우면서도 치밀해서 선박재, 건축재 등으로 쓰인다. [1]황금왜성편백('Nana Lutea')은 1m 정도 높이로 자라는 왜성종으로 둥근 원뿔형이며 촘촘히 붙는 잎가지는 황금색을 띤다.

4월의 수솔방울

4월의 암솔방울

5월의 어린 솔방울열매

잎 뒷면

8월의 화백

8월의 1)실화백

## 화백(측백나무과) *Chamaecyparis pisifera*

🌲 늘푸른바늘잎나무(높이 30m 정도) 🌸 꽃 | 4월 🍂 열매 | 10월

일본 원산이며 서울 이남에서 심는다. 비늘 모양의 잎은 3㎜ 정도 길이이고 끝이 대부분 날카로우며 비늘처럼 겹쳐진다. 잎 뒷면은 연녹색이고 잎이 포개지는 부분은 흰색의 숨구멍줄이 X자 모양으로 보인다. 암수한그루로 암솔방울과 수솔방울이 모두 가지 끝에 달린다. 둥근 솔방울열매는 지름 7㎜ 정도이며 가을에 적갈색으로 익는다. 1)실화백('Filifera')은 화백의 원예 품종으로 가지가 실처럼 가늘게 뻗어 늘어진다.

잎 앞면 p.785

# 주변에서 만나는 비늘잎을 가진 측백나무 종류의 비교

| 솔방울열매 | 씨앗 | 잎 뒷면 | 특징 |
|---|---|---|---|
| | | | **측백나무**<br>비늘잎은 앞면과 뒷면이 비슷하다. 둥근 달걀형 열매는 뿔 같은 돌기가 여러 개 있다. 달걀형 씨앗은 날개가 없다. |
| | | | **서양측백**<br>비늘잎 뒷면은 황록색이다. 열매는 긴 타원형이며 1㎝ 정도 길이이다. 긴 타원형 씨앗은 둘레에 좁은 날개가 있다. |
| | | | **편백**<br>잎 뒷면은 연녹색이고 흰색의 숨구멍줄이 Y자 모양이다. 둥근 열매는 지름 1㎝ 정도이다. 둥근 타원형 씨앗은 양쪽에 날개가 있다. |
|  |  |  | **화백**<br>잎 뒷면은 연녹색이고 흰색의 숨구멍줄이 X자 모양이다. 둥근 열매는 지름 7㎜ 정도이고 골이 진다. 씨앗은 양쪽에 날개가 있다. |

경북 울진 화성리 향나무(천연기념물 제312호)

경북 안동 주하리 <sup>1)</sup>뚝향나무(천연기념물 제314호)

6월의 <sup>2)</sup>나사백

## 향나무(측백나무과) *Juniperus chinensis*

🌲 늘푸른바늘잎나무(높이 15~20m) ❀ 꽃 | 4월 🍂 열매 | 다음 해 9~10월

삼척, 영월, 울릉도의 암석 지대에서 자란다. 어린 가지에는 끝이 뾰족한 짧은 바늘잎이 달리고 5년 이상쯤 나이가 먹은 가지에는 비늘잎이 달린다. 바늘잎은 5~10㎜ 길이이고 앞면에 3줄의 불규칙한 흰색 선이 있으며 3개씩 엉성하게 돌려난다. 암수딴그루이지만 간혹 암수한그루도 있다. 가지 끝에 달리는 수솔방울은 타원형이고 3~5㎜ 길이이며 연노란색이다. 동그스름한 암솔방울은 3~4㎜ 길이이며 가지 끝이나 잎겨드랑이에 달린다. 둥근

3월 말의 수솔방울

4월의 솔방울열매

4월의 암솔방울

5월의 어린 솔방울열매

바늘잎

나무껍질

열매는 지름 6~7㎜이며 검은색으로 익는다. 씨앗은 3~6㎜ 길이이며 날개가 없다. 나무에서 나는 향기가 좋아서 '향나무'라고 하며 제사 때 쓰는 향을 만든다. [1]**뚝향나무**(v. *horizontalis*)는 향나무의 품종으로 가지와 줄기가 비스듬히 자라다가 수평으로 퍼진다. [2]**나사백/가이즈카향나무**('Kaizuka')는 일본 원산의 원예 품종으로 흔히 관상수로 심는다. 바늘잎이 거의 없고 어린 가지가 옆으로 꼬인다.

잎 앞면 p.785

5월의 수솔방울

5월의 솔방울열매

한라산의 눈향나무 군락

바늘잎 가지

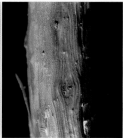
나무껍질

7월의 [1]곱향나무

### 눈향나무(측백나무과) *Juniperus chinensis* v. *sargentii*

🌳 늘푸른바늘잎나무(높이 50cm 정도) ❁ 꽃 | 5월 🍂 열매 | 다음 해 9~10월

높은 산에서 자라며 관상수로 심는다. 줄기와 가지가 땅바닥을 기면서 높이 50cm 정도로 자란다. 비늘잎은 마름모꼴이며 촘촘히 포개진다. 어린잎은 바늘잎도 있다. 암수딴그루로 암수솔방울이 가지 끝에 달린다. 둥근 열매는 지름 6~8mm이며 어릴 때는 흰색 가루로 덮여 있다. [1]곱향나무(*J. communis* v. *saxatilis*)는 함경도의 고산에서 누워 자라는 늘푸른떨기나무로 짧은 바늘잎은 보통 3개씩 돌려나고 안쪽으로 활처럼 휘어진다.

3월 말의 수솔방울

4월 초의 암솔방울

11월의 솔방울열매

12월의 연필향나무

나무껍질

1)록키향나무 '스카이로켓'

## 연필향나무(측백나무과) *Juniperus virginiana*

🌳 늘푸른바늘잎나무(높이 30m 정도) ❀ 꽃 | 3~5월 🌰 열매 | 10월

북아메리카 원산이며 관상수로 심는다. 나무 모양은 좁은 원뿔형이고 가지가 가늘다. 어린잎은 짧은 바늘 모양이며 3~12㎜ 길이이고 마주나거나 3개씩 돌려난다. 뾰족한 달걀 모양의 비늘잎은 촘촘히 포개진다. 암수딴그루로 가지 끝에 암수솔방울이 달린다. 둥근 솔방울열매는 지름 5~6㎜이고 흰색 가루로 덮여 있다. 1)록키향나무 '스카이로켓'(*J. scopulorum* 'Skyrocket')은 곧게 자라는 줄기를 따라 가지가 위를 향해 자란다.

잎 앞면 p.785

59

4월 말의 수솔방울

4월 말의 암솔방울

7월의 어린 솔방울열매

솔방울열매 단면

2월의 노간주나무

나무껍질

## 노간주나무(측백나무과) *Juniperus rigida*

🌳 늘푸른바늘잎나무(높이 5~8m) 🌸 꽃 | 4~5월 🍂 열매 | 다음 해 10월

건조한 산지에서 원뿔 모양이나 촛대 모양으로 자란다. 가지에 보통 3개씩 돌려나는 짧은 바늘잎은 1~2㎝ 길이이며 끝이 뾰족하고 단단하다. 잎의 가로 단면은 V자 모양이고 흰색 숨구멍줄이 있다. 대부분이 암수딴그루로 잎겨드랑이에 달리는 동그스름한 암솔방울은 적갈색으로 변한다. 잎겨드랑이의 수솔방울은 타원형~원형이며 황갈색이다. 둥근 열매는 지름 6~9㎜이며 연두색이고 흰색 가루로 덮여 있다. 씨앗에는 날개가 없다.

잎 앞면 p.783

4월의 수솔방울

4월의 암솔방울

9월의 솔방울열매

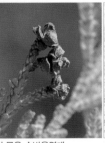
4월의 묵은 솔방울열매

2월의 나한백

나무껍질

### 나한백(측백나무과) *Thujopsis dolabrata*

🌲 늘푸른바늘잎나무(높이 10~30m)   ✺ 꽃 | 5월   🍂 열매 | 10~11월

일본 원산이며 남부 지방에서 관상수로 심는다. 잎이 달린 가지는 서로 어긋나게 붙는다. 가지에 촘촘히 포개지는 비늘잎은 5~7㎜ 길이이고 넓은 달걀형이며 두껍고 끝은 날카롭지 않다. 잎 앞면은 광택이 있고 뒷면은 연녹색이며 흰색 숨구멍줄이 있다. 암수한그루로 가지 끝에 암솔방울과 수솔방울이 달린다. 둥근 솔방울열매는 지름 1~1.5㎝이며 8~10개의 솔방울조각으로 이루어진다. 타원형 씨앗은 양쪽에 날개가 있다.

4월 초의 암솔방울

6월의 어린 겉씨껍질

4월의 수솔방울

9월에 익은 겉씨껍질

4월의 개비자나무

나무껍질

### 개비자나무(주목과|개비자나무과) *Cephalotaxus harringtonii*

🌳 늘푸른바늘잎나무(높이 2~5m)　✱ 꽃|4월　🍈 열매|다음 해 9~10월

중부 이남의 산에서 자란다. 선형 잎은 새깃처럼 가지에 2줄로 마주나며 끝이 뾰족하지만 부드러워서 찌르지는 않는다. 잎은 3~5㎝ 길이이며 뒷면에 2개의 흰색 숨구멍줄이 있다. 대부분이 암수딴그루이고 잎겨드랑이에 달리는 수솔방울은 타원형이며 3~4㎜ 길이이고 연한 황갈색이다. 가지 끝에 모여 달리는 암솔방울은 달걀형이고 연녹색이다. 둥근 타원형 겉씨껍질은 2~2.5㎝ 길이이고 적갈색으로 익으면 단맛이 난다.

5월의 수솔방울

새순

7월의 덜 익은 겉씨껍질

제주 평대리 비자나무 숲(천연기념물 제374호)

나무껍질

## 비자나무(주목과) *Torreya nucifera*

🌲 늘푸른바늘잎나무(높이 20~25m) ✳️ 꽃 | 4~5월 🍂 열매 | 다음 해 9~10월

남쪽 지방의 산에서 자란다. 잎은 선형이고 2cm 정도 길이이며 깃털처럼 마주 달리고 끝이 날카롭다. 잎몸은 가죽질이며 단단하다. 잎 앞면은 진녹색이며 뒷면에는 연노란색의 숨구멍줄이 2개가 있다. 암수딴그루로 연노란색 수솔방울은 잎겨드랑이에 달리고 녹색의 포조각에 싸인 암솔방울은 어린 가지 밑부분에 달린다. 겉씨껍질에 싸인 타원형 씨앗은 2~3.5cm 길이이다. 겉씨껍질은 다음 해 가을에 익는데 익어도 초록색이다.

4월의 주목

### 주목(주목과) *Taxus cuspidata*

🌳 늘푸른바늘잎나무(높이 10~20m) ❋ 꽃 | 4월 🌰 열매 | 8~9월

주로 높은 산에서 자라며 관상수로 심기도 한다. 줄기와 큰 가지는 적갈색이고 광택이 있으며 껍질이 얇게 갈라진다. 잎은 선형이고 15~20㎜ 길이이며 나선 모양으로 달린다. 잎 뒷면에 2개의 흰색~연노란색 숨구멍줄이 있고 주맥이 양쪽으로 도드라진다. 잎 끝은 뾰족하지만 찔려도 그다지 아프지 않다. 암수딴그루로 잎겨드랑이에 달리는 수솔방울은 거꿀달걀형~구형이며 4㎜ 정도 크기이고 황갈색이다. 잎겨드랑이에 달리는 암솔방울은 달걀

4월의 수솔방울

5월 초의 암솔방울

8월 말의 헛씨껍질에 싸인 씨앗

6월의 어린 씨앗

잎 뒷면

나무껍질

형이며 4㎜ 정도 크기이다. 둥근 헛씨껍질은 8~10㎜ 크기이고 컵처럼 한 쪽이 열려 있어서 속에 든 씨앗이 들여다 보이며 붉게 익는다. 헛씨껍질은 단맛이 난다. 씨앗은 달걀형이며 5~6㎜ 길이이고 적갈색이며 3~4개의 모가 진다. 주목(朱木)은 '붉은 나무'라는 뜻으로 나무의 속 색깔이 붉은색을 띠고 있어서 붙여진 이름이다. 목재는 결이 곱고 아름답기 때문에 조각재, 가구재로 쓰인다.

풍년화

# II 속씨식물군

## ANGIOSPERMS

5월에 핀 암꽃

9월의 열매

5월에 핀 수꽃

6월 초의 오미자

나무껍질

1)흑오미자 잎가지

**오미자**(오미자과 | 목련과) *Schisandra chinensis*

🌿 갈잎덩굴나무(길이 8m 정도) ✳️ 꽃 | 5~6월 🍂 열매 | 8~10월

산에서 덩굴지며 자란다. 잎은 어긋나고 타원형~달걀형이며 가장자리에 물결 모양의 톱니가 있고 주름이 진다. 암수딴그루로 잎겨드랑이에 작은 종 모양의 연노란색 꽃이 모여 달린다. 작은 포도송이 모양의 열매는 붉은 색으로 익는다. 5가지 맛이 나는 열매라는 뜻으로 '오미자'라 한다. 1)흑오미자(*S. repanda*)는 제주도에서 자라며 잎이 달걀형~넓은 달걀형이고 포도 송이 모양의 열매는 10월에 청흑색으로 익는다.

잎 앞면 p.743

8월에 핀 암꽃

9월에 핀 수꽃

11월의 열매

잎 뒷면

5월의 남오미자

감고 오르는 줄기

## 남오미자(오미자과 | 목련과)  *Kadsura japonica*

🌀 늘푸른덩굴나무(길이 3m 정도)  ✳ 꽃 | 7~9월  🌐 열매 | 10~11월

남쪽 섬에서 덩굴지며 자란다. 잎은 어긋나고 달걀형~타원형이며 5~10㎝ 길이이고 끝이 뾰족하며 가장자리에 치아 모양의 톱니가 드문드문 있다. 잎몸은 두껍고 앞면은 광택이 있으며 뒷면은 연녹색이다. 대부분이 암수 딴그루이며 잎겨드랑이에 지름 1.5㎝ 정도의 연노란색 꽃이 1개씩 매달린다. 수꽃은 꽃턱이 붉은색이고 암꽃은 녹색이다. 여러 개의 작은 열매가 둥글게 모인 열매송이는 지름 2~3㎝이며 붉은색으로 익는다.

9월의 열매

5월에 핀 꽃

잎 뒷면

5월의 새순

4월의 붓순나무

나무껍질

**붓순나무**(오미자과ㅣ붓순나무과) *Illicium anisatum*

🌳 늘푸른작은키나무(높이 2~5m)  ✿ 꽃ㅣ3~4월  🍎 열매ㅣ9~10월

남쪽 섬에서 자란다. 나무껍질은 회갈색~적갈색이다. 잎은 어긋나고 긴 타원형이며 4~10㎝ 길이이고 끝이 뾰족하며 가장자리가 밋밋하다. 잎몸은 두껍고 앞면은 광택이 있으며 뒷면은 연녹색이고 향긋한 냄새가 난다. 잎겨드랑이에 연노란색 꽃이 핀다. 꽃은 지름 2~3㎝이며 꽃자루는 1~2㎝ 길이이다. 가느다란 꽃덮이조각은 10~20장이 수평으로 벌어진다. 씨방은 6~12개가 돌려난다. 꽃만두 모양의 열매는 지름 2~3.5㎝이다.

잎 앞면 p.772

꽃 모양

3월의 열매

6월에 핀 꽃

잎 뒷면

1월의 죽절초

줄기의 마디

## **죽절초**(홀아비꽃대과) *Sarcandra glabra*

🌳 늘푸른떨기나무(높이 50~100㎝) ✳ 꽃 | 6~7월 🌐 열매 | 11~12월

제주도의 남쪽 계곡에서 자란다. 원통형 줄기는 마디가 두드러진다. 물관 대신 헛물관이 있는 원시적인 속씨식물이다. 잎은 마주나며 긴 타원형이고 끝이 뾰족하며 가장자리에 치아 모양의 톱니가 있다. 가지 끝의 이삭꽃 차례에 연녹색 꽃이 모여 피는데 꽃잎과 꽃받침이 없다. 타원형 수술은 연노란색이며 씨방 중간에 수평으로 1개가 붙는다. 5~10개의 둥근 열매가 모여 달린 열매송이는 위를 향하며 주황색으로 익는다.

8월 말의 열매

잎 뒷면

5월에 핀 꽃

겨울눈

6월의 등칡

나무껍질

## 등칡(쥐방울덩굴과) *Aristolochia manshuriensis*

🔄 갈잎덩굴나무(길이 10m 정도)  ✳ 꽃 | 4~5월  🔄 열매 | 9~10월

깊은 산에서 자란다. 나무껍질은 회갈색이며 코르크질이 두껍게 발달한다. 털로 덮인 겨울눈은 U자형 잎자국에 싸여 있다. 잎은 어긋나고 둥근 하트형이며 10~25㎝ 길이이고 끝이 뾰족하며 가장자리가 밋밋하다. 잎 뒷면의 흰색 털은 점차 떨어진다. 잎이 돋을 때 연노란색 꽃이 잎겨드랑이에 1~2개씩 달리는데 꽃부리는 U자형으로 굽는다. 원통형 열매는 9~11㎝ 길이이고 6개의 모가 진다. 납작한 씨앗은 세모진 하트형이다.

잎 앞면 p.743

6월 초에 핀 수꽃

12월의 열매

5월에 핀 암꽃

잎 뒷면

6월의 후추등

줄기의 공기뿌리

## 후추등/바람등칡(후추과) *Piper kadsura*

🔵 늘푸른덩굴나무(길이 4~10m) ✳️ 꽃 | 5~6월 🟤 열매 | 11월~다음 해 3월

남쪽 섬에서 자란다. 마디에서 나온 공기뿌리로 다른 물체에 달라붙는다. 잎은 어긋나며 어린 가지의 잎은 넓은 달걀형~하트형이고 꽃이 달리는 줄기의 잎은 좁은 달걀형이다. 잎몸은 6~12㎝ 길이이고 끝이 뾰족하며 가장자리가 밋밋하다. 측맥은 2~3쌍이다. 암수딴그루로 잎과 마주 달리는 이삭꽃차례에 꽃잎이 없는 자잘한 연노란색 꽃이 핀다. 둥근 열매는 이삭 모양으로 달리며 지름 2~4㎝이고 붉게 익는다.

잎 앞면 p.743

암술과 수술

6월 초에 핀 꽃

8월의 열매

잎 뒷면

5월의 자주받침꽃

나무껍질

### 자주받침꽃(받침꽃과) *Calycanthus floridus*

🟢 갈잎떨기나무(높이 2~3m)  ✳️ 꽃 | 5~6월  🟤 열매 | 9~11월

북아메리카 원산이며 관상수로 심는다. 잎은 마주나고 긴 타원형~달걀형이며 5~15㎝ 길이이고 끝이 길게 뾰족하며 가장자리는 밋밋하다. 잎 앞면은 광택이 있고 뒷면은 분백색이다. 잎겨드랑이에 피는 적갈색~자주색 꽃은 지름 5㎝ 정도이며 향기가 있다. 꽃잎과 꽃받침은 모두 자주색으로 꽃잎은 20~30장이며 가운데에 있는 암술과 수술을 겹겹이 둘러싼다. 거꿀달걀형 열매는 3~7㎝ 길이이며 끝이 뭉툭하게 잘린 모양이다.

잎 앞면 p.757

5월 말의 열매

잎 뒷면

2월에 핀 꽃

2월의 납매

나무껍질

10월의 <sup>1)</sup>가을납매

## 납매(받침꽃과)  *Chimonanthus praecox*

🌳 갈잎떨기나무(높이 2~5m)  ✹ 꽃 | 2월  🍂 열매 | 9~11월

원산지는 중국이며 관상수로 심는다. 잎은 마주나고 달걀형~긴 타원형이며 끝이 뾰족하고 가장자리가 밋밋하다. 잎이 돋기 전에 지름 2㎝ 정도의 노란색 꽃이 고개를 숙이고 피는데 향기가 진하다. 바깥쪽 꽃잎은 노란색이고 안쪽 꽃잎은 적갈색이다. 열매는 긴 달걀형이며 3㎝ 정도 길이이고 끝에 꽃받침자국이 남아 있다. <sup>1)</sup>가을납매(*C. nitens*)는 중국 원산이며 10월에 잎겨드랑이에 흰색~연노란색 겹꽃이 핀다.

4월의 생강나무

잎 뒷면　　　　　10월의 생강나무　　　　　겨울눈(꽃눈)

## 생강나무(녹나무과)　*Lindera obtusiloba*

🌳 갈잎떨기나무(높이 2~6m)　❁ 꽃 | 3~4월　🍂 열매 | 9~10월

산에서 자란다. 나무껍질은 진회색~회갈색이고 껍질눈이 많다. 어린 가지
는 황록색이다. 겨울눈에 털이 없으며 큼직한 꽃눈은 동그스름하고 잎눈은
타원형이다. 봄에 돋는 어린잎은 솜털로 덮여 있다. 잎은 어긋나고 둥근 달
걀형이며 5~15㎝ 길이이고 끝이 뾰족하며 가장자리가 밋밋하다. 잎몸의
윗부분이 크게 3갈래로 갈라지기도 한다. 잎자루는 1~2㎝ 길이이고 털이
있다. 암수딴그루로 잎이 돋기 전에 자잘한 노란색 꽃이 우산처럼 둥글게

수꽃

암꽃

6월의 어린 열매

9월의 열매

나무껍질

모여 핀다. 작은꽃자루는 길이가 짧으며 털이 있다. 꽃덮이조각은 6장이며 수꽃은 수술이 9개이고 암꽃은 1개의 암술과 9개의 헛수술이 있다. 둥근 열매는 지름 7~8㎜이며 가을에 붉은색으로 변했다가 검은색으로 익는다. 둥근 씨앗은 연갈색~갈색이며 밑부분에 돌기가 있다. 예전에는 씨앗에서 짠 기름을 부인들의 머릿기름으로 썼다. 잎이나 가지를 꺾으면 생강 냄새가 나기 때문에 '생강나무'라고 한다.

잎 앞면  p.760

암꽃

9월의 열매

4월 초에 핀 수꽃

잎 뒷면

겨울눈

나무껍질

## 털조장나무(녹나무과) *Lindera sericea*

🔵 갈잎떨기나무(높이 3m 정도)  ✱ 꽃 | 4월  🟤 열매 | 9~10월

전남의 산에서 자란다. 나무껍질은 흑갈색이고 껍질눈이 많다. 잔가지는
녹갈색~적갈색이며 햇가지는 비단털이 있지만 점차 없어진다. 잎은 어긋
나고 긴 타원형이며 6~15㎝ 길이이고 양 끝이 뾰족하며 가장자리가 밋밋
하다. 잎 뒷면은 회백색이다. 암수딴그루로 잎이 돋기 전에 잎겨드랑이의
우산꽃차례에 노란색 꽃이 모여 달리며 꽃자루는 털이 많다. 둥근 열매는
검은색으로 익으며 열매자루는 길이 2㎝ 정도로 길다.

잎 앞면  p.751

10월의 열매

4월에 핀 꽃

열매 모양

잎 뒷면

8월의 비목나무

나무껍질

## 비목나무(녹나무과)  *Lindera erythrocarpa*

🌳 갈잎작은키나무~큰키나무(높이 6~15m)  ✹ 꽃 | 4~5월  🍂 열매 | 9~10월

경기도 이남의 산에서 자란다. 잎눈은 긴 달걀형이고 둥근 꽃눈은 긴 자루 끝에 달린다. 잎은 어긋나고 긴 타원형~거꿀피침형이며 6~15㎝ 길이이다. 잎 끝은 뾰족하며 가장자리가 밋밋하고 밑부분은 차츰 좁아진다. 암수딴그루로 잎이 돋을 때 꽃도 함께 피는데 햇가지 밑의 잎겨드랑이에 자잘한 연노란색 꽃이 우산 모양으로 모여 달린다. 둥근 열매는 지름 7㎜ 정도이고 붉게 익는다. 긴 열매자루의 끝부분은 곤봉처럼 굵어진다.

4월에 핀 꽃

10월의 열매

잎 뒷면

12월의 감태나무

나무껍질

10월의 ¹⁾뇌성목

## 감태나무/백동백(녹나무과) *Lindera glauca*

🔵 갈잎떨기나무~작은키나무(높이 3~7m) ✳️ 꽃 | 4월 🟤 열매 | 10~11월

충북 이남의 산기슭에서 자란다. 잎은 어긋나고 긴 타원형~타원형이며 뒷면 주맥에 털이 있고 가장자리는 밋밋하다. 단풍잎은 겨우내 매달려 있다. 암수딴그루로 잎이 돋을 때 잎겨드랑이의 우산꽃차례에 자잘한 노란색 꽃이 함께 모여 핀다. 둥근 열매는 지름 7㎜ 정도이며 열매자루가 길고 가을에 검은색으로 익는다. ¹⁾뇌성목(*L. angustifolia*)은 백령도와 대청도에서 자라며 잎이 거꿀피침형~좁은 거꿀피침형이고 뒷면에 털이 없다.

잎 앞면 p.751

5월 말에 핀 꽃

10월의 열매

잎 뒷면

10월의 생달나무

겨울눈

나무껍질

## 생달나무(녹나무과) *Cinnamomum yabunikkei*

🌳 늘푸른큰키나무(높이 15~20m)  ❋ 꽃 | 5~6월  🍂 열매 | 10~11월

남쪽 섬에서 자란다. 겨울눈은 달걀형이다. 잎은 어긋나고 긴 타원형이며 7~10㎝ 길이이고 가장자리는 밋밋하며 물결 모양으로 구불거린다. 잎 앞면은 광택이 있고 뒷면은 분백색이며 밑부분에서 5㎜쯤 올라가서 잎맥이 3개로 갈라진다. 잎겨드랑이의 우산꽃차례~갈래꽃차례에 자잘한 연노란색 꽃이 핀다. 꽃은 지름 4~5㎜로 작고 꽃자루가 길다. 열매는 타원형~구형이며 15㎜ 정도 길이이고 흑자색으로 익는다. 열매자루 끝은 부푼다.

잎 앞면 p.772

제주 도순동 녹나무 자생지(천연기념물 제162호)

잎 뒷면　　　　　　　겨울눈　　　　　　3월의 새순

## 녹나무(녹나무과) *Cinnamomum camphora*

🌳 늘푸른큰키나무(높이 20m 정도) 🌸 꽃 | 5~6월 🌰 열매 | 10~11월

제주도의 산기슭이나 산골짜기에서 자란다. 나무껍질은 황갈색~회갈색이고 세로로 불규칙하게 갈라진다. 햇가지는 황록색이고 털이 없다. 겨울눈은 긴 달걀형이고 끝이 뾰족하다. 잎은 어긋나고 달걀형~타원형이며 5~12㎝ 길이이고 끝이 뾰족하며 가장자리는 물결 모양으로 주름이 진다. 잎몸은 가죽질이며 앞면은 녹색이고 광택이 있으며 뒷면은 회백색이다. 잎 뒷면의 주맥과 측맥이 만나는 잎맥겨드랑이에 작은 기름점이 있다. 새로 돋은 잎은

5월에 핀 꽃

꽃차례

9월의 열매

1월의 열매

나무껍질

목재

황록색~홍색이다. 햇가지의 잎겨드랑이에 원뿔꽃차례가 나온다. **연노란색 꽃은 지름 4~5㎜로 작고 꽃덮이조각은 6장이다. 열매송이는 밑으로 늘어진 다. 동그스름한 열매는 지름 8㎜ 정도이고 광택이 있으며 검은색으로 익는 다. 열매자루 끝부분은 받침 모양으로 부풀어 있다. 열매 속에 1개씩 들어 있는 둥근 씨앗은 표면에 자잘한 돌기가 있다. 잎과 줄기와 뿌리에서 뽑아 낸 장뇌유는 향료나 약재로 쓰고 목재는 잘 썩지 않는다.**

잎 앞면 p.773

9월의 열매

6월 초에 피기 시작한 꽃

잎 뒷면

계피

10월의 육계나무

나무껍질

## 육계나무(녹나무과) *Cinnamomum loureiroi*

🌳 늘푸른큰키나무(높이 8~15m)  ❋ 꽃 | 5~6월  🍎 열매 | 11~12월

중국 원산이며 남쪽 섬에서 기른다. 잎은 어긋나고 긴 타원형이며 10~15cm 길이이고 끝은 길게 뾰족하며 가장자리는 밋밋하다. 잎 뒷면은 분백색이다. 잎자루에서 5mm 정도 위에서 잎맥이 3개로 갈라진다. 햇가지의 잎겨드랑이에 달리는 갈래꽃차례에 지름 4~5mm의 연한 황록색 꽃이 핀다. 타원형 열매는 1cm 정도 길이이고 흑자색으로 익는다. 나무껍질을 말린 것을 '계피'라고 하는데 매콤달콤한 향이 나며 향신료로 쓴다.

잎 앞면 p.773

4월에 핀 암꽃

9월의 열매

5월 초에 핀 수꽃

잎 뒷면

11월의 월계수 나무껍질

## 월계수(녹나무과) *Laurus nobilis*

🔵 늘푸른큰키나무(높이 15m 정도) ❇️ 꽃 | 4~5월 🟢 열매 | 10월

지중해 연안 원산이며 남쪽 섬에서 관상수로 심는다. 잎은 어긋나고 긴 타원형이며 7~9㎝ 길이이고 끝이 뾰족하며 가장자리는 물결 모양으로 주름이 진다. 잎몸은 딱딱한 가죽질이며 뒷면은 연녹색이다. 암수딴그루로 잎겨드랑이에 노란색 꽃이 모여 달린다. 열매는 타원형이고 8~10㎜ 길이이며 흑자색으로 익는다. 고대올림픽에서 우승한 사람에게 나뭇가지로 월계관을 만들어 씌워 주었다. 말린 잎은 향신료로 쓴다.

잎 앞면 p.773

7월의 어린 열매

6월에 핀 꽃

잎 뒷면

9월의 후박나무

겨울눈

나무껍질

**후박나무**(녹나무과) *Machilus thunbergii*

🌳 늘푸른큰키나무(높이 15~20m) ✽ 꽃 | 5~6월 🍂 열매 | 7~8월

울릉도와 남쪽 섬에서 자란다. 잎은 어긋나고 가지 끝에서는 촘촘히 달린다. 잎몸은 거꿀달걀형~긴 타원형이고 8~15㎝ 길이이며 끝이 뾰족하고 가장자리가 밋밋하며 뒷면은 회녹색이다. 햇가지 밑부분의 잎겨드랑이에서 자란 원뿔꽃차례에 작은 황록색 꽃이 모여 핀다. 둥근 열매는 지름 1㎝ 정도이며 흑자색으로 익고 밑부분에는 6장의 꽃덮이조각이 남아 있다. 열매자루는 붉은빛이 돈다.

잎 앞면 p.773

10월의 열매

5월에 핀 꽃

잎 뒷면

5월의 새잎이 돋은 줄기

겨울눈

나무껍질

## 센달나무(녹나무과) *Machilus japonica*

🌳 늘푸른큰키나무(높이 10~15m) ❀ 꽃 | 5~6월 🍒 열매 | 8~9월

남쪽 섬에서 자란다. 잎은 어긋나고 긴 타원형~피침형이며 8~15㎝ 길이이고 끝이 길게 뾰족하다. 잎 가장자리는 밋밋하고 물결 모양으로 약간 주름이 지며 잎 앞면은 광택이 있고 뒷면은 청백색이다. 햇가지에 달리는 원뿔꽃차례에 황록색 꽃이 핀다. 꽃덮이조각은 6장이고 수술은 12개, 암술은 1개이다. 둥근 열매는 지름 1㎝ 정도이며 검은 녹색으로 익고 밑부분에 꽃덮이조각이 남아 있다. 열매자루는 붉은빛이 돈다.

잎 앞면 p.773

10월에 핀 암꽃

10월에 핀 수꽃

1월의 열매

5월의 새로 돋은 잎

잎 뒷면

나무껍질

## 참식나무(녹나무과) *Neolitsea sericea*

🌳 늘푸른큰키나무(높이 10~15m) ✳️ 꽃 | 10~11월 🌰 열매 | 다음 해 10~11월

울릉도와 남쪽 바닷가에서 자란다. 나무껍질은 회갈색이며 매끄럽다. 어린 가지는 녹색이며 털이 있다. 잎은 어긋나고 긴 타원형이며 8~18㎝ 길이이고 끝이 뾰족하며 가장자리가 밋밋하다. 잎몸은 가죽질이고 뒷면은 분백색이다. 어린잎은 밑으로 처지고 황갈색 털이 촘촘하지만 점차 없어진다. 암수딴그루로 잎겨드랑이의 자루가 없는 우산꽃차례에 연노란색 꽃이 핀다. 둥근 열매는 지름 1.2~1.5㎝이고 붉게 익는다.

잎 앞면 p.773

4월에 핀 암꽃

10월 초의 열매

4월에 핀 수꽃

잎 뒷면

9월의 새덕이

나무껍질

## 새덕이/흰새덕이(녹나무과) *Neolitsea aciculata*

⬆ 늘푸른큰키나무(높이 10m 정도) ✳ 꽃 | 3~4월 ● 열매 | 10~11월

전남과 제주도의 산에서 자란다. 잎은 어긋나지만 가지 끝에서는 모여난다. 잎몸은 긴 타원형이고 5~12㎝ 길이이며 끝이 뾰족하고 가장자리가 밋밋하다. 잎 뒷면은 흰빛이 돌고 3개의 잎맥이 뚜렷하다. 암수딴그루로 잎겨드랑이의 자루가 없는 우산꽃차례에 붉은색 꽃이 촘촘히 모여 핀다. 암그루는 수그루보다 꽃이 성기게 달린다. 타원형 열매는 1㎝ 정도 길이이며 흑자색으로 익는다. 열매자루는 7~8㎜ 길이이다.

10월에 핀 암꽃

6월 초의 열매

9월 말에 핀 수꽃

잎 뒷면

9월 말의 까마귀쪽나무

나무껍질

## 까마귀쪽나무(녹나무과) *Litsea japonica*

🌳 늘푸른작은키나무(높이 7m 정도) 🌸 꽃 | 9~11월 🍎 열매 | 다음 해 5~6월

울릉도와 남쪽 섬에서 자란다. 어린 가지는 굵고 황갈색 솜털이 빽빽하다. 잎은 어긋나며 긴 타원형이고 7~15㎝ 길이이며 가장자리가 밋밋하고 약간 뒤로 말린다. 잎몸은 두꺼운 가죽질이고 앞면은 진녹색이며 뒷면에는 황갈색 솜털이 빽빽하고 잎맥이 튀어나온다. 암수딴그루로 늦가을에 잎겨드랑이에 자잘한 연노란색 꽃이 모여 피는데 꽃덮이조각은 6장이다. 타원형 열매는 1.5㎝ 정도 길이이며 진한 자주색으로 익는다.

잎 앞면 p.773

9월 초에 핀 암꽃

9월 초에 핀 수꽃

7월 말의 열매

잎 뒷면

겨울눈

나무껍질

## 육박나무(녹나무과) *Litsea coreana*

🌳 늘푸른큰키나무(높이 15~20m)  ✴ 꽃 | 8~9월  🍂 열매 | 다음 해 7~9월

남쪽 섬에서 자란다. 나무껍질은 회흑색이고 비늘처럼 떨어져서 흰색~회갈색 반점을 남긴다. 잎눈은 피침형이다. 잎은 어긋나고 긴 타원형~거꿀피침형이며 5~9㎝ 길이이고 끝이 뾰족하며 가장자리가 밋밋하다. 잎 뒷면은 흰빛이 돌고 측맥은 7~10쌍이다. 암수딴그루로 잎겨드랑이에 달리는 우산꽃차례에 자잘한 연노란색 꽃이 3~4개씩 모여 핀다. 둥근 열매는 지름 7㎜ 정도이며 붉은색으로 익는다. 열매자루는 굵고 짧다.

7월의 어린 열매

잎 뒷면

5월 초에 핀 꽃

10월의 포포나무

겨울눈

나무껍질

**포포나무**(포포나무과) *Asimina triloba*

🌳 갈잎작은키나무(높이 4~12m)  ✸ 꽃 | 4~5월  🍂 열매 | 9~10월

북아메리카 원산이며 관상수로 심는다. 가지 끝의 잎눈은 긴 삼각형이다. 잎은 어긋나고 거꿀달걀형~긴 타원형이며 10~25㎝ 길이이고 끝이 뾰족하며 가장자리는 밋밋하다. 잎이 돋을 때 꽃이 함께 핀다. 납작한 종 모양의 꽃은 적자색이며 꽃잎은 6장이고 밑을 보고 달리며 독특한 향기가 난다. 타원형 열매는 7~15㎝ 길이이며 녹갈색으로 익는다. 열매는 바나나와 망고를 합친 달콤한 맛이 나며 과일로 먹는다.

잎 앞면 p.773

4월 초에 핀 꽃

7월의 열매

9월의 열매와 씨앗

잎 뒷면

10월 말의 목련

나무껍질

## 목련(목련과) *Magnolia kobus*

🌳 갈잎큰키나무(높이 10~15m)  ✿ 꽃 | 3~4월  🍂 열매 | 9~10월

제주도 한라산에서 자란다. 잎은 어긋나고 거꿀달걀형이며 끝이 급히 뾰족해지고 가장자리가 밋밋하며 뒷면은 연녹색이다. 잎이 돋기 전에 가지 끝에 지름 7~10cm의 흰색 꽃이 핀다. 6장의 안쪽 꽃덮이조각은 긴 타원형이며 꽃잎 모양으로 활짝 벌어진다. 3장의 바깥쪽 꽃덮이조각은 넓은 선형으로 크기가 작다. 원통형 열매는 울퉁불퉁하고 가을에 익으면 칸칸이 벌어지면서 주홍색 껍질에 싸인 씨앗이 드러난다.

4월의 백목련

잎 뒷면　　　　겨울눈　　　　나무껍질

## 백목련(목련과)　*Magnolia denudata*

🌳 갈잎큰키나무(높이 15m 정도)　✺ 꽃 | 3~4월　🍎 열매 | 10월

중국 원산이며 관상수로 심는다. 털로 덮여 있는 겨울눈의 모양이 붓을 닮아 나무붓이라는 뜻으로 '목필'이라고 했다. 잎은 어긋나고 거꿀달걀형이며 8~15㎝ 길이이다. 잎 끝은 급히 뾰족해지며 가장자리는 밋밋하고 뒷면은 연녹색이다. 잎보다 먼저 피는 흰색 꽃은 지름 10~16㎝로 큼직하고 꽃덮이조각은 9장이며 활짝 벌어지지 않는다. 암술은 원뿔 모양의 기둥 윗부분에 촘촘히 달리고 수술은 기둥 밑부분에 촘촘히 달린다. 암술이 수술보다 먼저 성

8월의 어린 열매

10월 말의 열매

5월 초에 핀 꽃

암술

수술

암술과 수술

4월의 [1]자목련 품종

4월의 [2]자주목련

숙한다. 원통형 열매는 10㎝ 정도 길이이며 울퉁불퉁하고 익으면 칸칸이 벌어지면서 주황색 겉씨껍질에 싸인 씨앗이 드러난다. [1]**자목련**(*M. liliiflora*)은 중국 원산이며 잎이 돋기 전에 먼저 피는 큼직한 자주색 꽃은 활짝 벌어지지 않고 꽃덮이조각은 9~12장이며 안쪽도 자주색이다. [2]**자주목련**(*M. sprengeri*)은 이른 봄에 잎이 돋기 전에 홍자색 꽃이 위를 보고 피는데 꽃덮이조각은 12~14장이며 안쪽이 흰색이다. 모두 관상수로 심는다.

잎 앞면 p.773

95

9월 초의 열매

잎 뒷면

4월 초에 핀 꽃

4월의 별목련

나무껍질

¹⁾별목련 '로제아'

**별목련**(목련과) *Magnolia stellata*

🌳 갈잎작은키나무(높이 5~6m) ❀ 꽃 | 4월 🍎 열매 | 9~10월

일본 원산이며 관상수로 심는다. 잎은 어긋나고 긴 타원형~거꿀피침형이며 5~10㎝ 길이이고 가장자리가 밋밋하다. 잎이 돋기 전에 가지 끝에 지름 7~10㎝의 꽃이 1개씩 피는데 향기가 진하다. 꽃덮이조각은 12~18장이며 보통은 흰색이지만 분홍빛이 도는 것도 있다. 열매는 원통형이며 3~7㎝ 길이이고 가을에 칸칸이 벌어진다. ¹⁾**별목련 '로제아'**('Rosea')는 원예 품종으로 연분홍색 꽃은 지름 15㎝ 정도이며 점차 색이 연해진다.

잎 앞면 p.773

9월의 열매

겨울눈

6월에 핀 꽃

10월의 함박꽃나무

나무껍질

1)겹함박꽃나무

## 함박꽃나무(목련과) *Magnolia sieboldii*

🌳 갈잎작은키나무(높이 7~10m) ❀ 꽃 | 5~6월 🍎 열매 | 9~10월

산에서 자란다. 잎은 어긋나고 타원형~거꿀달걀형이며 끝이 뾰족하고 가장자리는 밋밋하며 뒷면은 회녹색이다. 잎이 자란 다음에 피는 흰색 꽃은 지름 7~10cm이고 꽃덮이조각은 9~12장이다. 꽃턱 둘레의 수술대와 꽃밥은 붉은색이다. 타원형 열매는 5~7cm 길이이고 붉은색으로 익으면 칸칸이 벌어지면서 주홍색 씨앗이 드러난다. 1)**겹함박꽃나무**(f. *semiplena*)는 꽃덮이조각이 12장 이상인 품종으로 드물게 자란다.

8월의 열매

5월에 핀 꽃

잎 뒷면

8월의 일본목련

겨울눈

나무껍질

## 일본목련(목련과) *Magnolia obovata*

🌳 갈잎큰키나무(높이 20m 정도) ✳ 꽃 | 5~6월 🌰 열매 | 9~11월

일본 원산이며 관상수로 심거나 산에 조림을 한다. 겨울눈은 3~5㎝ 길이 이며 털이 없다. 잎은 어긋나지만 가지 끝에서는 모여나며 거꿀달걀형이 고 20~40㎝ 길이로 큼직하다. 잎 가장자리는 밋밋하고 뒷면은 분백색이 다. 잎이 자란 다음 가지 끝에 커다란 흰색 꽃이 피는데 지름 15㎝ 정도이 며 향기가 강하다. 흰색 꽃덮이조각은 9~12장이고 암술과 수술은 많다. 긴 타원형 열매는 10~20㎝ 길이이고 붉은색으로 익는다.

잎 앞면 p.773

6월에 핀 꽃

10월의 열매

잎 뒷면

6월의 태산목

겨울눈

나무껍질

### 태산목(목련과)  *Magnolia grandiflora*

🌳 늘푸른큰키나무(높이 20m 정도)  ✴ 꽃 | 5~7월  🍂 열매 | 10~11월

북아메리카 원산의 늘푸른큰키나무로 남부 지방에서 관상수로 심는다. 어린 가지와 겨울눈은 짧은 갈색 털로 덮여 있다. 잎은 어긋나고 긴 타원형이며 10~20cm 길이이고 가죽질이며 가장자리가 밋밋하다. 잎 앞면은 광택이 있고 뒷면에는 갈색 털이 빽빽하다. 가지 끝의 흰색 꽃은 지름 12~25cm로 큼직하다. 흰색 꽃덮이조각은 9~12장이며 꽃잎처럼 보인다. 타원형 열매는 8~12cm 길이이고 짧은털로 덮여 있다.

잎 앞면 p.773

겨울눈

잎 뒷면

2월 말에 핀 꽃

10월의 초령목

나무껍질

5월의 <sup>1)</sup>피고초령목

## 초령목(목련과)　*Magnolia compressa*

⬆ 늘푸른큰키나무(높이 15m 정도)　✹ 꽃 | 2~3월　🍂 열매 | 9~11월

제주도에서 드물게 자란다. 잎은 어긋나고 긴 타원형~긴 거꿀달걀형이며 6~15㎝ 길이이고 끝이 뾰족하고 가장자리는 밋밋하다. 잎몸은 가죽질이고 앞면은 광택이 있으며 뒷면은 회녹색이다. 잎겨드랑이에 피는 흰색 꽃은 지름 3㎝ 정도로 작으며 꽃덮이조각은 12장이고 밑부분은 붉은빛이 돈다. 울퉁불퉁한 열매는 긴 타원형이다. <sup>1)</sup>피고초령목(*M. figo*)은 중국 원산이고 남쪽 섬에서 심으며 봄~여름에 피는 연노란색 꽃은 점차 보랏빛으로 물든다.

잎 앞면 p.774

9월의 열매

5월에 핀 꽃

4월의 새순과 새잎

잎 뒷면　　　　　10월의 튤립나무　　　　　나무껍질

### 튤립나무(목련과)　*Liriodendron tulipifera*

🌳 갈잎큰키나무(높이 20~40m)　✳ 꽃 | 5~6월　🍂 열매 | 9~10월

북아메리카 원산이며 관상수로 심는다. '백합나무'라고 부르기도 한다. 나무껍질은 회갈색이다. 네모진 잎은 어긋나고 10~15㎝ 길이이며 끝은 一자로 자른 듯하거나 얕은 V자 모양으로 오목하게 들어가고 가장자리는 2~6갈래로 얕게 갈라진다. 봄에 가지 끝에서 위를 보고 피는 튤립 모양의 황록색 꽃은 지름 5~6㎝로 큼직하다. 열매는 좁은 원뿔형이며 6~7㎝ 길이이고 가을에 갈색으로 익으면 조각조각 벌어진다.

잎 앞면　p.776

5월 초에 핀 수꽃

4월에 핀 암꽃

4월에 핀 암꽃과 묵은 열매

잎 뒷면

10월의 청미래덩굴

줄기

## 청미래덩굴(청미래덩굴과|백합과) *Smilax china*

🔼 갈잎덩굴나무(길이 2~5m) ✳ 꽃 | 4~5월 🔅 열매 | 9~10월

산에서 자란다. 줄기는 마디마다 굽고 갈고리 가시와 덩굴손이 있다. 둥근 잎은 어긋나고 3~12㎝ 길이이며 가장자리가 밋밋하고 3~5개의 잎맥이 뚜렷하다. 잎 앞면은 광택이 있고 가죽질이며 뻣뻣하다. 암수딴그루로 잎이 돋을 때 잎겨드랑이의 우산꽃차례에 황록색 꽃이 모여 핀다. 꽃덮이조각은 6장이며 수꽃의 수술도 6개이다. 둥근 열매는 붉은색으로 익는다. 열매는 '명감' 또는 '망개'라고 하며 아이들이 따 먹지만 씹으면 텁텁하다.

잎 앞면 p.743

암꽃 모양

5월 말에 핀 수꽃

9월의 열매

잎 뒷면 　　줄기 　　[1]민청가시덩굴 열매

## 청가시덩굴(청미래덩굴과 | 백합과)　*Smilax sieboldii*

🔵 갈잎덩굴나무(길이 5m 정도)　❇ 꽃 | 5~6월　🍂 열매 | 9~10월

산에서 자란다. 녹색 줄기는 바늘 같은 가시가 많다. 잎은 어긋나고 달걀
형~달걀 모양의 하트형이고 5~12㎝ 길이이다. 잎 끝은 뾰족하고 가장자
리는 밋밋하며 물결 모양으로 주름이 진다. 잎자루 끝에서 5개의 잎맥이
나란히 벋는다. 암수딴그루로 잎겨드랑이의 우산꽃차례에 자잘한 황록색
꽃이 모여 핀다. 둥근 열매는 지름 6㎜ 정도이며 남흑색으로 익는다. [1]민
**청가시덩굴**(v. *inermis*)은 줄기에 가시가 없는 품종이다.

꽃 모양

6월의 유카

10월에 핀 꽃

잎 뒷면

나무껍질

6월의 [1]실유카

# 유카(아스파라거스과|용설란과) *Yucca gloriosa*

🌳 늘푸른떨기나무(높이 2~3m) ❋ 꽃 | 5~6월, 9~11월 🟤 열매 | 10~11월

미국 원산이며 남부 지방에서 관상수로 심는다. 줄기 윗부분에 촘촘히 돌려
나는 칼 모양의 잎은 60~90cm 길이이며 두꺼운 가죽질이고 끝이 뾰족하며
비스듬히 처지기도 한다. 줄기 끝의 원뿔꽃차례는 60~90cm 길이이다. 흰
색 꽃은 5~8cm 크기이며 꽃잎은 6장이고 밑을 향하며 반쯤 벌어진다. [1]실
유카(*Y. filamentosa*)는 늘푸른여러해살이풀로 유카와 비슷하지만 줄기가
높이 자라지 않고 잎 가장자리에 실 같은 섬유가 붙어 있다.

잎 앞면 p.751

9월의 열매

9월에 핀 꽃

열매 모양

잎 뒷면

9월의 야타이야자

나무껍질

## 야타이야자(야자나무과) *Butia yatay*

🌳 늘푸른작은키나무(높이 3∼5m)

남아메리카 원산이며 남쪽 섬에서 관상수로 심는다. 어릴 때는 겨울에 보온이 필요하다. 줄기 끝에 촘촘히 돌려 가며 모여 달리는 깃꼴겹잎은 2m 정도 길이이며 뒤로 휘어지고 회청색이며 잎자루에는 가시가 있다. 작은 잎은 50∼60쌍이고 가는 선형이며 가죽질이다. 잎겨드랑이에서 나오는 커다란 꽃송이는 가지가 많이 갈라지며 자잘한 연노란색 꽃이 핀다. 동그스름한 열매는 지름 4㎝ 정도이며 주황색 등으로 익는다.

잎 앞면 p.779

암꽃이삭

수꽃 모양

9월의 수꽃이 핀 줄기

10월 말의 열매

6월의 카나리야자

나무껍질

## 카나리야자(야자나무과) *Phoenix canariensis*

🌳 늘푸른큰키나무(높이 15~20m)

대서양의 카나리아제도 원산이며 남쪽 섬에서 관상수로 심는다. 줄기 끝에
모여나는 깃꼴겹잎은 5~6m 길이이고 잎자루에 가시가 있다. 작은잎은
100~200쌍이고 가는 선형이며 50~60㎝ 길이이고 양면에 광택이 있다.
암수딴그루로 잎겨드랑이에서 나오는 솔 모양의 꽃이삭은 2m 정도 길이
이며 가느다란 꽃가지가 촘촘히 달린다. 자잘한 연노란색 꽃은 고개를 숙
이고 핀다. 둥근 열매는 지름 1.5㎝ 정도이며 황적색으로 익는다.

잎 앞면 p.779

어린 열매이삭

어린 열매이삭이 달린 줄기

잎 가장자리

잎맥

9월의 워싱턴야자

나무껍질

## 워싱턴야자(야자나무과) *Washingtonia filifera*

🔵 늘푸른큰키나무(높이 10~20m) ✲ 꽃 | 6~8월

미국 남부 원산이며 남쪽 섬에서 관상수로 심는다. 나무껍질에 잎자루가 떨어진 흔적이 남아 있다. 줄기 윗부분에 촘촘히 돌려나는 둥근 부채 모양의 잎은 지름 1~1.5m이고 갈래조각은 밑으로 처진다. 잎자루 양쪽 가장자리에는 갈고리 모양의 빳빳한 가시가 있다. 암수딴그루로 잎겨드랑이에서 나오는 기다란 꽃송이는 밑으로 늘어지며 꽃가지마다 자잘한 연노란색 꽃이 달린다. 작고 둥근 열매는 흑적색으로 익는다.

잎 앞면 p.776

암꽃

9월의 열매 모양

7월의 어린 열매

1월의 종려나무

나무껍질

5월에 핀 ¹⁾당종려 꽃

### 종려나무/왜종려(야자나무과) *Trachycarpus fortunei*

🌳 늘푸른큰키나무(높이 5~10m) ✿ 꽃 | 5~6월 🍂 열매 | 11~12월

일본 규슈 원산이며 남쪽 섬에서 관상수로 심는다. 줄기는 흑갈색 섬유질로 덮여 있다. 둥근 부채 모양의 잎은 줄기 윗부분에 돌려나고 갈래조각은 밑으로 처진다. 암수딴그루로 잎겨드랑이에서 나오는 원뿔꽃차례는 밑으로 처지고 자잘한 연노란색 꽃이 달린다. 둥근 열매는 검게 익는다. ¹⁾당종려(*T. wagnerianus*)는 종려나무와 비슷하지만 잎이 단단하여 갈래조각이 밑으로 처지지 않는다. 종려나무와 같은 종으로도 본다.

잎 앞면 p.776

7월의 잎가지

잎집의 비단털

잎 뒷면

5월의 죽순

1월의 왕대 군락

줄기 마디

## 왕대(벼과) *Phyllostachys bambusoides*

🌱 늘푸른대나무(높이 20m 정도)

중국 원산이며 남부 지방에서 재배하고 관상수로도 심는다. 줄기 마디의 고리는 2개이고 한 마디에 굵기가 다른 가지가 2개씩 나온다. 작은 가지 끝에 3~6개씩 달리는 잎은 피침형이며 10~20㎝ 길이로 죽순대보다 크며 끝이 길게 뾰족하다. 잎 뒷면은 분백색이 돈다. 잎집의 비단털은 5~10개가 나사 모양으로 달리며 오랫동안 떨어지지 않는다. 죽순은 5~6월에 돋는데 껍질은 어두운 자갈색 무늬가 있으며 쓴맛이 난다.

잎 앞면 p.765

8월의 죽순대 숲

### 죽순대(벼과) *Phyllostachys edulis*

🌳 늘푸른대나무(높이 10~20m)

중국 원산이며 남부 지방에서 재배하거나 관상수로 심는다. 뿌리줄기가 땅속으로 벋으면서 퍼져 나간다. 새로 나온 줄기는 녹색이며 털이 있지만 굳어 가면서 황록색으로 변한다. 한 마디에 가지가 2~3개씩 나온다. 가지가 없는 줄기 마디의 고리는 1개이다. 작은 가지 끝에 3~8개씩 달리는 잎은 피침형이며 길이 7~10cm로 왕대보다 약간 작고 끝이 길게 뾰족하다. 잎 가장자리의 잔톱니가 빨리 없어지고 잎집에 잔털이 있으며 비단털은 곧고 빨

4월의 잎가지

잎집의 비단털

5월의 꽃이삭

5월에 돋은 죽순

줄기 마디

¹⁾**구갑죽** 줄기

리 떨어진다. 대나무는 일생에 단 한 번 꽃이 핀 후에 죽으며 개화 주기는 60년 정도이다. 꽃은 원뿔꽃차례에 달린다. 죽순은 5월에 돋는데 적갈색 포는 큰 흑갈색 반점과 더불어 털이 빽빽이 난다. 죽순대 죽순은 죽순 요리에 널리 이용된다. 줄기는 왕대와 더불어 죽세공품을 만드는 데 이용된다. ¹⁾**구갑죽**('Kikko')은 원예 품종으로 줄기에 거북등 같은 무늬가 있으며 남부 지방에서 관상수로 심는다.

잎집의 비단털

5월의 죽순

7월의 잎가지

솜대 군락

줄기 마디

10월의 <sup>1)</sup>오죽(烏竹)

## 솜대(벼과) *Phyllostachys nigra* v. *henonis*

🔴 늘푸른대나무(높이 10m 이상)

중국 원산이며 충청도 이남에서 심는다. 줄기 마디의 고리는 2개이고 모두 같은 높이로 볼록하다. 작은 가지 끝에 2~3개씩 달리는 잎은 피침형이며 끝이 뾰족하고 가장자리에 잔톱니가 있다. 비단털은 5개 내외로 점차 떨어진다. 추위에 가장 강해 경북~전북 이북에서 자라는 큰 대나무는 솜대인 경우가 많다. <sup>1)</sup>오죽(*Phyllostachys nigra*)은 솜대와 비슷하지만 줄기가 검은 것이 특징이다. 학명상으로는 솜대의 모종(母種)이다.

잎 앞면 p.765

# 왕대속(*Phyllostachys*)의 비교

| 비단털 | 줄기의 마디 | 특징 |
|---|---|---|

**죽순대**

남부 지방에서 재배한다. 줄기 마디의 고리는 1개이다. 잎집에 잔털이 있으며 비단털은 곧고 빨리 떨어진다.

**왕대**

남부 지방에서 재배한다. 줄기 마디의 고리는 2개이다. 잎집의 비단털은 5~10개가 나사 모양으로 달리며 오랫동안 떨어지지 않는다.

**솜대**

충청도 이남에서 재배하며 서울과 경기도에서도 월동한다. 줄기 마디의 고리는 2개이고 모두 같은 높이로 볼록하다. 잎집의 비단털은 5개 내외로 곧게 서며 점차 떨어진다.

12월의 잎줄기

잎집

1월의 눈에 덮인 이대

5월의 죽순

줄기 마디

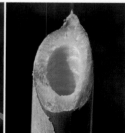

줄기 단면

## 이대(벼과) *Pseudosasa japonica*

🔄 늘푸른대나무(높이 2~5m)

중부 이남에서 무리 지어 자란다. 줄기를 둘러싸고 있는 껍질은 마디 사이의 길이와 비슷하며 벗겨지지 않고 오래도록 감싸고 있으며 표면에 거친 털이 있다. 좁은 피침형 잎은 10~30㎝ 길이로 끝이 꼬리처럼 길고 양면에 털이 없다. 원뿔꽃차례는 잔털이 있고 자줏빛이 돌며 작은 꽃이삭에 5~10개의 꽃이 모여 달리고 수술은 6개이다. 죽순은 5월에 돋는데 죽순 껍질은 처음에 누운털이 **빽빽**이 난다. 관상수로도 많이 심는다.

잎 앞면 p.747

5월의 꽃이삭

잎집

5월의 잎줄기

죽순

11월의 눈 덮인 군락

4월의 [1]제주조릿대

## 조릿대(벼과) *Sasa borealis*

🔵 늘푸른대나무(높이 1~2m)

산에서 흔히 무리 지어 자란다. 줄기의 마디는 낮다. 줄기를 둘러싸고 있는 껍질은 마디 사이보다 길고 2~3년간 떨어지지 않는다. 가지에 2~3개씩 달리는 피침형 잎은 10~25cm 길이이며 끝이 꼬리처럼 길고 잎집에 털이 있으며 비단털은 없다. 원뿔꽃차례에 달리는 작은 꽃이삭은 2~5개의 꽃으로 이루어지고 밑부분에 2개의 포가 있다. [1]제주조릿대(*S. quelpaertensis*)는 한라산에서 자라며 가지가 갈라지지 않고 마디는 둥글다.

8월 말의 열매

5월 말에 핀 꽃

잎 뒷면

새순과 가시

8월 말의 매발톱나무

6월의 [1]섬매발톱나무

## 매발톱나무(매자나무과) *Berberis amurensis*

🌳 갈잎떨기나무(높이 2m 정도)  ✳ 꽃 | 5~6월  🍂 열매 | 9~10월

중부 이북의 산에서 자란다. 어린 가지는 회갈색이며 마디에 가시가 있다. 잎은 어긋나지만 짧은가지에는 모여나며 거꿀달걀형이고 끝이 둔하며 가장자리에 톱니가 있다. 짧은가지 끝의 송이꽃차례는 반쯤 처지고 노란색 꽃이 모여 달린다. 열매는 타원형이며 1㎝ 정도 길이이고 붉은색으로 익는다. [1]섬매발톱나무(*B. quelpaertensis*)는 제주도 한라산에서 자라며 매발톱나무보다 가시가 크지만 잎과 꽃송이는 작다.

잎 앞면 p.747

9월의 열매

잎 뒷면

5월에 핀 꽃

9월의 매자나무

겨울눈과 가시

나무껍질

## 매자나무(매자나무과) *Berberis koreana*

🌳 갈잎떨기나무(높이 2m 정도)  ✿ 꽃 | 5월  🍂 열매 | 9~10월

중부 이북의 산에서 자란다. 어린 가지는 적갈색이며 5~10㎜ 길이의 날카로운 가시가 달린다. 잎은 어긋나지만 짧은가지에서는 모여난 것처럼 보인다. 거꿀달걀형~타원형 잎은 3~7㎝ 길이이며 끝이 둔하고 가장자리에 불규칙한 톱니가 있다. 짧은가지 끝에서 자란 송이꽃차례에 자잘한 노란색 꽃이 포도송이처럼 매달려 핀다. 열매송이는 포도송이처럼 늘어진다. 둥근 열매는 지름 6㎜ 정도이고 가을에 붉은색으로 익는다.

7월의 어린 열매

잎 뒷면

4월에 핀 꽃

7월의 일본매자나무

줄기

5월의 <sup>1)</sup>황금일본매자나무

## 일본매자나무(매자나무과) *Berberis thunbergii*

�{갈잎떨기나무(높이 2m 정도) ❀ 꽃 | 4~5월 🍒 열매 | 10월

일본 원산이며 관상수로 심는다. 가지에 긴 가시가 있다. 잎은 어긋나고
짧은가지 끝에서는 모여난다. 잎몸은 거꿀달걀형~타원형이고 끝이 둔하
며 가장자리는 밋밋하고 뒷면은 흰빛이 돈다. 봄에 짧은가지 끝의 우산꽃
차례 비슷한 짧은 송이꽃차례에 2~4개의 노란색 꽃이 늘어진다. 타원형
열매는 가을에 붉게 익는다. <sup>1)</sup>황금일본매자나무('Aurea')는 원예 품종으로
잎이 황금색이며 가을에는 아름다운 오렌지색으로 단풍이 든다.

잎 앞면  p.751

## 매자나무속(*Berberis*)의 비교

| 열매 | 잎 뒷면 | 특징 |
|---|---|---|

**매발톱나무**

어린 가지는 회갈색이다. 잎 가장자리의 톱니는 매자나무보다 날카롭다. 꽃차례는 송이꽃차례이며 열매는 타원형이다.

**매자나무**

어린 가지는 적갈색이다. 잎 가장자리의 불규칙한 톱니는 매발톱나무보다 덜 날카롭다. 꽃차례는 송이꽃차례이며 열매는 거의 둥글다.

**일본매자나무**

어린 가지는 적갈색이다. 잎 가장자리는 밋밋하고 뒷면은 흰빛이 돈다. 꽃차례는 우산꽃차례 비슷한 짧은 송이꽃차례이며 2~4개의 꽃이 달린다. 열매는 타원형이다.

꽃 모양

11월의 열매

6월 말에 핀 꽃

2월의 남천

나무껍질

12월의 [1]노랑남천 열매

## 남천(매자나무과)  *Nandina domestica*

🌳 늘푸른떨기나무(높이 3m 정도)  ❇ 꽃 | 5~7월  🍂 열매 | 10~11월

중국 원산이며 남부 지방에서 관상수로 심는다. 잎은 어긋나고 3회깃꼴겹 잎이다. 작은잎은 좁은 타원형~피침형으로 3~7㎝ 길이이고 두껍고 단단하 며 가장자리가 밋밋하다. 줄기 끝의 원뿔꽃차례에 자잘한 흰색 꽃이 핀다. 꽃은 6~7㎜ 크기이며 6장의 흰색 꽃잎은 비스듬히 젖혀진다. 포도송이처 럼 늘어지는 붉은 열매송이는 겨우내 매달려 있다. [1]노랑남천('Leucocarpa') 은 원예 품종으로 열매가 노랗게 익는다.

잎 앞면 p.765

6월의 열매

작은잎 뒷면

3월에 핀 꽃

3월의 뿔남천

나무껍질

10월의 [1]중국남천

**뿔남천**(매자나무과)  *Mahonia japonica*

❀ 늘푸른떨기나무(높이 1~3m)  ❀ 꽃 | 3~4월  ❀ 열매 | 6~7월

중국과 대만 원산이며 관상수로 심는다. 나무껍질은 회갈색이고 코르크가
발달한다. 가지 끝에 모여나는 깃꼴겹잎은 9~13장의 작은잎이 마주 붙고
작은잎은 가장자리에 날카로운 톱니가 있다. 가지 끝에서 모여나는 송이
꽃차례는 비스듬히 처지며 노란색 꽃이 핀다. 원형~달걀형 열매는 흑자
색으로 익는다. [1]**중국남천**(*M. fortunei*)은 중국 원산이다. 잎은 깃꼴겹잎이
며 작은잎은 가장자리에 있는 얕은 톱니 끝이 가시처럼 된다.

수꽃

암꽃

5월 초에 핀 꽃

## 으름덩굴(으름덩굴과) *Akebia quinata*

🌲 갈잎덩굴나무(길이 5~6m)  ✳ 꽃 | 4~5월  🍂 열매 | 9~10월

황해도 이남의 산에서 자란다. 잎은 어긋나고 손꼴겹잎이며 작은잎은 5~8장
이다. 작은잎은 타원형~거꿀달걀형이며 끝은 오목하게 들어가고 가장자리
는 밋밋하며 뒷면은 흰빛이 돈다. 암수한그루로 짧은가지 끝의 잎 사이에서
자란 송이꽃차례에 연자주색 꽃이 고개를 숙이고 핀다. 꽃차례의 밑부분에
1~3개씩 달리는 암꽃은 수꽃보다 크며 가운데에 4~8개의 암술이 모여 있
다. 꽃차례의 끝에 4~8개씩 모여 달리는 수꽃은 암꽃보다 작다. 꽃받침조각

122

수꽃 모양

10월의 열매

암꽃 모양

7월의 어린 열매

잎 뒷면

4월의 [1]세잎으름 수꽃

은 뒤로 젖혀지고 가운데에 모여 있는 6~7개의 수술은 끝이 가운데로 둥글게 말린다. 타원형 열매는 보통 1~8개가 모여 달리며 5~10cm 길이이고 갈색으로 익으면 세로로 갈라지면서 흰색 속살이 드러난다. 열매살은 먹을 수 있으며 바나나와 생김새나 맛이 비슷하지만 씨앗이 많다. [1]세잎으름(*A. trifoliata*)은 중국과 일본 원산이다. 잎은 세겹잎이며 가장자리에 불규칙한 물결 모양의 톱니가 있다. 관상수로 심는다.

4월 말에 핀 암꽃

11월의 열매

5월에 핀 수꽃

잎 뒷면

5월의 멀꿀

나무껍질

## 멀꿀(으름덩굴과) *Stauntonia hexaphylla*

🌳 늘푸른덩굴나무(길이 15m 정도)  ✿ 꽃 | 4~5월  🍎 열매 | 10~11월

남쪽 섬에서 자란다. 잎은 어긋나고 손꼴겹잎이며 작은잎은 5~7장이다.
작은잎은 타원형~달걀형이며 두껍고 광택이 있으며 뒷면은 연녹색이다.
암수한그루로 잎겨드랑이에서 자라는 짧은 송이꽃차례에 연한 황백색 꽃
이 3~7개씩 모여서 늘어진다. 암꽃은 수꽃보다 약간 크고 가운데에 3개
의 암술이 있으며 수꽃은 가운데에 6개의 수술이 있다. 둥근 달걀형 열매
는 5~8㎝ 길이이며 적갈색으로 익는데 익어도 열매가 벌어지지 않는다.

잎 앞면 p.745

수꽃

7월에 핀 꽃

10월의 열매

잎 뒷면

씨앗

10월의 댕댕이덩굴

## 댕댕이덩굴(방기과) *Cocculus orbiculatus*

🔄 갈잎덩굴나무(길이 3m 정도) ✳️ 꽃 | 6~8월 🟤 열매 | 10~11월

산과 들의 양지바른 풀밭에서 자란다. 잎은 어긋나고 긴 달걀형~하트형
이며 가장자리는 밋밋하고 잎몸이 3갈래로 얕게 갈라지기도 한다. 암수딴
그루로 가지 끝과 잎겨드랑이의 원뿔꽃차례에 연한 황백색 꽃이 모여 핀다.
6장의 꽃잎은 끝이 2갈래로 갈라지고 암꽃은 암술머리가 갈라지지 않는다.
둥근 열매는 지름 6~7㎜이고 흑자색~검은색으로 익으며 흰색 가루로 덮
여 있다. 씨앗은 굼벵이가 동그랗게 말려 있는 모양이다.

수꽃

암꽃

5월에 핀 수꽃

잎 뒷면

줄기

7월의 <sup>1)</sup>방기

## 새모래덩굴(방기과) *Menispermum dauricum*

🌿 갈잎덩굴나무(길이 1~3m) ✸ 꽃 | 5~6월 🍂 열매 9~10월

산과 들의 풀밭에서 자란다. 잎은 어긋나고 둥근 잎몸이 보통 3~5갈래로 얕게 갈라진다. 기다란 잎자루는 방패처럼 잎몸의 약간 위쪽에 붙는다. 암수딴그루로 잎겨드랑이에서 자라는 원뿔꽃차례에 연노란색 꽃이 모여 핀다. 수꽃은 수술이 12~28개로 많다. 둥근 열매는 지름 1cm 정도이며 검은색으로 익는다. <sup>1)</sup>방기(*Sinomenium acutum*)는 잎이 달걀형~원형으로 변화가 심하며 수꽃의 수술은 9~12개이고 암술대는 3개로 갈라진다.

잎 앞면 p.743

7월에 핀 꽃

암꽃

12월의 열매

씨앗

잎 뒷면

7월의 함박이

## 함박이(방기과) *Stephania japonica*

늘푸른덩굴나무(길이 3~5m) 꽃 | 7~9월 열매 | 10~11월

**남쪽 섬에서 자란다. 잎은 어긋나고** 세모진 달걀형~원형이며 가장자리가 밋밋하고 **뒷면은 흰빛이 돈다.** 기다란 잎자루는 방패처럼 잎몸의 약간 위쪽에 붙는다. **암수딴그루로 잎겨드랑이에서 자란 겹우산꽃차례에 연한 황록색 꽃이 모여 핀다. 암꽃은 암술이 1개이고 수꽃은 수술이 6개이며 꽃잎은 각각 3~4장이다.** 둥근 열매는 지름 6~8㎜이며 붉은색으로 익는다. **납작한 씨앗은 말발굽 모양이며 둘레에 주름이 있다.**

잎 앞면 p.743

암술과 수술

8월의 열매

5월에 핀 꽃

잎 뒷면

5월의 큰꽃으아리

줄기

## 큰꽃으아리(미나리아재비과) *Clematis patens*

🌀 갈잎덩굴나무(길이 2~4m)  ✳ 꽃 | 5~6월  🍂 열매 | 9~10월

산기슭에서 자란다. 적갈색 줄기는 세로로 5~6개의 골이 진다. 잎은 마주나고 대부분이 세겹잎이지만 드물게 홑잎이나 5장의 작은잎으로 된 깃꼴겹잎도 있다. 작은잎은 달걀형이며 끝이 뾰족하고 가장자리가 밋밋하며 뒷면에 털이 있다. 줄기 끝이나 잎겨드랑이에 피는 흰색~연한 황백색 꽃은 지름 7~12㎝로 큼직하다. 흰색 꽃덮이조각은 5~8장이다. 넓은 달걀형 열매는 약간 납작하고 기다란 암술대가 깃털 모양으로 변한다.

잎 앞면 p.746

7월의 열매

잎 뒷면

5월에 핀 꽃

6월의 외대으아리

줄기 단면

## 외대으아리(미나리아재비과)  *Clematis brachyura*

🍂 갈잎반떨기나무(높이 30~100㎝)  ✿ 꽃 | 6~7월  🌰 열매 | 9~10월

낮은 산의 건조한 풀밭에서 자란다. 비스듬히 벋는 줄기 속은 흰색 골속이
가득 차 있고 겨울에는 말라 죽는다. 잎은 마주나고 깃꼴겹잎이다. 작은
잎은 3~5장이고 타원형~달걀형이며 가장자리가 밋밋하고 뒷면은 연녹
색이다. 줄기 끝이나 잎겨드랑이에서 나온 꽃자루에 1~3개의 흰색 꽃이
핀다. 흰색 꽃덮이조각은 4~6장이며 수평으로 벌어진다. 둥근 달걀형 열
매는 납작하며 둘레에 날개가 있고 끝에 뾰족한 암술대가 남아 있다.

꽃차례 부분

11월의 열매

9월에 핀 꽃

작은잎 뒷면

9월의 참으아리

줄기

## 참으아리(미나리아재비과) *Clematis terniflora*

🌿 갈잎덩굴나무(길이 3~5m)  ✿ 꽃 | 7~9월  🍂 열매 | 10월

바닷가 주변의 산에서 자란다. 오래된 줄기는 나무처럼 단단해지며 겨울에
도 일부분이 살아남는다. 잎은 마주나고 깃꼴겹잎이다. 작은잎은 3~7장
이고 타원형~넓은 달걀형이며 가장자리가 밋밋하고 뒷면은 연녹색이다.
줄기 끝이나 잎겨드랑이에서 나온 원뿔꽃차례에 흰색 꽃이 모여 핀다. 흰
색 꽃덮이조각은 4~6장이며 꽃자루에는 털이 있다. 납작한 열매는 달걀
형이며 끝에 남아 있는 암술대가 깃털 모양으로 변한다.

7월에 핀 꽃

꽃차례 부분

열매 모양

잎 뒷면

7월의 으아리

줄기

## 으아리(미나리아재비과) *Clematis terniflora v. mandshurica*

⬆ 갈잎덩굴나무(길이 1~5m)  ✴ 꽃 | 6~8월  ❀ 열매 | 9~10월

숲 가장자리에서 자란다. 땅 위의 줄기는 겨울에 말라 죽는다. 잎은 마주나고 깃꼴겹잎이다. 작은잎은 3~7장이고 타원형~달걀형이며 끝이 뾰족하고 가장자리가 밋밋하며 뒷면은 연녹색이다. 줄기 끝이나 잎겨드랑이에서 나온 원뿔 모양의 꽃차례에 흰색 꽃이 모여 핀다. 꽃자루에는 털이 거의 없다. 흰색 꽃덮이조각은 4~6장이며 수평으로 벌어진다. 납작한 달걀형 열매는 가장자리의 날개가 불분명하고 암술대가 깃털 모양으로 변한다.

## 으아리 종류의 비교

| 꽃 | 열매 | 특징 |
|---|---|---|

### 외대으아리

땅 위의 줄기는 겨울에 말라 죽는다. 줄기 끝이나 잎겨드랑이에서 나온 꽃자루에 1~3개의 흰색 꽃이 핀다. 둥근 달걀형 열매는 납작하며 둘레에 날개가 있고 끝에 뾰족한 암술대가 남아 있다.

### 참으아리

오래된 줄기는 나무처럼 단단해지며 겨울에도 일부분이 살아남는다. 원뿔 모양의 꽃차례가 나오며 꽃자루에는 털이 있다. 납작한 열매는 달걀형이며 끝에 남아 있는 암술대가 깃털 모양으로 변한다.

### 으아리

땅 위의 줄기는 겨울에 말라 죽는다. 원뿔 모양의 꽃차례가 나오며 꽃자루에는 털이 거의 없다. 납작한 달걀형 열매는 가장자리의 날개가 불분명하고 암술대가 깃털 모양으로 변한다.

꽃봉오리

7월의 어린 열매

5월에 핀 꽃

잎 뒷면

나무껍질

8월의 열매

### 할미밀망(미나리아재비과) *Clematis trichotoma*

🔷 갈잎덩굴나무(길이 5m 정도) ✳ 꽃 | 5~6월 🔷 열매 | 8월

지리산 이북의 산지 숲 가장자리에서 자란다. 잎은 마주나고 깃꼴겹잎이
며 작은잎은 3~5장이다. 작은잎은 달걀형이며 끝이 뾰족하고 가장자리에
1~3개의 큰 톱니가 있다. 잎겨드랑이에서 나온 꽃자루에 흰색 꽃이 보통
3개씩 핀다. 흰색 꽃덮이조각은 4~6장이며 수평으로 벌어진다. 가운데에
암술과 수술이 모여 있다. 열매는 익으면 솜뭉치 모양의 둥근 열매송이가
된다. 타원형 열매는 끝에 깃털 모양의 기다란 암술대가 달린다.

파리풀 줄기를 돌돌 감은 사위질빵 잎자루

8월의 사위질빵

겨울눈

나무껍질

## 사위질빵(미나리아재비과) *Clematis apiifolia*

🌳 갈잎덩굴나무(길이 2~8m) ✿ 꽃 | 7~9월 🍂 열매 | 9~10월

숲 가장자리나 풀밭에서 흔히 자란다. 잎은 마주나고 세겹잎이다. 작은잎은
달걀형~넓은 달걀형이며 4~7㎝ 길이이고 가장자리에 큼직하고 날카로운
톱니가 있으며 흔히 잎몸이 2~3갈래로 갈라진다. 잎 뒷면 잎맥 위에 긴털
이 있다. 잎자루는 길이 1.5~4㎝로 길고 덩굴손처럼 다른 물체를 감고 오
른다. 잎겨드랑이의 원뿔꽃차례에 모여 피는 흰색 꽃은 지름 1~2.5㎝이다.
흰색 꽃덮이조각은 4장이며 수평으로 벌어지고 가운데에 여러 개의 암술과

꽃 모양

8월에 핀 꽃

10월의 열매

잎 뒷면

6월의 <sup>1)</sup>좁은잎사위질빵

<sup>1)</sup>좁은잎사위질빵 꽃봉오리

많은 수술이 모여 있다. 타원형 열매는 가을에 익으면 끝의 기다란 암술대가 깃털 모양으로 변한다. <sup>1)</sup>**좁은잎사위질빵**(*C. hexapetala*)은 경기도 이북의 풀밭에서 자라는 갈잎반떨기나무로 30~100㎝ 높이이다. 잎은 마주나고 깃꼴겹잎~세겹잎이다. 작은잎은 좁은 피침형이며 가장자리가 밋밋하다. 6~7월에 잎겨드랑이에서 나온 꽃자루에 1~3개의 흰색 꽃이 피는데 흰색 꽃덮이조각은 5~8장이다.

벌어진 꽃 모양

6월의 어린 열매

6월에 핀 꽃

작은잎 뒷면

6월의 검종덩굴

5월 말의 ¹⁾요강나물

## 검종덩굴(미나리아재비과) *Clematis fusca*

🔄 갈잎덩굴나무(길이 1~2m)  ✳ 꽃 | 6~7월  🍂 열매 | 9~10월

중부 이북의 산에서 자란다. 잎은 마주나고 깃꼴겹잎이며 작은잎은 5~9장
이고 잎몸이 2~3갈래로 갈라지기도 한다. 끝에 있는 작은잎은 덩굴손으
로 변하기도 한다. 가지 끝에 종 모양의 흑자색 꽃이 1개씩 고개를 숙이고
핀다. 두꺼운 꽃덮이조각은 4장이며 약간 벌어지고 표면은 흑자색 털이
빽빽하다. ¹⁾요강나물(v. *coreana*)은 검종덩굴과 비슷하지만 떨기나무이고
잎이 보통 세겹잎이다. 검종덩굴과 같은 종으로 보기도 한다.

잎 앞면 p.746

9월의 열매

씨앗

7월에 핀 꽃

작은잎 뒷면

잔가지

6월의 종덩굴

**종덩굴**(미나리아재비과) *Clematis fusca* v. *violacea*

🔆 갈잎덩굴나무(길이 2~5m) ✳ 꽃 | 6~7월 🟤 열매 | 9~10월

숲 가장자리에서 자란다. 잎은 마주나고 깃꼴겹잎이다. 작은잎은 5~7장이
며 달걀형~달걀 모양의 타원형이고 가장자리는 밋밋하며 잎몸이 드물게
2~3갈래로 갈라지기도 한다. 줄기 끝이나 잎겨드랑이에 종 모양의 진한 자
주색 꽃이 1개씩 고개를 숙이고 핀다. 꽃덮이조각은 4장이며 두껍고 끝이
뾰족하며 뒤로 젖혀진다. 꽃자루에는 2개의 포조각이 있다. 둥글게 모여 달
린 열매는 납작한 타원형이며 끝에 깃털 모양의 기다란 암술대가 달린다.

6월의 [1]누른종덩굴

8월 초의 열매

7월 초에 핀 꽃

잎 뒷면

물체에 감기는 잎자루

6월의 세잎종덩굴

## 세잎종덩굴(미나리아재비과) *Clematis koreana*

🌳 갈잎덩굴나무(길이 2~3m)  ✳ 꽃 | 6~8월  🍂 열매 | 9월

높은 산에서 자란다. 잎은 마주나고 세겹잎이다. 작은잎 가장자리에는 날카로운 치아 모양의 톱니가 있고 잎몸이 드물게 2~3갈래로 갈라지기도 한다. 잎겨드랑이에 고개를 숙이고 피는 종 모양의 자주색 꽃은 주름이 지고 털이 있으며 꽃자루와 만나는 부분에는 돌기가 발달한다. 열매는 거꿀 달걀형이며 끝에는 암술대가 4~5㎝ 길이로 길게 자란다. [1]누른종덩굴(v. *carunculosa*)은 노란색 꽃이 피는데 세잎종덩굴과 같은 종으로 본다.

잎 앞면 p.746

11월의 열매

씨앗

8월에 핀 꽃

잎 뒷면

10월의 개버무리

겨울눈

# 개버무리(미나리아재비과) *Clematis serratifolia*

🌱 갈잎덩굴나무(길이 2~4m) ✳️ 꽃 | 7~9월 🍂 열매 | 10~11월

경북과 강원도 이북의 산골짜기에서 자란다. 잎은 마주나고 2회세겹잎이다. 작은잎은 긴 타원형~피침형이며 가장자리에 불규칙한 톱니가 있다. 잎겨드랑이에서 나온 꽃자루에 1~3개의 연노란색 꽃이 고개를 숙이고 핀다. 꽃자루는 1~3㎝ 길이이고 연노란색 꽃덮이조각은 4장이며 수평으로 벌어진다. 암술대를 둘러싸고 있는 많은 수술대는 적갈색이다. 열매는 달걀형~타원형이며 끝에 깃털 모양의 기다란 암술대가 달린다.

꽃 단면

10월의 열매

8월에 핀 꽃

잎 뒷면

8월의 병조희풀

8월의 [1]자주조희풀

## 병조희풀(미나리아재비과)  *Clematis heracleifolia*

🌳 갈잎떨기나무(높이 1m 정도)  ✳ 꽃 | 7~8월  🍂 열매 | 9~10월

산에서 자란다. 잎은 마주나고 세겹잎이다. 작은잎은 넓은 달걀형이며 가장자리에 톱니가 있고 잎몸이 흔히 3갈래로 갈라지기도 한다. 잎겨드랑이에 자주색 꽃이 모여 핀다. 4장의 꽃덮이조각이 붙어 있는 밑부분은 항아리처럼 둥글고 갈라진 윗부분은 뒤로 젖혀진다. 납작한 타원형 열매는 끝에 깃털이 달려 있다. [1]자주조희풀(v. *davidiana*)은 병조희풀에 비해 꽃이 크고 꽃덮이조각이 깊게 갈라지며 가장자리가 구불거린다.

잎 앞면 p.762

꽃 모양

6월 초에 핀 꽃

10월의 열매

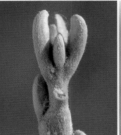

잎 뒷면　　　　　겨울눈　　　　　나무껍질

## 나도밤나무(나도밤나무과) *Meliosma myriantha*

⬆ 갈잎큰키나무(높이 12m 정도)　✱ 꽃 | 6~7월　● 열매 | 9~10월

충남, 전라도, 제주도에서 자란다. 겨울눈은 가늘고 길며 갈색 털로 덮여 있다. 잎은 어긋나고 긴 타원형~거꿀달걀 모양의 타원형이며 8~25㎝ 길이이고 끝이 뾰족하며 가장자리에 바늘 모양의 잔톱니가 있다. 측맥은 20~28쌍이며 뒷면은 백록색이고 황갈색 털이 있다. 가지 끝의 원뿔꽃차례는 15~25㎝ 크기이다. 자잘한 연노란색 꽃은 지름 3㎜ 정도이고 달콤한 향기가 난다. 둥근 열매는 지름 4~5㎜이고 붉은색으로 익는다.

잎 뒷면

6월의 합다리나무

6월에 핀 꽃

겨울눈

잎자국

나무껍질

## 합다리나무(나도밤나무과) *Meliosma oldhamii*

🌳 갈잎큰키나무(높이 10~20m) ✳ 꽃 | 6~7월 🍂 열매 | 9~10월

중부 이남의 산이나 바닷가에서 자란다. 잎은 어긋나고 홀수깃꼴겹잎이며 12~20㎝ 길이이고 작은잎은 9~15장이다. 작은잎은 좁은 달걀형~타원형 이고 끝이 길게 뾰족하며 가장자리에 바늘 같은 잔톱니가 있다. 끝의 작은 잎이 가장 크고 뒷면은 백록색이며 털이 있다. 가지 끝의 원뿔꽃차례는 15~30㎝ 길이이고 털이 빽빽하다. 자잘한 연노란색 꽃은 지름 3~4㎜이 고 향기가 난다. 동그스름한 열매는 지름 4~5㎜이고 붉게 익는다.

잎 앞면 p.780

4월의 수꽃봉오리

6월의 어린 열매

4월 말의 암꽃이삭

잎 뒷면

나무껍질

7월의 [1]버즘나무 열매

# 양버즘나무(버즘나무과)  *Platanus occidentalis*

🌳 갈잎큰키나무(높이 20~40m)  ✳️ 꽃 | 4~5월  🍂 열매 | 10월

북아메리카 원산이며 공원수나 가로수로 심는다. 나무껍질은 얼룩이 진다. 잎은 어긋나고 넓은 달걀형이며 잎몸은 3~5갈래로 갈라지고 가운데 갈래 조각은 길이보다 너비가 넓다. 잎 가장자리에 톱니가 드문드문 있거나 밋밋하다. 암수한그루로 잎이 돋을 때 둥근 꽃송이도 함께 달린다. 둥근 열매는 지름 3㎝ 정도이며 기다란 자루에 보통 1개가 달린다. [1]버즘나무(*P. orientalis*)는 둥근 열매가 기다란 자루에 2~6개씩 모여 달린다.

잎 앞면 p.777

강원도 영월 석회암 지대의 회양목 군락

잎 뒷면　　　1월의 눈 덮인 회양목　　　꽃눈

## 회양목(회양목과) *Buxus sinica* v. *koreana*

🌳 늘푸른떨기나무(높이 2~3m)　❋ 꽃 | 3~4월　🍂 열매 | 7~8월

석회암 지대에서 자란다. 나무껍질은 회백색~회갈색이며 노목은 불규칙하게 갈라진다. 잎은 마주나고 긴 타원형~거꿀달걀형이며 12~17㎜ 길이이고 끝은 둥글거나 오목하며 가장자리는 밋밋하고 살짝 뒤로 말린다. 잎몸은 두껍고 윤기가 나며 뒷면은 흰빛이 돈다. 잎자루는 길이 2㎜ 정도로 짧다. 잎은 추운 겨울에는 붉은빛이 돈다. 암수한그루로 잎겨드랑이에 작은 연노란색 꽃이 몇 개씩 모여 핀다. 가운데에 있는 암꽃 둘레를 몇 개의 수꽃이 둘

꽃차례

6월의 열매

3월 말에 핀 꽃

열매 세로 단면

7월 말의 벌어진 열매

나무껍질

러싸는데 모두 꽃잎이 없다. 둥근 열매는 지름 1㎝ 정도이며 끝에 3개의 암술대가 뿔처럼 남아 있고 갈색으로 익으면 3갈래로 갈라진다. 긴 타원형 씨앗은 흑갈색이며 광택이 있다. 회양목은 무척 더디게 자라며 나무를 다듬기가 쉽기 때문에 관상수로 많이 심으며 낮은 생울타리를 만들기도 한다. 예전에는 회양목이 도장의 재료로 많이 쓰여서 '도장나무'라는 별명이 붙었고 머리를 빗는 얼레빗을 만들어 썼다.

9월의 열매

가지의 코르크 날개

수꽃차례

암꽃차례

5월에 핀 꽃

10월 말의 미국풍나무

나무껍질

8월의 1)대만풍나무 열매

## 미국풍나무(알팅기아과|조록나무과) *Liquidambar styraciflua*

😊 갈잎큰키나무(높이 20m 정도) ✿ 꽃 | 4~5월 ❀ 열매 | 가을

북아메리카 원산이며 관상수로 심는다. 가지에는 코르크질의 날개가 발달한다. 잎은 어긋나고 잎몸은 손바닥 모양으로 5갈래로 갈라지며 가장자리에 가는 톱니가 있다. 암수한그루로 봄에 잎이 돋을 때 꽃도 함께 피는데 꽃에는 꽃잎이 없다. 둥근 열매는 지름 3~4cm이며 많은 암술대와 가시 모양의 꽃받침조각으로 덮여 있어서 마치 철퇴처럼 보인다. 1)대만풍나무 (*L. formosana*)는 중국 원산이며 잎몸이 3갈래로 갈라진다.

4월에 핀 수꽃

4월에 핀 암꽃

7월 초의 어린 열매

잎 뒷면

10월의 계수나무

나무껍질

## 계수나무(계수나무과) *Cercidiphyllum japonicum*

⬆ 갈잎큰키나무(높이 30m 정도) ✳ 꽃 | 3~5월 🍂 열매 | 10~11월

일본과 중국 원산이며 관상수로 많이 심는다. 잎은 마주나고 하트형이며 4~8㎝ 길이이고 가장자리에 물결 모양의 둔한 톱니가 있으며 뒷면은 백록색이다. 잎에서 달콤한 향기가 나는데 단풍이 들면 향기가 더욱 짙어진다. 암수딴그루로 잎이 돋기 전에 먼저 피는 연붉은색 꽃은 꽃잎이 없이 각각 수술과 암술로만 이루어져 있다. 길쭉한 원통형 열매는 1.5㎝ 정도 길이이며 3~5개씩 모여 달리고 흑자색으로 익는다.

잎 앞면 p.775

4월 말에 핀 수꽃

9월의 어린 열매

5월에 핀 암꽃

씨앗

2월의 굴거리

나무껍질

## 굴거리(굴거리나무과 | 대극과) *Daphniphyllum macropodum*

🌳 늘푸른큰키나무(높이 10m 정도) ✿ 꽃 | 5～6월 🍎 열매 | 10～11월

남부 지방의 산에서 자란다. 잎은 촘촘히 어긋나고 좁고 긴 타원형이며 8～20㎝ 길이이고 잎자루가 붉다. 잎몸은 질이 두껍고 가장자리가 밋밋하며 어린잎은 뒷면이 희지만 점차 연녹색이 된다. 암수딴그루로 잎겨드랑이의 송이꽃차례에 꽃잎이 없는 자잘한 꽃이 모여 핀다. 암꽃은 암술머리가 붉은색이다. 열매송이는 밑으로 처지고 둥근 타원형 열매는 8～10㎜ 길이이며 흑자색으로 익는다. 씨앗은 표면이 약간 울퉁불퉁하다.

잎 앞면 p.774

5월에 핀 암꽃

11월의 열매

5월에 핀 수꽃

씨앗

4월의 좀굴거리

나무껍질

# 좀굴거리(굴거리나무과|대극과) *Daphniphyllum teysmannii*

⬡ 늘푸른큰키나무(높이 10m 정도) ✴ 꽃 | 5~6월 🌰 열매 | 12월~다음 해 1월

전남의 섬과 제주도에서 자란다. 가지 끝에 촘촘히 어긋나는 잎은 좁은 타원형이며 7~11㎝ 길이이고 끝이 뾰족하며 가장자리가 밋밋하다. 잎 뒷면은 연녹색이고 그물맥이 뚜렷하다. 암수딴그루로 잎겨드랑이의 송이꽃차례에 꽃잎이 없는 자잘한 꽃이 모여 핀다. 암꽃은 암술머리가 연한 황백색이다. 열매송이는 처지지 않고 둥근 타원형 열매는 8~9㎜ 길이이며 흑자색으로 익는다. 타원형 씨앗 표면은 오톨도톨하다.

9월의 열매

잎 뒷면

4월에 핀 꽃

11월의 까마귀밥여름나무

겨울눈

나무껍질

## 까마귀밥여름나무(까치밥나무과|범의귀과) *Ribes fasciculatum* v. *chinense*

🌳 갈잎떨기나무(높이 1~1.5m)  ✵ 꽃 | 4~5월  🍒 열매 | 10월

중부 이남의 낮은 산에서 자란다. 가지에 가시가 없고 겨울눈은 피침형이다. 잎은 어긋나고 넓은 달걀형이며 3~5㎝ 길이이고 윗부분이 3~5갈래로 갈라진다. 잎 끝은 둥글고 밑부분은 평평하거나 심장저이며 가장자리에 둔한 톱니가 있다. 암수딴그루로 2년생 가지의 잎겨드랑이에 노란색 꽃이 모여 핀다. 노란색 꽃받침조각은 5개이며 수평으로 벌어진다. 둥근 열매는 지름 7~8㎜이고 끝에 꽃받침자국이 남아 있으며 붉게 익는다.

잎 앞면  p.760

꽃 모양

5월에 핀 꽃

9월의 열매

잎 뒷면　　　　　겨울눈　　　　　나무껍질

## 까치밥나무(까치밥나무과 | 범의귀과) *Ribes mandshuricum*

🔵 갈잎떨기나무(높이 1~2m)　✹ 꽃 | 5월　🍂 열매 | 9~10월

지리산 이북의 깊은 산에서 자란다. 겨울눈은 달걀형이며 끝이 뾰족하다.
잎은 어긋나고 넓은 달걀형이며 잎몸이 3~5갈래로 갈라지고 끝이 뾰족하
며 가장자리에 불규칙한 톱니가 있다. 봄에 잎겨드랑이에서 늘어지는 송
이꽃차례에 황록색 꽃이 피는데 5개의 수술은 꽃잎 밖으로 길게 나온다.
둥근 열매는 지름 7~9㎜이며 끝에 꽃받침자국이 남아 있고 가을에 붉은
색으로 익는다. 열매는 새콤달콤한 맛이 나며 날로 먹고 술도 담근다.

4월 말에 핀 꽃

잎 뒷면

6월의 서양까치밥나무 열매

4월의 서양까치밥나무

겨울눈

6월의 <sup>1)</sup>까막바늘까치밥나무

## 서양까치밥나무/구우즈베리(까치밥나무과 | 범의귀과) *Ribes uva-crispa*

🔄 갈잎떨기나무(높이 1m 정도) ✳️ 꽃 | 4~5월 🍒 열매 | 7~8월

유럽과 북아프리카 원산이며 관상수로 심는다. 잎은 어긋나고 넓은 달걀형
이며 잎몸이 3~5갈래로 갈라진다. 잎겨드랑이에 흰색 꽃이 밑을 보고 핀
다. 둥근 열매는 지름 1㎝ 정도이고 여름에 황록색으로 익으며 단맛이 나
고 과일로 먹는다. <sup>1)</sup>까막바늘까치밥나무(*R. horridum*)는 함북의 고산에서 자
라는 갈잎떨기나무이다. 적갈색 가지에 긴 가시가 **빽빽**하고 황록색~자갈
색 꽃이 핀다. 둥근 열매는 샘털로 덮여 있고 검게 익는다.

잎 앞면 p.760

9월 초의 열매

5월에 핀 꽃

잎 뒷면

9월의 명자순

겨울눈

나무껍질

**명자순**(까치밥나무과 | 범의귀과) *Ribes maximowiczianum*

🍂 갈잎떨기나무(높이 50~100㎝)  ❀ 꽃 | 5~6월  🍒 열매 | 9~10월

깊고 높은 산에서 자란다. 잎은 어긋나고 넓은 달걀형이며 3~6㎝ 길이이고 잎몸이 3갈래로 갈라진다. 갈래조각 끝은 뾰족하며 가장자리에 불규칙한 톱니가 있고 뒷면은 백록색이다. 암수딴그루로 곧게 서는 송이꽃차례에 황록색 꽃이 모여 핀다. 꽃차례에는 짧은 샘털이 있다. 수꽃차례에는 7~10개, 암꽃차례에는 2~4개의 꽃이 달린다. 둥근 열매는 지름 7㎜ 정도이며 끝에 꽃받침자국이 남아 있고 2~4개가 모여 달리며 붉게 익는다.

잎 앞면 p.760

8월의 열매

잎 뒷면

4월에 핀 꽃

잎의 벌레집

9월의 조록나무

나무껍질

## 조록나무(조록나무과) *Distylium racemosum*

🌳 늘푸른큰키나무(높이 20m 정도)  ✲ 꽃 | 4~5월  🍂 열매 | 9~11월

남쪽 섬에서 자란다. 잎은 어긋나고 긴 타원형이며 4~9㎝ 길이이다. 잎 끝은 뾰족하며 가장자리가 밋밋하고 두꺼운 가죽질이다. 잎에는 벌레집이 많이 생긴다. 암수한그루로 잎겨드랑이에서 나온 원뿔꽃차례에 붉은색 꽃이 모여 핀다. 꽃은 꽃잎이 없고 3~6개의 붉은색 꽃받침이 꽃잎처럼 보인다. 열매는 달걀형이며 7~10㎜ 길이이고 끝에 뾰족한 암술대가 남아 있으며 표면에 털이 빽빽하고 황갈색으로 익는다.

잎 앞면 p.774

4월 초에 핀 꽃

7월의 어린 열매

10월의 벌어진 열매

잎 뒷면

10월의 풍년화

나무껍질

# 풍년화(조록나무과) *Hamamelis japonica*

🔵 갈잎떨기나무~작은키나무(높이 2~5m)  ✳️ 꽃 | 3~4월  🔵 열매 | 10월

일본 원산이며 관상수로 심는다. 잎은 어긋나고 마름모꼴의 타원형~넓은 달걀형이며 끝이 둔하고 가장자리에 물결 모양의 톱니가 있다. 잎 양면에 있는 별모양털은 점차 없어진다. 잎이 나기 전에 잎겨드랑이에 노란색 꽃이 모여 핀다. 4장의 가느다란 꽃잎은 2㎝ 정도 길이이며 십자 모양을 이루고 다소 쭈글쭈글하다. 꽃받침조각도 4개이며 달걀형이고 보통 암자색이다. 둥근 달걀형 열매는 지름 1㎝ 정도이고 짧은털로 덮여 있다.

6월의 어린 열매

8월의 열매

4월에 핀 꽃

잎 뒷면

4월의 히어리

나무껍질

## 히어리(조록나무과) *Corylopsis coreana*

🔄 갈잎떨기나무(높이 2~3m) ✳️ 꽃 | 3~4월 🔄 열매 | 9~10월

산에서 드물게 자란다. 잎은 어긋나고 둥근 달걀형이며 5~9㎝ 길이이다. 잎 가장자리에 뾰족한 톱니가 있으며 잎맥이 뚜렷하고 밑부분은 심장저이다. 잎 뒷면은 녹백색이고 털이 없으며 잎자루도 털이 없다. 잎이 돋기 전에 나무 가득 노란색 꽃이 먼저 핀다. 잎겨드랑이에서 포도송이처럼 늘어지는 송이꽃차례에 8~12개의 작은 꽃이 모여 달리며 꽃자루에 털이 없다. 동그스름한 열매는 울퉁불퉁하고 지름 7~8㎜이다.

6월의 어린 열매

작은잎 뒷면

4월에 핀 꽃

5월의 모란

나무껍질

5월의 [1]모란 '하이 눈'

**모란**(작약과|미나리아재비과)  *Paeonia suffruticosa*

🌳 갈잎떨기나무(높이 1~1.5m)  ✳ 꽃 | 4~5월  🍂 열매 | 9월

중국 원산이며 관상수로 심고 '목단(牧丹)'이라고도 한다. 잎은 어긋나고 세겹잎~2회세겹잎이며 작은잎은 잎몸이 2~5갈래로 갈라진다. 봄에 가지 끝에 지름 10~17㎝의 커다란 붉은색 꽃이 위를 보고 핀다. 5~11장의 꽃잎은 크기가 다르며 가장자리에는 불규칙한 톱니가 있다. 열매는 긴 달걀형이며 갈색 털로 빽빽이 덮여 있고 2~6개가 모여 달린다. [1]**모란 '하이 눈'**('High Noon')은 원예 품종으로 봄에 노란색 겹꽃이 핀다.

9월의 열매

잎 뒷면

5월에 핀 꽃

6월의 왕머루

7월의 <sup>1)</sup>머루 잎

<sup>1)</sup>머루 잎 뒷면

## 왕머루(포도과)  *Vitis amurensis*

🌳 갈잎덩굴나무(길이 10m 정도)  ❋ 꽃 | 5~7월  🍇 열매 | 9월

산에서 자란다. 잎은 어긋나고 모가 진 하트형이며 8~15㎝ 길이이고 잎
몸이 3~5갈래로 얕게 갈라진다. 잎 가장자리에 치아 모양의 톱니가 있
다. 잎 뒷면에는 거미줄 같은 털이 있지만 점차 없어진다. 잎과 마주나는
원뿔꽃차례에 자잘한 황록색 꽃이 촘촘히 모여 핀다. 열매는 작은 포도송
이 모양으로 매달리며 검게 익는다. <sup>1)</sup>머루(*V. coignetiae*)는 울릉도에서 자
라며 왕머루와 비슷하지만 잎 뒷면에 거미줄 같은 털이 많다.

잎 앞면  p.744

꽃 모양

6월에 핀 꽃

잎 뒷면

8월의 포도

나무껍질

## 포도(포도과) *Vitis vinifera*

🌱 갈잎덩굴나무(길이 3~7m)  ✳ 꽃 | 5~6월  🍇 열매 | 8~10월

서아시아 원산이며 과일나무로 재배한다. 잎은 어긋나고 둥근 하트형이며 잎몸이 3~5갈래로 갈라지고 끝은 뾰족하며 가장자리에 불규칙한 톱니가 있다. 잎 뒷면은 거미줄 같은 흰색 솜털로 덮여 있다. 잎과 마주 달리는 원뿔꽃차례에 자잘한 황록색 꽃이 모여 핀다. 꽃잎은 끝부분이 붙어 있어서 꽃이 피면 밑부분이 떨어지면서 왕관 모양으로 벗겨져 나간다. 둥근 열매는 지름 1~2.5cm로 흑자색으로 익으며 맛이 새콤달콤하다.

잎 앞면 p.744

9월 말의 열매

잎 뒷면

8월에 핀 꽃

7월의 새로 자란 가지

8월의 까마귀머루

나무껍질

# 까마귀머루(포도과) *Vitis thunbergii* v. *sinuata*

🌳 갈잎덩굴나무(길이 2~7m) ✳ 꽃 | 5~8월 🍇 열매 | 9~11월

남부 지방의 숲 가장자리나 풀밭에서 자란다. 잎은 어긋나고 세모진 넓은 달걀형이며 5~8㎝ 길이이고 잎몸이 3~5갈래로 깊게 갈라진다. 잎 가장자리에 얕은 톱니가 있고 뒷면은 연갈색~흰색의 거미줄 같은 털로 덮여 있다. 암수딴그루로 잎과 마주나는 원뿔꽃차례는 6~12㎝ 길이이며 자잘한 황록색 꽃이 핀다. 꽃잎, 꽃받침조각, 수술은 각각 5개씩이고 암술은 1개이다. 작은 포도송이 모양의 열매는 검게 익으며 새콤달콤한 맛이 난다.

잎 앞면 p.744

9월에 익은 열매

6월에 핀 꽃

결각 잎

잎 뒷면

5월의 새머루

나무껍질

## 새머루(포도과)  *Vitis flexuosa*

🌳 갈잎덩굴나무(길이 10m 이상)  ✳ 꽃 | 5~6월  🌐 열매 | 9월

중부 이남의 산과 들에서 자란다. 잎은 어긋나고 하트형이며 4~9cm 길이
이고 끝이 길게 뾰족하며 가장자리에 치아 모양의 얕은 톱니가 있다. 잎몸
은 거의 갈라지지 않지만 드물게 3갈래로 갈라지기도 한다. 잎 뒷면은 잎
맥 위에 짧은털이 있다. 암수딴그루로 잎과 마주나는 원뿔꽃차례에 자잘
한 황록색 꽃이 촘촘히 모여 핀다. 꽃차례자루는 갈색의 거미줄 같은 털이
있다. 작은 포도송이 모양의 열매는 검게 익는다.

잎 앞면 p.743

161

꽃 모양

9월의 열매

7월에 핀 꽃

5월의 개머루

나무껍질

6월의 <sup>1)</sup>가새잎개머루

## 개머루(포도과) *Ampelopsis glandulosa* v. *brevipedunculata*

🌳 갈잎덩굴나무(길이 5m 정도)  ✳ 꽃 | 6~8월  🍇 열매 | 9~11월

숲 가장자리에서 덩굴지며 자란다. 잎은 어긋나고 둥근 달걀형이며 끝이 뾰족하고 잎몸은 3~5갈래로 얕게 갈라진다. 잎 가장자리에는 치아 모양의 톱니가 있고 밑부분은 심장저이다. 잎과 마주나는 갈래꽃차례에 자잘한 연노란색 꽃이 모여 달린다. 둥근 열매는 지름 5~10㎜이고 푸른색~자주색으로 익기 때문에 구별이 쉽다. <sup>1)</sup>가새잎개머루(f. *citrulloides*)는 잎몸이 5갈래로 깊게 갈라지는 품종이다.

잎 앞면 p.744

## 포도속(*Vitis*)과 개머루속(*Ampelopsis*)의 비교

### 왕머루

모가 진 하트형 잎은 3~5갈래로 얕게 갈라지고 뒷면은 거미줄 같은 털이 점차 없어진다.

### 머루

모가 진 하트형 잎은 3~5갈래로 얕게 갈라지고 뒷면은 거미줄 같은 연한 갈색 털이 많다.

### 포도

둥근 하트형 잎은 3~5갈래로 갈라지고 뒷면은 거미줄 같은 흰색 솜털로 덮여 있다. 열매알은 지름 1~2.5㎝로 크다.

### 까마귀머루

세모진 넓은 달걀형 잎은 3~5갈래로 깊게 갈라지고 뒷면은 연갈색~흰색의 거미줄 같은 털로 덮여 있다.

### 새머루

하트형 잎은 거의 갈라지지 않지만 드물게 3갈래로 갈라지기도 한다. 잎 뒷면은 잎맥 위에 짧은털이 있다.

### 개머루

둥근 달걀형 잎은 3~5갈래로 얕게 갈라진다. 둥근 열매는 검게 익는 포도속과 달리 푸른색~자주색으로 익는다.

숲 바닥과 나무줄기를 덮고 자라는 담쟁이덩굴

붙음뿌리　　　　　2가지 잎 모양　　　　　잎 뒷면

## 담쟁이덩굴(포도과) *Parthenocissus tricuspidata*

🌳 갈잎덩굴나무(길이 10m 이상) ✹ 꽃 | 6~7월 🍂 열매 | 9~10월

돌담이나 바위 또는 나무 표면에 붙어서 자란다. 가지에는 덩굴손이 변한 붙음뿌리가 있어서 다른 물체에 달라붙어 오른다. 나무껍질은 흑갈색이며 노목은 불규칙하게 갈라진다. 잎은 어긋나고 넓은 달걀형이며 5~15㎝ 길이이다. 잎 끝은 길게 뾰족하며 밑부분은 심장저이고 가장자리에 불규칙한 톱니가 있다. 잎몸이 3갈래로 갈라지는 잎도 많으며 때로는 세겹잎이 달리기도 한다. 짧은가지 끝이나 잎겨드랑이에서 자란 갈래꽃차례는 3~6㎝ 길

7월에 핀 꽃

꽃 모양

8월 말의 열매

10월의 단풍

나무껍질

7월의 [1]미국담쟁이덩굴

이이며 자잘한 황록색 꽃이 모여 핀다. 꽃은 지름 2~3㎜이고 꽃잎과 수술은 각각 5개씩이며 암술은 1개이다. 꽃은 꽃가루받이가 끝나면 꽃잎과 수술이 떨어져 나간다. 둥근 열매는 지름 6~8㎜로 작고 흰색 가루로 덮여 있으며 검은색으로 익는다. [1]미국담쟁이덩굴(*P. quinquefolia*)은 북아메리카 원산의 덩굴나무로 잎은 손꼴겹잎이며 작은잎은 5장이다. 담쟁이덩굴과 함께 담장을 가리는 용도로 심는다.

1월의 눈덮인 사철나무 생울타리

잎 뒷면      5월의 사철나무      나무껍질

## 사철나무(노박덩굴과) *Euonymus japonicus*

✿ 늘푸른떨기나무(높이 2~6m) ✾ 꽃 | 6~7월 ✿ 열매 | 10~12월

중부 이남의 바닷가 산기슭에서 자라는 늘푸른떨기나무이다. 어린 가지는 녹색이며 둥글다. 잎은 마주나고 타원형~달걀형이며 3~8㎝ 길이이고 끝이 둥글며 가장자리에 둔한 톱니가 있다. 잎몸은 가죽질이며 앞면은 광택이 있고 뒷면은 연녹색이다. 잎자루는 길이가 5~12㎜이다. 잎겨드랑이의 갈래꽃차례에 연한 황록색 꽃이 피는데 꽃잎은 수평으로 벌어진다. 꽃은 지름이 6~7㎜로 작고 꽃잎과 꽃받침, 수술은 각각 4개이며 암술은 1개이다. 둥

꽃 모양

7월 초에 핀 꽃

12월의 열매

씨앗

10월의 <sup>1)</sup>은테사철

7월 초의 <sup>2)</sup>금테사철

근 열매는 지름 6~8㎜ 크기이고 적색으로 익으면 열매껍질이 十자로 갈라
지며 붉은색 헛씨껍질에 싸인 씨앗이 드러난 채 오래 매달려 있다. <sup>1)</sup>은테사
철('Albo-marginatus')은 원예 품종으로 잎 가장자리에 흰색 무늬가 있다.
<sup>2)</sup>금테사철('Aureo-marginatus')은 원예 품종으로 잎 가장자리에 노란색
무늬가 있다. 모두 관상수로 심으며 특히 생울타리를 많이 만든다. 나무껍
질은 아주 질겨서 밧줄을 만들고 한약재로도 쓰인다.

12월의 열매

줄기의 공기뿌리

6월에 핀 꽃

잎 뒷면

나무를 타고 오르는 줄기

나무껍질

## 줄사철나무(노박덩굴과) *Euonymus fortunei*

🌿 늘푸른덩굴나무(길이 10m 정도) ✽ 꽃 | 6~7월 🍂 열매 | 10~12월

남부 지방에서 자라는 늘푸른덩굴나무이다. 줄기와 가지의 공기뿌리로 다른 물체에 달라붙는다. 어린 가지는 녹색이며 약간 모가 진다. 잎은 대부분 마주나고 타원형~달걀형이며 2~6㎝ 길이이고 가장자리에 얕고 둔한 톱니가 있다. 잎겨드랑이의 갈래꽃차례에 자잘한 황록색 꽃이 모여 핀다. 둥근 열매는 지름 5~7㎜이고 끝에 암술대가 남아 있으며 늦가을에 붉게 익는다. 관상수로도 심는다.

잎 앞면 p.745

꽃 모양

5월에 핀 꽃

10월의 열매

잎 뒷면

10월의 화살나무

5월의 <sup>1)</sup>회잎나무

## 화살나무(노박덩굴과) *Euonymus alatus*

🌳 갈잎떨기나무(높이 1~3m) ✳ 꽃 | 5~6월 🍂 열매 | 10~11월

산에서 자란다. 어린 가지는 얇은 판 모양의 코르크질 날개가 발달한다. 잎은 마주나고 긴 타원형~거꿀달걀형이며 끝이 길게 뾰족하고 가장자리에는 뾰족한 잔톱니가 있다. 잎겨드랑이의 갈래꽃차례에 작은 황록색 꽃이 모여 핀다. 타원형 열매는 5~8㎜ 길이이고 가을에 적갈색으로 익으면 껍질이 갈라진 채 매달려 있다. <sup>1)</sup>**회잎나무**(f. *ciliato-dentatus*)는 가지에 코르크질 날개가 없으며 화살나무와 같은 종으로 본다.

9월의 열매

갈라진 열매와 씨앗

6월에 핀 꽃

잎 뒷면

9월의 회목나무

나무껍질

## 회목나무 (노박덩굴과) *Euonymus verrucosus*

🌳 갈잎떨기나무(높이 2~3m)  ✿ 꽃 | 6~7월  🍂 열매 | 9~10월

높은 산의 경사면이나 능선에서 자란다. 가지는 가늘고 초록색이며 털이 없고 작은 돌기가 있다. 잎은 마주나고 긴 달걀형~달걀 모양의 타원형이며 5~7㎝ 길이이고 끝이 길게 뾰족하며 가장자리에 둔한 잔톱니가 있다. 잎겨드랑이에서 나온 기다란 꽃자루에 달린 1~3개의 적갈색 꽃은 보통 잎 위에 위치한다. 꽃받침, 꽃잎, 수술은 4개씩이고 암술은 1개이다. 열매 는 네모진 구형이고 얕게 골이 지며 지름 8㎜ 정도이고 붉게 익는다.

170

잎 앞면  p.754

5월에 핀 꽃

꽃 모양

8월의 열매

잎 뒷면

4월 말의 나래회나무

나무껍질

# 나래회나무(노박덩굴과)  *Euonymus macropterus*

🔆 갈잎떨기나무~작은키나무(높이 2~6m)  ✳️ 꽃 | 5~6월  🍂 열매 | 9~10월

높은 산에서 자란다. 잎은 마주나고 거꿀달걀형~긴 타원형이며 3~12㎝
길이이고 끝이 뾰족하며 가장자리에 둔한 잔톱니가 있다. 봄에 잎겨드랑이
에서 나온 갈래꽃차례는 밑으로 처지며 자잘한 황록색 꽃이 모여 달린다.
꽃잎, 꽃받침조각, 수술은 각각 4개씩이고 암술은 1개이다. 열매는 지름 1㎝
정도이고 4개의 길고 뾰족한 날개가 발달한다. 열매는 가을에 적자색으로
익으면 4갈래로 갈라진 채 매달려 있다.

잎 앞면  p.754

5월에 핀 꽃

꽃 모양

9월의 열매

어린 열매 모양

잎 뒷면

8월의 회나무

**회나무**(노박덩굴과) *Euonymus sachalinensis*

🌳 갈잎떨기나무(높이 2~4m) ✳️ 꽃 | 5~6월 🍂 열매 | 9~10월

깊은 산에서 자란다. 잎은 마주나고 좁은 달걀형~달걀 모양의 타원형이며 3~13㎝ 길이이고 끝이 길게 뾰족하며 가장자리에 잔톱니가 있다. 잎겨드랑이의 갈래꽃차례에 황록색~연자주색 꽃이 핀다. 꽃자루는 4~8㎝ 길이로 길다. 꽃잎, 꽃받침조각, 수술은 각각 5개씩이지만 드물게 4개인 것도 섞여 있다. 둥근 열매는 지름 1.5㎝ 정도이며 5개의 작고 둔한 날개가 있다. 열매는 가을에 적자색으로 익으면 5갈래로 갈라진다.

잎 앞면 p.754

4월 말에 핀 꽃

꽃 모양

9월의 열매

열매 모양

잎 뒷면

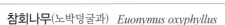
10월의 참회나무

**참회나무**(노박덩굴과)  *Euonymus oxyphyllus*

🌳 갈잎떨기나무(높이 1~4m)  ✿ 꽃 | 5~6월  🍂 열매 | 9~10월

산에서 자란다. 잎은 마주나고 달걀형~긴 타원형이며 3~10㎝ 길이이고 끝이 길게 뾰족하며 가장자리에 둔한 잔톱니가 있다. 잎 양면에 털이 없으며 잎자루는 3~10㎜ 길이이다. 잎겨드랑이에서 늘어지는 갈래꽃차례에 황록색~연자주색 꽃이 피며 꽃잎, 꽃받침조각, 수술은 각각 5개씩이지만 드물게 4개인 것도 섞여 있다. 열매송이는 밑으로 늘어진다. 둥근 열매는 지름 1㎝ 정도이고 날개가 없으며 익으면 5갈래로 갈라진다.

꽃 모양

9월의 열매

6월에 핀 꽃

열매 모양

8월의 참빗살나무

나무껍질

## 참빗살나무(노박덩굴과) *Euonymus hamiltonianus*

🌳 갈잎작은키나무(높이 3~8m)  ✿ 꽃 | 5~6월  🍂 열매 | 10월

중부 이남의 산에서 자란다. 달걀형~넓은 달걀형 겨울눈은 끝이 뾰족하다. 잎은 마주나고 긴 타원형이며 5~15㎝ 길이이고 끝이 뾰족하며 가장자리에 잔톱니가 있다. 햇가지의 갈래꽃차례에 백록색 꽃이 모여 핀다. 꽃은 지름 1㎝ 정도이며 꽃잎과 수술은 각각 4개씩이고 꽃밥은 붉은색이다. 열매는 네모진 구형이며 얕게 골이 지고 지름 1㎝ 정도이다. 열매는 가을에 붉게 익으면 4갈래로 갈라지면서 주홍색 헛씨껍질에 싸인 씨앗이 드러난다.

잎 앞면 p.775

꽃 모양

6월에 핀 꽃

9월의 열매

열매 모양

9월의 좁은잎참빗살나무

나무껍질

### 좁은잎참빗살나무(노박덩굴과) *Euonymus maackii*

🌳 갈잎작은키나무(높이 3~10m) ❄ 꽃 | 5~6월 🍂 열매 | 10월

산기슭과 산골짜기에서 자란다. 잎은 마주나고 긴 타원형~달걀형이며 5~
10㎝ 길이이고 끝이 길게 뾰족하며 가장자리에 잔톱니가 있다. 잎 양면에
털이 없고 잎자루는 10~25㎜ 길이이다. 햇가지의 갈래꽃차례에 피는 백
록색 꽃은 꽃잎과 수술이 각각 4개씩이다. 열매는 네모진 구형이고 4갈래
로 깊게 골이 지며 지름 8~9㎜이다. 열매는 익으면 4갈래로 갈라지면서
주홍색 헛씨껍질에 싸인 씨앗이 드러난 채 매달려 있다.

## 회나무 종류의 비교

### 회목나무
적갈색 꽃잎은 4장이며 꽃은 보통 잎
위에 위치한다. 열매는 네모진 구형이
고 얕게 골이 진다.

### 나래회나무
황록색 꽃잎은 4장이다. 열매는 4개의
길고 뾰족한 날개가 발달해서 구분이
쉽다.

### 회나무
황록색~연자주색 꽃잎은 대부분이
5장이다. 열매는 5개의 작고 둔한 날
개가 있다.

### 참회나무
황록색~연자주색 꽃잎은 대부분이
5장이다. 둥근 열매는 날개가 없으며
익으면 보통 5갈래로 갈라진다.

### 참빗살나무
백록색 꽃잎은 4장이다. 잎은 두꺼운
편이다. 열매는 네모진 구형이고 얕게
골이 진다.

### 좁은잎참빗살나무
백록색 꽃잎은 4장이다. 잎의 두께는
보통이다. 열매는 네모진 구형이고 깊
게 골이 진다.

잎 가장자리

겨울눈과 가시

5월에 핀 꽃

9월의 열매

갈라져 벌어진 열매

7월의 푼지나무

# 푼지나무(노박덩굴과) *Celastrus flagellaris*

✪ 갈잎덩굴나무(길이 5m 이상) ✿ 꽃 | 5~6월 🍂 열매 | 9~10월

산과 들에서 자란다. 잎은 어긋나고 넓은 타원형~달걀형이며 끝이 뾰족하고 가장자리에 털 같은 톱니가 있다. 잎자루는 1~2㎝ 길이이며 턱잎은 가시가 된다. 암수딴그루로 잎겨드랑이에 자잘한 황록색 꽃이 1~3개씩 달린다. 꽃은 지름 6㎜ 정도이고 꽃받침조각, 꽃잎, 수술은 각각 5개씩이다. 둥근 열매는 지름 6~7㎜이고 황록색으로 익으면 껍질이 3갈래로 갈라져 벌어지면서 주황색 헛씨껍질에 싸인 씨앗이 드러난다.

10월의 일본잎갈나무를 감고 자란 노박덩굴

잎 가장자리　　　　잎 뒷면　　　　나무껍질

### 노박덩굴(노박덩굴과) *Celastrus orbiculatus*

🌲 갈잎덩굴나무(길이 10m 정도)　✴ 꽃 | 5~6월　🍂 열매 | 10월

숲 가장자리에서 자란다. 나무껍질은 회색~회갈색이고 노목은 세로로 갈라진다. 가지는 갈색~회갈색이며 털이 없다. 잎은 어긋나고 넓은 타원형~둥근 달걀형이며 4~10㎝ 길이이고 가장자리의 둔한 톱니는 안으로 굽는다. 잎 끝은 갑자기 뾰족해지고 밑부분이 둥글며 양면이 매끄럽다. 잎자루는 길이 1~2㎝이다. 암수딴그루로 봄에 잎겨드랑이의 갈래꽃차례에 모여 피는 자잘한 황록색 꽃은 지름이 6~8㎜이다. 수꽃에는 5개의 긴 수술이 있

수꽃 모양

5월에 핀 수꽃

5월에 핀 암꽃

7월의 어린 열매

11월의 열매

¹⁾노랑노박덩굴 열매

으며 암꽃에는 5개의 짧은 수술과 1개의 암술이 있는데 암술머리는 3개로 갈라진다. 둥근 열매는 지름 7~8㎜이고 노란색으로 익으면 껍질이 3갈래로 갈라져 벌어지면서 주황색 헛씨껍질에 싸인 씨앗이 드러난다. 봄에 돋는 어린잎을 나물로 먹으며 줄기와 가지의 껍질에서 섬유를 뽑아 마대, 노끈 등을 만드는 데 쓴다. ¹⁾**노랑노박덩굴**(f. *aureo-arillata*)은 열매 속의 헛씨껍질이 노란색이다. 노박덩굴과 같은 종으로 본다.

잎 앞면 p.743

꽃 모양

7월의 어린 열매

6월 말에 핀 꽃

열매 모양

7월의 미역줄나무

어린 나무껍질

## 미역줄나무 / 메역순나무 (노박덩굴과) *Tripterygium wilfordii*

🌿 갈잎덩굴나무(길이 2m 정도)  ✽ 꽃 | 6~7월  🍂 열매 | 9~10월

산에서 자란다. 어린 나무껍질은 적갈색이고 작은 돌기가 빽빽하게 나며 노목은 회색이 된다. 잎은 어긋나고 타원형~달걀형이며 5~15㎝ 길이이고 끝이 갑자기 뾰족해지며 가장자리에 얕은 톱니가 있다. 잎 뒷면은 연녹색이다. 암수한그루로 가지 끝의 원뿔꽃차례에 자잘한 백록색 꽃이 촘촘히 모여 달린다. 꽃잎과 수술은 각각 5개씩이며 암술은 1개이다. 열매는 8~12㎜ 길이이고 3개의 넓은 날개가 있으며 갈색으로 익는다.

잎 앞면 p.743

1월의 열매

씨앗

7월 말에 핀 꽃

잎 뒷면

9월의 담팔수

나무껍질

# 담팔수(담팔수과) *Elaeocarpus sylvestris*

🌳 늘푸른큰키나무(높이 10~20m) ✳ 꽃 | 7~8월 🍂 열매 | 11~12월

제주도에서 자란다. 잎은 어긋나지만 가지 끝에는 모여난 것처럼 보인다.
잎몸은 거꿀피침형~긴 타원 모양의 피침형이며 끝이 뾰족하고 가장자리
에 둔한 톱니가 있으며 양면에 털이 없다. 햇가지 밑부분의 잎겨드랑이에
서 나온 송이꽃차례에 15~20개의 자잘한 흰색 꽃이 밑을 보고 피는데 5장
의 꽃잎은 끝이 실처럼 가늘게 갈라진다. 타원형 열매는 1.5~2㎝ 길이이
며 검푸른색으로 익는다. 씨앗은 타원형이고 주름이 있다.

잎 앞면 p.766

1월의 열매

잎 뒷면

9월에 핀 수꽃

2월의 산유자나무

줄기의 가시에 달린 잎

줄기

## 산유자나무(대극과|이나무과) *Croton congestus*

🌳 늘푸른떨기나무~작은키나무(높이 3~10m) ✿ 꽃 | 8~9월 🌰 열매 | 10~12월

제주도와 전남의 바닷가 산에서 자란다. 나무껍질은 회갈색이며 어린 가지와 함께 날카로운 가시가 많은데 가시는 가지가 갈라진다. 잎은 어긋나고 긴 타원형~넓은 달걀형이며 끝이 뾰족하고 가장자리에 톱니가 있다. 암수딴그루로 위쪽 잎겨드랑이의 짧은 송이꽃차례에 꽃잎이 없는 연노란색 꽃이 핀다. 암꽃은 꽃자루가 짧아 뭉쳐 핀 것처럼 보이고 수꽃은 꽃자루가 긴 편이다. 둥근 열매는 지름 4~5㎜이고 흑자색으로 익는다.

잎 앞면 p.766

7월에 핀 암꽃

8월의 열매

6월에 핀 수꽃

잎 뒷면

새로 돋은 잎

7월의 예덕나무

## 예덕나무(대극과) *Mallotus japonicus*

🔼 갈잎작은키나무(높이 5~10m) ✸ 꽃 | 6~7월 ➿ 열매 | 9~10월

주로 남부 지방의 바닷가에서 자란다. 잎은 어긋나고 둥근 달걀형~긴 달걀형이며 끝이 뾰족하고 양면에 별모양털이 있다. 잎 가장자리는 밋밋하거나 잎몸이 3갈래로 약간 갈라진다. 암수딴그루로 햇가지 끝의 원뿔꽃차례에 꽃잎이 없는 연노란색 꽃이 핀다. 수꽃은 수술이 많고 암꽃은 암술대가 3~4개이다. 커다란 열매송이는 갈색으로 익으면 열매가 3~4갈래로 갈라지면서 둥근 검은색 씨앗이 겉으로 드러난다.

잎 앞면 p.777

수꽃

암꽃

꽃차례

9월의 열매

수꽃

어린 열매

6월에 핀 꽃

잎 뒷면

10월의 사람주나무

나무껍질

## 사람주나무(대극과) *Neoshirakia japonica*

🌳 갈잎작은키나무(높이 4~6m) ❋ 꽃 | 6월 🍎 열매 | 10월

중부 이남의 산에서 자란다. 나무껍질은 회백색이고 매끈하지만 노목은 세로로 얕게 갈라진다. 잎은 어긋나고 타원형~달걀형이며 가장자리가 밋 밋하고 뒷면은 연녹색이다. 어린 가지와 잎자루는 흔히 붉은빛이 돌고 자르면 흰색 즙이 나온다. 암수한그루로 가지 끝의 기다란 꽃이삭 윗부분에는 많은 수꽃이 달리고 밑부분에는 꽃자루가 있는 몇 개의 암꽃이 달린다. 둥근 열매는 3개의 골이 지고 끝에 암술대의 흔적이 남는다.

잎 앞면 p.774

7월에 핀 꽃

11월의 열매

열매 속의 씨앗

잎 뒷면

11월의 오구나무

나무껍질

## 오구나무/조구나무(대극과) *Triadica sebifera*

🌳 갈잎큰키나무(높이 10~15m) ✳️ 꽃 | 6~7월 🍂 열매 | 10~11월

중국 원산이며 남부 지방에서 관상수로 심는다. 나무껍질은 회갈색이고 거칠게 갈라진다. 잎은 어긋나고 마름모 모양의 달걀형이며 끝이 뾰족하고 가장자리가 밋밋하다. 잎을 자르면 흰색 즙이 나온다. 암수한그루로 가지 끝에 연노란색 꽃이 핀다. 기다란 꽃이삭의 윗부분은 수꽃이삭이고 밑부분의 2~3개가 암꽃이다. 둥근 타원형 열매는 갈색으로 익는다. 열매가 3갈래로 갈라진 모습이 팝콘을 닮아서 '팝콘나무'라고도 한다.

잎 앞면 p.774

185

10월의 열매

잎 뒷면

5월에 핀 꽃

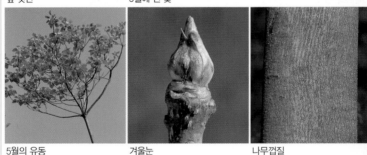

5월의 유동

겨울눈

나무껍질

## 유동(대극과) *Vernicia fordii*

🌳 갈잎큰키나무(높이 10~12m) ✳ 꽃 | 5월 🌰 열매 | 10~11월

중국과 베트남 원산이며 남부 지방에서 심어 기른다. 나무껍질은 회갈색이고 매끈하다. 잎은 어긋나고 하트형이며 끝이 뾰족하고 가장자리가 밋밋하거나 윗부분이 3갈래로 얕게 갈라지며 잎자루가 길다. 암수한그루로 가지 끝의 원뿔꽃차례에 흰색 꽃이 피며 5장의 꽃잎 안쪽에는 노란색 바탕에 붉은색 무늬가 있다. 둥그스름한 열매는 지름 3~4.5cm이고 끝이 뾰족하다. 씨앗에서 기름을 짜는데 독성이 있어 공업용으로 사용한다.

9월의 열매

6월 초에 핀 꽃

잎 뒷면

6월의 망종화

나무껍질

7월의 <sup>1)</sup>**갈퀴망종화**

## 망종화(물레나물과) *Hypericum patulum*

🌳 갈잎떨기나무(높이 1m 정도)  ✴ 꽃 | 6∼7월  🍂 열매 | 가을

중국 원산의 갈잎떨기나무로 관상수로 심는다. 잎은 마주나고 달걀형이며 가장자리가 밋밋하고 뒷면은 백록색이다. 가지 끝의 갈래꽃차례에 지름 3∼5㎝ 크기로 컵 모양의 노란색 꽃이 모여 핀다. 많은 수술은 5개의 다발로 나뉜다. 열매는 달걀형이고 흑갈색으로 익는다. <sup>1)</sup>**갈퀴망종화**(*H. galioides*)는 북아메리카 원산이다. 잎은 넓은 선형이고 여름에 피는 노란색 꽃은 지름이 1∼1.5㎝이며 긴 수술이 더부룩하다.

암꽃

7월의 어린 열매

7월에 핀 수꽃

잎 뒷면

8월의 광대싸리

나무껍질

---

## 광대싸리(여우주머니과 | 대극과) *Flueggea suffruticosa*

🌳 갈잎떨기나무(높이 3~4m) ❀ 꽃 | 6~7월 🍎 열매 | 9~10월

산과 들의 양지바른 곳에서 자란다. 잎은 어긋나고 타원형이며 2~7㎝ 길이이고 가장자리가 밋밋하다. 잎 뒷면은 흰빛이 돌고 양면에 털이 없다. 암수딴그루로 연노란색 꽃이 잎겨드랑이에 모여 핀다. 수꽃은 꽃자루가 짧고 암꽃은 꽃자루가 수꽃보다 조금 길며 암술머리는 3개로 갈라진다. 동글납작한 열매는 지름 4~5㎜이며 황갈색으로 익는다. 잘 익은 열매는 속껍질이 팽창하는 힘으로 씨앗을 멀리 날려 보낸다.

잎 앞면 p.751

암꽃

7월에 핀 수꽃

잎 뒷면

새로 돋은 잎

7월의 조도만두나무

나무껍질

## 조도만두나무(여우주머니과|대극과) *Glochidion chodoense*

🌳 갈잎떨기나무(높이 2~3m) ✳ 꽃 | 7~8월 🍂 열매 | 9~10월

전남의 섬에서 자란다. 잎은 어긋나고 타원형~긴 타원형이며 가장자리가 밋밋하고 뒷면은 연녹색이며 양면에 털이 많다. 암수한그루로 잎겨드랑이에 녹백색~황록색 꽃이 모여 피는데 꽃잎은 6장이다. 가지 위쪽에 달리는 암꽃은 꽃자루가 짧고 가지 아래쪽에 달리는 수꽃은 꽃자루가 길다. 동글납작한 열매는 지름 12~15㎜이고 적갈색으로 익는다. 전남 조도에서 발견되고 열매가 만두를 닮아서 '조도만두나무'라고 한다.

암꽃이삭

11월의 열매

6월 초에 핀 꽃

잎 뒷면

2월의 이나무

나무껍질

## 이나무(버드나무과│이나무과) *Idesia polycarpa*

🌳 갈잎큰키나무(높이 10∼15m)  ✹ 꽃│5∼6월  🍂 열매│10∼11월

전라도와 제주도의 산에서 자란다. 나무껍질은 회백색이고 매끈하며 껍질 눈이 있다. 잎은 어긋나고 하트형이며 10∼20㎝ 길이이고 끝이 뾰족하다. 잎 가장자리에 둔한 톱니가 있고 뒷면은 분백색이다. 잎자루 끝에 1∼3개의 꿀샘이 생긴다. 암수딴그루로 가지 끝이나 잎겨드랑이에서 늘어지는 원뿔꽃차례에 꽃잎이 없는 자잘한 연노란색 꽃이 촘촘히 달린다. 둥근 열매는 포도송이처럼 긴 자루에 매달려 늘어지며 붉게 익는다.

잎 앞면  p.766

4월에 핀 수꽃

4월에 핀 암꽃

5월 말의 열매

잎 뒷면

6월의 사시나무

나무껍질

## 사시나무(버드나무과) *Populus tremula* v. *davidiana*

🔆 갈잎큰키나무(높이 10~25m) ✽ 꽃 | 4~5월 🍂 열매 | 5~6월

깊은 산에서 자란다. 나무껍질은 회녹색이며 오랫동안 갈라지지 않는다.
잎은 어긋나고 원형~세모진 달걀형이며 끝은 짧게 뾰족하고 가장자리에
물결 모양의 얕은 톱니가 있다. 잎 뒷면은 회녹색이고 잎자루는 납작해서
잎몸이 바람에 잘 흔들린다. 암수딴그루로 이른 봄에 잎이 나기 전에 길게
늘어지는 꼬리꽃차례에 붉은색 꽃이 핀다. 열매송이는 꽃이삭 모양대로
늘어지며 늦은 봄에 익으면 털이 달린 씨앗이 바람에 날려 퍼진다.

4월에 핀 수꽃

3월 말에 핀 암꽃

5월의 열매

6월의 은사시나무

나무껍질

1)은백양 잎 앞면과 뒷면

### 은사시나무(버드나무과) *Populus × tomentiglandulosa*

🌳 갈잎큰키나무(높이 20m 정도) ❀ 꽃 | 4월 🍎 열매 | 5월

사시나무와 은백양 사이에서 생긴 잡종으로 '현사시나무'라고도 한다. 나무
껍질은 회백색으로 매끈하며 껍질눈은 보통 마름모꼴이지만 변화가 심하다.
잎은 어긋나고 달걀형이며 가장자리에 불규칙한 톱니가 있고 뒷면은 털이
있으며 흰색이다. 암수딴그루로 이른 봄에 잎이 나기 전에 꼬리꽃차례가 길
게 늘어진다. 1)은백양(*P. alba*)은 유라시아 원산이다. 둥근 달걀형 잎몸은
3~5갈래로 갈라지고 뒷면은 흰색 솜털이 빽빽하며 잎자루의 단면이 둥글다.

잎 앞면 p.766

4월에 핀 수꽃

4월에 핀 암꽃

5월의 열매

4월의 황철나무

겨울눈

나무껍질

## 황철나무(버드나무과) *Populus suaveolens*

🔶 갈잎큰키나무(높이 30m 정도) ✳ 꽃 | 4~5월 🔷 열매 | 5~7월

강원도 이북의 산골짜기에서 자란다. 나무껍질은 흑회색이며 세로로 갈라진다. 잎은 어긋나고 타원형이며 끝이 뾰족하고 밑부분은 심장저이다. 잎 가장자리에 둔한 톱니가 있고 뒷면은 녹백색이다. 암수딴그루로 잎이 돋기 전에 먼저 꼬리꽃차례가 늘어진다. 암술머리는 노란색이고 3개로 갈라진다. 수술은 30~40개이고 꽃밥은 적갈색이다. 열매송이는 길게 늘어지며 초여름에 익으면 털이 달린 씨앗이 바람에 날려 퍼진다.

잎 앞면 p.766

193

4월에 핀 수꽃

7월의 잎가지

4월에 핀 암꽃

7월의 양버들

잎 뒷면

나무껍질

---

### 양버들(버드나무과) *Populus nigra v. italica*

🌳 갈잎큰키나무(높이 30m 정도) ✺ 꽃 | 4월 🍂 열매 | 5~6월

유라시아 원산이며 가로수나 공원수로 심는다. 이태리포플러와 달리 가느 다란 가지들이 줄기를 따라 위로 자라 나무 모양이 빗자루처럼 보인다. 잎은 어긋나고 세모꼴~마름모꼴이며 가장자리에 둔한 톱니가 있고 길이보다 너비가 더 넓은 것이 많다. 잎자루가 길고 납작해 바람에 잘 흔들린다. 암수딴그루로 잎이 나기 전에 꽃이 피는데 꼬리꽃차례는 밑으로 늘어진다. 열매는 달걀형이고 씨앗에는 흰색 솜털이 붙어 있다.

잎 앞면 p.766

4월에 핀 수꽃

5월 초의 어린 열매

4월에 핀 암꽃

잎 뒷면

9월의 이태리포플러

나무껍질

## 이태리포플러(버드나무과) *Populus ×canadensis*

🌳 갈잎큰키나무(높이 30m 정도) ❋ 꽃 | 4월 🍂 열매 | 5월

미루나무와 양버들의 잡종이다. 굵은 가지는 옆으로 퍼진다. 잎은 어긋나고 세모진 달걀형이며 가장자리에 둔한 톱니가 있다. 잎은 어릴 때는 붉은빛이 돈다. 긴 잎자루는 납작해서 바람에 잘 흔들린다. 암수딴그루로 잎이 나기 전에 꼬리꽃차례가 늘어지는데 수꽃이삭은 붉은빛이 돌고 암꽃이삭은 황록색이다. 열매는 달걀형이고 씨앗에는 흰색 솜털이 붙어 있다. 포플러 종류로 이태리에서 들여와 '이태리포플러'라고 한다.

잎 앞면 p.766

## 사시나무속(*Populus*)의 비교

### 사시나무
잎몸은 원형~세모진 달걀형이며 가장자리에 물결 모양의 얕은 톱니가 있고 뒷면은 회녹색이다.

### 은사시나무
잎몸은 달걀형이며 가장자리에 불규칙한 톱니가 있고 뒷면은 털이 있으며 흰색이다.

### 은백양
잎몸은 둥근 달걀형이며 3~5갈래로 갈라지고 앞면은 진한 녹색이며 뒷면은 흰색 솜털이 빽빽하다.

### 황철나무
잎몸은 타원형이며 끝이 뾰족하고 밑부분은 심장저이다. 잎 가장자리에 둔한 톱니가 있으며 뒷면은 녹백색이다.

### 양버들
잎몸은 세모꼴~마름모꼴이며 길이보다 너비가 더 넓은 것이 많다. 가지는 줄기처럼 위를 향한다.

### 이태리포플러
잎몸은 세모진 달걀형이며 너비보다 길이가 긴 것이 많고 어릴 때는 붉은빛이 돈다. 가지는 옆으로 퍼진다.

196

4월에 핀 수꽃

5월의 열매

4월에 핀 암꽃

턱잎

잎 뒷면

경북 청송 관리 왕버들

**왕버들**(버드나무과) *Salix chaenomeloides*

🌳 갈잎큰키나무(높이 10~20m) 🌸 꽃 | 4월 🍂 열매 | 5~6월

강원도 이남의 물가에서 자란다. 잎은 어긋나고 타원형~긴 달걀형이며 5~15㎝ 길이이고 끝이 뾰족하며 뒷면은 흰빛이 돈다. 턱잎은 귀 모양이며 날카로운 톱니가 있고 늦게까지 남아 있다. 암수딴그루로 이른 봄에 잎과 함께 피는 기다란 꽃이삭은 비스듬히 위를 향한다. 암꽃차례와 수꽃차례는 4~5㎝ 길이의 좁은 원통형이다. 암술머리는 2개로 갈라지고 씨방에는 털이 없으며 수술은 3~5개이다. 열매는 달걀형이며 털이 없다.

잎 앞면 p.766

말피기목

5월 초에 핀 수꽃

5월 말의 열매

암꽃이삭

5월의 쪽버들

잎 뒷면

나무껍질

## 쪽버들(버드나무과) *Salix cardiophylla*

🌳 갈잎큰키나무(높이 15~20m) ✴ 꽃 | 5월 🍂 열매 | 6월

강원도 이북의 산골짜기에서 자란다. 잎은 어긋나고 달걀 모양의 긴 타원형~달걀 모양의 피침형이며 10~15㎝ 길이이다. 잎 끝은 뾰족하고 밑부분은 둔하거나 심장저이며 가장자리에 날카로운 톱니가 있다. 동그스름한 턱잎은 둘레에 치아 모양의 톱니가 있다. 암수딴그루로 잎이 돋은 후에 나오는 수꽃차례는 2.5~4.5㎝ 길이이며 밑으로 늘어진다. 암꽃차례는 4~6㎝ 길이이며 씨방은 털이 없다. 열매는 달걀형~긴 달걀형이다.

잎 앞면 p.766

4월에 핀 수꽃

4월 말에 핀 암꽃

5월의 열매

잎 뒷면

턱잎

나무껍질

## 분버들(버드나무과) *Salix rorida*

🌳 갈잎큰키나무(높이 10~15m) 🌼 꽃 | 4월 🍎 열매 | 5월

중부 이북의 산에서 자란다. 어린 가지는 회녹색이지만 햇빛을 받은 부분
은 암적색으로 변하고 2년생 가지는 흰색 가루로 덮인다. 잎은 어긋나고
넓은 피침형~거꿀피침형이며 8~12㎝ 길이이고 가장자리에 잔톱니가 있다.
달걀형 턱잎은 날카로운 톱니가 있다. 암수딴그루로 잎이 나기 전에 원통
형 꽃이삭이 달린다. 수술은 2개이고 털이 없다. 암술머리는 2개로 갈라
지고 달걀형 씨방은 털이 없다. 열매는 달걀 모양의 타원형이다.

4월에 핀 수꽃

4월에 핀 암꽃

5월의 열매

잎 뒷면

9월의 버드나무

나무껍질

## 버드나무(버드나무과) *Salix pierotii*

🌳 갈잎큰키나무(높이 20m 정도) 🌸 꽃 | 4월 🍂 열매 | 5월

골짜기나 개울가에서 자란다. 잔가지는 밑으로 처지며 잘 부러진다. 잎은 어긋나고 피침형~달걀 모양의 피침형이며 끝이 뾰족하고 가장자리에 잔 톱니가 있으며 뒷면은 흰빛이 돈다. 암수딴그루로 잎이 돋기 전에 잎겨드 랑이에 곧게 서는 수꽃이삭은 수술이 2개이며 꽃밥은 붉은색이다. 암꽃이 삭은 1~2cm 길이의 원뿔형이고 암술머리는 2~4개로 갈라지며 씨방에 털 이 많다. 달걀형 포는 녹색이며 털이 있다. 열매는 달걀형이다.

# 가지가 축 처지지 않는 큰키 버드나무의 비교

| 수꽃 | 잎 뒷면 | 턱잎 | 특징 |
|---|---|---|---|

**왕버들**
잎은 긴 타원형이며 뒷면은 흰빛이 돈다. 턱잎은 귀 모양이며 날카로운 톱니가 있다. 새순은 붉은빛이 돈다.

**쪽버들**
꽃차례는 처진다. 잎 뒷면은 흰빛이 돌고 밑부분은 밋밋하거나 심장저이다. 달걀형~원형 턱잎은 둘레에 치아 모양의 톱니가 있다.

**분버들**
2년생 가지가 흰색 가루로 덮인다. 잎 뒷면은 분백색이다. 달걀형 턱잎은 둘레에 날카로운 톱니가 있다.

**버드나무**
꽃밥은 붉은색이고 씨방에 털이 많다. 잎 뒷면은 흰빛이 돈다. 턱잎은 피침형이며 끝이 길게 뾰족하고 잔톱니가 있다.

4월에 핀 수꽃

4월에 핀 암꽃

4월의 어린 열매

4월의 수양버들

나무껍질

4월의 [1]능수버들 암꽃

## 수양버들(버드나무과) *Salix babylonica*

🌳 갈잎큰키나무(높이 10~18m)  ✽ 꽃 | 3~4월  🍂 열매 | 5월

중국 원산이며 관상수로 심는다. 어린 가지는 황갈색~녹갈색이며 밑으로 길게 늘어진다. 잎은 어긋나고 좁은 피침형이며 끝은 길게 뾰족하고 가장자리에 잔톱니가 있다. 암수딴그루로 잎이 돋을 때 잎겨드랑이에서 달리는 암수꽃차례는 원통형이고 1.5~3㎝ 길이이며 능수버들에 비해 털이 적다. [1]능수버들(*S. pseudolasiogyne*)은 수양버들에 비해 암꽃과 수꽃에 털이 빽빽이 나지만 둘의 구별이 어렵다. 수양버들과 같은 종으로 본다.

잎 앞면 p.766

4월에 핀 수꽃

4월에 핀 암꽃

6월 초의 열매

잎 뒷면

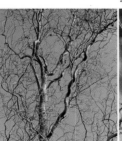

12월의 용버들

나무껍질

# 용버들(버드나무과) *Salix matsudana* f. *tortuosa*

🌳 갈잎큰키나무(높이 10~20m) ✳ 꽃 | 4월 🍂 열매 | 5월

중국 원산이며 관상수로 심는다. 밑으로 늘어지는 가지들이 꾸불꾸불 굽기 때문에 '용버들' 또는 '파마버들'이라고도 한다. 잎은 어긋나고 좁은 피침형이며 5~10㎝ 길이이고 끝이 길게 뾰족하며 가장자리에 잔톱니가 있다. 잎몸은 대부분 꼬이고 뒷면은 회녹색이다. 암수딴그루로 잎과 함께 꽃이 피는데 잎겨드랑이에 원통형 꽃이삭이 달린다. 달걀형 열매는 익으면 솜털이 달린 씨앗이 퍼진다. 수양버들에 포함시키기도 한다.

잎 앞면 p.766

4월 초에 핀 수꽃

3월 말에 핀 암꽃

4월 말의 열매

잎 뒷면

6월의 호랑버들

4월의 ¹⁾떡버들 암꽃

## 호랑버들(버드나무과) *Salix caprea*

🌳 갈잎작은키나무(높이 6~10m) ❋ 꽃 | 4월 🍂 열매 | 5~6월

전국의 산에서 자란다. 잎은 어긋나고 타원형~긴 타원형이며 8~15㎝ 길이이고 뒷면에는 흰색 털이 빽빽하다. 암수딴그루로 잎이 돋기 전에 꽃이 먼저 피는데 꽃이삭에 꽃이 촘촘히 달린다. 열매이삭에 촘촘히 달리는 열매는 긴 달걀형이며 8~10㎜ 길이이다. ¹⁾떡버들(*S. hallaisanensis*)은 산 중턱 이상에서 자라는 갈잎떨기나무로 잎도 호랑버들보다 작으며 뒷면 주맥에만 털이 있다. 호랑버들과 같은 종으로 보기도 한다.

잎 앞면 p.766

4월에 핀 수꽃

4월에 핀 암꽃

5월의 열매

10월의 잎가지

호랑버들(좌)과 여우버들(우) 잎 뒷면

5월의 여우버들

## 여우버들(버드나무과) *Salix bebbiana*

🌳 갈잎떨기나무~작은키나무(높이 1~6m)  ✳ 꽃 | 4~5월  🍂 열매 | 5~6월

중부 이북의 높은 산에서 자란다. 잎은 어긋나고 타원형~긴 타원형이며 4~7㎝ 길이이다. 잎 끝은 뾰족하며 가장자리에 물결 모양의 얕은 톱니가 있거나 밋밋하다. 잎몸은 얇고 부드러우며 주름이 없고 뒷면은 흰빛이 돌며 측맥이 두드러지지 않는다. 암수딴그루로 잎이 나기 전에 타원형 꽃이삭에 꽃이 성기게 달린다. 암꽃차례의 암술머리는 2개로 갈라지며 암술대가 뚜렷하다. 열매이삭도 열매가 성기게 달린다.

4월 초에 핀 수꽃

3월 말에 핀 암꽃

5월의 열매

잎가지

턱잎

5월의 선버들

## 선버들(버드나무과) *Salix nipponica*

🌳 갈잎떨기나무～작은키나무(높이 3～10m)   ✴️ 꽃 | 3～4월   🟢 열매 | 5월

개울가나 습지 주변에서 자란다. 햇가지는 흰색 가루로 덮여 있다가 차츰 벗겨진다. 잎은 어긋나고 긴 타원형이며 6～15㎝ 길이이고 끝이 뾰족하며 가장자리에 뾰족한 잔톱니가 있다. 잎 뒷면은 연한 백록색이다. 턱잎은 콩팥 모양이고 사마귀 같은 돌기가 있다. 암수딴그루로 잎과 함께 꽃이삭도 나온다. 수꽃차례는 노란색이며 수술은 3개이다. 암꽃차례는 황록색이며 암술머리는 2개로 갈라진다. 열매는 넓은 타원형이다.

잎 앞면 p.767

4월에 핀 수꽃

4월에 핀 암꽃

4월 말의 열매

잎 뒷면

7월의 키버들

6월의 <sup>1)</sup>육지꽃버들

## 키버들/고리버들(버드나무과) *Salix koriyanagi*

🍂 갈잎떨기나무(높이 2~3m) ✿ 꽃 | 3~4월 🍂 열매 | 5월

개울가나 습지 주변에서 자란다. 길게 벋는 가지는 연한 황갈색~연갈색이고 질기며 잘 휘어진다. 잎은 마주나거나 어긋나고 좁은 피침형이며 6~11㎝ 길이이다. 잎 끝은 뾰족하며 가장자리 윗부분에 잔톱니가 있다. 암수딴그루로 잎이 나기 전에 꽃이 피는데 꽃차례는 가는 원기둥 모양이다. 열매는 긴 달걀형이다. <sup>1)</sup>육지꽃버들(*S. schwerinii*)은 평북~함북에서 자란다. 잎은 좁은 피침형이며 10~15㎝ 길이이고 뒷면은 은백색이다.

잎 앞면 p.747

물가에 떨어진 시든 수꽃이삭

3월의 갯버들　　　　잎 뒷면　　　　턱잎

## 갯버들(버드나무과) *Salix gracilistyla*

🌳 갈잎떨기나무(높이 2~3m) 🌸 꽃 | 3~4월 🍎 열매 | 5월

개울가에서 무리 지어 자란다. 나무껍질은 회녹색~회색이며 점차 갈라진다. 어린 가지와 긴 달걀형의 겨울눈에는 부드러운 털이 빽빽하다. 잎은 어긋나고 긴 타원형~거꿀피침형이며 5~12㎝ 길이이고 끝이 뾰족하며 가장자리에 잔톱니가 있다. 잎 뒷면은 융단 같은 털이 빽빽이 나서 회백색을 띤다. 잎자루의 밑부분은 커져서 겨울눈을 감싼다. 턱잎은 달걀형이며 가장자리에 잔톱니가 있다. 암수딴그루로 이른 봄에 잎이 돋기 전에 묵은 가지에

208

4월 초의 수꽃

4월에 핀 암꽃

4월 말의 열매

수꽃이삭 단면

암꽃이삭 단면

6월에 핀 [1]콩버들 수꽃

2.5~4㎝ 길이의 긴 타원형 꽃이삭이 달린다. 암술머리는 2개로 갈라지고 타원형 씨방에는 털이 빽빽하다. 수술의 꽃밥은 붉은색이며 꽃가루는 노란색이다. 열매는 달걀형이고 5월에 익으면 솜털이 달린 씨앗이 바람에 날려 퍼진다. [1]콩버들(*S. rotundifolia*)은 백두산 정상 부근에서 자라는 갈잎떨기나무이다. 땅바닥을 기는 가지에서 잔뿌리를 내리고 잎은 콩 모양의 원형~타원형이며 0.6~2㎝ 길이이고 가장자리가 밋밋하다.

잎 앞면 p.747

4월 초에 핀 수꽃

잎 뒷면

7월의 잎가지

9월의 참오글잎버들

나무껍질

¹⁾**참오글잎버들 '세카'** 잎가지

**참오글잎버들**(버드나무과) *Salix udensis*

🌳 갈잎떨기나무~작은키나무(높이 3~6m) ✸ 꽃 | 3~4월 🍂 열매 | 5~6월

습지나 산골짜기에서 드물게 자란다. 잎은 어긋나고 넓은 피침형이며 7~
12㎝ 길이이고 끝이 뾰족하며 가장자리는 밋밋하거나 물결 모양의 얕은
톱니가 있다. 새로 돋은 잎은 가장자리가 뒤쪽으로 말린다. 턱잎은 피침
형이다. 암수딴그루로 잎이 돋기 전에 원통형 꽃이삭이 달린다. ¹⁾**참오글잎
버들 '세카'/석화버들**('Sekka')은 원예 품종으로 가지가 납작하게 넓어진다.
관상수로 심으며 가지를 꽃꽂이 재료로 쓴다.

잎 앞면 p.747

# 흔히 자라는 좁은 피침형 잎을 가진 키가 작은 버드나무의 비교

| 수꽃 | 잎 뒷면 | 턱잎 | 특징 |
|---|---|---|---|

### 선버들
잎 뒷면은 연한 백록색이다. 턱잎은 콩팥 모양이고 사마귀 같은 돌기가 있다.

겨울눈

### 키버들
잎과 꽃차례가 흔히 마주나고 잎은 좁은 피침형이며 뒷면은 분백색이다. 턱잎은 잘 발달하지 않는다.

### 갯버들
잎 뒷면은 융단 같은 털이 빽빽이 나서 회백색을 띤다. 턱잎은 달걀형이며 가장자리에 잔톱니가 있다.

### 참오글잎버들
새로 돋은 잎은 가장자리가 뒤쪽으로 말린다. 턱잎은 피침형이고 작다.

4월에 핀 암꽃

잎 뒷면

7월의 잎가지

5월의 <sup>1)</sup>개키버들 '플라밍고' 잎가지

<sup>2)</sup>개키버들 '하쿠로 니시키' 잎가지

6월의 <sup>2)</sup>개키버들 '하쿠로 니시키'

## 개키버들(버드나무과) *Salix integra*

🌳 갈잎떨기나무(높이 1~3m) ❀ 꽃 | 3~4월 🍎 열매 | 5월

함경도의 강가나 산골짜기에서 자란다. 잎은 대부분 마주나고 긴 타원형
이며 3~6㎝ 길이이고 가장자리에 얕은 톱니가 있다. 잎자루가 없다. 열매
는 긴 달걀형이며 털이 있다. <sup>1)</sup>개키버들 '플라밍고'/오색개키버들('Flamingo')은
원예 품종으로 초록색 잎에 흰색과 분홍색 얼룩무늬가 있으며 새순은 분홍색
이 진하다. <sup>2)</sup>개키버들 '하쿠로 니시키'('Hakuro Nishiki')도 원예 품종으로
새로 돋은 잎에 있는 흰색 얼룩무늬는 점차 녹색으로 변한다.

잎 앞면  p.747

4월에 핀 수꽃

4월에 핀 암꽃

5월의 잎가지

잎 뒷면

9월의 제주산버들

4월에 핀 [1]들버들 수꽃

# 제주산버들(버드나무과) *Salix blinii*

🌳 갈잎떨기나무(높이 50㎝ 정도)  ✹ 꽃 | 3~4월  🍂 열매 | 5~6월

한라산의 고지대에서 자란다. 원줄기에서 갈라져 비스듬히 뻗는 가지에서 뿌리를 내린다. 잎은 어긋나고 긴 타원형~거꿀피침형이며 2~5㎝ 길이이고 가장자리에 잔톱니가 있다. 잎 뒷면은 회녹색이고 털이 있다. 암수딴그루로 잎이 나기 전에 원통형 꽃이삭이 달린다. 암꽃의 암술대는 길며 암술머리는 4개로 갈라진다. [1]들버들(*S. subopposita*)은 한라산의 고지대에서 자라는 갈잎떨기나무로 잎은 긴 타원형이고 끝이 뾰족하다.

꽃 모양

9월의 열매

6월에 핀 꽃

작은잎 뒷면

6월의 왕자귀나무

나무껍질

## 왕자귀나무(콩과) *Albizia kalkora*

🌳 갈잎작은키나무(높이 6~8m) ✿ 꽃 | 6~7월 🍃 열매 | 9~10월

전남 목포 부근에서 자란다. 잎은 어긋나고 2회짝수깃꼴겹잎이며 20~45㎝ 길이이다. 작은잎은 좌우가 같지 않은 긴 타원형이고 2~4㎝ 길이이며 끝이 둥글고 가장자리가 밋밋하다. 밤이면 마주보는 작은잎끼리 서로 포개지는 수면운동을 한다. 가지 끝의 원뿔꽃차례에 연노란색 꽃이 모여 피며 향기가 난다. 작은 꽃송이는 많은 꽃이 촘촘히 달려서 술처럼 보인다. 길고 납작한 꼬투리열매는 8~17㎝ 길이이며 갈색으로 익는다.

214

7월에 핀 흰색 꽃

10월의 열매

7월에 핀 꽃

작은잎 뒷면

6월 말의 자귀나무

나무껍질

## 자귀나무(콩과)  *Albizia julibrissin*

🌳 갈잎작은키나무(높이 4~10m)  ❀ 꽃 | 6~7월  🍂 열매 | 10~11월

중부 이남의 산과 들에서 자란다. 나무껍질은 회갈색이고 껍질눈이 많다. 잎은 어긋나고 2회짝수깃꼴겹잎이며 20~30㎝ 길이이고 7~12쌍의 작은 깃꼴겹잎이 거의 마주 달린다. 작은잎은 좌우가 같지 않은 긴 타원형으로 낫 모양이며 1~1.7㎝ 길이이고 끝이 뾰족하며 가장자리가 밋밋하다. 가지 끝의 원뿔꽃차례에 분홍색 술 모양의 꽃이 모여 핀다. 드물게 흰색 꽃이 피기도 한다. 길고 납작한 꼬투리열매는 10~15㎝ 길이이다.

6월의 열매

4월에 핀 꽃

잎 뒷면

4월의 박태기나무

나무껍질

1)흰박태기나무 꽃

## 박태기나무(콩과) *Cercis chinensis*

🌳 갈잎떨기나무(높이 2~4m) 🌸 꽃 | 4월 🍂 열매 | 9~10월

중국 원산이며 관상수로 심는다. 잎은 어긋나고 하트형이며 5~10㎝ 길이
이다. 잎 끝은 뾰족하며 밑에서 5개의 잎맥이 발달하고 가장자리는 밋밋
하다. 봄에 잎이 돋기 전에 1㎝ 정도 길이의 홍자색 꽃이 7~30개씩 모여
달린다. 꽃받침통은 종 모양이며 적자색이다. 꼬투리열매는 길고 납작하
며 5~7㎝ 길이이고 가을에 갈색으로 익으며 겨울에도 나무에 매달려 있
다. 1)흰박태기나무('Alba')는 흰색 꽃이 피는 품종이다.

잎 앞면 p.751

5월에 핀 꽃

9월의 열매

잎 뒷면

5월의 실거리나무

줄기

# 실거리나무(콩과) *Caesalpinia decapetala*

🌳 갈잎덩굴나무(길이 4~7m)  ✳ 꽃 | 5~6월  🍃 열매 | 10월

남해안 이남에서 자란다. 길게 벋는 가지 전체에 갈고리 모양의 날카로운 가시가 나 있어 다른 물체에 얽힌다. 잎은 어긋나고 2회짝수깃꼴겹잎이며 3~8쌍의 작은 깃꼴겹잎이 마주 달린다. 작은잎은 긴 타원형이고 뒷면은 분백색이다. 가지 끝에 달리는 송이꽃차례에 노란색 꽃이 촘촘히 돌려 가며 달린다. 가장 위에 있는 꽃잎은 약간 작으며 붉은색 줄무늬가 있다. 꼬투리열매는 긴 타원형이며 7~10㎝ 길이이다.

잎 앞면 p.747

6월에 핀 암꽃

10월의 열매

5월 말에 핀 꽃

잎 뒷면

가시

줄기의 가시

## 주엽나무(콩과) *Gleditsia japonica*

갈잎큰키나무(높이 10~20m) 꽃 | 5~6월 열매 | 10월

산골짜기나 냇가에서 자란다. 날카로운 가시는 가지가 갈라지며 단면은 약간 납작하다. 잎은 어긋나고 짝수깃꼴겹잎으로 작은잎은 6~12쌍이 마주 붙는다. 작은잎은 긴 타원형~긴 달걀형으로 좌우의 모양이 다르고 가장자리에 물결 모양의 톱니가 있다. 짧은가지 끝의 이삭꽃차례에 자잘한 황록색 꽃이 촘촘히 달린다. 꽃은 지름 7~8㎜이며 암꽃, 수꽃, 양성화가 있다. 꼬투리열매는 20~30㎝ 길이이고 비틀려서 꼬인다.



잎 앞면 p.780

5월 말에 핀 수꽃

8월 말의 열매

잎 뒷면

경북 경주 독락당 조각자나무(천연기념물 제115호)

줄기의 가시

## 조각자나무(콩과) *Gleditsia sinensis*

🌳 갈잎큰키나무(높이 20~30m)  🌸 꽃 | 5~6월  🍎 열매 | 10월

중국 원산이며 드물게 심는다. 날카로운 가시는 가지가 갈라지며 단면은
둥글다. 잎은 어긋나고 짝수깃꼴겹잎이며 작은잎은 3~9쌍이다. 작은잎은
긴 타원형~달걀 모양의 피침형이며 가장자리에 얕고 뾰족한 톱니가 있다.
짧은가지 끝이나 잎겨드랑이에서 나오는 이삭꽃차례에 자잘한 황록색 꽃
이 촘촘히 달린다. 씨방에는 털이 빽빽하다. 꼬투리열매는 곧거나 살짝
비틀린다. 납작한 타원형 씨앗은 매운맛이 난다.

잎 앞면 p.780

219

꽃봉오리

9월의 어린 열매

6월 말에 핀 꽃

1월의 익은 열매

작은잎 뒷면

4월의 만년콩

## 만년콩(콩과)  *Euchresta japonica*

🌳 늘푸른떨기나무(높이 30~80㎝)  ✳ 꽃 | 6~7월  🔴 열매 | 10월

제주도 남쪽 숲속에서 자란다. 잎은 어긋나고 대부분이 세겹잎이며 5장의 깃꼴겹잎이 달리기도 한다. 작은잎은 타원형이고 5~8㎝ 길이이며 양 끝이 둥글고 가장자리는 밋밋하다. 잎몸은 가죽질이고 뒷면은 누운털이 빽빽하다. 가지 끝의 송이꽃차례에 길이 1㎝ 정도인 나비 모양의 흰색 꽃이 모여 핀다. 타원형 열매는 1.5~2㎝ 길이이며 녹색으로 변했다가 검은색으로 익고 벌어지지 않으며 1개의 씨앗이 들어 있다.

잎 앞면 p.762

11월의 열매

7월에 핀 꽃

잎 뒷면

봄에 돋은 새순

일본잎갈나무를 감고 오른 칡

나무껍질

## 칡(콩과) *Pueraria montana* v. *lobata*

🌿 갈잎덩굴나무(길이 10m 이상)  ✿ 꽃 | 7~8월  🍂 열매 | 10~11월

산과 들에서 자란다. 잎은 어긋나고 세겹잎이다. 작은잎은 둥근 달걀형~
둥근 마름모형이고 끝이 뾰족하거나 가장자리가 밋밋하고 잎몸이 3갈래로
얕게 갈라지기도 한다. 잎겨드랑이에 달리는 송이꽃차례는 10~25㎝ 길이
이고 위를 향한다. 나비 모양의 적자색 꽃은 18~25㎜ 길이이며 맨 위쪽의
꽃잎에 노란색 무늬가 있다. 길고 납작한 꼬투리열매는 4~9㎝ 길이이고
갈색 털로 빽빽이 덮여 있다. 굵은 뿌리는 약으로 쓰거나 식용한다.

5월의 어린 열매

가지의 가시

4월에 핀 꽃

잎 뒷면

5월의 골담초

나무껍질

## 골담초(콩과) *Caragana sinica*

🌳 갈잎떨기나무(높이 2m 정도)  🌸 꽃 | 4~5월  🍎 열매 | 7~9월

중국 원산이며 관상수로 심는다. 잔가지는 마디마다 턱잎이 변한 길고 날카로운 가시가 2개씩 있다. 잎은 어긋나고 짝수깃꼴겹잎이며 작은잎은 2쌍이다. 작은잎은 긴 거꿀달걀형이고 가장자리가 밋밋하다. 잎겨드랑이에 나비 모양의 노란색 꽃이 1~2개씩 핀다. 위쪽 꽃잎은 활짝 뒤로 젖혀지고 꽃잎은 점차 붉은빛을 띤다. 꼬투리열매는 국내에서는 잘 열리지 않는다. 골담(관절염)에 쓰이는 약초라서 붙여진 이름이다.

잎 앞면 p.763

7월 말의 어린 열매

5월에 핀 꽃

잎 뒷면

5월의 참골담초

겨울눈

나무껍질

# 참골담초(콩과) *Caragana fruticosa*

🌳 갈잎떨기나무(높이 2m 정도) ❀ 꽃 | 5~6월 🍂 열매 | 8~9월

강원도와 황해도 이북의 산에서 드물게 자란다. 나무껍질은 회갈색이며
광택이 있다. 잎은 어긋나고 짝수깃꼴겹잎이며 작은잎은 4~6쌍이다. 작
은잎은 긴 타원형이며 가장자리가 밋밋하고 뒷면은 연녹색이다. 햇가지
밑부분의 잎겨드랑이에 나비 모양의 노란색 꽃이 1~2개씩 핀다. 꽃잎은
골담초처럼 활짝 벌어지지 않는다. 꽃자루는 1~3㎝ 길이이며 1개의 마디
가 있다. 꼬투리열매는 기다란 원기둥 모양이며 3~4㎝ 길이이다.

꽃 모양

8월의 열매

5월에 핀 꽃

잎 뒷면

5월의 아까시나무

나무껍질

# 아까시나무/아카시아나무(콩과) *Robinia pseudoacacia*

🌳 갈잎큰키나무(높이 15~25m) ✴ 꽃 | 5~6월 🍂 열매 | 9~10월

북아메리카 원산이며 산에 조림수로 많이 심었다. 가지에 턱잎이 변한 날카로운 가시가 있다. 잎은 어긋나고 홀수깃꼴겹잎이며 12~25㎝ 길이이고 작은잎은 9~19장이다. 작은잎은 타원형~달걀형이며 양 끝이 둥글고 가장자리가 밋밋하다. 햇가지의 잎겨드랑이에서 늘어지는 송이꽃차례는 10~15㎝ 길이이며 나비 모양의 흰색 꽃이 모여 핀다. 길고 납작한 꼬투리열매는 5~10㎝ 길이이며 갈색으로 익고 겨울에도 매달려 있다.

잎 앞면 p.780

10월의 열매

5월에 핀 꽃

작은잎 뒷면

겨울눈

나무껍질

5월의 <sup>1)</sup>붉은꽃아까시나무

## 꽃아까시나무(콩과) *Robinia hispida*

🔆 갈잎떨기나무(높이 1~3m) ✳ 꽃 | 5~6월 🍂 열매 | 10월

북아메리카 원산이며 관상수로 심는다. 가지에 길고 억센 붉은색 털이 빽빽하다. 잎은 어긋나고 홀수깃꼴겹잎이며 작은잎은 원형~넓은 타원형이다. 햇가지 끝의 잎겨드랑이에서 나온 송이꽃차례에 나비 모양의 연한 붉은색 꽃이 모여 핀다. 꽃자루에 붉은색 털과 샘털이 빽빽하다. <sup>1)</sup>붉은꽃아까시나무(*R.* × *margaretta* 'Pink Cascade')는 꽃아까시나무와 아까시나무의 교잡종으로 붉은색 꽃이 피지만 가지와 꽃자루에 억센털이 없다.

4월 말의 등나무 그늘집

잎 뒷면　　　　　겨울눈　　　　　감고 오르는 줄기

## 등/참등(콩과)　*Wisteria floribunda*

🔄 갈잎덩굴나무(길이 10m 정도)　✳️ 꽃 | 4~5월　🍂 열매 | 9~11월

경상도의 숲 가장자리나 산골짜기에서 자라고 관상수로 심는다. 흔히 지주목을 세워 그늘집을 만든다. 나무껍질은 회갈색이며 줄기는 보통 오른쪽으로 감고 오른다. 잎은 어긋나고 홀수깃꼴겹잎이며 작은잎은 13~19장이다. 봄에 잎이 돋을 때 함께 가지 끝에서 나와 늘어지는 송이꽃차례는 20~40㎝ 길이이며 나비 모양의 연자주색 꽃이 촘촘히 모여 핀다. 꽃은 1.5~2㎝ 길이이고 맨 위쪽의 꽃잎은 가운데에 노란색 무늬가 있다. 길고 납작한 꼬투

4월 말에 핀 꽃

8월의 열매

씨앗

5월에 핀 <sup>1)</sup>**흰등** 꽃

5월에 핀 <sup>2)</sup>**산등** 꽃

4월 말에 핀 <sup>3)</sup>**흰산등** 꽃

리열매는 10~15㎝ 길이이며 비로드 같은 보드라운 털로 덮여 있고 황갈색
~갈색으로 익는다. <sup>1)</sup>**흰등**(f. *alba*)은 등과 비슷하지만 흰색 꽃이 피는 품종
이며 등과 함께 관상수로 심는다. <sup>2)</sup>**산등**(*W. brachybotrys*)은 일본 원산이며
가지 끝에서 늘어지는 송이꽃차례는 10~20㎝ 길이로 등보다 짧으며 나비
모양의 자주색 꽃이 핀다. <sup>3)</sup>**흰산등**('Shiro Kapitan Fuji')은 산등의 원예 품
종으로 흰색 꽃이 핀다. 등과 함께 관상수로 심는다.

잎 앞면 p.746

9월의 열매

잎 뒷면

8월에 핀 꽃

9월의 애기등

나무껍질

## 애기등(콩과) *Millettia japonica*

⬆ 갈잎덩굴나무(길이 4~7m)  ✳ 꽃 | 7~8월  🍂 열매 | 10~11월

남해안과 남쪽 섬의 숲 가장자리나 풀밭에서 자란다. 잎은 어긋나고 홀수
깃꼴겹잎이며 10~25㎝ 길이이고 작은잎은 9~17장이다. 작은잎은 달걀
형~좁은 달걀형이며 2~6㎝ 길이이고 끝이 길게 뾰족하며 가장자리는 밋
밋하고 뒷면은 연녹색이다. 햇가지의 잎겨드랑이에서 늘어지는 송이꽃차
례는 10~20㎝ 길이이고 나비 모양의 연한 황백색 꽃이 핀다. 꼬투리열매
는 넓은 선형이며 10~15㎝ 길이이다. 씨앗은 동글납작하다.

잎 앞면 p.746

9월 말의 열매

열매 모양

5월에 핀 꽃

꽃 모양

작은잎 뒷면

6월의 족제비싸리

## **족제비싸리**(콩과) *Amorpha fruticosa*

🌳 갈잎떨기나무(높이 2~5m) 🌸 꽃 | 5~6월 🍎 열매 | 9월

북아메리카 원산이며 사방용으로 심었고 저절로 퍼져 자란다. 잎은 어긋나고 홀수깃꼴겹잎이며 작은잎은 달걀형~긴 타원형이고 가장자리가 밋밋하다. 가지 끝의 이삭꽃차례에 흑자색 꽃이 다닥다닥 달린다. 1장의 꽃잎은 원통형으로 암술과 수술을 감싸며 나머지 4장의 꽃잎은 퇴화되었다. 꼬투리열매는 1㎝ 정도 길이이고 긴 타원형이며 약간 위로 굽고 표면에 깨알 같은 기름점이 있다. 잎을 따면 역겨운 냄새가 난다.

잎 앞면 p.763

229

9월의 열매

잎 뒷면

7월에 핀 꽃

7월의 낭아초

나무껍질

7월의 ¹⁾큰낭아초

## 낭아초(콩과) *Indigofera pseudotinctoria*

🔆 갈잎떨기나무(높이 20~50㎝)  ✳ 꽃 | 7~8월  🔆 열매 | 9~10월

남해안 이남의 바닷가에서 자란다. 잎은 어긋나고 홀수깃꼴겹잎이며 작은잎
은 5~11장이다. 작은잎은 긴 타원형~거꿀달걀형이고 6~20㎜ 길이이며
가장자리가 밋밋하다. 잎겨드랑이의 송이꽃차례는 3~6㎝ 길이이고 나비
모양의 홍자색 꽃은 6~12㎜ 길이이며 꽃받침에 누운털이 빽빽하다. 열매
는 기다란 원기둥 모양이다. ¹⁾큰낭아초(*I. bungeana*)는 중국 원산이며 낭아
초와 비슷하지만 1~2m 높이로 키가 크고 꽃송이도 5~10㎝로 길다.

잎 앞면 p.763

9월의 열매

6월 초에 핀 꽃

잎 뒷면

6월 초의 땅비싸리

나무껍질

5월의 [1]민땅비싸리

## 땅비싸리(콩과) *Indigofera kirilowii*

🌳 갈잎떨기나무(높이 30~100㎝)  ✽ 꽃 | 5~6월  🍒 열매 | 10월

산에서 자란다. 잎은 어긋나고 홀수깃꼴겹잎이다. 작은잎은 넓은 달걀형~
넓은 타원형이며 1~4㎝ 길이이고 가장자리는 밋밋하며 양면에 누운털이
있다. 잎겨드랑이에서 나오는 송이꽃차례는 5~12㎝ 길이로 잎의 길이와
비슷하다. 나비 모양의 홍자색 꽃은 12~16㎜ 길이이다. 기다란 원기둥 모
양의 꼬투리열매는 적갈색으로 익고 겨우내 매달려 있다. [1]민땅비싸리/좀
땅비싸리(*I. koreana*)는 전체적으로 작고 잎 뒷면에 털이 거의 없다.

9월의 열매

잎 뒷면

8월에 핀 꽃

7월의 참싸리

나무껍질

7월의 <sup>1)</sup>풀싸리

## 참싸리(콩과) *Lespedeza cyrtobotrya*

🔶 갈잎떨기나무(높이 1~3m)　✴ 꽃 | 7~9월　🍂 열매 | 9~10월

산에서 자란다. 잎은 어긋나고 세겹잎이다. 작은잎은 타원형~거꿀달걀형이며 가장자리가 밋밋하다. 작은잎 뒷면은 연녹색이고 누운털이 약간 있다. 잎겨드랑이와 가지 끝의 송이꽃차례는 1~2cm 길이로 매우 짧고 나비 모양의 붉은색 꽃이 피며 꽃받침조각은 길게 뾰족하다. 꼬투리열매는 타원형이다. <sup>1)</sup>풀싸리(*L. thunbergii*)는 줄기가 겨울에 말라 죽고 꽃받침은 4갈래로 깊게 갈라지며 털이 빽빽하고 아래쪽 조각이 특히 길다.

잎 앞면 p.762

9월의 열매

잎 뒷면

8월에 핀 꽃

10월의 싸리

겨울눈

나무껍질

## 싸리(콩과) *Lespedeza bicolor*

🌳 갈잎떨기나무(높이 2~3m)  ✳ 꽃 | 7~8월  🍂 열매 | 10월

산과 들에서 자란다. 잎은 어긋나고 세겹잎이며 작은잎은 달걀형~거꿀달
걀형이고 가장자리가 밋밋하다. 작은잎 뒷면은 연녹색이고 누운털이 약간
있다. 잎겨드랑이와 가지 끝의 송이꽃차례는 2~7㎝ 길이이며 나비 모양
의 붉은색 꽃이 핀다. 꽃받침은 4갈래로 갈라지며 꽃받침조각은 세모진
피침형이고 꼬리처럼 길어지지 않는다. 타원형의 꼬투리열매는 5~7㎜ 길
이이고 누운털이 약간 있으며 씨앗이 1개씩 들어 있다.

꽃 모양

6월에 핀 꽃

8월 말의 열매

잎 뒷면

7월의 조록싸리

나무껍질

## 조록싸리(콩과) *Lespedeza maximowiczii*

🌳 갈잎떨기나무(높이 2~3m) 🌸 꽃 | 6~7월 🍂 열매 | 9~10월

산에서 자란다. 잎은 어긋나고 세겹잎이다. 작은잎은 넓은 타원형~달걀
형이며 2~5㎝ 길이이고 끝이 뾰족하며 가장자리가 밋밋하다. 작은잎 뒷
면은 연녹색이고 누운털이 빽빽하다. 잎겨드랑이나 가지 끝에 달리는 송
이꽃차례는 2~10㎝ 길이이며 나비 모양의 홍자색 꽃이 모여 핀다. 꽃받
침은 긴털이 빽빽하고 4갈래로 깊게 갈라지며 갈래조각 끝은 뾰족하다.
납작한 타원형 열매는 끝이 뾰족하고 비단털로 덮여 있다.

잎 앞면 p.762

꽃 모양

9월에 핀 꽃

10월의 열매

잎 뒷면

9월의 삼색싸리

나무껍질

# 삼색싸리(콩과) *Lespedeza buergeri*

🍂 갈잎떨기나무(높이 1~3m)　✿ 꽃 | 6~9월　🌰 열매 | 10~11월

전남과 경남의 산에서 자란다. 잎은 어긋나고 세겹잎이다. 작은잎은 타원형~달걀형이며 2~5cm 길이이고 끝이 뾰족하며 가장자리가 밋밋하다. 작은잎 뒷면은 연녹색이고 누운털이 있다. 잎겨드랑이의 송이꽃차례에 나비모양의 연한 황백색 꽃이 모여 핀다. 위쪽의 꽃잎은 가장 크고 밑부분 중앙에 적자색 줄무늬가 있다. 2장의 작은 꽃잎은 적자색이고 나머지 2장은 연노란색이다. 납작한 긴 타원형 열매는 끝이 뾰족하다.

잎 앞면 p.762

235

10월의 어린 열매

잎 뒷면

9월 말에 핀 꽃

새로 자란 가지

9월의 해변싸리

나무껍질

## 해변싸리(콩과) *Lespedeza maritima*

🌳 갈잎떨기나무(높이 1~3m)  ✳️ 꽃 | 7~9월  🌰 열매 | 10~11월

주로 남부 지방의 바닷가 산에서 자란다. 가지 끝은 밑으로 처지고 전체에 갈색 털이 있다. 잎은 어긋나고 세겹잎이며 가죽질이고 앞면에 광택이 있으며 뒷면은 누운털이 촘촘하다. 작은잎은 끝이 둔하거나 약간 뾰족하고 가장자리는 밋밋하다. 잎겨드랑이의 송이꽃차례에 나비 모양의 홍자색 꽃이 모여 피는데 꽃받침조각은 뾰족하고 긴털이 있다. 납작한 타원형 열매는 7~10mm 길이이고 끝이 길게 뾰족하며 표면에 털이 빽빽하다.

잎 앞면 p.762

꽃 모양

8월에 핀 꽃

9월 말의 열매

잎 뒷면

8월의 좀싸리

8월의 1)꽃싸리

## 좀싸리(콩과) *Lespedeza virgata*

🔿 갈잎반떨기나무(높이 40~60㎝) ✳ 꽃 | 8~9월 🔿 열매 | 9~10월

풀밭에서 자란다. 잎은 어긋나고 세겹잎이다. 작은잎은 긴 타원형이고 7~25㎜ 길이이며 뒷면은 회녹색이다. 잎겨드랑이에서 나온 가느다란 송이꽃차례에 나비 모양의 흰색 꽃이 모여 핀다. 위쪽의 꽃잎은 가장 크고 붉은색 줄무늬가 있다. 열매는 둥근 달걀형이다. 1)꽃싸리(*Campylotropis macrocarpa*)는 경상도에서 자라는 갈잎떨기나무이다. 싸리와 비슷하지만 작은꽃자루는 1~2㎝ 길이로 길며 양쪽 끝에 관절이 있는 것이 다르다.

## 싸리속(*Lespedeza*)의 비교

**참싸리**

꽃차례가 잎보다 짧으며 꽃받침조각은 길게 뾰족하다. 작은잎 끝은 둥글거나 오목하다.

**싸리**

꽃차례가 잎보다 길며 꽃받침조각은 끝이 뾰족하지만 길어지지 않는다. 작은잎 끝은 둥글거나 오목하다.

**조록싸리**

홍자색 꽃은 꽃받침조각이 길게 뾰족하며 긴털이 많다. 작은잎 끝은 뾰족하다.

**삼색싸리**

위쪽 꽃잎은 연노란색이고 아래쪽 꽃잎은 홍자색이다. 작은잎 끝은 뾰족하다.

**해변싸리**

전체에 갈색 털이 빽빽하고 꽃받침조각에 긴털이 있다. 잎은 가죽질이며 앞면은 광택이 있다.

**좀싸리**

비스듬히 서는 가는 줄기에 퍼진털이 있다. 꽃자루는 실처럼 가늘고 잎도 작다.

11월의 열매

씨앗

8월에 핀 꽃

잎 뒷면

7월의 된장풀 군락

나무껍질

## 된장풀(콩과) *Ohwia caudata*

🌱 갈잎떨기나무(높이 1~2m)  ✳️ 꽃 | 7~8월  🌰 열매 | 9~11월

제주도의 숲이나 길가에서 자란다. 잎은 어긋나고 세겹잎이다. 작은잎은 피침형~긴 타원형이며 5~9㎝ 길이이고 끝이 뾰족하며 가장자리가 밋밋하다. 잎 뒷면은 연녹색이고 잎자루에 좁은 날개가 있다. 가지 끝과 잎겨드랑이에 달리는 송이꽃차례에 나비 모양의 연한 백록색 꽃이 모여 핀다. 길고 납작한 꼬투리열매는 여러 개의 잘록한 마디가 있고 표면에는 갈고리 같은 잔가시가 빽빽이 덮여 있어서 다른 물체에 잘 붙는다.

잎 앞면 p.762

꽃 모양

6월의 어린 열매

4월 말에 핀 꽃

작은잎 뒷면

5월 초의 개느삼

나무껍질

## 개느삼(콩과) *Sophora koreensis*

🌳 갈잎떨기나무(높이 1m 정도)  ✱ 꽃 | 4~5월  🌰 열매 | 8~9월

강원도 이북의 산에서 자란다. 땅속줄기가 벋으면서 퍼져 나간다. 잎은 어긋나고 홀수깃꼴겹잎이며 작은잎은 13~31장이다. 작은잎은 타원형이며 가장자리가 밋밋하고 뒷면에 흰색 털이 빽빽하다. 햇가지 끝에 달리는 송이꽃차례에 나비 모양의 노란색 꽃이 모여 핀다. 꼬투리열매는 2~7㎝ 길이이고 씨앗이 들어 있는 부분이 볼록해져서 염주 모양이 되며 세로로 4줄의 날개가 있다. 우리나라에서만 자라는 특산종이다.

잎 앞면 p.763

7월 초에 핀 꽃

꽃 모양

9월의 어린 열매

잎 뒷면

9월의 황단나무

나무껍질

## 황단나무(콩과) *Dalbergia hupeana*

🌳 갈잎큰키나무(높이 10~20m) ❀ 꽃 | 7~8월 🍎 열매 | 9~10월

중국 원산이며 전라도에서 관상수로 심고 목포 유달산에서 저절로 번식하는 것이 확인되었다. 나무껍질은 거칠고 회갈색이며 얇은 조각으로 벗겨진다. 잎은 어긋나고 홀수깃꼴겹잎이며 작은잎은 7~11장이다. 작은잎은 타원형이며 가장자리가 밋밋하고 양면에 털이 없다. 가지 끝의 원뿔꽃차례에 나비 모양의 흰색 꽃이 모여 피는데 윗입술꽃잎에 연보라색 줄무늬가 있다. 꼬투리열매는 길고 납작하며 8㎝ 정도 길이이다.

잎 앞면 p.780

경북 경주 월성 육통리 회화나무(천연기념물 제318호)

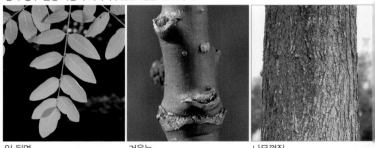

잎 뒷면　　　　　　　겨울눈　　　　　　　나무껍질

## 회화나무(콩과) *Styphnolobium japonicum*

🌳 갈잎큰키나무(높이 15~25m)　✺ 꽃 | 7~8월　🍂 열매 | 10~11월

중국 원산이며 정원수나 가로수로 심는다. 나무껍질은 진한 회갈색이며 세로로 갈라진다. 어린 가지는 녹색이며 껍질눈이 있고 자르면 좋지 않은 냄새가 난다. 잎은 어긋나고 홀수깃꼴겹잎이며 15~25㎝ 길이이고 작은잎은 7~17장이다. 작은잎은 달걀형~긴 달걀형이며 끝이 뾰족하고 가장자리는 밋밋하다. 작은잎 뒷면은 백록색이며 짧은털이 있다. 가지 끝에 달리는 원뿔꽃차례는 15~30㎝ 길이이며 나비 모양의 연노란색 꽃이 모여 달린다. 맨

꽃 모양

7월에 핀 꽃

10월의 열매

11월의 열매

5월의 <sup>1)</sup>**황금화화나무**

7월의 <sup>2)</sup>**수양회화나무**

위의 꽃잎은 가장 크고 뒤로 젖혀지며 가운데에 노란색 무늬가 있다. 수술은 10개이다. 꽃받침은 끝이 5갈래로 얕게 갈라진다. 기다란 꼬투리열매는 씨앗이 들어 있는 부분이 볼록해져서 염주 모양이며 껍질은 육질이다. <sup>1)</sup>**황금회화나무**('Aurea')는 원예 품종으로 겨울철 가지의 색이 황금색이고 봄에 돋는 잎도 황금색이다. <sup>2)</sup>**수양회화나무/처진회화나무**('Pendula')는 원예 품종으로 가지가 수양버들처럼 밑으로 처진다. 모두 관상수로 심는다.

8월 초의 어린 열매

4월의 새순

7월에 핀 꽃

잎 뒷면

겨울눈

나무껍질

## 다릅나무(콩과) *Maackia amurensis*

🌲 갈잎큰키나무(높이 10~15m)  ✿ 꽃 | 7~8월  🍂 열매 | 9~10월

산에서 자란다. 나무껍질은 회갈색이고 세로로 얇게 갈라져 벗겨진다. 겨울눈은 달걀형이고 밤색이다. 잎은 어긋나고 홀수깃꼴겹잎이며 작은잎은 7~11장이다. 작은잎은 타원형~긴 달걀형이며 4~7㎝ 길이이고 가장자리가 밋밋하다. 새순은 양면에 털이 많아서 은빛이 돈다. 가지 끝의 송이꽃차례는 5~15㎝ 길이이고 나비 모양의 연노란색 꽃이 촘촘히 모여 핀다. 길고 납작한 꼬투리열매는 3~7㎝ 길이이다.

8월에 핀 꽃

8월 말의 어린 열매

잎 뒷면

7월의 솔비나무

겨울눈

나무껍질

## 솔비나무(콩과)  *Maackia floribunda*

🌳 갈잎작은키나무~큰키나무(높이 8~10m)  ✿ 꽃 | 7~8월  🍎 열매 | 9~10월

제주도 한라산에서 자란다. 나무껍질은 회갈색이고 세로로 얇게 갈라져 벗겨진다. 잎은 어긋나고 홀수깃꼴겹잎이며 작은잎은 9~17장으로 다릅 나무보다 많다. 작은잎은 긴 타원형~긴 달걀형이며 3~6cm 길이이고 가 장자리가 밋밋하다. 가지 끝에 달리는 송이꽃차례에 나비 모양의 흰색 꽃 이 촘촘히 모여 달린다. 꽃은 7~11mm 길이이며 맨 위쪽의 꽃잎은 뒤로 활 짝 젖혀진다. 길고 납작한 꼬투리열매는 3~6cm 길이이다.

잎 앞면 p.780

3월에 핀 수꽃

3월에 핀 암꽃

8월의 열매

잎 뒷면

1월의 오리나무

나무껍질

## 오리나무(자작나무과) *Alnus japonica*

🌳 갈잎큰키나무(높이 10~20m) ❀ 꽃 | 3월 🍎 열매 | 10월

산골짜기에서 자란다. 나무껍질은 자갈색~회갈색이며 세로로 불규칙하게 갈라진다. 잎은 어긋나고 달걀 모양의 긴 타원형이며 끝이 뾰족하고 가장자리에 불규칙한 잔톱니가 있다. 측맥은 7~11쌍이다. 암수한그루로 잎이 돋기 전에 2~5개의 수꽃이삭이 꼬리처럼 늘어진다. 붉은색 암꽃이삭은 긴 달걀형이며 작다. 달걀형 열매는 1.5~2㎝ 길이이고 진한 적갈색으로 익는다. 납작한 씨앗은 거꿀달걀형이며 둘레의 날개는 거의 없다.

잎 앞면 p.767

4월에 핀 꽃

9월 초의 열매

10월의 열매

잎 뒷면

3월의 물오리나무

나무껍질

## 물오리나무(자작나무과) *Alnus hirsuta*

🌳 갈잎큰키나무(높이 10~20m) ✺ 꽃 | 3~4월 🍂 열매 | 10월

산에서 자란다. 나무껍질은 흑갈색이며 밋밋하고 가로로 긴 껍질눈이 있다. 잎은 어긋나고 넓은 달걀형이며 8~15㎝ 길이이다. 잎몸은 얕게 갈라지며 끝은 뾰족하고 가장자리에 겹톱니가 있다. 측맥은 6~8쌍이고 뒷면은 회백색이며 갈색 털이 있다. 암수한그루로 잎이 나기 전에 꼬리처럼 늘어지는 수꽃이삭은 4~7㎝ 길이이다. 붉은색 암꽃이삭은 긴 달걀형이고 1~2㎝ 길이이다. 열매는 둥근 달걀형이며 1.5~2.5㎝ 길이이다.

4월 초에 핀 꽃

열매 모양

9월의 열매

잎 뒷면

5월의 잔잎산오리나무

나무껍질

## 잔잎산오리나무(자작나무과) *Alnus inokumae*

🔼 갈잎큰키나무(높이 10~15m) ✳ 꽃 | 3~4월 🔴 열매 | 10월

일본 원산이며 산에 심는다. 잎은 어긋나고 세모진 넓은 달걀형이며 4~7㎝
길이이다. 잎 끝은 뾰족하며 잎몸이 얕게 갈라지고 가장자리에 겹톱니가
있다. 잎 뒷면은 회백색이고 측맥은 6~8쌍이다. 잎이 나기 전에 수꽃이
삭이 늘어진다. 긴 타원형 열매는 1㎝ 정도 길이이며 열매조각 끝에 작고
뾰족한 돌기가 있다. 물오리나무와 같은 종으로 보기도 한다. 잔잎산오리
나무는 북한에서 사용하는 이름이며 물오리나무와 같은 종으로도 본다.

잎 앞면 p.767

8월의 열매

잎 뒷면

4월에 핀 꽃

울릉도의 두메오리나무 숲

씨앗

나무껍질

## 두메오리나무(자작나무과) *Alnus maximowiczii*

🔆 갈잎큰키나무(높이 5~10m) ✳ 꽃 | 5~6월 🌰 열매 | 10~11월

울릉도와 강원도 이북의 깊은 산에서 자란다. 잎은 어긋나고 넓은 달걀형
이며 5~10㎝ 길이이다. 잎 끝은 뾰족하며 밑부분은 밋밋하거나 심장저이
고 가장자리에 날카로운 겹톱니가 있다. 잎 뒷면은 연녹색이고 측맥은 8~
12쌍이다. 암수한그루로 잎이 돋을 때 가지 끝에서 2~3개의 수꽃이삭이
늘어진다. 붉은색 암꽃이삭은 긴 달걀형이며 짧은 꽃자루가 있다. 열매는
넓은 타원형이다. 양쪽에 넓은 날개가 있는 씨앗은 나비 모양이다.

잎 앞면 p.767

3월에 핀 꽃

잎 뒷면

7월의 어린 열매

11월의 사방오리

겨울눈(수꽃눈)

나무껍질

## 사방오리 (자작나무과) *Alnus firma*

🔵 갈잎작은키나무(높이 8~15m) ✳️ 꽃 | 3~4월 🔵 열매 | 10~11월

일본 원산이며 남부 지방에서 조림수로 심는다. 잎은 어긋나고 좁은 달걀형이며 끝이 뾰족하고 가장자리에 날카로운 겹톱니가 있다. 측맥은 13~17쌍이다. 암수한그루로 잎이 돋기 전에 가지 끝에서 늘어지는 2~3개의 수꽃이삭은 4~6㎝ 길이이며 약간 굵고 꽃자루가 없다. 암꽃이삭은 짧은 꽃자루가 있으며 위로 곧게 선다. 열매는 넓은 타원형~달걀형이며 1.5~2㎝ 길이이다. 양쪽에 날개가 있는 씨앗은 나비 모양이다.

잎 앞면 p.767

4월에 핀 꽃

잎 뒷면

9월의 열매

11월의 좀사방오리

겨울눈(수꽃눈)

나무껍질

## 좀사방오리(자작나무과) *Alnus pendula*

⬆ 갈잎작은키나무(높이 2~7m) ✳ 꽃 | 3~4월 ⬤ 열매 | 10~11월

일본 원산이며 남부 지방에서 조림수로 심는다. 잎은 어긋나고 좁은 달걀 모양의 피침형이며 끝이 뾰족하고 가장자리에 가는 겹톱니가 있다. 측맥 은 20~26쌍이다. 암수한그루로 잎이 돋을 때 늘어지는 수꽃이삭은 꽃자 루가 없다. 암꽃이삭은 짧은 꽃자루가 있으며 3~6개가 모여 달린다. 열 매는 타원형이며 자루가 길고 열매조각 끝에 작고 뾰족한 돌기가 있으며 밑으로 처진다. 씨앗은 나비처럼 양쪽에 날개가 있다.

잎 앞면 p.767

251

## 오리나무속(*Alnus*)의 비교

### 오리나무
잎은 긴 타원형이며 끝이 뾰족하고 불규칙한 잔톱니가 있다. 나무껍질은 세로로 불규칙하게 갈라진다.

### 물오리나무
잎은 넓은 달걀형이며 8~15㎝ 길이이고 가장자리가 얕게 갈라지며 겹톱니가 둔하다. 측맥은 6~8쌍이다.

### 잔잎산오리나무
잎은 세모진 넓은 달걀형이며 4~7㎝ 길이이고 얕게 갈라지며 겹톱니가 뾰족하다. 열매조각에 돌기가 있다.

### 두메오리나무
잎은 넓은 달걀형이며 밑부분은 밋밋하거나 심장저이고 날카로운 겹톱니가 있다. 측맥은 8~12쌍이다.

### 사방오리
잎은 좁은 달걀형이며 측맥은 13~17쌍이다. 열매자루는 굵고 열매는 비스듬히 선다.

### 좀사방오리
잎은 좁은 달걀 모양의 피침형이며 측맥은 20~26쌍으로 많다. 가늘고 긴 열매자루는 밑으로 늘어진다.

5월에 핀 수꽃

5월 초에 핀 암꽃

7월 말의 열매

잎 뒷면

10월의 거제수나무

나무껍질

## 거제수나무(자작나무과) *Betula costata*

🌳 갈잎큰키나무(높이 30m 정도) ❀ 꽃 | 5~6월 🍎 열매 | 9월

지리산 이북의 높은 산에서 자란다. 나무껍질은 황갈색이며 종잇장처럼 얇게 가로로 벗겨진다. 잎은 긴가지에서는 어긋나고 짧은가지에는 2장씩 모여난다. 잎몸은 긴 달걀형이며 3.5~7㎝ 길이이고 끝이 뾰족하며 가장 자리에 뾰족한 겹톱니가 있다. 측맥은 10~16쌍이다. 암수한그루로 잎이 돋을 때 함께 나오는 기다란 수꽃이삭은 밑으로 늘어지고 긴 타원형 암꽃 이삭은 곧게 선다. 달걀형 열매는 2㎝ 정도 길이이며 위를 향한다.

잎 앞면 p.767

5월에 핀 꽃

잎 뒷면

9월의 열매

백두산 소천지의 사스래나무 숲

겨울눈

나무껍질

## 사스래나무(자작나무과) *Betula ermanii*

🔵 갈잎큰키나무(높이 10~20m)  ✳ 꽃 | 5~6월  🔵 열매 | 9~10월

높은 산에서 자란다. 나무껍질은 회백색~회갈색이며 종잇장처럼 벗겨진다. 잎은 긴가지에서는 어긋나고 짧은가지에는 2장씩 모여난다. 잎몸은 세모진 달걀형이며 5~10㎝ 길이이고 끝이 길게 뾰족하다. 잎 가장자리에 불규칙한 겹톱니가 있고 측맥은 7~12쌍이다. 암수한그루로 잎이 돋을 때 가지 끝에서 나온 수꽃이삭은 밑으로 늘어지고 암꽃이삭은 곧게 선다. 긴 원통형 열매는 2~4㎝ 길이이고 짧은 자루에 달리며 위를 향한다.

잎 앞면 p.767

4월에 핀 꽃

6월의 어린 열매

잎 뒷면

어린 나무껍질

10월의 박달나무

겨울눈

노목 나무껍질

## 박달나무(자작나무과) *Betula schmidtii*

🌳 갈잎큰키나무(높이 20~30m) ❋ 꽃 | 4~5월 🍂 열매 | 9월

깊은 산에서 자란다. 나무껍질은 흑갈색~회갈색이며 가로로 긴 껍질눈이 있고 노목은 불규칙하게 갈라진다. 잎은 긴가지에서는 어긋나고 짧은가지에는 2장씩 모여난다. 잎몸은 긴 달걀형이며 4~9㎝ 길이이고 끝이 뾰족하며 가장자리에 가는 톱니가 있다. 측맥은 9~12쌍이다. 암수한그루로 잎이 돋을 때 가지 끝에서 나온 수꽃이삭은 밑으로 늘어지고 암꽃이삭은 곧게 선다. 긴 원기둥 모양의 열매는 2~4㎝ 길이이고 위를 향한다.

잎 앞면 p.767

4월에 핀 꽃

4월에 핀 암꽃

8월 초의 열매

잎 뒷면

8월의 개박달나무

나무껍질

## 개박달나무(자작나무과) *Betula chinensis*

🌳 갈잎떨기나무~작은키나무(높이 3~10m) ✻ 꽃 | 4~5월 🍃 열매 | 9~10월

산에서 자란다. 나무껍질은 회색~진회색이며 불규칙하게 갈라져 벗겨진다. 잎은 긴가지에서는 어긋나고 짧은가지에는 2장씩 모여난다. 잎몸은 달걀형이며 1.5~6㎝ 길이이고 끝이 뾰족하며 가장자리에 날카로운 겹톱니가 있다. 측맥은 8~10쌍이다. 암수한그루로 잎이 돋을 때 가지 끝에서 나온 수꽃이삭은 밑으로 늘어지고 암꽃이삭은 곧게 선다. 달걀형 열매는 1.5~2㎝ 길이이고 위를 향하며 열매비늘은 선형이고 약간 벌어진다.

잎 앞면 p.767

4월에 핀 꽃

7월 말의 열매

잎 뒷면

10월의 물박달나무

겨울눈

나무껍질

# 물박달나무(자작나무과) *Betula dahurica*

🔵 갈잎큰키나무(높이 10~20m) ✳️ 꽃 | 4~5월 🟤 열매 | 9~10월

산에서 자란다. 회갈색 나무껍질은 여러 겹으로 얇게 벗겨진다. 잎은 긴 가지에서는 어긋나고 짧은가지에는 2장씩 모여난다. 잎몸은 달걀형이며 4~8㎝ 길이이고 끝이 뾰족하며 가장자리에 불규칙한 톱니가 있다. 잎 뒷면은 연녹색이며 기름점이 많다. 측맥은 6~8쌍이다. 암수한그루로 잎이 돋을 때 가지 끝에서 나온 수꽃이삭은 밑으로 늘어지고 암꽃이삭은 곧게 선다. 긴 원통형 열매는 2~3㎝ 길이이고 아래로 늘어진다.

잎 앞면 p.767

9월의 열매

암꽃이삭

수꽃이삭

잎 뒷면

4월에 핀 꽃

10월의 자작나무

겨울눈(잎눈)

나무껍질

## 자작나무(자작나무과) *Betula platyphylla*

🌳 갈잎큰키나무(높이 15~20m) ✳ 꽃 | 4~5월 🍂 열매 | 9~10월

북부 지방의 산에서 자라며 관상수로 심는다. 나무껍질은 흰색이며 옆으로 종이처럼 얇게 벗겨진다. 잎은 어긋나고 세모진 달걀형이며 4~8㎝ 길이이고 끝이 길게 뾰족하며 가장자리에 겹톱니가 있다. 잎 뒷면은 연녹색이고 측맥은 5~8쌍이다. 짧은가지 끝에는 잎이 2장씩 달린다. 암수한그루로 잎이 돋을 때 기다란 수꽃이삭도 함께 늘어진다. 긴 원통형 열매는 3~4.5㎝ 길이이고 아래로 늘어지며 익으면 부서진다.

잎 앞면 p.767

# 자작나무속(*Betula*)의 비교

### 거제수나무
황갈색 나무껍질은 얇게 벗겨진다. 측맥은 10~16쌍이다. 달걀형 열매(2㎝)는 위를 향한다.

### 사스래나무
회백색~회갈색 나무껍질은 얇게 벗겨진다. 측맥은 7~12쌍이다. 긴 원통형 열매(2~4㎝)는 위를 향한다.

### 박달나무
흑갈색 나무껍질은 가로로 긴 껍질눈이 있다. 측맥은 9~12쌍이다. 긴 원기둥 모양의 열매(2~4㎝)는 위를 향한다.

### 개박달나무
회색~진회색 나무껍질은 불규칙하게 갈라진다. 측맥은 8~10쌍이다. 달걀형 열매(1.5~2㎝)는 위를 향한다.

### 물박달나무
회갈색 나무껍질은 여러 겹으로 얇게 벗겨진다. 측맥은 6~8쌍이다. 긴 원통형 열매(2~3㎝)는 밑으로 늘어진다.

### 자작나무
흰색 나무껍질은 옆으로 얇게 벗겨진다. 측맥은 5~8쌍이다. 긴 원통형 열매(3~4.5㎝)는 밑으로 늘어진다.

4월에 핀 꽃

어린잎의 무늬

7월의 열매

잎 뒷면

9월의 개암나무

나무껍질

## **개암나무**(자작나무과) *Corylus heterophylla*

갈잎떨기나무(높이 2~3m) 꽃 | 3~4월 열매 | 9월

전북과 경북 이북의 산에서 자란다. 잎은 어긋나고 넓은 거꿀달걀형~일그러진 원형이며 6~12㎝ 길이이고 끝은 갑자기 뾰족해지며 가장자리에 불규칙한 겹톱니가 있다. 어린잎의 앞면에는 적자색 얼룩무늬가 있다. 암수한그루로 잎이 돋기 전에 꼬리 모양의 수꽃이삭이 늘어진다. 열매를 싸고 있는 포조각은 종 모양이며 2.5~3.5㎝ 길이이고 윗부분은 톱니처럼 갈라지며 양면에 샘털이 있다. 씨앗은 맛이 고소하며 부럼으로 먹는다.

잎 앞면 p.747

3월에 핀 꽃

잎 뒷면

7월의 열매

9월의 참개암나무

나무껍질

8월 초의 [1]물개암나무 열매

## 참개암나무(자작나무과) *Corylus sieboldiana*

🌳 갈잎떨기나무(높이 3~4m)  ✳ 꽃 | 3~4월  🍂 열매 | 9~10월

강원도 이남의 산에서 자란다. 잎은 어긋나고 넓은 타원형이며 가장자리에 불규칙한 겹톱니가 있다. 암수한그루로 잎이 돋기 전에 꼬리 모양의 수꽃이삭이 늘어진다. 열매를 싸고 있는 기다란 포조각은 3~7㎝ 길이이고 윗부분이 갑자기 좁아지며 표면에 가시 같은 털이 빽빽하다. [1]물개암나무 (v. *mandshurica*)는 열매를 싸고 있는 기다란 포조각이 위로 갈수록 서서히 좁아지며 털이 빽빽하다. 참개암나무와 같은 종으로 본다.

4월에 핀 꽃

9월 초의 열매

포와 씨앗

잎 뒷면

12월의 개서나무

나무껍질

## 개서나무 / 개서어나무(자작나무과) *Carpinus tschonoskii*

⬆ 갈잎큰키나무(높이 15m 정도) ✱ 꽃 | 4~5월 🍂 열매 | 10월

남부 지방의 산야에서 자란다. 나무껍질은 회색이며 세로로 줄무늬가 생긴다. 잎은 어긋나고 달걀 모양의 타원형이며 4~8㎝ 길이이고 끝이 뾰족하며 가장자리에 겹톱니가 있다. 잎 뒷면은 잎맥 위에 털이 있고 측맥은 12~15쌍이다. 암수한그루로 잎이 돋을 때 함께 나와 늘어지는 수꽃이삭은 5~8㎝ 길이이다. 열매이삭은 4~12㎝ 길이이며 밑으로 늘어진다. 포는 일그러진 달걀형이며 1.5~3㎝ 길이이고 한쪽에만 톱니가 있다.

잎 앞면 p.767

4월에 핀 꽃

5월의 어린 열매

포와 씨앗

잎 뒷면

10월의 서나무

나무껍질

## 서나무/서어나무(자작나무과) *Carpinus laxiflora*

🌳 갈잎큰키나무(높이 10~15m) 🌸 꽃 | 4~5월 🍂 열매 | 8~9월

중부 이남의 산에서 자란다. 나무껍질은 회색이며 근육처럼 울퉁불퉁해진다.
잎은 어긋나고 타원형이며 3~7㎝ 길이이다. 잎 끝은 길게 뾰족하며 가장
자리에 가는 겹톱니가 있고 측맥은 10~12쌍이다. 암수한그루로 잎이 돋
을 때 함께 나와 늘어지는 황갈색 수꽃이삭은 4~5㎝ 길이이다. 열매이삭
은 4~10㎝ 길이이며 밑으로 늘어진다. 포는 일그러진 달걀형이며 1~1.8㎝
길이이고 보통 밑에서 3개로 갈라지고 드문드문 톱니가 있다.

잎 앞면  p.767

263

4월에 핀 꽃

포와 씨앗

5월의 어린 열매

잎 뒷면

소사나무 분재

나무껍질

## 소사나무(자작나무과) *Carpinus turczaninowii*

🔴 갈잎작은키나무(높이 3~10m) ✳️ 꽃 | 4~5월 🔵 열매 | 10월

서남해안의 산에서 자란다. 나무껍질은 회갈색~진회색이고 약간 거칠다. 잎은 어긋나고 달걀형이며 2~5㎝ 길이이고 끝이 뾰족하며 가장자리에 가는 겹톱니가 있다. 암수한그루로 잎이 나기 전에 나오는 수꽃이삭은 3~5㎝ 길이이고 붉은색이며 밑으로 늘어진다. 암꽃이삭은 붉은빛이 돌고 위를 향한다. 열매이삭은 3~6㎝ 길이로 짧고 씨앗을 싸고 있는 포는 4~8개로 서어나무보다 적다. 포는 달걀형~일그러진 달걀형이며 드문드문 톱니가 있다.

264

잎 앞면 p.767

4월 말의 수꽃이삭

6월의 어린 열매

5월 초의 암꽃이삭

잎 뒷면

10월의 까치박달

나무껍질

## 까치박달(자작나무과) *Carpinus cordata*

🔵 갈잎큰키나무(높이 15m 정도) ✳ 꽃 | 4~5월 🟢 열매 | 8~10월

산에서 자란다. 나무껍질은 회색~회갈색으로 밋밋하며 마름모꼴의 껍질눈이 생긴다. 잎은 어긋나고 넓은 달걀형이며 6~15cm 길이이고 끝이 뾰족하며 심장저이고 가장자리에 겹톱니가 있다. 잎 뒷면은 연녹색이고 측맥은 12~23쌍이다. 암수한그루로 잎이 돋을 때 기다란 꽃이삭이 늘어진다. 수꽃이삭은 5cm 정도 길이이고 암꽃이삭은 2~3.5cm 길이이다. 열매이삭은 기다란 원통형이며 씨앗이 붙어 있는 포가 비늘처럼 포개져 있다.

잎 앞면 p.768

## 서나무속(*Carpinus*)의 비교

| 열매 | 포 조각 | 겨울눈 | 특징 |
|------|---------|--------|------|
| 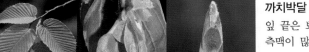 | | | **개서나무**<br>잎 끝은 뾰족하다. 씨가 붙어 있는 포는 일그러진 달걀형이며 한쪽에만 톱니가 있다. |
| | | | **서나무**<br>잎 끝은 길게 뾰족하다. 씨가 붙어 있는 포는 일그러진 달걀형이며 밑에서 3개로 갈라지고 드문드문 톱니가 있다. |
| | | | **소사나무**<br>잎 끝은 뾰족하다. 씨가 붙어 있는 포는 달걀형~일그러진 달걀형이며 가장자리 전체에 드문드문 톱니가 있다. |
| | | | **까치박달**<br>잎 끝은 뾰족하며 측맥이 많고 뚜렷하다. 씨앗이 붙은 포는 비늘처럼 촘촘히 포개진다. |

4월에 핀 꽃

9월 초의 열매

9월 말의 열매

잎 뒷면

4월의 새우나무

나무껍질

## 새우나무(자작나무과) *Ostrya japonica*

🌳 갈잎큰키나무(높이 25m 정도) 🌸 꽃 | 4~5월 🌰 열매 | 9~10월

제주도와 전남의 바닷가 산에서 자란다. 나무껍질은 진갈색~회갈색이며
세로로 얇게 갈라져서 벗겨진다. 잎은 어긋나고 좁은 달걀형이며 끝은 뾰
족하고 가장자리에 불규칙한 겹톱니가 있다. 잎 뒷면은 연녹색이고 측맥
은 9~13쌍이다. 암수한그루로 잎이 돋을 때 꽃이삭이 늘어진다. 수꽃이삭
은 5~6cm 길이이고 암꽃이삭은 1.5~2.5cm 길이이다. 열매이삭은 5~6cm
길이이고 씨앗이 붙어 있는 포가 비늘처럼 포개져 있다.

잎 앞면 p.768

6월 말의 잎가지

씨앗

4월 말에 핀 수꽃

울릉도의 너도밤나무 숲

나무껍질

7월의 1)유럽너도밤나무 열매

## 너도밤나무(참나무과) *Fagus engleriana*

🔵 갈잎큰키나무(높이 20~25m) ✳️ 꽃 | 4~5월 🔵 열매 | 10월

울릉도에서 자란다. 잎은 어긋나고 달걀형~타원형이며 가장자리는 주름이 지고 측맥은 9~14쌍이다. 암수한그루로 잎이 돋을 때 꽃도 함께 핀다. 수꽃은 꽃자루 끝에 빽빽이 모여 달리고 암꽃은 햇가지 위쪽의 잎겨드랑이에 달린다. 열매는 삼각뿔 모양이며 1.5~2㎝ 길이이다. 1)**유럽너도밤나무** (*F. sylvatica*)는 유럽 원산이며 너도밤나무와 비슷하지만 잎 가장자리가 물결 모양이며 측맥이 6~7쌍이다. 관상수로 심는다.

잎 앞면 p.774

6월에 핀 꽃

암꽃

9월의 벌어진 열매

잎 뒷면

6월의 밤나무

나무껍질

# 밤나무(참나무과) *Castanea crenata*

🍂 갈잎큰키나무(높이 15m 정도) ❋ 꽃 | 6월 🌰 열매 | 9~10월

산에서 자라며 과일나무로 재배한다. 잎은 어긋나고 긴 타원형이며 7~14㎝ 길이이고 끝이 뾰족하며 가장자리에 가시 같은 톱니가 있다. 암수한그루로 연한 황백색 수꽃이삭은 햇가지 끝의 잎겨드랑이에 길게 늘어지며 그 밑에 2~3개의 암꽃이 따로 핀다. 밤꽃은 향기가 매우 진하며 꿀을 많이 딴다. 둥근 열매는 지름 5~6㎝이며 날카로운 가시로 싸여 있고 익으면 열매껍질이 넷으로 갈라져 벌어진다. 씨앗은 식용한다.

잎 앞면 p.768

암꽃이삭

수꽃이삭

9월의 열매

10월의 벌어진 열매

5월에 핀 꽃

잎 뒷면

나무껍질

9월의 ¹⁾돌참나무

## 구실잣밤나무(참나무과) *Castanopsis sieboldii*

🌳 늘푸른큰키나무(높이 15~20m) ✳ 꽃 | 5~6월 🍂 열매 | 다음 해 10월

서남해 섬에서 자란다. 잎은 어긋나고 거꿀피침형~긴 타원형이며 가죽질
이고 끝이 뾰족하며 가장자리의 상반부에 물결 모양의 톱니가 있다. 암수
한그루로 잎겨드랑이에 연한 황백색의 수꽃이삭이 달리고 암꽃이삭은 비
스듬히 선다. 달걀형 열매는 1~2㎝ 길이이며 깍정이 표면이 우툴두툴하다.
¹⁾돌참나무(*Lithocarpus edulis*)는 일본 원산의 늘푸른큰키나무로 나사 모양으
로 어긋나는 잎은 좁은 거꿀달걀형이다.

잎 앞면 p.768

5월에 핀 수꽃

열매 모양

9월의 열매

잎 뒷면

12월의 붉가시나무

나무껍질

# 붉가시나무(참나무과) *Quercus acuta*

🌳 늘푸른큰키나무(높이 20m 정도) ✸ 꽃 | 5월 🍂 열매 | 다음 해 10월

서남해안과 울릉도에서 자란다. 잎은 어긋나고 긴 타원형이며 7~15㎝ 길이이고 끝이 길게 뾰족하며 가장자리가 밋밋하지만 윗부분에 둔한 톱니가 있는 것도 있다. 잎몸은 가죽질이며 앞면은 광택이 있고 뒷면은 연녹색이다. 암수한그루로 수꽃이삭은 햇가지의 밑부분에서 늘어지고 짧은 암꽃이삭은 햇가지 윗부분에서 곧게 선다. 도토리열매는 둥근 달걀형이며 2㎝ 정도 길이이다. 깍정이 표면에는 6~10개의 동심원 테가 있다.

잎 앞면 p.774

5월 초에 핀 수꽃

봄에 돋은 새순

10월의 열매

잎 뒷면

10월의 종가시나무

나무껍질

## 종가시나무(참나무과) *Quercus glauca*

🌳 늘푸른큰키나무(높이 20m 정도)  ✱ 꽃 | 4~5월  🍂 열매 | 10~11월

제주도와 서남해안에서 자란다. 잎은 어긋나고 긴 타원형이며 7~12㎝ 길이
이고 끝이 길게 뾰족하며 가장자리의 상반부에 안으로 굽은 톱니가 있다.
잎몸은 가죽질이며 앞면은 광택이 있고 뒷면은 회백색 비단털로 덮여 있다.
암수한그루로 수꽃이삭은 햇가지의 밑부분에서 늘어지고 암꽃이삭은 햇
가지 윗부분에서 곧게 선다. 도토리열매는 둥근 달걀형이며 1.5~2㎝ 길
이이다. 깍정이 표면에는 6~7개의 동심원 테가 있다.

잎 앞면 p.768

5월에 핀 수꽃

8월의 어린 열매

11월의 열매

잎 뒷면

2월의 가시나무

나무껍질

## 가시나무(참나무과) *Quercus myrsinifolia*

🌳 늘푸른큰키나무(높이 15~20m)  ✳️ 꽃 | 4~5월  🌰 열매 | 10~11월

진도를 비롯한 남쪽 섬에서 드물게 자란다. 잎은 어긋나고 좁은 타원형이
며 7~14㎝ 길이이고 끝이 길게 뾰족하며 가장자리의 2/3 이상에 얕은 톱
니가 있다. 잎몸은 가죽질이며 앞면은 광택이 있고 뒷면은 회녹색이며 털
이 없어진다. 암수한그루로 수꽃이삭은 햇가지의 밑부분에서 늘어지고 암
꽃이삭은 햇가지 윗부분에서 곧게 선다. 도토리열매는 달걀형이며 1.5~
1.8㎝ 길이이다. 깍정이 표면에는 6~8개의 동심원 테가 있다.

잎 앞면  p.768

4월 말에 핀 수꽃

봄에 돋은 새순

9월의 열매

잎 뒷면

8월의 참가시나무

나무껍질

## 참가시나무(참나무과) *Quercus salicina*

🌳 늘푸른큰키나무(높이 20m 정도) ❀ 꽃 | 4~5월 🌰 열매 | 다음 해 10~11월

남쪽 섬과 울릉도에서 자란다. 잎은 어긋나고 좁은 타원형이며 9~15㎝ 길이이고 끝이 길게 뾰족하며 가장자리의 2/3 이상에 날카롭고 얕은 톱니가 있다. 잎몸은 가죽질이며 앞면은 광택이 있고 뒷면은 분백색이다. 암수한그루로 수꽃이삭은 5~7㎝ 길이이며 햇가지의 밑부분에서 늘어지고 암꽃이삭은 햇가지 윗부분에서 곧게 선다. 도토리열매는 넓은 달걀형이며 1~2㎝ 길이이다. 깍정이 표면에는 6~7개의 동심원 테가 있다.

잎 앞면 p.768

5월에 핀 수꽃

봄에 돋은 새순

10월의 어린 열매

잎 뒷면

2월의 개가시나무

나무껍질

# 개가시나무(참나무과) *Quercus gilva*

🌳 늘푸른큰키나무(높이 20m 정도) ✳ 꽃 | 4~5월 🍂 열매 | 10~11월

제주도의 낮은 산에서 자란다. 잎은 어긋나고 거꿀피침형이며 6~14㎝ 길이이고 끝이 길게 뾰족하며 가장자리의 상반부에 날카로운 톱니가 있다. 잎몸은 가죽질이며 앞면은 광택이 있고 뒷면은 황갈색 별모양털로 덮여 있다. 암수한그루로 수꽃이삭은 햇가지의 밑부분에서 늘어지고 암꽃이삭은 햇가지 윗부분에서 곧게 선다. 도토리열매는 달걀 모양의 타원형이며 1.5~2㎝ 길이이다. 깍정이 표면에는 6~7개의 동심원 테가 있다.

잎 앞면 p.768

275

5월 초에 핀 수꽃

잎 뒷면

10월의 열매

2월의 졸가시나무

겨울눈

나무껍질

## 졸가시나무(참나무과) *Quercus phillyreoides*

🔄 늘푸른작은키나무(높이 3~10m) ✳ 꽃 | 5월 🍂 열매 | 다음 해 10~11월

일본과 중국 원산이며 남부 지방에서 관상수로 심는다. 잎은 어긋나고 타
원형이며 3~6㎝ 길이이고 끝이 둔하며 가장자리의 상반부에 얕은 톱니가
있다. 잎몸은 가죽질이며 앞면은 광택이 있고 뒷면은 연녹색이다. 암수한
그루로 수꽃이삭은 2~2.5㎝ 길이이며 햇가지의 밑부분에서 늘어지고 암
꽃이삭은 햇가지 끝에 1~2개가 달린다. 도토리열매는 타원형이며 2㎝ 정
도 길이이다. 깍정이 표면은 비늘조각이 기와처럼 포개진다.

잎 앞면 p.768

# 상록성 참나무속(가시나무 종류)의 비교

### 붉가시나무
잎은 7~15㎝ 길이로 큰 편이고 가장자리가 거의 밋밋하다. 잎 뒷면은 연녹색이다.

### 종가시나무
잎은 7~12㎝ 길이이고 상반부에 톱니가 있다. 잎 뒷면은 회백색 털로 덮여 있다.

### 가시나무
잎은 7~14㎝ 길이이고 2/3 이상에 얕은 톱니가 있다. 잎 뒷면은 회녹색이며 털은 없어진다.

### 참가시나무
잎은 9~15㎝ 길이이고 끝이 길게 뾰족하며 2/3 이상에 날카롭고 얕은 톱니가 있다. 잎 뒷면은 분백색이다.

### 개가시나무
잎은 6~14㎝ 길이이고 끝이 길게 뾰족하며 상반부에 날카로운 톱니가 있다. 잎 뒷면은 황갈색 털이 빽빽하다.

### 졸가시나무
잎은 3~6㎝ 길이로 작고 끝이 둔하며 상반부에 얕은 톱니가 있다. 잎 뒷면은 연녹색이다.

4월에 핀 수꽃

5월 초에 핀 암꽃

9월 초의 열매

잎 뒷면

5월의 상수리나무

나무껍질

## 상수리나무(참나무과) *Quercus acutissima*

🌳 갈잎큰키나무(높이 20~25m)  ✿ 꽃 | 4~5월  🌰 열매 | 다음 해 10월

산기슭에서 자란다. 잎은 어긋나고 긴 타원형이며 8~15㎝ 길이이고 끝이 뾰족하며 가장자리에 바늘 모양의 회백색 톱니가 있다. 잎 뒷면은 연녹색이고 잎자루는 1~3㎝ 길이이다. 측맥은 13~17쌍이다. 암수한그루로 잎이 돋을 때 함께 나온 노란색 수꽃이삭은 밑으로 늘어지고 암꽃이삭은 작다. 도토리열매는 동그스름하며 지름 2㎝ 정도이고 꽃이 핀 다음 해 가을에 익는다. 깍정이는 얇은 비늘조각이 수북하다.

278

잎 앞면 p.768

5월 초에 핀 수꽃

8월의 열매

5월 초에 핀 암꽃

잎 뒷면

11월의 굴참나무

나무껍질

## 굴참나무(참나무과) *Quercus variabilis*

🔵 갈잎큰키나무(높이 20~25m)  ✳️ 꽃 | 4~5월  🔵 열매 | 다음 해 10월

낮은 산에서 자란다. 나무껍질은 코르크질이 두껍게 발달한다. 잎은 어긋
나고 긴 타원형이며 12~17㎝ 길이이고 끝이 뾰족하며 가장자리에 바늘
모양의 톱니가 있다. 잎 뒷면은 회백색 별모양털이 빽빽하고 잎자루는
15~35㎜ 길이이다. 암수한그루로 잎과 함께 나온 노란색 수꽃이삭은 밑
으로 늘어진다. 도토리열매는 동그스름하며 지름 2.5~4㎝이고 꽃이 핀
다음 해 가을에 익는다. 깍정이는 얇은 비늘조각이 수북하다.

잎 앞면 p.768

5월 초에 핀 수꽃

5월 초에 핀 암꽃

9월의 열매

잎 뒷면

10월 말의 갈참나무

나무껍질

## 갈참나무(참나무과) *Quercus aliena*

🌳 갈잎큰키나무(높이 20~25m) 🌸 꽃 | 5월 🍂 열매 | 10월

낮은 산에서 자란다. 잎은 어긋나고 거꿀달걀형이며 10~30㎝ 길이이다. 잎 끝은 뾰족하고 가장자리에 치아 모양의 큰 톱니가 있으며 잎자루는 1~3㎝ 길이로 길다. 잎 뒷면은 회백색이고 별모양털이 빽빽하다. 암수한 그루로 잎이 돋을 때 함께 나온 수꽃이삭은 밑으로 늘어지며 암꽃이삭은 작다. 도토리열매는 지름 2㎝ 정도이고 꽃이 핀 그해 가을에 익는다. 깍정이는 비늘조각이 기와를 인 것처럼 포개진다.

잎 앞면 p.768

4월 말에 핀 암꽃

9월의 열매 모양

5월에 핀 수꽃

잎 뒷면

11월의 졸참나무

나무껍질

# 졸참나무(참나무과) *Quercus serrata*

🌳 갈잎큰키나무(높이 20m 정도) ✳ 꽃 | 5월 🌰 열매 | 9~10월

낮은 산에서 자란다. 잎은 어긋나고 거꿀달걀형이며 5~15㎝ 길이이고 끝이 길게 뾰족하며 가장자리에 있는 치아 모양의 톱니는 안쪽으로 약간 굽는다. 잎자루는 1~3㎝ 길이이다. 잎 뒷면은 회녹색이고 누운털이 빽빽하다. 암수한그루로 잎이 돋을 때 함께 나온 수꽃이삭은 밑으로 늘어진다. 도토리열매는 긴 타원형이며 2㎝ 정도 길이이고 꽃이 핀 그해 가을에 익는다. 깍정이는 비늘조각이 기와처럼 포개진다.

잎 앞면 p.768

5월 초에 핀 수꽃

6월의 어린 열매

8월의 열매

잎 뒷면

6월의 신갈나무

나무껍질

## 신갈나무(참나무과) *Quercus mongolica*

🌳 갈잎큰키나무(높이 20~30m)  ✳ 꽃 | 4~5월  🍂 열매 | 9월

산에서 널리 자란다. 잎은 어긋나고 거꿀달걀형이며 7~20㎝ 길이이고 끝이 둔하며 밑부분은 귀 모양이고 가장자리에 물결 모양의 큰 톱니가 있다. 잎 뒷면은 백록색이고 잎자루는 매우 짧다. 암수한그루로 잎이 돋을 때 함께 나온 노란색 수꽃이삭은 밑으로 늘어지고 암꽃이삭은 작다. 도토리열매는 마름모 모양이며 2~3㎝ 길이이고 꽃이 핀 그해 가을에 익는다. 깍정이는 비늘조각이 기와를 인 모양이다.

잎 앞면 p.768

5월에 핀 꽃

8월의 열매

열매 모양

잎 뒷면

10월의 떡갈나무

나무껍질

## 떡갈나무(참나무과) *Quercus dentata*

🌳 갈잎큰키나무(높이 15~20m) ✹ 꽃 | 4~5월 ❋ 열매 | 10월

낮은 산에서 자란다. 잎은 어긋나고 거꿀달걀형이며 끝이 둔하고 가장자리에 물결 모양의 큰 톱니가 있다. 잎 앞면은 털이 점차 없어지고 뒷면은 회갈색의 짧은털과 별모양털이 빽빽하며 잎자루는 매우 짧다. 암수한그루로 잎이 돋을 때 함께 나온 노란색 수꽃이삭은 밑으로 늘어진다. 도토리열매는 둥근 달걀형이며 1.5~2㎝ 길이이고 꽃이 핀 그해 가을에 익는다. 깍정이는 가늘고 얇은 비늘조각이 수북하다.

잎 앞면 p.768

# 산에서 자생하는 낙엽성 참나무속(*Quercus*)의 비교

### 상수리나무
긴 잎의 뒷면은 연녹색이다. 굴참나무
와 함께 잎자루가 길다. 깍정이는 가시
같은 비늘조각이 수북하다.

### 굴참나무
긴 잎의 뒷면은 회백색이다. 깍정이는
가시 같은 비늘조각이 수북하다. 나무
껍질은 코르크가 두껍게 발달한다.

### 갈참나무
잎자루가 길다. 잎 뒷면은 회백색이
다. 깍정이는 비늘조각이 기와처럼 포
개진다.

### 졸참나무
잎은 작고 잎자루가 길다. 잎 가장자리
의 뾰족한 톱니가 안으로 굽는다. 깍정
이는 비늘조각이 기와처럼 포개진다.

### 신갈나무
잎자루가 짧다. 잎 가장자리의 톱니는
물결 모양이며 뒷면은 백록색이다. 깍
정이는 비늘조각이 기와처럼 포개진다.

### 떡갈나무
잎자루가 짧다. 잎 가장자리의 톱니는 큼
직하며 뒷면은 회갈색 털이 빽빽하다. 깍
정이는 가시 같은 비늘조각이 수북하다.

4월에 핀 수꽃

잎 뒷면

9월의 열매

6월의 핀참나무

나무껍질

9월의 <sup>1)</sup>루브라참나무

## 핀참나무/대왕참나무(참나무과) *Quercus palustris*

🔆 갈잎큰키나무(높이 20m 정도) ✳️ 꽃 | 4~5월 🍂 열매 | 다음 해 9~10월

미국 동북부와 캐나다 원산이며 관상수로 심는다. 잎은 어긋나고 타원형
이며 가장자리가 5~7갈래로 깊게 갈라진다. 갈래조각은 모양이 서로 다
르며 끝이 뾰족하다. 깍정이는 동그스름한 도토리열매의 밑부분만 살짝
싸고 있다. <sup>1)</sup>루브라참나무(*Q. rubra*)는 북아메리카 원산의 갈잎큰키나무이
다. 어긋나는 잎은 달걀형~타원형이며 잎몸은 가장자리가 7~9갈래로 반
쯤 갈라지며 갈래조각 끝은 뾰족하다. 관상수로 심는다.

9월의 열매

수꽃
암꽃
6월 초에 핀 꽃

잎 뒷면

5월의 굴피나무

겨울눈

나무껍질

**굴피나무**(가래나무과) *Platycarya strobilacea*

🌳 갈잎작은키나무(높이 5~12m)  ❋ 꽃 | 5~6월  🍂 열매 | 9~10월

중부 이남의 산에서 자란다. 잎은 어긋나고 홀수깃꼴겹잎이며 20~30㎝ 길이이고 작은잎은 7~19장이다. 작은잎은 달걀 모양의 피침형이며 끝이 길게 뾰족하고 가장자리에 톱니가 있다. 암수한그루로 가지 끝에 이삭꽃차례가 모여 위를 향하는데 가운데 1개는 암꽃이삭 위에 수꽃이삭이 달리고 둘레의 꽃이삭은 모두 수꽃이삭이다. 솔방울을 닮은 타원형 열매는 2~3㎝ 길이이고 적갈색으로 익는다. 납작한 씨앗은 둘레에 날개가 있다.

잎 앞면 p.780

4월에 핀 꽃

7월의 어린 열매

열매 모양

잎자루의 날개

8월의 중국굴피나무

나무껍질

# 중국굴피나무(가래나무과) *Pterocarya stenoptera*

🌳 갈잎큰키나무(높이 10~30m) ✿ 꽃 | 4~5월 🍂 열매 | 9~10월

중국 원산이며 관상수로 심는다. 회갈색 나무껍질은 세로로 깊게 갈라진다.
잎은 어긋나고 대부분이 짝수깃꼴겹잎이며 작은잎은 5~12쌍이고 잎자루
에 좁은 날개가 있다. 작은잎은 긴 타원형이고 4~12㎝ 길이이며 끝이 뾰
족하고 밑부분은 좌우가 같지 않으며 가장자리에 잔톱니가 있다. 암수한
그루로 잎이 돋을 때 함께 나오는 기다란 황록색 꽃이삭은 밑으로 늘어진다.
기다란 열매이삭에는 양쪽에 날개가 있는 열매가 촘촘히 달린다.

잎 앞면 p.780

4월 말에 핀 수꽃

4월에 핀 암꽃

8월 말의 열매

씨앗

잎 뒷면

10월의 가래나무

## 가래나무(가래나무과) *Juglans mandshurica*

🟢 갈잎큰키나무(높이 20m 정도) ✳ 꽃 | 4~5월 🟤 열매 | 9월

경북 이북의 산골짜기에서 자란다. 겨울눈은 황갈색 털로 덮여 있다. 잎은 어긋나고 홀수깃꼴겹잎이며 40~60㎝ 길이이고 작은잎은 7~17장이다. 작은잎은 긴 타원형이며 끝이 뾰족하고 가장자리에 잔톱니가 있다. 암수한 그루로 잎이 돋을 때 가지 끝에 곧게 서는 암꽃이삭에는 붉은색 암꽃이 모여 달리고 그 밑으로 꼬리처럼 기다란 수꽃이삭이 늘어진다. 길게 늘어지는 열매송이에 둥근 달걀형 열매가 모여 달린다.

잎 앞면 p.780

암꽃

수꽃

4월 말에 핀 꽃

9월의 열매

씨앗

겨울눈

10월의 호두나무

7월의 [1]흑호도

## 호두나무(가래나무과) *Juglans regia*

🌳 갈잎큰키나무(높이 10~20m) ❀ 꽃 | 4~5월 🍂 열매 | 9~10월

중국과 서남아시아 원산이며 과일나무로 재배한다. 잎은 어긋나고 홀수깃
꼴겹잎이며 작은잎은 5~9장인데 끝의 작은잎이 가장 크다. 작은잎은 타
원형이며 가장자리가 밋밋하다. 암수한그루로 잎이 돋을 때 가지 끝에 기
다란 수꽃이삭이 늘어진다. 둥근 열매는 1~3개가 모여 달리며 지름 4cm
정도이고 매끈하다. 씨앗은 견과로 먹는다. [1]흑호도(*J. nigra*)는 북아메리카
원산이며 둥근 열매는 표면이 불규칙하게 주름이 진다.

잎 앞면 p.780

5월에 핀 수꽃

떨어진 열매

8월의 열매

작은잎 뒷면

9월의 피칸

나무껍질

## 피칸(가래나무과) *Carya illinoinensis*

🌳 갈잎큰키나무(높이 30~50m) ❇ 꽃 | 5월 🍂 열매 | 10~11월

북아메리카 원산이며 심어 기른다. 잎은 어긋나고 홀수깃꼴겹잎이며 작은
잎은 9~17장이다. 작은잎은 긴 타원형이고 끝이 뾰족하며 가장자리에 잔
톱니가 있다. 암수한그루로 수꽃이삭은 꼬리처럼 밑으로 늘어지고 암꽃은
가지 끝에 몇 개가 달린다. 열매는 타원형~달걀형이며 3.5~6㎝ 길이이
고 몇 개가 달리며 밤갈색으로 익는다. 열매 속살은 견과로 먹는데 호두보
다 약간 길쭉하고 매끈하며 지방이 많고 맛이 고소하다.

잎 앞면 p.780

암꽃이삭

4월 초에 핀 수꽃

6월 말의 열매

잎 뒷면

2월의 소귀나무

나무껍질

## 소귀나무(소귀나무과) *Myrica rubra*

🔵 늘푸른큰키나무(높이 5~15m) ✳ 꽃 | 3~4월 🟢 열매 | 7월

제주도의 산기슭에서 자란다. 잎은 가지 끝에 촘촘히 어긋나고 거꿀피침형이며 5~10㎝ 길이이다. 잎 끝은 뾰족하며 밑부분은 잎자루로 흐르고 가장자리는 밋밋하거나 상반부에 톱니가 있다. 암수딴그루로 잎겨드랑이에 원기둥 모양의 꽃이삭이 달리는데 꽃잎이 없다. 수꽃이삭은 2~4㎝ 길이이고 암꽃이삭은 1㎝ 정도 길이이다. 둥근 열매는 지름 1.5~2㎝이고 표면이 작은 돌기로 덮여 있으며 붉게 익고 새콤달콤한 맛이 난다.

잎 앞면 p.774

4월에 핀 꽃

10월의 열매

7월의 어린 열매

3월의 왕팽나무

나무껍질

7월의 [1]노랑팽나무 열매

## 왕팽나무/산팽나무(삼과│느릅나무과) *Celtis koraiensis*

🌳 갈잎큰키나무(높이 10~15m)  🌸 꽃 | 4~5월  🍒 열매 | 10월

경상북도 이북의 산에서 자란다. 잎은 어긋나고 원형~넓은 거꿀달걀형이며 윗부분은 평평해지면서 큰 톱니가 있고 끝은 갑자기 좁아져서 꼬리처럼 길어진다. 측맥은 3~5쌍이다. 암수한그루로 잎과 함께 꽃이 핀다. 둥근 열매는 지름 10~13㎜이고 황적색으로 익는다. [1]노랑팽나무(*C. edulis*)는 산에서 드물게 자란다. 잎은 긴 타원형이며 가장자리에 안으로 굽은 톱니가 있다. 열매는 등황색으로 익고 열매자루는 22~27㎜ 길이이다.

잎 앞면 p.768

4월에 핀 꽃

9월의 열매

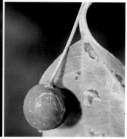
10월에 익은 열매

잎 뒷면

9월의 검팽나무

나무껍질

# 검팽나무(삼과 | 느릅나무과) *Celtis choseniana*

🌳 갈잎큰키나무(높이 10~12m) ✹ 꽃 | 4월 🍒 열매 | 9~10월

황해도 이남의 산에서 자란다. 잎은 어긋나고 달걀형~긴 타원형이며 끝은
길게 뾰족하고 가장자리 밑부분을 제외한 전체에 뾰족한 톱니가 있으며 양
면에 털이 없다. 측맥은 3~4쌍이다. 암수한그루로 잎이 돋을 때 햇가지의
밑부분에 수꽃이 모여 피고 가지 윗부분의 잎겨드랑이에는 양성화가 모여
피는데 암술머리에 흰색 털이 빽빽하다. 둥근 열매는 지름 10~12㎜이고
검게 익으며 열매자루는 20~25㎜ 길이로 긴 편이다.

잎 앞면 p.769

5월 초에 핀 꽃

10월의 열매

5월의 어린 열매

잎 뒷면

5월 말의 폭나무

나무껍질

## 폭나무(삼과|느릅나무과) *Celtis biondii*

🌳 갈잎큰키나무(높이 10~15m)  🌸 꽃 | 4~5월  🍂 열매 | 10월

주로 남부 지방의 산에서 자란다. 나무껍질은 회색이며 어린 가지에 잔털이 있다. 잎은 어긋나고 거꿀달걀형이며 윗부분이 갑자기 좁아져서 꼬리처럼 길어지고 윗부분에만 톱니가 있으며 측맥은 2~3쌍이다. 암수한그루로 잎이 돋을 때 햇가지의 밑부분에 수꽃이 모여 피고 가지 윗부분의 잎겨드랑이에는 양성화가 모여 피는데 씨방에 흰색 털이 **빽빽**하다. 둥근 열매는 지름 5~8㎜이고 적갈색으로 익으며 **열매자루는 8~15㎜ 길이**이다.

잎 앞면 p.769

4월에 핀 꽃

10월의 열매

잎 뒷면

경북 예천 금남리 황목근(천연기념물 제400호)

나무껍질

## 팽나무(삼과│느릅나무과) *Celtis sinensis*

⊕ 갈잎큰키나무(높이 20m 정도) ✳ 꽃│4~5월 ◐ 열매│10월

주로 남부 지방에서 자란다. 잎은 어긋나고 달걀형~넓은 타원형이며 끝이 뾰족하고 가장자리 윗부분에 잔톱니가 있다. 잎 앞면은 거칠고 뒷면은 연녹색이다. 측맥은 3~4쌍이며 끝까지 벋지 않는다. 암수한그루로 잎이 돋을 때 햇가지의 밑부분에 수꽃이 모여 피고 가지 윗부분의 잎겨드랑이에는 1~3개의 양성화가 모여 피는데 씨방에 털이 없다. 둥근 열매는 지름 6mm 정도이며 적갈색으로 익고 열매자루는 6~15mm 길이이다.

잎 앞면 p.769

4월에 핀 꽃

9월의 열매

7월의 어린 열매

잎 뒷면

5월의 좀풍게나무

나무껍질

## 좀풍게나무(삼과│느릅나무과) *Celtis bungeana*

⊛ 갈잎큰키나무(높이 10~15m) ✳ 꽃│5월 ● 열매│9~10월

주로 바닷가에서 자란다. 잎은 어긋나고 달걀형~긴 타원형이며 가장자리의 상반부에 톱니가 있거나 없다. 잎 뒷면 잎맥겨드랑이에 갈색 털이 뭉쳐 있다. 측맥은 3~4쌍이다. 암수한그루로 잎이 돋을 때 햇가지의 밑부분에 수꽃이 모여 피고 가지 윗부분의 잎겨드랑이에는 양성화가 모여 피는데 암술머리에 흰색 털이 빽빽하다. 둥근 열매는 지름 6~7㎜로 검팽나무보다 작은 편이고 검게 익으며 열매자루는 1~2㎝ 길이이다.

잎 앞면 p.769

6월의 어린 열매

5월에 핀 꽃

잎 뒷면

5월의 풍게나무

나무껍질

## 풍게나무(삼과 | 느릅나무과) *Celtis jessoensis*

🌳 갈잎큰키나무(높이 20~30m)  ❇ 꽃 | 4~5월  🍂 열매 | 10월

산에서 드물게 자라며 울릉도에는 흔한 편이다. 잎은 어긋나고 달걀형이
며 6~10㎝ 길이이고 끝이 꼬리처럼 길어지며 **밑부분은 좌우가 다른 모양**
**이다.** 잎 가장자리의 2/3 이상에 날카로운 톱니가 있고 측맥은 3~4쌍이
다. 암수한그루로 잎이 돋을 때 햇가지의 밑부분에 수꽃이 모여 피고 가지
윗부분의 잎겨드랑이에는 양성화가 모여 피는데 씨방에 털이 없다. 둥근
열매는 지름 7~8㎜이고 검게 익으며 열매자루는 20~25㎜ 길이로 길다.

# 팽나무속(*Celtis*)의 비교

**왕팽나무**

잎 끝은 평평해지며 끝이 꼬리처럼 길어진다. 황적색 열매는 지름 10~13㎜로 큰 편이고 자루가 길다.

**검팽나무**

잎 끝은 꼬리처럼 길며 거의 전체에 뾰족한 톱니가 있고 양면에 털이 없다. 검은 열매는 크고 자루가 길다.

**폭나무**

잎은 윗부분이 갑자기 좁아져 꼬리처럼 길어지며 측맥은 2~3쌍이다. 적갈색 열매는 지름 5~8㎜로 작다.

**팽나무**

잎 윗부분에 잔톱니가 있고 측맥은 3~4쌍이며 끝까지 벋지 않는다. 적갈색 열매는 지름 6㎜ 정도로 작다.

**좀풍게나무**

잎 상반부에 희미한 톱니가 있고 뒷면 잎맥겨드랑이에 갈색 털이 뭉쳐난다. 검은 열매는 지름 6~7㎜이다.

**풍게나무**

잎 끝은 꼬리처럼 길며 2/3 이상에 뾰족한 톱니가 있고 뒷면 잎맥 위에 털이 있다. 검은 열매는 자루가 길다.

10월의 열매

5월 초에 핀 수꽃

잎 뒷면

잎 가장자리

전남 강진 사당리 푸조나무

나무껍질

## 푸조나무(삼과|느릅나무과) *Aphananthe aspera*

🌳 갈잎큰키나무(높이 15~20m) 🌸 꽃 | 4~5월 🍂 열매 | 10월

남부 지방에서 자란다. 잎은 어긋나고 긴 타원형이며 4~10㎝ 길이이고 끝이 길게 뾰족하며 가장자리에 날카로운 톱니가 있다. 잎 양면에 짧은 누운 털이 있어서 껄끄럽고 뒷면은 연녹색이다. 측맥은 7~12쌍이며 톱니 끝까지 길게 벋는다. 암수한그루로 잎이 돋을 때 햇가지 밑부분에 자잘한 황록색 꽃이 모여 핀다. 암꽃은 암술머리에 흰색 털이 빽빽하다. 둥근 열매는 지름 7~12㎜이며 흑색~흑자색으로 익고 열매자루는 7~8㎜ 길이이다.

잎 앞면 p.769

9월에 익은 열매

잎 뒷면

5월 초에 핀 꽃

9월의 보리수나무

겨울눈

나무껍질

## 보리수나무(보리수나무과) *Elaeagnus umbellata*

🔵 갈잎떨기나무(높이 2~4m) ✳ 꽃 | 5~6월 🟤 열매 | 9~11월

중부 이남의 숲 가장자리에서 자란다. 햇가지는 은백색의 비늘털로 촘촘히 덮여 있고 가지 끝이 가시로 변하기도 한다. 잎은 어긋나고 긴 타원형이며 4~8㎝ 길이이고 끝이 뾰족하거나 둔하며 가장자리가 밋밋하다. 잎 뒷면에 은백색 비늘털이 촘촘히 난다. 잎겨드랑이에 깔때기 모양의 흰색 꽃이 1~6개가 모여 피는데 향기가 있고 점차 누런색으로 변한다. 둥근 열매는 지름 6~8㎜이며 비늘털로 덮여 있고 붉게 익는데 단맛이 난다.

잎 앞면 p.751

6월에 익은 열매

5월에 핀 꽃

씨앗

잎 뒷면

4월의 뜰보리수

나무껍질

## 뜰보리수(보리수나무과) *Elaeagnus multiflora*

🌳 갈잎떨기나무(높이 2~4m) ❋ 꽃 | 4~5월 🍒 열매 | 6~7월

일본 원산이며 관상수로 심는다. 잎은 어긋나고 넓은 타원형~넓은 달걀형
이며 가장자리가 밋밋하다. 잎 뒷면은 은백색 비늘털로 촘촘히 덮여 있고
적갈색 비늘털이 드문드문 난다. 잎겨드랑이에 1~3개의 연노란색 꽃이
모여 피는데 꽃받침통은 8㎜ 정도 길이이며 끝이 4갈래로 갈라져 벌어진
다. 넓은 타원형 열매는 12~17㎜ 길이이고 붉게 익는데 달콤한 맛이 나며
과일로 먹는다. 긴 타원형 씨앗은 세로로 8개의 골이 진다.

잎 앞면 p.751

10월에 핀 꽃

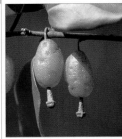

5월의 열매

4월의 열매

잎 뒷면

10월의 보리장나무

나무껍질

## 보리장나무(보리수나무과) *Elaeagnus glabra*

✿ 늘푸른덩굴나무(높이 2~3m) ✿ 꽃 | 9~10월 ✿ 열매 | 다음 해 4~5월

남쪽 섬에서 덩굴지며 자란다. 햇가지는 적갈색 비늘털로 덮여 있다. 잎은 어긋나고 긴 타원형이며 끝이 뾰족하고 가장자리는 밋밋하다. 잎 뒷면에 적갈색 비늘털이 촘촘히 나지만 은백색 비늘털이 섞이기도 한다. 잎겨드랑이에 2~8개의 깔때기 모양의 연갈색 꽃이 모여 피는데 향기가 있다. 가는 꽃받침통은 4~6mm 길이이다. 긴 타원형 열매는 15mm 정도 길이이며 비늘털이 퍼져 있고 붉게 익으며 단맛이 난다.

잎 앞면 p.744

9월에 핀 꽃

4월의 열매

어린 열매

잎 뒷면

10월의 보리밥나무

나무껍질

## 보리밥나무(보리수나무과) *Elaeagnus macrophylla*

🔵 늘푸른덩굴나무(높이 2~4m) ✳️ 꽃 | 9~11월 🔴 열매 | 다음 해 4~5월

남부 지방의 바닷가 산지에서 덩굴처럼 자란다. 가지는 갈색과 은갈색의 비늘털로 덮여 있다. 잎은 어긋나고 넓은 달걀형이며 5~10㎝ 길이이고 끝은 급히 뾰족해지며 가장자리는 밋밋하지만 구불거린다. 잎 뒷면은 은 백색 비늘털이 촘촘히 난다. 잎겨드랑이에 1~3개의 작은 종 모양의 흰색 꽃이 모여 피는데 향기가 있다. 긴 타원형 열매는 15~20㎜ 길이이며 비 늘털로 덮여 있고 붉게 익는데 달콤하면서도 약간 떫다.

잎 앞면 p.744

## 보리수나무속(*Elaeagnus*)의 비교

| 꽃 | 열매 | 잎 뒷면 | 특징 |
|---|---|---|---|
|  | | | **보리수나무**<br>낙엽성이며 봄에 개화한다. 햇가지에 은색 비늘털이 있다. 흰색 꽃은 점차 누렇게 변한다. 둥근 열매는 지름 6~8mm이다. |
|  | | | **뜰보리수**<br>낙엽성이며 봄에 개화한다. 햇가지에 적갈색 비늘털이 있다. 연노란색 꽃은 꽃자루가 길다. 타원형 열매는 길이 12~17㎜이다. |
|  | | | **보리장나무**<br>상록성이며 가을에 개화한다. 잎 뒷면에 적갈색 비늘털이 있다. 깔때기 모양의 연갈색 꽃은 2~8개가 모여 달린다. |
|  | | | **보리밥나무**<br>상록성이며 가을에 개화한다. 잎 뒷면에 은백색 비늘털이 있다. 작은 종 모양의 흰색 꽃은 1~3개가 모여 달린다. |

6월 초에 핀 암꽃

6월 초에 핀 수꽃

10월의 열매

잎 뒷면

10월의 꾸지뽕나무

나무껍질

## 꾸지뽕나무(뽕나무과) *Maclura tricuspidata*

🔵 갈잎작은키나무~떨기나무(높이 3~8m) 🌸 꽃 | 5~6월 🍂 열매 | 9~10월

주로 남부 지방의 바닷가에서 자라며 잎겨드랑이에 날카로운 가시가 있다.
잎은 어긋나고 달걀형~거꿀달걀형이며 5~14㎝ 길이이고 잎몸이 3갈래
로 얕게 갈라지기도 한다. 잎 끝은 뾰족하고 가장자리는 밋밋하며 뒷면은
연녹색이다. 잎가지를 자르면 흰색 즙이 나온다. 암수딴그루로 잎겨드랑
이에 1~2개의 둥근 황록색 머리모양꽃차례가 달린다. 동그스름한 열매송
이는 지름 2~2.5㎝이며 울퉁불퉁하고 붉게 익으며 단맛이 난다.

5월에 핀 수꽃

9월의 수정이 되지 않은 열매

5월의 암꽃

7월의 열매

결각이 심한 잎

나무껍질

## 꾸지나무(뽕나무과) *Broussonetia papyrifera*

🌳 갈잎큰키나무(높이 4~10m) ✳ 꽃 | 5~6월 🍂 열매 | 7~8월

숲 가장자리나 밭둑에서 자란다. 잎은 어긋나고 달걀형이며 10~20㎝ 길이이고 잎몸이 3~5갈래로 갈라지기도 한다. 잎 끝은 길게 뾰족하고 가장자리에 톱니가 있다. 잎 뒷면은 녹백색이며 털이 빽빽하다. 잎가지를 자르면 흰색 즙이 나온다. 암수딴그루로 둥근 암꽃송이는 지름 1㎝ 정도이고 붉은 실 모양의 암술대로 싸여 있다. 원통형 수꽃송이는 3~9㎝ 길이이며 밑으로 늘어진다. 둥근 열매송이는 지름 2~3㎝이고 주홍색으로 익는다.

잎 앞면 p.777

6월의 열매

5월에 핀 꽃

잎 뒷면

어린 나무의 잎

5월의 닥나무

나무껍질

## 닥나무(뽕나무과) *Broussonetia kazinoki*

🌳 갈잎떨기나무(높이 2~3m)  ✿ 꽃 | 4~5월  🍂 열매 | 6~7월

산기슭에서 자란다. 잎은 어긋나고 달걀형이며 잎몸이 2~3갈래로 갈라
지기도 한다. 잎 끝은 뾰족하고 가장자리에 톱니가 있다. 암수한그루로
잎이 돋을 때 꽃도 함께 핀다. 위쪽 잎겨드랑이에 달리는 암꽃송이는 지름
5~6㎜이고 붉은 실 모양의 암술대로 싸여 있다. 암꽃송이 밑에 달리는 둥
근 수꽃송이는 지름 1㎝ 정도이다. 둥근 열매송이는 지름 1~1.5㎝이고 주
홍색으로 익으며 먹을 수 있다. 나무껍질로 한지를 만든다.

잎 앞면  p.760

307

5월 초에 핀 수꽃

6월의 열매

5월 초에 핀 암꽃

결각 잎 뒷면

5월의 꾸지닥나무

나무껍질

## 꾸지닥나무(뽕나무과) *Broussonetia kazinoki × Broussonetia papyrifera*

🌳 갈잎떨기나무(높이 2~6m) ✿ 꽃 | 4~5월 🍂 열매 | 6~7월

꾸지나무와 닥나무 사이에서 생긴 교잡종이며 닥나무보다 크게 자란다. 잎은 어긋나고 달걀형이며 10~20㎝ 길이이고 잎몸이 갈라지기도 하며 끝이 뾰족하고 가장자리에 톱니가 있다. 암수딴그루로 잎이 돋을 때 잎겨드랑이에 달리는 암꽃송이는 붉은 실 모양의 암술대로 싸여 있다. 둥근 수꽃송이는 1~1.5㎝ 길이이고 꽃자루는 5㎜ 정도 길이이다. 둥근 열매송이는 주홍색으로 익으며 단맛이 난다. 나무껍질로 한지를 만든다.

잎 앞면 p.760

6월의 열매

4월 말에 핀 암꽃

4월 말에 핀 수꽃

어린 열매와 잎 뒷면 　　　열매 모양 　　　나무껍질

# 몽고뽕나무(뽕나무과)　*Morus mongolica*

⬆ 갈잎작은키나무(높이 7~8m)　✹ 꽃 | 4~5월　☯ 열매 | 6월

중부 이북의 산에서 자란다. 잎은 어긋나고 넓은 달걀형~긴 타원형이며 5~17㎝ 길이이고 끝은 길게 뾰족하며 밑부분은 심장저이다. 잎 가장자리에 날카로운 톱니가 있고 톱니 끝은 바늘처럼 뾰족해진다. 잎 뒷면 잎맥 위에는 털이 난다. 암수딴그루로 잎이 돋을 때 꽃도 함께 피는데 수꽃이삭은 원통형이며 밑으로 처진다. 열매이삭은 긴 타원형이며 1.5㎝ 정도 길이이고 흑자색으로 익으며 단맛이 나고 먹을 수 있다.

잎 앞면 p.769

4월에 핀 수꽃

4월에 핀 암꽃

7월의 열매

잎 뒷면

4월의 돌뽕나무

나무껍질

## 돌뽕나무(뽕나무과) *Morus cathayana*

🌳 갈잎작은키나무~큰키나무(높이 4~15m) ✳ 꽃 | 4~5월 🍇 열매 | 6~7월

산에서 드물게 자란다. 나무껍질은 회갈색이며 세로로 얕게 갈라진다. 잎은 어긋나고 넓은 달걀형이며 잎몸이 3~5갈래로 깊게 갈라지기도 한다. 잎 끝은 뾰족하고 가장자리에 둔한 잔톱니가 있다. 잎 뒷면은 회백색 털이 많다. 잎가지를 자르면 흰색 즙이 나온다. 암수딴그루로 잎이 돋을 때 잎 겨드랑이에서 늘어지는 원통형 꽃이삭은 2㎝ 정도 길이이다. 원통형 열매 이삭은 2~3㎝ 길이이며 흑자색으로 익고 먹을 수 있다.

4월 말에 핀 수꽃

5월에 핀 암꽃

6월의 열매

10월의 산뽕나무

나무껍질

5월 말의 [1]가새뽕나무

# 산뽕나무(뽕나무과) *Morus australis*

🌳 갈잎큰키나무(높이 6~15m) ✳ 꽃 | 4~5월 🍇 열매 | 6월

산에서 자란다. 잎은 어긋나고 달걀형~넓은 달걀형이며 5~15㎝ 길이이고 잎몸이 3~5갈래로 깊게 갈라지기도 한다. 잎 끝은 길게 뾰족하고 가장자리에 불규칙한 톱니가 있다. 암수딴그루로 잎이 돋을 때 햇가지의 잎겨드랑이에 원통형 꽃이삭이 달리는데 암술대는 길다. 타원형 열매이삭은 1~1.5㎝ 길이이며 암술대가 남아 있고 흑자색으로 익으며 식용한다. [1]**가새뽕나무**(f. *kase*)는 잎몸이 5갈래 정도로 깊게 갈라지는 품종이다.

4월에 핀 수꽃

잎 뒷면

5월에 핀 암꽃

6월의 열매

7월의 뽕나무

나무껍질

## 뽕나무(뽕나무과) *Morus alba*

🌳 갈잎큰키나무(높이 6~15m) ✳ 꽃 | 4~5월 🟤 열매 | 6월

중국 원산이며 마을 주변에서 자란다. 잎은 어긋나고 달걀형~넓은 달걀형이며 8~15㎝ 길이이고 잎몸이 3갈래로 깊게 갈라지기도 한다. 잎 끝은 뾰족하고 가장자리에 둔한 톱니가 있다. 잎을 자르면 흰색 즙이 나온다. 암수딴그루로 잎과 함께 나오는 원통형 수꽃이삭은 3~5㎝ 길이이고 암꽃이삭은 1~1.5㎝ 길이이며 암술대는 거의 없고 암술머리는 2개로 갈라진다. 타원형 열매이삭은 1.5~2㎝ 길이이며 흑자색으로 익고 단맛이 난다.

잎 앞면 p.777

# 뽕나무속(*Morus*)의 비교

| 암꽃 | 열매 | 잎 뒷면 | 특징 |
|---|---|---|---|

**몽고뽕나무**
잎 끝은 길게 뾰족하고 밑부분은 심장저이며 톱니 끝은 바늘처럼 뾰족해진다. 암술대는 길고 열매에 계속 남는다.

**돌뽕나무**
잎 끝은 뾰족하고 가장자리에 둔한 톱니가 있으며 뒷면에 회백색 털이 많다. 꽃이삭과 열매는 원통형이다.

**산뽕나무**
잎 끝은 뾰족하고 가장자리에 불규칙한 톱니가 있다. 암술대는 길고 열매에 끝까지 남는다.

**뽕나무**
잎 끝은 뾰족하고 가장자리에 둔한 톱니가 있다. 암술대는 거의 없어서 열매에 남지 않는다.

12월의 노천온천 가장자리에서 자라는 어린 천선과나무

9월의 천선과나무      나무껍질

8월의 <sup>1)</sup>좁은잎천선과나무

## 천선과나무(뽕나무과) *Ficus erecta*

🌳 갈잎떨기나무(높이 2~5m)   ✿ 꽃 | 4~5월   🍎 열매 | 10~11월

남해안 이남에서 자란다. 나무껍질은 회백색~회갈색이고 껍질눈이 많다.
어린 가지는 녹색이고 매끈하다. 잎은 어긋나고 거꿀달걀형~긴 타원형이
며 8~20㎝ 길이이고 끝이 뾰족하며 가장자리가 밋밋하다. 잎이나 가지를
자르면 흰색 즙이 나온다. 암수딴그루로 봄에 잎겨드랑이에 열매 모양의 둥
근 꽃주머니가 1개씩 달리는데 지름 8~10㎜이다. 암꽃주머니는 자루가 없
고 수꽃주머니는 밑부분이 짧은 자루처럼 길어진다. 꽃주머니가 자란 둥근

6월의 천선과나무

7월의 열매

수꽃주머니 단면

익어 가는 열매

수꽃주머니 열매 단면

암꽃주머니 열매 단면

열매는 지름 2㎝ 정도이며 가을에 흑자색으로 익는다. 암꽃주머니가 자란 열매 속에는 깨알 같은 씨앗이 가득 들어 있으며 먹을 수 있다. 수꽃주머니 가 자란 열매 속에는 씨앗이 없으며 퍽퍽해서 먹기가 어렵다. [1]좁은잎천선과 나무(v. sieboldii)는 잎이 좁은 피침형으로 끝이 뾰족하고 가장자리가 밋밋하 지만 움가지의 잎 가장자리에는 톱니가 있는 품종이다. 천선과나무와 같은 종으로 보기도 한다.

잎 앞면 p.752

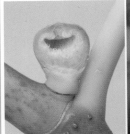

꽃주머니 단면

10월 말의 열매

8월의 열매

잎 뒷면

7월의 무화과

나무껍질

## 무화과(뽕나무과) *Ficus carica*

🌸 갈잎작은키나무(높이 4~8m) 　✼ 꽃 | 4~8월 　🌰 열매 | 8~10월

서아시아와 지중해 연안 원산이며 남부 지방에서 재배한다. 잎은 어긋나고 넓은 달걀형이며 10~20㎝ 길이이고 잎몸은 3~5갈래로 깊게 갈라진다. 갈래조각 끝은 둔하며 가장자리에 물결 모양의 톱니가 있다. 잎을 자르면 흰색 즙이 나온다. 암수딴그루로 잎겨드랑이에 달리는 열매 같은 꽃주머 니 속에 꽃이 피는데 꽃이 겉에서 보이지 않아 '무화과'라고 한다. 거꿀달 걀형 열매는 5~7㎝ 길이이고 흑자색~황록색으로 익으며 식용한다.

잎 앞면 p.760

꽃주머니 단면

1월의 열매

열매 단면

잎 뒷면

모람으로 덮은 담장

나무껍질

## 모람(뽕나무과) *Ficus sarmentosa* v. *nipponica*

🌿 늘푸른덩굴나무(길이 2~5m)　✳ 꽃 | 5~7월　🍂 열매 | 9~11월

남해안 이남에서 자란다. 줄기는 공기뿌리로 다른 물체에 붙는다. 잎은
어긋나고 피침형~긴 타원형이며 6~13cm 길이이고 끝이 길게 뾰족하며
가장자리가 밋밋하다. 잎몸은 가죽질이며 측맥은 4~10쌍이다. 잎가지를
자르면 흰색 즙이 나온다. 암수딴그루로 잎겨드랑이에 열매 모양의 둥근
꽃주머니가 1~2개씩 달리는데 지름 5~7mm이며 자루가 짧다. 둥근 열매
는 지름 1cm 정도이며 흑자색으로 익고 단맛이 난다.

잎 앞면 p.744

10월의 어린 열매

잎 뒷면

6월의 열매

어린 나무의 잎

나무를 타고 오르는 왕모람

나무껍질

## 왕모람(뽕나무과) *Ficus thunbergii*

🌳 늘푸른덩굴나무(길이 2~5m) ✿ 꽃 | 5~7월 🍂 열매 | 9~11월

남해안 이남에서 자란다. 줄기는 공기뿌리로 다른 물체에 붙는다. 잎은
어긋나고 달걀형~달걀 모양의 타원형이며 2~6㎝ 길이이고 끝이 약간 뾰
족하며 가장자리가 밋밋하다. 잎몸은 가죽질이며 측맥은 4~6쌍이다. 어
린 가지의 잎은 여러 개로 갈라진다. 잎가지를 자르면 흰색 즙이 나온다.
암수딴그루로 잎겨드랑이에 열매 모양의 둥근 꽃주머니가 1개씩 달린다.
둥근 열매는 지름 2~2.5㎝이고 흑자색으로 익으며 단맛이 난다.

잎 앞면 p.744

6월에 핀 꽃

10월의 열매

가지의 가시

10월의 묏대추

씨앗

¹⁾대추나무 씨앗

9월의 ¹⁾대추나무 열매

## 묏대추(갈매나무과)  *Ziziphus jujuba*

🌳 갈잎작은키나무(높이 4~10m)  ❀ 꽃 | 6~7월  🍂 열매 | 9~10월

산기슭과 마을 주변에서 자란다. 가지의 날카로운 가시는 3㎝ 정도 길이
이다. 잎은 어긋나고 달걀형이며 끝이 둔하거나 뾰족하고 가장자리에 둔
한 톱니가 있으며 3주맥이 발달한다. 동그스름한 열매는 지름 1.5~2.5㎝
이고 씨앗은 달걀형~넓은 타원형이며 양 끝이 약간 뾰족하거나 둔하다.
¹⁾대추나무(v. *inermis*)는 재배 품종으로 가지에 가시가 거의 없으며 열매는
타원형~달걀형이고 씨앗은 양 끝이 갑자기 뾰족해진다.

잎 앞면 p.769

10월의 열매

8월에 핀 꽃

잎 뒷면

10월의 갯대추나무

겨울눈과 가시

나무껍질

## 갯대추나무(갈매나무과) *Paliurus ramosissimus*

🌳 갈잎떨기나무(높이 2~5m) ✳ 꽃 | 7~8월 🍂 열매 | 10~11월

제주도의 바닷가에서 자란다. 나무껍질은 회색~회갈색이며 밋밋하다. 가지에는 턱잎이 변한 날카로운 가시가 2개씩 달린다. 잎은 어긋나고 넓은 달걀형~긴 타원형이며 3~6㎝ 길이이고 끝이 둔하며 가장자리에 둔한 톱니가 있다. 잎몸 밑부분에서 3주맥이 발달한다. 햇가지의 잎겨드랑이에 모여 피는 연녹색 꽃은 지름 5㎜ 정도이며 꽃잎, 꽃받침조각, 수술은 각각 5개씩이다. 열매는 반구형이며 지름 1~2㎝이고 3갈래로 얕게 갈라진다.

잎 앞면 p.747

꽃 모양

6월 말에 핀 꽃

9월의 열매

잎 뒷면

9월의 헛개나무

나무껍질

## 헛개나무(갈매나무과) *Hovenia dulcis*

🌳 갈잎큰키나무(높이 10~15m)  ✿ 꽃 | 6~7월  🍃 열매 | 9~10월

중부 이남의 산에서 자란다. 잎은 어긋나고 넓은 달걀형~타원형이며 8~
15㎝ 길이이고 끝이 뾰족하며 가장자리에 불규칙한 잔톱니가 있다. 가지
끝이나 윗부분의 잎겨드랑이에서 나온 갈래꽃차례에 자잘한 연노란색 꽃
이 모여 피는데 향기가 좋다. 5장의 꽃잎은 점차 뒤로 젖혀진다. 둥근 열
매는 지름 7~10㎜이며 열매송이의 자루와 열매자루는 점차 굵어지면서
육질화된다. 육질화된 열매자루는 단맛이 나며 먹을 수 있다.

5월의 열매

잎 뒷면

10월에 핀 꽃

4월의 상동나무

가지의 가시

나무껍질

## 상동나무(갈매나무과) *Sageretia thea*

🌳 갈잎떨기나무(높이 2m 정도) ✳ 꽃 | 10~11월 🍀 열매 | 다음 해 4~5월

남쪽 섬에서 자란다. 줄기는 덩굴처럼 벋으며 끝이 밑으로 처지고 가지 끝이 가시로 변한다. 잎은 어긋나지만 마주나는 것처럼 보이며 타원형~넓은 달걀형이고 가장자리에 잔톱니가 있다. 따뜻한 곳에서는 잎의 일부가 월동한다. 가지 끝이나 잎겨드랑이의 이삭꽃차례에 연노란색 꽃이 촘촘히 달린다. 꽃의 지름은 3.5㎜ 정도이며 꽃잎, 꽃받침조각, 수술은 각각 5개씩이다. 둥근 열매는 지름 5㎜ 정도이고 흑자색으로 익는다.

잎 앞면 p.748

꽃 모양

6월에 핀 꽃

9월의 열매

잎 뒷면

8월의 까마귀베개

나무껍질

## 까마귀베개(갈매나무과) *Rhamnella franguloides*

⬆ 갈잎작은키나무(높이 5~8m) ✳ 꽃 | 6월 ⬆ 열매 | 9~10월

충청도 이남의 산에서 자란다. 잎은 어긋나고 긴 타원형이며 5~13㎝ 길이이고 끝이 길게 뾰족하며 가장자리에 뾰족한 잔톱니가 있다. 잎 뒷면은 회녹색이고 잎맥 위에 잔털이 있다. 잎겨드랑이의 갈래꽃차례에 자잘한 연노란색 꽃이 모여 핀다. 꽃은 지름 3.5㎜ 정도이고 꽃잎, 꽃받침조각, 수술은 각각 5개씩이다. 긴 타원형 열매는 8~10㎜ 길이이며 가을에 익는데 노란색으로 되었다가 붉게 변한 후 검은색으로 익는다.

잎 앞면 p.769

꽃 모양

7월의 열매

6월에 핀 꽃

잎 뒷면

6월의 망개나무

나무껍질

## 망개나무(갈매나무과) *Berchemiella berchemiifolia*

🌳 갈잎큰키나무(높이 10~15m)  ✳️ 꽃 | 6월  🟢 열매 | 9월

충북과 경북의 산에서 자란다. 잎은 어긋나고 긴 타원형~달걀 모양의 긴 타원형이며 6~13cm 길이이다. 잎 끝은 길게 뾰족하며 가장자리는 밋밋하고 물결 모양으로 구불거린다. 잎 뒷면은 분백색이며 양면에 털이 없다. 가지 끝과 잎겨드랑이의 갈래꽃차례에 자잘한 연노란색 꽃이 모여 핀다. 꽃은 지름 3mm 정도이고 꽃잎, 꽃받침조각, 수술은 각각 5개씩이다. 타원형~달걀형 열매는 7~8mm 길이이며 노란색으로 변했다가 붉게 익는다.

잎 앞면 p.774

7월의 열매

잎 뒷면

9월에 핀 꽃

7월의 청사조

줄기

[1]먹년출 잎가지

**청사조**(갈매나무과) *Berchemia racemosa*

🌳 갈잎덩굴나무(길이 5~7m) 🌸 꽃 | 7~8월 🍂 열매 | 다음 해 여름

전북 군산에서 자란다. 잎은 어긋나고 긴 타원형~달걀형이며 4~6㎝ 길이
이고 측맥은 7~10쌍이다. 잎 뒷면은 분백색~황록색이다. 가지 끝과 잎겨
드랑이의 원뿔꽃차례~송이꽃차례에 자잘한 황록색 꽃이 모여 핀다. 타원형
열매는 5~7㎜ 길이이고 다음 해에 검은색으로 익는다. [1]**먹년출**(*B. floribunda*)은
청사조와 비슷하지만 잎이 더욱 크고 측맥이 9~13쌍으로 많으며 충남에서
자란다. 요즘에는 둘을 같은 종으로 본다.

암꽃

8월 말의 어린 열매

6월 초에 핀 암꽃

잎 뒷면

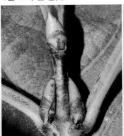
겨울눈

6월의 갈매나무

## 갈매나무(갈매나무과) *Rhamnus davurica*

🌳 갈잎떨기나무(높이 3~5m) ✽ 꽃 | 5~6월 🍂 열매 | 9~10월

중부 이북의 높은 산 능선에서 자란다. 가지 끝에 대부분 큼직한 달걀형 겨울눈이 생긴다. 참갈매나무와 달리 가지에 가시가 잘 생기지 않는다. 잎은 거의 마주나고 짧은가지 끝에서는 모여난다. 잎몸은 좁은 타원형~달걀형이며 4~13㎝ 길이이고 끝이 뾰족하며 가장자리에 잔톱니가 있다. 암수 딴그루로 짧은가지 끝과 잎겨드랑이에 자잘한 황록색 꽃이 모여 핀다. 둥근 열매는 지름 6~8㎜이며 검은색으로 익는다.

잎 앞면 p.754

9월의 열매

잎 뒷면

6월 초에 핀 수꽃

7월의 참갈매나무

겨울눈

나무껍질

## 참갈매나무(갈매나무과) *Rhamnus ussuriensis*

🔄 갈잎떨기나무(높이 2~4m) ✳ 꽃 | 5~6월 🔄 열매 | 9~10월

지리산 이북의 낮은 산골짜기에서 자란다. 어린 가지 끝이 흔히 가시로 변한다. 잎은 거의 마주나고 짧은가지 끝에서는 모여난다. 잎몸은 좁은 타원형~넓은 피침형이고 5~12㎝ 길이이며 끝이 뾰족하고 가장자리에 뾰족한 잔톱니가 있다. 잎 뒷면은 연녹색이다. 암수딴그루로 짧은가지 끝과 잎겨드랑이에 자잘한 황록색 꽃이 모여 핀다. 둥근 열매는 지름 6~8㎜이고 열매자루는 7~20㎜ 길이이며 검은색으로 익는다.

잎 앞면 p.754

9월의 열매

잎가지

6월 초의 수정된 암꽃

잎 뒷면

9월의 좀갈매나무

나무껍질

## 좀갈매나무(갈매나무과) *Rhamnus taquetii*

🌳 갈잎떨기나무(높이 1m 정도) ❀ 꽃 | 5~6월 🌑 열매 | 9~10월

제주도의 높은 산에서 자란다. 잎은 어긋나지만 짧은가지 끝에서는 모여
난다. 잎몸은 둥근 거꿀달걀형이고 1~2㎝ 길이이며 끝이 둥글고 가장자
리에 둔한 톱니가 있다. 잎 뒷면은 털이 약간 있고 측맥은 2~3쌍이다. 암
수딴그루로 짧은가지의 잎겨드랑이에 연한 황록색 꽃이 모여 핀다. 꽃잎,
꽃받침조각, 수술은 각각 4개씩이며 수꽃은 꽃자루가 짧고 암꽃은 꽃자루
가 길다. 동그스름한 열매는 지름 5~6㎜이며 검은색으로 익는다.

잎 앞면 p.748

9월 말의 열매

6월에 핀 꽃

잎 뒷면

8월의 짝자래나무

겨울눈

나무껍질

## 짝자래나무(갈매나무과) *Rhamnus yoshinoi*

⚫ 갈잎떨기나무(높이 1~3m) ✳ 꽃 | 5~6월 🟤 열매 | 9~10월

제주도를 제외한 전국의 산에서 자란다. 잔가지 끝이 흔히 가시로 변한다. 잎은 어긋나지만 짧은가지 끝에서는 모여난다. 잎몸은 타원형~거꿀달걀형이고 3~8㎝ 길이이며 끝이 뾰족하고 가장자리에 잔톱니가 있다. 암수딴그루로 잎겨드랑이에 황록색 꽃이 모여 피는데 꽃자루가 길다. 꽃은 지름 4~5㎜이며 꽃잎, 꽃받침조각, 수술은 각각 4개씩이다. 동그스름한 열매는 지름 6~7㎜이고 검게 익으며 열매자루는 7~20㎜ 길이이다.

잎 앞면 p.748

꽃 모양

6월 말에 피기 시작한 꽃

9월의 열매

잎 뒷면

6월의 산황나무

나무껍질

## 산황나무(갈매나무과)  *Rhamnus crenata*

🌲 갈잎떨기나무(높이 2~4m)  ✳ 꽃 6~7월  🍂 열매 9~10월

전남 목포의 유달산에서 드물게 자란다. 겨울눈은 긴털로 덮여 있다. 잎
은 어긋나고 긴 타원형~거꿀달걀 모양의 타원형이고 5~14㎝ 길이이다.
잎 끝은 갑자기 뾰족해지고 가장자리에 얕은 잔톱니가 있다. 잎 뒷면은 잎
맥 위에 잔털이 있다. 햇가지의 잎겨드랑이에 황록색 꽃이 모여 핀다. 꽃
은 지름 4~5㎜이며 꽃잎, 꽃받침조각, 수술은 각각 5개씩이다. 동그스름
한 열매는 지름 6㎜ 정도이며 붉게 변했다가 검은색으로 익는다.

잎 앞면 p.748

# 갈매나무속(*Rhamnus*)의 비교

### 갈매나무

고지대에서 자라며 가지 끝에 가시가 잘 생기지 않고 겨울눈이 달린다. 참갈매나무보다 잎이 넓다.

### 참갈매나무

저지대에서 자라고 가지 끝이 가시로 변한다. 갈매나무보다 잎이 좁은 편이고 길쭉하다.

### 좀갈매나무

제주도에서 자라고 가시가 생긴다. 잎은 어긋나고 둥근 거꿀달걀형이며 1~2㎝ 길이로 작고 두꺼운 편이다.

### 짝자래나무

가시가 생긴다. 잎은 어긋나고 타원형이며 3~8㎝ 길이로 참갈매나무보다 작다.

### 산황나무

목포의 유달산에서 드물게 자란다. 가지에 누운털이 있지만 점차 없어지고 가시는 생기지 않는다. 겨울눈은 맨눈이며 갈색의 누운털로 덮여 있다. 좁은 거꿀달걀형 잎은 끝이 갑자기 뾰족해진다.

4월 말의 가침박달

## 가침박달(장미과) *Exochorda racemosa* ssp. *serratifolia*

🌳 갈잎떨기나무(높이 1~5m) ❀ 꽃 | 4~5월 🍎 열매 | 9월

중부 이북의 건조한 산에서 자란다. 나무껍질은 회갈색이며 얇은 조각으로 벗겨진다. 겨울눈은 달걀형이고 적갈색이다. 잎은 어긋나고 타원형~긴 달걀형이며 5~9㎝ 길이이고 끝이 뾰족하며 가장자리의 상반부에 뾰족한 톱니가 있다. 잎 양면에 털이 없고 뒷면은 회백색이며 잎자루는 1~2㎝ 길이이다. 햇가지 끝에 달리는 송이꽃차례는 5~10㎝ 길이이며 3~10개의 흰색 꽃이 모여 핀다. 꽃은 지름 3~4㎝이고 5장의 꽃잎은 거꿀달걀형이며 가장

4월 말에 핀 꽃

6월의 어린 열매

열매 모양

암술과 수술

나무껍질

6월의 <sup>1)</sup>**중국가침박달** 열매

자리에 주름이 지거나 얕게 갈라지기도 한다. 수술은 15~25개이고 암술대와 씨방은 각각 5개씩이다. 5개의 꽃받침조각은 세모지며 털이 없다. 열매는 1~1.2㎝ 길이이고 5~6개의 골이 져서 별 모양이 된다. 납작한 씨앗은 지름 1㎝ 정도이고 가장자리에 날개가 있다. <sup>1)</sup>**중국가침박달**(*E. racemosa*)은 가침박달의 기본종으로 중국 원산이며 가침박달과 비슷하지만 잎 끝이 둥그스름하며 가장자리가 거의 밋밋하다. 관상수로 심는다.

잎 앞면 p.748

꽃 모양

1월의 열매

6월에 핀 꽃

잎 뒷면

6월의 쉬땅나무

1)좀쉬땅나무 꽃 모양

---

**쉬땅나무 / 개쉬땅나무**(장미과)  *Sorbaria sorbifolia* v. *stellipila*

🌳 갈잎떨기나무(높이 2m 정도) 🌸 꽃 | 6~8월 🔴 열매 | 9~10월

경북 이북의 산에서 자란다. 잎은 어긋나고 홀수깃꼴겹잎이며 작은잎은
15~23장이다. 작은잎은 달걀 모양의 피침형이며 가장자리에 뾰족한 겹톱
니가 있다. 가지 끝의 원뿔꽃차례에 피는 흰색 꽃은 수술이 40~50개이며
꽃잎보다 길다. 원통형 열매는 짧은털이 촘촘하다. 1)**좀쉬땅나무**(*S. kirilowii*)
는 중국 원산이며 원뿔꽃차례에 피는 흰색 꽃은 수술이 20개 정도로 적고
원통형 열매는 털이 없다. 쉬땅나무와 함께 관상수로 심는다.

잎 앞면 p.763

7월의 [1]흰꼬리조팝나무

9월에 핀 꽃

9월의 열매

잎 뒷면

8월 초의 꼬리조팝나무

나무껍질

## 꼬리조팝나무(장미과)  *Spiraea salicifolia*

🌳 갈잎떨기나무(높이 1~2m)  ✺ 꽃 | 6~8월  🍂 열매 | 9~10월

지리산 이북의 산골짜기에서 자란다. 잎은 어긋나고 피침형이며 끝이 뾰족하고 가장자리에 뾰족한 잔톱니가 있다. 잎자루는 1~3mm 길이로 짧다. 가지 끝의 원뿔꽃차례에 연한 홍자색 꽃이 모여 핀다. 꽃은 지름 5~8mm이며 5장의 꽃잎은 둥글다. 수술은 30~50개로 많으며 꽃잎보다 길다. 5개씩 모여 달리는 열매는 3~5mm 길이이고 끝에 남아 있는 암술대는 밖으로 굽는다. [1]흰꼬리조팝나무('Alba')는 흰색 꽃이 피는 품종이다.

10월의 열매

6월에 핀 꽃

잎 뒷면

6월의 일본조팝나무

겨울눈

6월의 ¹⁾흰일본조팝나무

## 일본조팝나무(장미과) *Spiraea japonica*

🍂 갈잎떨기나무(높이 1m 정도) ✲ 꽃 | 6~7월 🍎 열매 | 9~10월

일본 원산이며 관상수로 심는다. 잎은 어긋나고 피침형~좁은 달걀형이며 3~8cm 길이이고 끝이 뾰족하며 가장자리에 불규칙하고 날카로운 겹톱니가 있다. 잎 뒷면은 연녹색~분백색이다. 가지 끝의 겹고른꽃차례에 자잘한 적자색 꽃이 모여 핀다. 꽃은 지름 3~6mm이다. 열매는 넓은 거꿀달걀형이며 5개씩 모여 달린다. ¹⁾흰일본조팝나무('Albiflora')는 원예 품종으로 흰색 꽃이 핀다. 산에서 자라는 좀조팝나무는 일본조팝나무와 같은 종으로 본다.

잎 앞면 p.748

5월 말에 핀 꽃

6월의 열매

잎 뒷면

5월 말의 갈기조팝나무

겨울눈

나무껍질

## 갈기조팝나무(장미과) *Spiraea trichocarpa*

🌳 갈잎떨기나무(높이 1~1.5m) ✼ 꽃 | 5~6월 🍂 열매 | 9~10월

충북 이북의 산에서 자란다. 모여나는 줄기는 활처럼 휘어진다. 겨울눈은 달걀형이며 뾰족한 끝부분이 안으로 굽는다. 잎은 어긋나고 거꿀달걀형~ 타원형이며 끝이 둔하고 가장자리는 밋밋하거나 상반부에 약간 둔한 톱니가 있다. 잎 뒷면은 흰빛이 돈다. 햇가지 끝에 달리는 겹고른꽃차례는 지름 4~6㎝이고 흰색 꽃은 지름 6~8㎜이며 10~50개가 모여 핀다. 열매는 4~6개씩 모여 달리고 끝에 암술대의 흔적이 남아 있다.

6월 말의 참조팝나무

9월의 열매　　　　　씨앗　　　　　잎 뒷면

## 참조팝나무(장미과)　*Spiraea fritschiana*

🌳 갈잎떨기나무(높이 1.5m 정도)　✿ 꽃 | 5~7월　🍃 열매 | 9~10월

지리산 이북의 깊은 산에서 자란다. 나무껍질은 갈색~회갈색이고 겨울눈은 달걀형이며 끝이 뾰족하다. 잎은 어긋나고 타원형~달걀 모양의 타원형이며 4~8㎝ 길이이고 끝이 뾰족하며 가장자리에 잔톱니와 겹톱니가 섞여 있다. 잎 뒷면은 연녹색이고 잎자루는 2~5㎜ 길이이다. 가지 끝의 겹고른꽃차례는 지름 5~8㎝이고 흰색~연한 홍자색 꽃은 지름 5~6㎜이다. 수술은 25~30개이고 꽃잎보다 길며 암술대는 수술대보다 짧다. 꽃받침조각은

꽃 모양

꽃받침

6월에 핀 꽃

겨울눈

6월의 <sup>1)</sup>둥근잎조팝나무

6월의 <sup>2)</sup>덤불조팝나무

세모꼴이다. 열매는 타원형이고 4~5개씩 모여 달리며 잎과 함께 털이 거의 없다. <sup>1)</sup>**둥근잎조팝나무**(*S. betulifolia*)는 경기도 이북에서 자란다. 가지는 적갈색이고 모가 진다. 햇가지 끝에 달리는 고른꽃차례는 지름 2.5~3.5㎝로 작고 위가 볼록하며 흰색 꽃이 모여 핀다. <sup>2)</sup>**덤불조팝나무**(*S. miyabei*)는 강원도 이북의 산에서 자란다. 참조팝나무와 비슷하지만 꽃자루와 열매에 잔털이 있는 것으로 구분한다.

4월의 조팝나무

## 조팝나무(장미과) *Spiraea prunifolia* v. *simpliciflora*

🔵 갈잎떨기나무(높이 1.5~2m) ✳️ 꽃 | 4~5월 🔵 열매 | 6월

제주도를 제외한 전국의 양지바른 산과 들에서 자란다. 줄기는 여러 대가
모여난다. 잎은 어긋나고 긴 타원형~거꿀달걀형이며 2~3㎝ 길이이고 끝
이 뾰족하며 가장자리에 잔톱니가 있다. 잎이 돋기 전에 또는 잎이 돋을 때
꽃도 함께 핀다. 지난해에 자란 가지에 촘촘히 달리는 우산꽃차례는 꽃차례
자루가 없으며 3~6개의 흰색 꽃이 모여 달린다. 꽃이 촘촘히 달린 가지는
흰색 꽃방망이처럼 보인다. 꽃은 지름 2~3㎝이고 꽃잎은 5장이며 수술은

4월에 핀 꽃

5월 말의 열매

잎 뒷면

10월 말의 조팝나무

겨울눈

5월의 [1]겹조팝나무

20개이다. 달걀형 열매는 3~4㎜ 길이이며 4~5개씩 모여 달리고 밑에 꽃받침이 남아 있다. 꽃이 핀 모양이 튀긴 좁쌀을 붙인 것처럼 보이기 때문에 '조팝나무(조밥나무)'라고 하며 새순을 나물로 먹는다. 관상수로 심고 꽃이 다닥다닥 달린 가지를 꽃꽂이 재료로 쓰며 꿀벌들이 많이 찾는 밀원 식물이기도 하다. [1]겹조팝나무(*S. prunifolia*)는 중국 원산이며 겹꽃이 피고 조팝나무의 기본종이다. 관상수로 심는다.

잎 앞면 p.748

341

6월의 열매

잎 뒷면

4월에 핀 꽃

4월의 가는잎조팝나무

나무껍질

¹⁾가는잎조팝나무 '마운트 후지'

## 가는잎조팝나무(장미과) *Spiraea thunbergii*

🔆 갈잎떨기나무(높이 1~2m) ✳ 꽃 | 4월 🍂 열매 | 5~6월

중국과 일본 원산이며 관상수로 심는다. 가지 끝은 아래로 처진다. 잎은
어긋나고 좁은 피침형이며 2~4.5㎝ 길이이고 끝이 뾰족하며 가장자리에
날카로운 톱니가 있다. 잎이 돋을 때 꽃도 함께 핀다. 묵은 가지에 촘촘히
붙는 우산꽃차례는 꽃차례자루가 없으며 2~7개의 흰색 꽃이 모여 핀다.
열매는 5개씩 모여 달린다. ¹⁾가는잎조팝나무 '마운트 후지'('Mt. Fuji')는 원
예 품종으로 녹색 잎에 흰색과 분홍색 얼룩무늬가 있다.

잎 앞면 p.748

4월의 꽃봉오리

4월에 핀 꽃

6월의 열매

잎 뒷면

4월의 인가목조팝나무

나무껍질

## 인가목조팝나무(장미과) *Spiraea chamaedryfolia*

🌳 갈잎떨기나무(높이 1~1.5m) 🌼 꽃 | 5~6월 🔴 열매 | 7~9월

전북과 경남 이북의 깊은 산에서 자란다. 겨울눈은 달걀형이다. 잎은 어긋나고 달걀형~긴 달걀형이며 4~7㎝ 길이이고 끝이 뾰족하며 가장자리에 겹톱니가 있다. 잎 뒷면은 연녹색이고 잎맥 위에 털이 있다. 잎자루는 4~7㎜ 길이이며 털이 있다. 햇가지 끝에 달리는 고른꽃차례~우산꽃차례는 지름 2.5~3.5㎝이고 8~10㎜ 크기의 흰색 꽃이 5~15개가 모여 핀다. 열매는 달걀형이며 4~5개씩 모여 달리고 끝에 암술대가 남아 있다.

잎 앞면 p.748

7월의 열매

5월에 핀 꽃

잎 뒷면

5월의 공조팝나무

나무껍질

5월의 [1]반호테조팝나무

## 공조팝나무(장미과)  *Spiraea cantoniensis*

🌳 갈잎떨기나무(높이 1~2m)  ✿ 꽃 | 4~5월  🍂 열매 | 7~9월

중국 원산이며 관상수로 심는다. 가지는 끝이 밑으로 휘어진다. 잎은 어긋
나고 피침형~긴 타원형이며 2.5~4㎝ 길이이고 상반부에 톱니가 있다. 잎
양면에 털이 거의 없고 뒷면은 분백색이다. 가지 끝에 달리는 고른꽃차례
는 대부분이 반구형이며 꽃잎과 꽃받침은 각각 5개씩이다. 열매는 털이
없다. [1]반호테조팝나무(*S.* × *vanhouttei*)는 교잡종으로 달걀형 잎은 가장자리
에 불규칙한 톱니가 있고 잎몸이 얕게 갈라지기도 한다.

잎 앞면 p.748

꽃차례

6월의 열매

5월에 핀 꽃

잎 뒷면

6월 초의 산조팝나무

5월의 [1]은행잎조팝나무

## 산조팝나무(장미과) *Spiraea blumei*

🌳 갈잎떨기나무(높이 1~1.5m)  ❁ 꽃 | 5월  🍎 열매 | 9~10월

전북과 경북 이북의 산에서 자란다. 전체에 털이 거의 없다. 잎은 어긋나고 넓은 달걀형~마름모꼴의 달걀형이며 가장자리 윗부분에 둥근 톱니가 있고 잎몸이 3~5갈래로 얕게 갈라지기도 한다. 햇가지 끝에 달리는 우산꽃차례에 흰색 꽃이 모여 핀다. 열매는 4~6개씩 모여 달린다. [1]은행잎조팝나무(v. *obtusa*)는 산조팝나무의 변종으로 일본 원산이며 넓은 달걀형 잎은 윗부분이 3갈래로 갈라진 것이 은행잎과 비슷하다.

잎 앞면 p.748

345

7월의 열매

잎 뒷면

4월에 핀 꽃

5월의 아구장나무

겨울눈

나무껍질

## 아구장나무(장미과) *Spiraea pubescens*

🔆 갈잎떨기나무(높이 1~2m)  ✴ 꽃 | 4~6월  🍂 열매 | 7~8월

건조한 산에서 자란다. 겨울눈은 달걀형이며 끝이 뾰족하다. 잎은 어긋나고 마름모꼴의 달걀형~타원형이며 2~4.5㎝ 길이이다. 잎 끝은 뾰족하며 가장자리의 상반부에 큼직하고 날카로운 톱니가 있다. 잎 뒷면은 연녹색이고 잎맥 위에 털이 있다. 잎자루는 2~4㎜ 길이로 짧다. 햇가지 끝에 달리는 우산꽃차례는 지름 3~4㎝이고 흰색 꽃은 지름 5~7㎜로 10~20개가 모여 핀다. 열매는 달걀형이며 4~6개씩 모여 달리고 3~4㎜ 길이이다.

잎 앞면 p.748

꽃봉오리

4월 말에 핀 꽃

6월의 열매

잎 뒷면

4월 말의 당조팝나무

겨울눈

## 당조팝나무(장미과) *Spiraea nervosa*

🌳 갈잎떨기나무(높이 1.5m 정도)  ✻ 꽃 | 4~5월  🍂 열매 | 7~8월

건조한 산에서 자란다. 겨울눈은 긴 달걀형이며 털이 있다. 잎은 어긋나고 마름모꼴의 달걀형~넓은 달걀형이며 끝이 둔하고 가장자리의 상반부에 큼직하고 날카로운 톱니가 있다. 잎 뒷면은 회녹색이고 털이 **빽빽**하다. 잎자루는 4~10㎜ 길이이며 털이 많다. 햇가지 끝에 달리는 우산꽃차례는 지름 2.5~3.5㎝이고 흰색 꽃은 지름 7㎜ 정도로 16~25개가 모여 피는데 꽃자루에 털이 **빽빽**하다. 열매는 달걀형이며 5개씩 모여 달린다.

잎 앞면 p.749

## 조팝나무속(*Spiraea*)의 비교

**꼬리조팝나무**
잎은 피침형이며 뾰족한 잔톱니가 있다. 원뿔꽃차례에 연한 홍자색 꽃이 모여 핀다.

**일본조팝나무**
잎은 피침형이며 날카로운 톱니가 있다. 겹고른꽃차례에 자잘한 적자색 꽃이 모여 핀다.

**참조팝나무**
잎은 타원형이며 잔톱니와 겹톱니가 섞여 있다. 겹고른꽃차례에 흰색~연한 홍자색 꽃이 모여 핀다.

**덤불조팝나무**
잎은 달걀형이며 겹톱니가 있다. 겹고른꽃차례에 흰색 꽃이 모여 핀다. 열매에 잔털이 있다.

**갈기조팝나무**
잎은 타원형이며 위쪽에 약간 둔한 톱니가 있다. 겹고른꽃차례에 흰색 꽃이 모여 핀다. 줄기는 휘어진다.

**조팝나무**
잎은 타원형이며 잔톱니가 있다. 묵은 가지에 촘촘히 달리는 우산꽃차례는 꽃차례자루가 없다.

### 가는잎조팝나무
잎은 좁은 피침형이며 날카로운 톱니가 있다. 묵은 가지에 촘촘히 달리는 우산꽃차례는 꽃차례자루가 없다.

### 인가목조팝나무
잎은 달걀형이고 끝이 뾰족하며 겹톱니가 있다. 고른꽃차례~우산꽃차례는 꽃송이가 작다.

### 공조팝나무
잎은 피침형이며 상반부에 톱니가 있다. 고른꽃차례는 대부분이 반구형이다. 가지가 늘어진다.

### 산조팝나무
잎은 넓은 달걀형이며 위쪽에 큼직하고 둔한 톱니가 있고 털이 없다. 우산꽃차례에 흰색 꽃이 모여 핀다.

### 아구장나무
잎은 달걀형이며 위쪽에 크고 날카로운 톱니가 있고 털이 적다. 우산꽃차례의 꽃자루는 털이 없다.

### 당조팝나무
잎은 넓은 달걀형이며 위쪽에 크고 날카로운 톱니가 있고 털이 많다. 우산꽃차례의 꽃자루는 털이 많다.

349

6월 초의 국수나무

잎 뒷면　　　　　　　겨울눈　　　　　　　나무껍질

### 국수나무(장미과) *Stephanandra incisa*

🌳 갈잎떨기나무(높이 1~2m) ❀ 꽃 | 5~6월 🍎 열매 | 9월

산에서 자란다. 여러 대가 모여나는 줄기는 회갈색이고 가지는 비스듬히 처진다. 겨울눈은 달걀형이며 잎자국과의 사이에 세로덧눈이 생긴다. 잎은 어긋나고 세모진 달걀형이며 2~4cm 길이이고 끝이 뾰족하다. 잎 가장자리에 불규칙한 겹톱니가 있고 잎몸이 얕게 갈라지기도 한다. 턱잎은 5mm 정도 길이이며 톱니가 약간 있다. 가지 끝의 원뿔꽃차례에 자잘한 연노란색 꽃이 모여 달린다. 꽃잎은 5장이고 꽃받침통의 안쪽은 노란색이다. 수술은 10개이

6월에 핀 꽃
6월의 [1]일본국수나무

꽃 모양
7월의 열매
열매 모양

며 꽃잎보다 짧고 암술머리는 뭉툭하다. 동그스름한 열매는 지름 2~3㎜이며 잔털이 있다. 동그스름한 씨앗은 지름 1.5㎜ 정도이다. 가지 속에 흰색 골속이 꽉 차 있는 모양이 국수 가락과 비슷하기 때문에 '국수나무'라고 한다. [1]일본국수나무(*S. tanakae*)는 일본 원산이다. 잎은 세모진 달걀형이며 잎몸이 3~5갈래로 얕게 갈라지고 끝이 길게 뾰족하며 가장자리에 결각 모양의 날카로운 톱니가 있다. 관상수로 심는다.

7월 초의 열매

열매 모양

6월 초에 핀 꽃

잎 뒷면

5월 말의 나도국수나무

나무껍질

## 나도국수나무(장미과) *Neillia uekii*

🍂 갈잎떨기나무(높이 1~2m) ✳ 꽃 | 5~6월 🌰 열매 | 7~8월

중부 이북의 산에서 자란다. 잎은 어긋나고 세모진 달걀형이며 3~6㎝ 길이이고 잎몸이 3~5갈래로 얕게 갈라진다. 잎 끝은 길게 뾰족하며 가장자리에 겹톱니가 있다. 잎 뒷면은 연녹색이며 잎맥 위에 털이 있다. 가지 끝에 달리는 송이꽃차례는 4~9㎝ 길이이며 자잘한 흰색 꽃이 모여 핀다. 꽃차례의 줄기와 꽃자루, 꽃받침에 긴 샘털이 있다. 꽃잎은 5장이며 수술은 10개 내외이다. 둥근 달걀형 열매는 표면에 기다란 샘털이 빽빽하다.

잎 앞면 p.760

6월 초에 핀 꽃

8월의 열매

잎 뒷면

5월 말의 <sup>1)</sup>**황금양국수나무**

**<sup>1)</sup>황금양국수나무**

5월의 <sup>2)</sup>**자주양국수나무**

# 양국수나무(장미과) *Physocarpus opulifolius*

🌳 갈잎떨기나무(높이 2~3m) 🌸 꽃 | 5~6월 🍂 열매 | 9~10월

북아메리카 원산이며 관상수로 심는다. 잎은 어긋나고 넓은 달걀형이며 가장자리에 둔한 겹톱니가 있고 잎몸이 3갈래로 얕게 갈라지기도 한다. 햇가지 끝에 달리는 고른꽃차례에 흰색 꽃이 모여 핀다. 열매는 어릴 때는 황록색이지만 붉은색으로 익는다. <sup>1)</sup>**황금양국수나무**('Luteus')는 원예 품종으로 봄에 돋는 잎은 노란색이며 점차 황록색으로 변한다. <sup>2)</sup>**자주양국수나무/양국수나무 '디아불로'**('Diablo')는 잎이 진한 자주색이다.

잎 앞면 p.760

353

3월의 매실나무

3월의 <sup>1)</sup>만첩흰매실    4월 초의 <sup>2)</sup>홍매화    3월의 <sup>3)</sup>만첩홍매실

## 매실나무/매화나무(장미과) *Prunus mume*

🌳 갈잎작은키나무(높이 5m 정도) ❋ 꽃 | 2~4월 🍒 열매 | 6~7월

중국 원산이며 밭에서 재배하거나 관상수로 심는다. 잔가지는 녹색이고 털이 거의 없다. 잎은 어긋나고 타원형~넓은 달걀형이며 끝이 꼬리처럼 길어지고 가장자리에 뾰족한 잔톱니가 있다. 이른 봄에 잎이 나기 전에 잎겨드랑이에 흰색~연홍색 꽃이 1~3개씩 모여 핀다. 꽃은 지름 2~3㎝이며 꽃자루가 1~5㎜로 짧고 꽃받침조각은 꽃이 피어도 뒤로 잘 젖혀지지 않는다. 동그스름한 열매는 지름 2~3㎝이고 초여름에 황색으로 익으며 신맛이 매

4월 초에 핀 꽃

6월의 열매

꽃자루와 꽃받침

열매 단면

잎 뒷면

나무껍질

우 강하고 씨앗은 열매살에서 잘 떨어지지 않는다. 덜 익은 열매는 녹색이고 융단 같은 털로 덮여 있으며 과실주를 담가 먹거나 음료수를 만든다. ¹⁾**만첩흰매실**('Albaplena')은 원예 품종으로 이른 봄에 잎이 돋기 전에 흰색 겹꽃이 핀다. ²⁾**홍매화**('Beni-chidori')는 원예 품종으로 이른 봄에 잎이 돋기 전에 붉은색 홑꽃이 핀다. ³⁾**만첩홍매실**(f. *alphandii*)은 원예 품종으로 이른 봄에 잎이 돋기 전에 붉은색 겹꽃이 핀다.

잎 앞면 p.769

4월에 핀 꽃

꽃받침과 꽃자루

5월 말의 열매

잎 뒷면

10월의 개살구나무

나무껍질

## 개살구나무(장미과) *Prunus mandshurica*

🌳 갈잎작은키나무~큰키나무(높이 5~10m) ✳️ 꽃 | 4~5월 🍑 열매 | 6~7월

경북과 충남 이북의 산에서 자란다. 나무껍질은 진회색이고 코르크질이
발달한다. 잎은 어긋나고 넓은 타원형~넓은 달걀형이며 5~12㎝ 길이이
고 끝이 길게 뾰족하며 가장자리에 뾰족한 겹톱니가 있다. 잎이 돋기 전에
먼저 피는 연홍색~흰색 꽃은 지름 2~3㎝이며 꽃자루는 7~10㎜ 길이로
살구나무보다 길며 꽃받침은 뒤로 젖혀진다. 약간 납작한 열매는 2~3㎝
크기이며 자루가 있고 표면에 털이 빽빽하며 노랗게 익는다.

잎 앞면 p.769

4월에 핀 꽃

꽃받침

6월의 열매

4월 말의 어린 열매

잎 뒷면

나무껍질

# 시베리아살구나무(장미과) *Prunus sibirica*

🌳 갈잎작은키나무~떨기나무(높이 2~5m)  🌸 꽃 | 4~5월  🍃 열매 | 6~7월

충북 이북의 건조한 산에서 자란다. 잎은 어긋나고 넓은 타원형~둥근 달걀
형이며 5~10㎝ 길이이고 끝이 길게 뾰족하며 가장자리에 날카로운 톱니가
있다. 잎자루는 1~3㎝ 길이이다. 잎이 돋기 전에 먼저 피는 연홍색 꽃은
지름 1.5~3㎝이며 꽃자루는 1~2㎜ 길이로 짧다. 동글납작한 열매는 지
름 2~3㎝이고 황색~황적색으로 익으며 떫기 때문에 먹기가 어렵다. 동
글납작한 씨앗은 한쪽에 날개가 있고 열매에서 잘 떨어진다.

잎 앞면 p.769

4월에 핀 꽃

꽃 단면

6월 초의 어린 열매

잎 뒷면

4월의 살구나무

나무껍질

## 살구나무(장미과) *Prunus armeniaca* v. *ansu*

🔆 갈잎작은키나무~큰키나무(높이 5~12m) 🌸 꽃 | 4월 🍒 열매 | 6~7월

중국 원산이며 과일나무로 기른다. 잎은 어긋나고 넓은 타원형~둥근 달
걀형이며 끝이 길게 뾰족하고 가장자리에 둔한 톱니가 있다. 잎이 돋기 전
에 먼저 피는 연홍색~흰색 꽃은 지름 2.5~4㎝이며 꽃자루는 매우 짧고
꽃받침은 뒤로 젖혀진다. 둥근 열매는 자루가 없으며 털이 빽빽하고 지름
2~3㎝이며 황색으로 익고 새콤달콤한 맛이 난다. 둥글납작한 씨앗은 한
쪽 가장자리에 좁은 날개가 있고 열매에서 잘 떨어진다.

잎 앞면 p.769

4월에 핀 꽃

잎 뒷면

6월 말의 열매

3월 말의 자두나무

나무껍질

7월의 <sup>1)</sup>열녀목

## 자두나무(장미과) *Prunus salicina*

⬆ 갈잎작은키나무(높이 7~8m)  ✱ 꽃 | 3~4월  ● 열매 | 7월

중국 원산이며 과일나무로 심는다. 잎은 어긋나고 좁은 타원형~거꿀피침
형이며 끝이 갑자기 뾰족해지고 가장자리에 잔톱니가 있다. 잎이 돋기 전에
먼저 피는 흰색 꽃은 지름이 1.5~2㎝로 작은 편이고 보통 3개씩 모여 달리
며 꽃자루는 1~1.5㎝ 길이로 긴 편이다. 둥근 열매는 지름 4~5㎝이며 노란
색~빨간색으로 익고 새콤달콤한 맛이 난다. <sup>1)</sup>**열녀목**('Columnaris')은 원예
품종으로 줄기와 가지가 위로 서서 빗자루처럼 보인다. 관상수로 심는다.

잎 앞면 p.769

6월의 열매

잎 뒷면

4월에 핀 꽃

4월의 복숭아나무

4월의 ¹⁾만첩백도

4월의 ²⁾만첩홍도

## 복숭아나무/복사나무(장미과) *Prunus persica*

🔄 갈잎작은키나무(높이 3~6m) ✳️ 꽃 | 4~5월 🌰 열매 | 7~8월

중국 원산이며 과일나무로 재배한다. 잎은 어긋나고 좁은 타원형~거꿀피
침형이며 7~16㎝ 길이이고 끝이 뾰족하며 가장자리에 얕은 톱니가 있다.
잎이 나기 전에 또는 잎이 돋을 때 분홍색 꽃도 함께 핀다. 꽃자루는 짧다.
둥근 열매는 지름 3~7㎝이고 황색~연분홍색으로 익고 과일로 먹는다.
¹⁾**만첩백도**('Alboplena')는 원예 품종으로 봄에 나무 가득 흰색 겹꽃이 핀
다. ²⁾**만첩홍도**('Rubroplena')는 봄에 나무 가득 붉은색 겹꽃이 핀다.

잎 앞면 p.770

## 살구나무 종류의 비교

### 매실나무
잔가지는 녹색이다. 꽃자루가 짧고 꽃받침은 젖혀지지 않는다. 잎 끝은 꼬리처럼 길고 잔톱니는 일정하다.

### 개살구나무
꽃자루와 열매자루가 있고 꽃받침은 뒤로 젖혀진다. 잎 끝은 길게 뾰족하고 겹톱니가 있다. 나무껍질은 코르크질이다.

### 시베리아살구나무
꽃자루와 열매자루가 짧고 꽃받침은 젖혀진다. 넓은 타원형 잎 끝은 길게 뾰족하고 날카로운 톱니가 있다.

### 살구나무
꽃자루와 열매자루가 짧고 꽃받침은 젖혀진다. 넓은 타원형 잎 끝은 길게 뾰족하고 둔한 톱니가 있다.

### 자두나무
좁은 타원형 잎에 잔톱니가 있다. 흰색 꽃은 작고 3개씩 모여 달리며 꽃자루가 길다. 열매 표면에 흰색 가루가 생긴다.

### 복숭아나무
거꿀피침형 잎은 얕은 톱니가 있다. 분홍색 꽃은 꽃자루가 짧다. 큼직한 열매 표면에 잔털이 빽빽하다.

4월의 왕벚나무 가로수

잎 뒷면 | 잎자루의 꿀샘과 턱잎 | 나무껍질

## 왕벚나무(장미과) *Prunus yedoensis*

🌳 갈잎큰키나무(높이 10~15m) 🌸 꽃 | 4월 🍒 열매 | 5~6월

제주도 한라산 중턱에서 드물게 자라며 가로수로 많이 심는다. 나무껍질은 회갈색~진회색이며 가로로 긴 껍질눈이 있고 노목은 세로로 껍질이 얇게 갈라진다. 겨울눈은 달걀형~긴 달걀형이며 끝이 뾰족하고 털이 있다. 잎은 어긋나고 넓은 타원형~거꿀달걀형이며 8~12㎝ 길이이고 끝이 꼬리처럼 길어지며 가장자리에 날카로운 겹톱니가 있다. 잎자루에 1쌍의 꿀샘이 있다. 잎이 돋기 전에 연홍색~흰색 꽃이 핀다. 가지의 우산꽃차례는 자루가

362

꽃 단면

꽃받침

4월에 핀 꽃

5월의 열매

제주 봉개동 왕벚나무(천연기념물 제159호)

거의 없으며 3~5개의 꽃이 달린다. 작은꽃자루와 암술대 하반부에 털이 많다. 꽃받침통은 좁은 종 모양이고 털이 있으며 끝이 5갈래로 갈라지고 갈래조각이 젖혀지지 않는다. 둥근 열매는 지름 1㎝ 정도이며 흑자색으로 익고 약간 단맛이 나며 먹을 수 있다. 씨앗은 달걀 모양의 타원형이다. 왕벚나무는 우리나라의 제주도와 전남 해남 대둔산에서 자생지가 발견되어 우리나라 특산식물로 확인되었다.

잎 앞면 p.770

꽃받침

6월 초의 열매

4월 초에 핀 꽃

잎 뒷면

나무껍질

4월의 <sup>1)</sup>실벚나무

---

## 올벚나무(장미과)  *Prunus spachiana* f. *ascendens*

🌳 갈잎큰키나무(높이 10~15m)  🌸 꽃 | 3~4월  🍒 열매 | 5~6월

전남과 경남 이남의 산에서 자란다. 잎은 어긋나고 긴 타원형~좁은 거꿀
달걀형이며 6~12㎝ 길이이고 끝이 뾰족하며 가장자리에 톱니가 있다. 잎
이 돋기 전에 가지의 우산꽃차례에 2~5개의 흰색~연홍색 꽃이 먼저 핀
다. 꽃받침통은 아래쪽이 항아리처럼 부풀고 털이 많다. 둥근 열매는 흑
자색으로 익는다. <sup>1)</sup>**실벚나무/처진올벚나무**(*P. spachiana*)는 가지가 수양버들
처럼 축 늘어지는 품종으로 학명상으로 올벚나무의 기본종이다.

잎 앞면 p.770

꽃차례

4월 초에 핀 꽃

5월 말의 열매

잎 뒷면

나무껍질

5월 초의 <sup>1)</sup>**겹벚나무 '콴잔'**

**벚나무**(장미과)  *Prunus serrulata* v. *spontanea*

🌳 갈잎큰키나무(높이 15~25m)  ❋ 꽃 | 4~5월  🍒 열매 | 5~6월

주로 낮은 산에서 자란다. 잎은 어긋나고 긴 타원형~거꿀달걀형이며 끝이 길게 뾰족하고 가장자리에 날카로운 톱니가 있다. 잎이 돋을 때 연홍색~흰색 꽃도 함께 핀다. 가지의 송이꽃차례는 3~27㎜ 길이의 꽃차례자루가 있으며 작은꽃자루와 암술대에 털이 없고 **꽃받침통은 좁은 종 모양이다.** 둥근 열매는 '버찌'라고 하며 흑자색으로 익으면 따 먹는다. <sup>1)</sup>**겹벚나무 '콴잔'**('Kwanzan')은 벚나무의 원예 품종으로 분홍색 겹꽃이 핀다.

꽃 단면

6월의 열매

5월 초에 핀 꽃

잎 뒷면

4월의 산벚나무

나무껍질

## 산벚나무(장미과) *Prunus sargentii*

⬤ 갈잎큰키나무(높이 10~20m) ✳ 꽃 | 4~5월 ⬤ 열매 | 5~6월

지리산 이북의 높은 산에서 자란다. 잎은 어긋나고 타원형~거꿀달걀형이며
8~15㎝ 길이이고 끝이 길게 뾰족하며 가장자리에 톱니가 있다. 잎이 돋을
때 연홍색~흰색 꽃이 핀다. 가지의 우산꽃차례는 꽃차례자루가 거의 없
으며 2~4개의 꽃이 달린다. 꽃자루와 암술대, 씨방에 털이 없다. 꽃받침
통은 좁은 종 모양이고 끝이 5갈래로 갈라지며 갈래조각은 젖혀지지 않는
다. 둥근 열매는 흑자색으로 익고 약간 단맛이 난다.

잎 앞면 p.770

꽃차례

5월 초에 핀 꽃

6월의 열매

잎 뒷면

5월의 섬벚나무

나무껍질

## 섬벚나무(장미과) *Prunus takesimensis*

🌳 갈잎큰키나무(높이 8~20m) 🌸 꽃 | 4~5월 🍒 열매 | 5~6월

울릉도에서 자란다. 잎은 어긋나고 넓은 타원형~넓은 달걀형이며 8~15cm 길이이고 끝이 길게 뾰족하며 가장자리에 톱니가 있다. 잎이 돋을 때 흰색~연홍색 꽃이 핀다. 가지의 우산꽃차례는 꽃차례자루가 거의 없고 꽃은 지름 2.5~3.2cm이며 꽃잎 끝이 오목하게 들어가고 작은꽃자루는 1.5~2cm 길이로 짧은 편이다. 꽃받침통은 좁은 종 모양이고 끝이 5갈래로 갈라진다. 둥근 열매는 지름 1~1.3cm로 약간 크며 흑자색으로 익는다.

어린 열매

5월 말의 열매

5월 초에 핀 꽃

잎 뒷면

5월 말의 양벚

나무껍질

## 양벚(장미과) *Prunus avium*

🌳 갈잎큰키나무(높이 10m 정도)  ✳️ 꽃 | 4~5월  🍒 열매 | 5~6월

유라시아 원산이며 과일나무로 심는다. 잎은 어긋나고 달걀형~거꿀달걀
형이며 8~15㎝ 길이이고 끝이 급히 뾰족해지며 가장자리에 불규칙한 톱
니가 있다. 잎이 돋을 때 흰색~연홍색 꽃이 핀다. 가지의 우산꽃차례는
꽃차례자루가 거의 없다. 꽃은 지름 2.5~3.5㎝이며 작은꽃자루는 1.5~
4㎝ 길이이고 털이 없다. 둥근 열매는 지름 1~2㎝로 크며 붉은색으로 익
고 단맛이 나며 과일로 먹는다. 여러 재배 품종이 있다.

잎 앞면 p.770

# 벚나무 종류의 비교

## 왕벚나무

꽃자루와 암술대 밑에 털이 많다. 꽃받침통은 좁은 종 모양이고 털이 빽빽하다. 넓은 타원형 잎에 겹톱니가 있다.

## 올벚나무

꽃받침통은 아래쪽이 항아리처럼 부풀고 털이 많다. 긴 타원형 잎에 톱니가 있다.

## 벚나무

송이꽃차례는 꽃차례자루가 있으며 작은꽃자루와 암술대에 털이 없고 꽃받침통은 좁은 종 모양이다.

## 산벚나무

우산꽃차례는 꽃차례자루가 거의 없으며 작은꽃자루와 암술대에 털이 없고 꽃받침통은 좁은 종 모양이다.

## 섬벚나무

우산꽃차례는 꽃차례자루가 거의 없고 작은꽃자루는 짧은 편이다. 열매는 지름 1~1.3cm로 큰 편이다.

## 양벚

우산꽃차례는 꽃차례자루가 거의 없고 꽃자루에 털이 없다. 둥근 열매는 지름 1~2cm로 크며 붉게 익고 과일로 먹는다.

8월의 열매

잎 뒷면

5월에 핀 꽃

10월의 개벚지나무

겨울눈

나무껍질

## 개벚지나무/개버찌나무(장미과) *Prunus maackii*

🌳 갈잎큰키나무(높이 15m 정도)  🌸 꽃 | 5월  🍒 열매 | 7~8월

지리산 이북의 깊은 산에서 자란다. 나무껍질은 황갈색이며 광택이 있고 가로로 얇게 벗겨진다. 잎은 어긋나고 타원형~긴 달걀형이며 6~11㎝ 길이이고 끝이 길게 뾰족하며 가장자리에 날카로운 잔톱니가 있다. 햇가지 끝에 달리는 송이꽃차례는 5~7㎝ 길이이며 자잘한 흰색 꽃이 모여 핀다. 꽃은 지름 8~10㎜이고 수술은 많으며 꽃잎보다 약간 길고 암술대는 수술 보다 약간 짧다. 둥근 열매는 지름 5~7㎜이고 검게 익는다.

잎 앞면 p.770

9월 초의 열매

잎 뒷면

4월에 핀 꽃

5월 초의 귀룽나무

나무껍질

5월 초의 <sup>1)</sup>세로티나벚나무

# 귀룽나무(장미과) *Prunus padus*

🌳 갈잎큰키나무(높이 10~15m)  ✿ 꽃 | 4~6월  🍒 열매 | 7~9월

지리산 이북의 산에서 자란다. 잎은 어긋나고 타원형~거꿀달걀형이며 끝이 뾰족하고 가장자리에 날카로운 톱니가 있다. 햇가지 끝에서 늘어지는 송이꽃차례는 밑부분에 잎이 달린다. 흰색 꽃은 지름 1~1.6cm이고 수술은 많으며 꽃잎보다 약간 짧다. 둥근 열매는 검게 익는다. <sup>1)</sup>세로티나벚나무(*P. serotina*)는 북아메리카 원산의 관상수로 귀룽나무와 비슷하지만 긴 타원형 잎은 광택이 있고 가장자리에 잔톱니가 있다.

잎 앞면 p.770

371

꽃 단면

8월의 열매

5월에 핀 꽃

잎 뒷면

10월의 산개벚지나무

나무껍질

## 산개벚지나무/산개버찌나무(장미과) *Prunus maximowiczii*

🌳 갈잎큰키나무(높이 5~15m) 🌸 꽃 | 5~6월 🍒 열매 | 7~8월

한라산과 지리산 이북의 깊은 산에서 자란다. 나무껍질은 자갈색~진회색
이며 가로로 긴 껍질눈이 있다. 잎은 어긋나고 타원형~거꿀달걀형이며 4~
8㎝ 길이이고 끝이 길게 뾰족하며 가장자리에 뾰족한 겹톱니가 있다. 햇가
지 끝에 달리는 송이꽃차례는 4~8㎝ 길이이며 자잘한 흰색 꽃이 모여 핀
다. 작은꽃자루 밑에는 잎 모양의 포가 1개씩 있다. 둥근 달걀형 열매는
지름 7~8㎜이고 검은색으로 익으며 단맛이 난다.

잎 앞면 p.770

4월에 핀 꽃

7월 초의 열매

잎 뒷면

4월의 풀또기

나무껍질

4월의 1)만첩풀또기

## 풀또기(장미과) *Prunus triloba*

🌳 갈잎떨기나무(높이 1~3m)  ✽ 꽃 | 4~5월  🍎 열매 | 7~8월

함북의 산기슭에서 자란다. 잎은 어긋나고 거꿀달걀형이며 끝은 갑자기 뾰족하거나 一자 모양이고 가장자리에 겹톱니가 있다. 잎 뒷면은 회녹색 이며 잎맥을 따라 흰색 털이 있다. 잎이 돋기 전에 연분홍색 꽃이 먼저 핀 다. 꽃은 지름 2~2.5cm이며 잎겨드랑이에 1~2개씩 바짝 붙는다. 둥근 열 매는 붉게 익으며 표면에 잔털이 있다. 1)만첩풀또기('Multiplex')는 원예 품 종으로 분홍색 겹꽃이 나무 가득 핀다. 풀또기와 함께 관상수로 심는다.

7월의 열매

잎 뒷면

4월에 핀 꽃

4월의 산옥매

나무껍질

5월 초의 [1]옥매

## 산옥매(장미과)  *Prunus glandulosa*

🌳 갈잎떨기나무(높이 1~1.5m)  ✽ 꽃 | 4~5월  🍒 열매 | 6~7월

중국 원산이며 관상수로 심는다. 잎은 어긋나고 좁은 달걀형~피침형이며 3~9㎝ 길이이고 끝이 뾰족하며 가장자리에 둔한 잔톱니가 있다. 잎이 돋기 전에 또는 잎이 돋을 때 꽃도 함께 핀다. 연분홍색 꽃은 지름 1.5~2㎝이고 꽃잎은 5장이다. 꽃자루는 6~8㎜ 길이이고 털이 있다. 둥근 열매는 지름 1~1.5㎝이고 붉은색으로 익는다. [1]옥매/백매('Albiplena')는 원예 품종으로 4월에 잎과 함께 흰색 겹꽃이 촘촘히 핀다. 관상수로 심는다.

잎 앞면  p.749

4월에 핀 꽃

꽃받침

6월 초의 어린 열매

8월 말의 열매

잎 뒷면

나무껍질

## 복사앵도(장미과) *Prunus choreiana*

🌳 갈잎떨기나무(높이 2~4m)  ❁ 꽃 | 3~4월  🍒 열매 | 6~7월

평남, 함남, 강원도, 경북의 석회암 지대에서 자란다. 잎은 어긋나고 달걀
모양의 타원형~거꿀달걀 모양의 타원형이다. 잎은 끝이 뾰족하며 가장자리
에 잔톱니가 있다. 잎이 돋기 전에 먼저 피는 연분홍색 꽃은 지름 1.5~2㎝
이고 수술은 20~25개이고 암술대는 수술보다 짧다. 암술대 밑부분에는
털이 빽빽하고 씨방에는 털이 없다. 꽃자루는 2~3㎜ 길이로 짧다. 열매
는 넓은 타원형~구형이며 지름 1.5~2㎝이고 붉은색으로 익는다.

잎 앞면  p.749

4월 초에 핀 꽃

6월의 열매

꽃받침

잎 뒷면

4월의 앵두나무

나무껍질

## 앵두나무/앵도나무(장미과) *Prunus tomentosa*

🔆 갈잎떨기나무(높이 2~3m)  ✿ 꽃 | 3~4월  🍒 열매 | 6~7월

중국 원산이며 과일나무로 기르고 관상수로도 심는다. 잎은 어긋나고 타원형~거꿀달걀형이며 4~7㎝ 길이이고 끝이 뾰족하며 가장자리에 잔톱니가 있다. 잎 뒷면은 연녹색이며 털이 빽빽하다. 잎이 돋기 전에 먼저 피는 연분홍색~흰색 꽃은 지름 1.5~2㎝이고 꽃잎은 5장이다. 꽃자루는 길이 2㎜ 정도로 짧고 잔털이 많다. 씨방에는 긴털이 있다. 둥근 열매는 지름 1~1.2㎝이고 붉은색으로 익으며 새콤달콤한 맛이 난다.

잎 앞면 p.749

꽃 단면

4월에 핀 꽃

7월의 열매

잎 뒷면

4월의 이스라지

나무껍질

## 이스라지(장미과) *Prunus japonica v. nakaii*

⚫ 갈잎떨기나무(높이 1m 정도) ✽ 꽃 | 4~5월 ⬤ 열매 | 7~8월

산에서 자란다. 잎은 어긋나고 달걀형~달걀 모양의 피침형이며 3~7㎝ 길
이이고 끝이 꼬리처럼 길게 뾰족하며 가장자리에 날카로운 겹톱니가 있다.
잎과 함께 피는 연분홍색~흰색 꽃은 지름 1.5~2㎝이고 꽃잎은 5장이다.
꽃자루는 1~3.5㎝ 길이이다. 꽃받침통은 짧은 종 모양이고 5갈래로 갈라
지며 가장자리에 톱니가 있다. 둥근 열매는 지름 1㎝ 정도이고 자루가 달
린 부분이 오목하게 들어가며 붉은색으로 익고 새콤달콤하다.

4월에 핀 꽃

꽃 모양

8월의 열매

잎 뒷면

7월 말의 칼슘나무

나무껍질

## 칼슘나무(장미과) *Prunus humilis*

🌳 갈잎떨기나무(높이 1m 정도)　✳ 꽃 | 4월　🍒 열매 | 7~8월

중국 원산이며 밭에서 재배하고 관상수로 심는다. 잎은 어긋나고 좁은 거꿀달걀형~피침형이며 2.5~5㎝ 길이이고 끝이 뾰족하며 가장자리에 잔톱니가 있다. 잎 뒷면은 연녹색이며 털이 있다. 잎이 돋기 전에 가지 가득 흰색~연분홍색 꽃이 촘촘히 달린다. 둥근 열매는 지름 15㎜ 정도로 앵두보다 약간 크며 붉은색으로 익고 과일로 먹는다. 새콤달콤한 맛이 나는 열매는 특히 칼슘의 함량이 높아서 '칼슘나무'라고 한다.

잎 앞면 p.749

# 벚나무속(*Prunus*) 떨기나무의 비교

### 풀또기

거꿀달걀형 잎은 끝이 갑자기 뾰족하거나 一자 모양이며 겹톱니가 있다. 분홍색 꽃은 꽃자루가 짧다.

### 산옥매

피침형 잎은 끝이 뾰족하고 둔한 잔톱니가 있다. 연분홍색 꽃은 꽃자루가 6~8㎜ 길이이고 털이 있다.

### 복사앵도

타원형 잎은 끝이 뾰족하고 잔톱니가 있다. 꽃자루는 짧고 씨방에는 털이 없다. 열매는 넓은 타원형~구형이다.

### 앵두나무

타원형 잎은 잔톱니가 있고 뒷면에 털이 많다. 꽃자루는 짧고 씨방에는 긴털이 있다. 열매는 구형이다.

### 이스라지

달걀형 잎은 끝이 꼬리처럼 길게 뾰족하며 날카로운 겹톱니가 있다. 꽃자루는 1~3.5㎝ 길이로 길다.

### 칼슘나무

좁은 거꿀달걀형 잎은 끝이 뾰족하며 잔톱니가 있다. 열매는 지름 15㎜ 정도로 앵두보다 약간 크며 자루가 짧다.

8월 말의 어린 열매

잎 뒷면

8월에 핀 꽃

6월의 1)**덩굴장미** 품종

줄기의 가시

## 장미(장미과) *Rosa hybrida*

갈잎떨기나무(높이 1~2m) 꽃 | 봄~가을 열매 | 가을

유럽에서 개량된 원예 품종을 보통 '장미'라고 하는데 품종이 매우 많아 무려 15,000여 종이나 된다고 한다. 줄기와 가지에 납작한 가시가 있다. 잎은 어긋나고 홀수깃꼴겹잎이며 작은잎은 3~7장이고 작은잎 가장자리에 날카로운 톱니가 있다. 봄~가을에 여러 색깔의 꽃이 핀다. 꽃을 향료의 원료로 쓰기도 한다. 1)**덩굴장미**(*Rosa multiflora* v. *platyphylla*)는 덩굴로 벋는 줄기에 분홍색~붉은색 겹꽃이 피며 품종이 많다.

잎 앞면 p.763

5월에 핀 꽃

반겹꽃

잎 뒷면

5월의 노랑해당화

가지의 가시와 겨울눈

나무껍질

## 노랑해당화(장미과) *Rosa xanthina*

🌳 갈잎떨기나무(높이 3m 정도) ❋ 꽃 | 5월

중국 원산이며 관상수로 심는다. 줄기는 윗부분이 비스듬히 휘어지며 가지에는 가시가 많다. 잎은 어긋나고 홀수깃꼴겹잎이며 작은잎은 7~13장이다. 작은잎은 타원형~둥근 타원형이고 끝이 둥글며 가장자리에 둔한 톱니가 있다. 잎 뒷면은 회녹색이다. 잎겨드랑이에 지름 3~4㎝의 노란색 겹꽃이나 반겹꽃이 핀다. 노란색 꽃잎은 끝부분이 오목하게 들어간다. 동그스름한 열매는 지름 8~10㎜이고 끝에 꽃받침조각이 남아 있다.

11월의 열매

잎 뒷면

5월에 핀 꽃

턱잎

5월의 찔레꽃

나무껍질

## 찔레꽃(장미과) *Rosa multiflora*

🔺 갈잎떨기나무(높이 2~4m)  ✳ 꽃 | 5~6월  🔅 열매 | 9~11월

산과 들에서 자란다. 끝이 밑으로 처지는 가지에 날카로운 가시가 많아서 찔리기 쉽기 때문에 '찔레'라고 한다. 잎은 어긋나고 홀수깃꼴겹잎이며 작은잎은 5~9장이다. 작은잎은 긴 타원형~거꿀달걀형이고 끝이 뾰족하며 가장자리에 톱니가 있다. 턱잎은 잎자루와 합쳐져 있고 가장자리에 빗살 같은 톱니가 있다. 가지 끝의 원뿔꽃차례에 흰색~연홍색 꽃이 피며 향기가 좋다. 둥근 달걀형 열매는 끝에 꽃받침자국이 남아 있다.

잎 앞면 p.764

9월의 열매

6월에 핀 꽃

잎 뒷면

턱잎

6월의 돌가시나무

줄기

## 돌가시나무 / 제주찔레 (장미과) *Rosa luciae*

🔸 갈잎떨기나무(길이 3m 정도) ✳ 꽃 | 6~7월 🔶 열매 | 9~10월

중부 이남의 바닷가나 산에서 자란다. 줄기는 털이 없고 가시가 있으며 덩굴처럼 2~4m 길이로 벋는다. 잎은 어긋나고 홀수깃꼴겹잎이며 작은잎은 5~9장이다. 잎몸은 가죽질이며 앞면은 광택이 있다. 턱잎은 녹색이고 너비가 넓으며 잎자루와 합쳐지고 가장자리에 불규칙한 잔톱니와 샘털이 있다. 가지 끝에 모여 피는 1~5개의 흰색 꽃은 지름 3~3.5cm이다. 둥근 달걀형 열매는 6~8mm 크기이며 끝에 꽃받침자국이 남고 붉게 익는다.

연분홍색 꽃

7월의 열매

6월에 핀 꽃

5월 말의 흰인가목

줄기의 가시

## 흰인가목(장미과) *Rosa koreana*

🌳 갈잎떨기나무(높이 1~1.5m)  ❁ 꽃 | 5~6월  ● 열매 | 8~9월

경기도와 강원도 이북의 높은 산에서 자란다. 줄기에 바늘 모양의 가시가
빽빽이 난다. 잎은 어긋나고 홀수깃꼴겹잎이며 작은잎은 7~15장으로 많다.
잎 뒷면 잎맥 위와 잎자루에 잔털과 가시가 있다. 턱잎은 넓은 피침형이고
잎자루에 붙으며 가장자리에 샘털이 있다. 가지 끝에 흰색~연분홍색 꽃
이 핀다. 꽃자루에 잔털과 샘털이 있다. 긴 타원형 열매는 1.5~2㎝ 길이
이고 끝에 꽃받침자국이 남아 있으며 붉은색으로 익는다.

잎 앞면 p.764

꽃받침

5월에 핀 꽃

7월 말의 열매

잎 뒷면

6월의 생열귀나무

줄기의 가시

## 생열귀나무(장미과) *Rosa davurica*

🌳 갈잎떨기나무(높이 1~2m) ❀ 꽃 | 6~7월 🍒 열매 | 9~10월

강원도 이북의 산과 들에서 자란다. 줄기에 바늘 모양이 가시가 빽빽이 난다. 잎은 어긋나고 홀수깃꼴겹잎이며 작은잎은 7~9장이다. 작은잎은 긴 타원형이고 끝이 뾰족하며 가장자리에 뾰족한 톱니가 있다. 작은잎 뒷면에 부드러운 털과 기름점이 있어서 끈적거린다. 턱잎은 달걀형이고 잎자루와 합쳐진다. 가지 끝에 연한 홍자색 꽃이 핀다. 동그스름한 열매는 지름 10~15mm이고 끝에 꽃받침조각이 남아 있으며 붉게 익는다.

잎 앞면 p.764

385

5월의 해당화

6월의 <sup>1)</sup>흰해당화     6월의 <sup>2)</sup>만첩해당화     5월의 <sup>3)</sup>천리포해당화

## 해당화(장미과) *Rosa rugosa*

🌳 갈잎떨기나무(높이 1~1.5m)   ✳ 꽃 | 5~7월   🍂 열매 | 8~9월

바닷가 모래땅에서 자란다. 줄기에는 납작한 가시와 바늘 모양의 가시가 섞여 있고 부드러운 털도 있다. 잎은 어긋나고 홀수깃꼴겹잎이며 작은잎은 5~9장이다. 작은잎은 타원형이며 잎몸이 두껍고 가장자리에 잔톱니가 있으며 앞면에는 주름이 많고 광택이 있다. 턱잎은 잎자루에 붙고 가장자리에 잔톱니와 샘털이 있다. 가지 끝에 1~3개의 붉은색 꽃이 피는데 지름이 6~9㎝로 크고 가운데에 노란색 수술이 많으며 꽃자루에는 가시털이 있다. 꽃받침

꽃봉오리

7월에 핀 꽃

7월의 열매

잎 뒷면

턱잎

줄기의 가시

통은 둥글고 털이 없으며 꽃받침조각은 피침형이다. 열매는 구형~납작한 구형이며 지름 2~2.5㎝이고 끝에 꽃받침조각이 남아 있으며 붉게 익는다. [1]**흰해당화**('Albiflora')는 흰색 꽃이 피는 품종으로 드물게 발견된다. [2]**만첩해당화**(f. *plena*)는 붉은색 겹꽃이 피는 품종이다. [3]**천리포해당화**(R. × *chollipoensis*) 는 충남 태안에서 발견된 해당화와 찔레꽃의 자연교잡종으로 분홍색 꽃잎 안쪽에 흰색 무늬가 있다.

잎 앞면 p.764

꽃봉오리

6월 초에 핀 꽃

8월 초의 열매

잎 뒷면

8월의 인가목

줄기의 가시

## 인가목/민둥인가목(장미과) *Rosa acicularis*

🌳 갈잎떨기나무(높이 1~1.5m)  ✳ 꽃 | 5~6월  🍒 열매 | 8~9월

지리산 이북의 높은 산에서 자란다. 줄기에 바늘 모양의 가시가 빽빽이 난다.
잎은 어긋나고 홀수깃꼴겹잎이며 작은잎은 3~7장이다. 잎 뒷면 잎맥 위
와 잎자루에 잔털과 샘털이 빽빽하고 가시가 드문드문 있다. 턱잎은 넓은
달걀형이고 잎자루와 합쳐진다. 가지 끝에 연홍색 꽃이 피는데 꽃자루에
잔털과 샘털이 빽빽하다. 긴 타원형~거꿀달걀형 열매는 1~2㎝ 길이이고
끝에 꽃받침자국이 남아 있으며 붉은색으로 익는다.

잎 앞면 p.764

# 야생 장미속(*Rosa*)의 비교

장미목

**찔레꽃**
줄기는 서고 가지는 밑으로 처진다. 잎
자루와 합쳐진 턱잎은 둘레에 빗살 모
양의 기다란 톱니가 있다.

**돌가시나무**
줄기는 바닥을 긴다. 잎은 광택이 있고
잎자루와 합쳐진 턱잎 둘레에 불규칙
한 잔톱니와 샘털이 있다.

**흰인가목**
작은잎은 7~15장으로 많다. 흰색~
연분홍색 꽃이 피며 열매는 긴 타원
형이다.

**생열귀나무**
작은잎 뒷면에 부드러운 털과 기름점
이 있어서 끈적거린다. 열매는 둥그스
름하다.

**해당화**
작은잎은 두껍고 광택이 있으며 잎맥
은 주름이 진다. 열매는 구형~납작한
구형이다.

**인가목**
기다란 꽃자루에 흔히 샘털이 있다. 열
매는 긴 타원형~거꿀달걀형이다. 모
양의 변화가 심한 종이다.

389

꽃봉오리

5월에 핀 꽃

7월의 열매

잎 뒷면

5월의 병아리꽃나무

나무껍질

## 병아리꽃나무(장미과) *Rhodotypos scandens*

🔆 갈잎떨기나무(높이 1~2m) ✽ 꽃 | 4~5월 🍂 열매 | 8~9월

황해도, 경기도, 강원도, 경북의 낮은 산에서 드물게 자란다. 잎은 마주나고 달걀형~긴 타원형이며 4~10㎝ 길이이다. 잎은 끝이 길게 뾰족하며 가장자리에 뾰족한 겹톱니가 있다. 햇가지 끝에 흰색 꽃이 1개씩 핀다. 꽃은 지름 3~4㎝이고 꽃잎은 4장이다. 연녹색 꽃받침조각은 좁은 달걀형이고 1~1.5㎝ 길이이며 톱니가 있다. 콩알만 한 열매는 붉은색으로 변했다가 검게 익는다. 관상수로 심으며 생울타리를 만든다.

잎 앞면 p.754

11월의 열매

잎 뒷면

8월에 핀 꽃

6월의 겨울딸기

5월의 <sup>1)</sup>거문딸기 꽃

6월의 <sup>1)</sup>거문딸기 열매

## 겨울딸기(장미과) *Rubus buergeri*

🌳 늘푸른덩굴나무(길이 2m 정도) 🌸 꽃 | 7~8월 🍓 열매 | 11월~다음 해 1월

제주도와 전남의 섬에서 자라는 늘푸른덩굴나무로 줄기는 땅 위를 기며 마디에서 뿌리를 내린다. 잎은 어긋나고 넓은 달걀형~세모진 원형이며 잎몸이 3~5갈래로 얕게 갈라지기도 한다. 가지 끝이나 잎겨드랑이에 흰색 꽃이 모여 핀다. 둥근 열매송이는 겨울에 붉게 익어서 '겨울딸기'라고 한다. <sup>1)</sup>거문딸기(*R. trifidus*)는 제주도와 거문도에서 자라며 잎몸이 3~7갈래로 갈라지고 어린 줄기에 샘털과 잔털이 있으며 가시가 없는 것이 특징이다.

잎 앞면 p.760

꽃받침

4월에 핀 꽃

6월의 열매

6월의 수리딸기

줄기의 가시

잎 뒷면

## 수리딸기(장미과) *Rubus corchorifolius*

🔆 갈잎떨기나무(높이 1~2m)  ✽ 꽃 | 4~5월  🍂 열매 | 5~6월

남부 지방의 산에서 자란다. 어린 가지는 연녹색이며 부드러운 털이 빽빽
하지만 점차 없어지고 가시가 드문드문 달린다. 잎은 어긋나고 달걀형이
며 4~10㎝ 길이이고 끝이 뾰족하다. 잎 가장자리에 둔한 톱니가 있고 잎
몸이 3갈래로 얕게 갈라지기도 한다. 잎이 돋을 때 짧은가지 끝에 1~3개
의 흰색 꽃이 고개를 숙이고 피는데 꽃자루와 꽃받침조각에 부드러운 털
이 빽빽하다. 열매송이는 구형~둥근 달걀형이며 붉게 익는다.

잎 앞면 p.761

6월 말의 열매

잎 뒷면

5월에 핀 꽃

5월의 산딸기

줄기의 가시

6월의 [1]섬나무딸기 열매

## 산딸기(장미과) *Rubus crataegifolius*

🌳 갈잎떨기나무(높이 1~2m)  ✽ 꽃 | 5~6월  🍓 열매 | 6~8월

산과 들에서 자란다. 적갈색 가지에 가시가 많이 달린다. 잎은 어긋나고 넓은 달걀형이며 잎몸이 3~5갈래로 갈라지기도 한다. 잎 뒷면 잎맥 위에 부드러운 털과 가시가 있다. 잎자루는 3~8㎝ 길이이며 가시와 털이 있다. 햇가지 끝에 2~6개의 흰색 꽃이 모여 핀다. 열매송이는 구형이며 붉게 익는다. [1]섬나무딸기/섬산딸기(*R. takesimensis*)는 울릉도의 바닷가에서 자라며 산딸기와 비슷하지만 줄기와 가지에 털이 없고 가시도 거의 없다.

잎 앞면 p.761

7월 초의 열매

잎자루의 샘털

5월에 핀 꽃

잎 뒷면

7월 초의 곰딸기

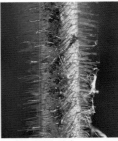
줄기의 가시와 샘털

## 곰딸기/붉은가시딸기(장미과) *Rubus phoenicolasius*

🌳 갈잎떨기나무(높이 2~3m) ❀ 꽃 | 5~6월 🍓 열매 | 7~8월

산과 들에서 자란다. 줄기와 가지에 붉은색의 긴 샘털이 빽빽이 난다. 잎은 어긋나고 홀수깃꼴겹잎이며 작은잎은 3~5장이다. 작은잎은 달걀형~넓은 달걀형이며 끝이 뾰족하고 가장자리에 겹톱니가 있으며 잎몸이 얕게 갈라지기도 한다. 가지 끝의 송이꽃차례에 흰색~연한 홍자색 꽃이 모여 피는데 꽃잎은 꽃받침조각보다 짧다. 꽃자루와 꽃받침조각에 붉은색 샘털과 딱딱한 털이 빽빽하다. 열매송이는 구형이며 붉게 익는다.

잎 앞면 p.764

5월 말에 핀 꽃

꽃 단면

7월의 열매

잎 뒷면

12월의 멍석딸기

줄기의 가시

**멍석딸기**(장미과) *Rubus parvifolius*

갈잎떨기나무(높이 1m 정도) 꽃 | 5~6월 열매 | 7~8월

산과 들에서 자라며 줄기는 덩굴처럼 길게 벋는다. 줄기에 부드러운 털과 밑으로 구부러진 가시가 있다. 잎은 어긋나고 홀수깃꼴겹잎이며 작은잎은 3~5장이다. 작은잎은 달걀형~거꿀달걀형이며 가장자리에 겹톱니가 있고 뒷면은 흰색 털이 빽빽하다. 햇가지 끝이나 잎겨드랑이에 모여 피는 홍자색 꽃은 지름 10㎜ 정도이며 꽃잎이 활짝 벌어지지 않는다. 꽃받침조각은 뒤로 젖혀진다. 열매송이는 구형이며 붉게 익고 새콤달콤하다.

잎 앞면 p.764

꽃 모양

8월의 열매

6월 초에 핀 꽃

잎 뒷면

8월의 멍덕딸기

줄기의 가시

## 멍덕딸기(장미과)  *Rubus idaeus* ssp. *melanolasius*

🌳 갈잎떨기나무(높이 1m 정도) ✳ 꽃 | 6~7월 🍓 열매 | 8월

강원도 이북의 높은 산에서 자란다. 줄기에 바늘 같은 가시와 샘털이 빽빽이 난다. 잎은 어긋나고 대부분 세겹잎이며 작은잎은 3~5장이다. 작은잎은 달걀형~타원형이고 끝이 뾰족하며 가장자리에 톱니가 있고 뒷면은 흰색 털이 빽빽하다. 햇가지 끝이나 잎겨드랑이에 고개를 숙이고 피는 흰색 꽃은 꽃잎 사이가 벌어진다. 꽃자루와 꽃받침조각에 붉은색 가시와 샘털이 빽빽하다. 열매송이는 구형이며 붉게 익고 새콤달콤하다.

잎 앞면 p.764

어린 열매와 꽃봉오리

5월에 핀 꽃

6월 말의 열매

잎 뒷면

6월의 거지딸기

나무껍질

## 거지딸기(장미과) *Rubus sumatranus*

🍂 갈잎떨기나무(높이 1~2m)  ✳️ 꽃 | 5~6월  🍓 열매 | 6~7월

제주도와 전남 완도의 숲 가장자리에서 자란다. 줄기와 가지와 잎자루에 붉은색의 긴 샘털이 빽빽하며 드문드문 가시가 있다. 잎은 어긋나고 홀수 깃꼴겹잎이며 작은잎은 3~9장이다. 작은잎은 긴 달걀형~넓은 피침형이며 끝이 뾰족하고 가장자리에 겹톱니가 있다. 가지 끝에 모여 피는 흰색 꽃은 지름 2cm 정도이며 꽃잎 사이가 벌어진다. 꽃자루와 꽃받침조각에 털이 빽빽하고 잔가시가 있다. 열매송이는 타원형이며 황적색으로 익는다.

7월의 열매

잎 뒷면

5월 말에 핀 꽃

5월의 복분자딸기

어린 가지의 가시

줄기의 가시

## 복분자딸기(장미과) *Rubus coreanus*

🌳 갈잎떨기나무(높이 2~3m) ✤ 꽃 | 5~6월 🍓 열매 | 7~8월

산과 들에서 자란다. 줄기는 분백색 가루로 덮여 있고 굽은 가시가 있다. 잎은 어긋나고 홀수깃꼴겹잎이며 작은잎은 5~9장이다. 작은잎은 달걀형~달걀 모양의 타원형이며 끝이 뾰족하고 가장자리에 날카로운 톱니가 있으며 잎몸이 얕게 갈라지기도 한다. 가지 끝의 고른꽃차례에 모여 피는 연한 홍자색 꽃은 꽃잎이 꽃받침조각보다 약간 짧고 활짝 벌어지지 않는다. 열매송이는 구형이며 붉게 변했다가 검은색으로 익는다.

잎 앞면 p.764

6월 초에 핀 꽃

6월의 어린 열매

7월의 열매

잎 뒷면

7월의 블랙베리

줄기의 가시

## 블랙베리/서양오엽딸기(장미과) *Rubus fruticosus*

🌳 갈잎떨기나무(높이 1~2m) ✳ 꽃 | 5~6월 🍓 열매 | 7~8월

유럽 원산이며 관상수로 심는다. 잎은 어긋나고 손꼴겹잎이며 작은잎은 3~5장이다. 잎자루에 털과 굽은 가시가 있다. 작은잎은 달걀형~달걀 모양의 긴 타원형이며 끝이 길게 뾰족하고 가장자리에 날카로운 겹톱니가 있다. 가지 끝의 고른꽃차례에 흰색~연홍색 꽃이 모여 핀다. 꽃은 지름 2~3cm이며 5장의 꽃잎은 가장자리가 구불거린다. 열매송이는 긴 타원형이며 1.5~2cm 길이이고 붉게 변했다가 검은색으로 익는다.

잎 앞면 p.761

5월의 열매

잎 뒷면

4월에 핀 꽃

4월 초의 장딸기

줄기의 가시

10월의 [1]가시딸기

## 장딸기(장미과) *Rubus hirsutus*

🌳 갈잎떨기나무(높이 20~60㎝) ✱ 꽃 | 4~5월 ❀ 열매 | 5~7월

남부 지방에서 자란다. 가는 줄기에 샘털, 잔털, 밑으로 굽은 가시가 있다. 잎은 어긋나고 홀수깃꼴겹잎이며 작은잎은 3~5장이다. 작은잎은 달걀형 ~긴 달걀형이며 끝이 뾰족하고 가장자리에 겹톱니가 있다. 짧은가지끝에 1개씩 피는 흰색 꽃은 지름 3~4㎝로 큼직하며 위를 향한다. 열매송이는 구형이며 붉게 익는다. [1]가시딸기(*R. hongnoensis*)는 제주도에서 자라며 장딸기에 비해 전체적으로 가시가 적고 작은잎이 5~11장으로 많다.

잎 앞면 p.764

4월에 핀 꽃

꽃봉오리

6월의 열매

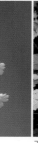

잎 뒷면

7월의 줄딸기

줄기

## 줄딸기(장미과) *Rubus pungens*

🌿 갈잎덩굴나무(길이 2~3m)  ✽ 꽃 | 4~5월  🍓 열매 | 6~7월

산과 들에서 흔히 자라며 줄기는 옆으로 비스듬히 벋는다. 줄기와 가지에 굽은 가시가 드문드문 있다. 잎은 어긋나고 홀수깃꼴겹잎이며 작은잎은 5~7장이다. 작은잎은 달걀형~좁은 달걀형이며 끝이 뾰족하고 가장자리에 큼직한 겹톱니가 있다. 끝의 작은잎이 가장 크며 가장자리가 얕게 갈라지기도 한다. 짧은가지 끝에 1개씩 피는 홍색 꽃은 꽃자루와 꽃받침에 털과 작은 가시가 있다. 열매송이는 구형이며 붉게 익는다.

잎 앞면 p.746

## 산딸기속(*Rubus*)의 비교

### 겨울딸기

늘푸른덩굴나무로 마디에서 뿌리를 내린다. 넓은 달걀형~세모진 원형 잎은 3~5갈래로 얕게 갈라지기도 한다.

### 수리딸기

잎은 달걀형이며 변화가 심하다. 흰색 꽃은 밑을 향하며 꽃자루와 꽃받침조각에 부드러운 털이 **빽빽**하다.

### 산딸기

잎몸은 3~5갈래이고 뒷면과 잎자루에 가시가 많다. 줄기도 가시가 많다. 2~6개의 흰색 꽃이 모여 달린다.

### 거문딸기

잎몸은 3~7갈래이고 앞면은 광택이 있다. 어린 줄기에 샘털과 잔털이 있으며 가시가 없다. 꽃은 위를 향한다.

### 곰딸기/붉은가시딸기

끝의 작은잎이 특히 크다. 줄기, 가지, 꽃자루, 꽃받침조각에 기다란 붉은색 샘털이 **빽빽**하다.

### 멍석딸기

줄기는 옆으로 긴다. 줄기와 잎자루에 샘털이 없다. 홍자색 꽃은 꽃잎이 활짝 벌어지지 않는다.

### 멍덕딸기

흰색 꽃은 밑을 향하고 꽃잎 사이가 벌어진다. 꽃자루와 꽃받침조각에 붉은색 가시와 샘털이 빽빽하다.

### 거지딸기

줄기, 가지, 잎자루에 붉은색의 긴 샘털이 빽빽하며 드문드문 가시가 있다. 타원형 열매는 황적색이다.

### 복분자딸기

줄기는 분백색 가루로 덮여 있고 굽은 가시가 있다. 연한 홍자색 꽃은 꽃잎이 활짝 벌어지지 않는다.

### 블랙베리/서양오엽딸기

잎은 손꼴겹잎이며 작은잎은 3~5장이다. 열매송이는 긴 타원형이며 붉게 변했다가 검은색으로 익는다.

### 장딸기

줄기는 가늘고 샘털과 잔털, 밑으로 굽은 가시가 섞여 있다. 꽃은 지름 3~4㎝로 큼직하며 위를 향한다.

### 줄딸기

줄기는 옆으로 비스듬히 번진다. 1개씩 피는 홍색 꽃은 꽃자루와 꽃받침에 털과 작은 가시가 있다.

403

6월의 열매

잎 뒷면

4월에 핀 꽃

11월의 황매화

겨울눈

5월의 ¹⁾죽단화

## 황매화(장미과) *Kerria japonica*

🌳 갈잎떨기나무(높이 1~2m)  ✹ 꽃 | 4~5월  ⬤ 열매 | 9월

중국과 일본 원산이며 관상수로 심는다. 햇가지는 녹색이며 세로로 얕게 모가 진다. 잎은 어긋나고 긴 달걀형이며 끝이 길게 뾰족하고 가장자리에 뾰족한 겹톱니가 있다. 잎이 돋을 때 새로 자란 가지 끝에 지름 3~5㎝의 노란색 꽃이 1개씩 달린다. 둥근 열매는 1~5개가 꽃받침 안에 모여 달리며 가을에 검은색으로 익는다. ¹⁾죽단화(f. *pleniflora*)는 노란색 겹꽃이 피는 품종으로 함께 관상수로 심으며 흔히 생울타리를 만든다.

잎 앞면 p.749

9월의 열매

6월에 핀 꽃

잎 뒷면

5월의 물싸리

나무껍질

5월 말의 [1]은물싸리

## 물싸리(장미과) *Potentilla fruticosa*

🌳 갈잎떨기나무(높이 1m 정도) ❋ 꽃 | 6~8월 ❋ 열매 | 7~9월

함경도의 고산에서 자란다. 잎은 어긋나고 홀수깃꼴겹잎이며 작은잎은 3~7장이다. 작은잎은 타원형이며 가장자리가 밋밋하고 양면에 털이 있다. 햇가지 끝이나 잎겨드랑이에 노란색 꽃이 2~3개씩 달린다. 꽃은 지름 2~3cm이며 꽃잎은 5장이다. 열매는 달걀형이며 1~2mm 길이이고 긴털이 있으며 갈색으로 익는다. [1]은물싸리(v. *mandshurica*)는 물싸리와 비슷하지만 흰색 꽃이 피는 점이 다르다. 모두 관상수로 심는다.

7월의 담자리꽃나무

4월 말에 핀 꽃

7월 말의 열매

6월의 열매

## 담자리꽃나무(장미과)

*Dryas octopetala v. asiatica*

🔼 늘푸른떨기나무(높이 3~6cm)
✱ 꽃 | 6~7월 🍂 열매 | 8~9월

함경도와 양강도의 고산에서 자란
다. 잎은 어긋나고 달걀형~달걀
모양의 타원형이며 가장자리에 둔
한 톱니가 있고 잎맥을 따라 움푹
들어간다. 잎자루는 흰색 털이 있
다. 가지 끝에 피는 흰색 꽃은 지
름 2cm 정도이며 꽃잎과 꽃받침조
각은 각각 8~9개이다. 열매는 끝
에 암술대가 변한 깃털이 있다.

## 캐나다채진목(장미과)

*Amelanchier canadensis*

🔼 갈잎작은키나무(높이 5~8m)
✱ 꽃 | 4~5월 🍂 열매 | 6~7월

북아메리카 원산이며 관상수로 심
는다. 잎은 어긋나고 달걀형~달
걀 모양의 타원형이며 끝이 뾰족
하고 가장자리에 잔톱니가 있다.
4~5월에 잎과 함께 나오는 송이
꽃차례에 흰색 꽃이 피는데 꽃잎이
가늘며 꽃차례자루와 작은꽃자루
에 솜털이 약간 있다. 둥근 열매는
붉게 변했다가 흑자색으로 익는다.

잎 앞면 p.770(캐나다채진목)

4월에 핀 꽃

9월의 열매

잎 뒷면

4월의 채진목

겨울눈

나무껍질

## 채진목(장미과) *Amelanchier asiatica*

🌳 갈잎작은키나무(높이 5~10m) ❀ 꽃 | 4~5월 🍎 열매 | 9~10월

제주도의 산골짜기에서 자란다. 잎은 어긋나고 긴 타원형~달걀형이며 4~6cm 길이이고 끝이 뾰족하며 가장자리에 잔톱니가 있다. 가지 끝의 송이꽃차례에 흰색 꽃이 모여 피는데 꽃차례자루와 작은꽃자루에 솜털이 빽빽하다. 5장의 꽃잎은 가는 선형이고 수술은 15~20개이며 암술대는 5개이다. 종 모양의 꽃받침통은 털이 많다. 둥근 열매는 끝에 꽃받침자국이 남아 있고 지름 6~10mm이며 흑자색으로 익고 흰색 가루로 덮여 있다.

잎 앞면 p.770

407

꽃 모양

6월의 열매

12월 초에 핀 꽃

잎 뒷면

6월의 비파나무

나무껍질

## 비파나무(장미과) *Eriobotrya japonica*

🌳 늘푸른큰키나무(높이 6~10m) 🌸 꽃 | 11월~다음 해 1월 🍎 열매 | 다음 해 6월

중국 원산이며 남부 지방에서 과일나무로 재배하고 관상수로도 심는다. 잎은 어긋나고 넓은 거꿀피침형~좁은 거꿀달걀형이며 끝이 뾰족하고 가장자리에 치아 모양의 톱니가 드문드문 있다. 잎 뒷면은 연갈색 솜털이 빽빽하다. 가지 끝의 원뿔꽃차례에 달리는 연한 황백색 꽃은 5장의 꽃잎 사이가 벌어진다. 꽃차례자루와 꽃받침조각은 갈색 솜털이 빽빽하다. 열매는 원형~넓은 타원형이며 등황색으로 익고 과일로 먹는다.

잎 앞면 p.770

꽃받침

5월에 핀 꽃

10월의 열매

잎 뒷면

5월의 다정큼나무

나무껍질

## 다정큼나무(장미과) *Rhaphiolepis indica* v. *umbellata*

🌳 늘푸른떨기나무(높이 1~4m)  ✿ 꽃 | 5~6월  🍒 열매 | 10~11월

남쪽 바닷가에서 자란다. 잎은 어긋나지만 가지 끝에서는 모여난 것처럼 보이고 긴 타원형~거꿀달걀형이며 4~8㎝ 길이이다. 잎 끝은 뾰족하고 가장자리에 둔한 톱니가 드문드문 있으며 뒤로 살짝 말린다. 가지 끝의 원뿔꽃차례에 향기가 나는 흰색 꽃이 피는데 꽃은 지름 10~15㎜이며 꽃잎은 5장이다. 꽃차례에는 갈색 털이 빽빽하다. 꽃받침통은 깔때기 모양이며 5갈래로 갈라진다. 둥근 열매는 지름 1㎝ 정도이고 흑자색으로 익는다.

잎 앞면 p.749

6월의 어린 열매

2월의 열매

5월에 핀 꽃

잎 뒷면

7월의 홍자단

나무껍질

## 홍자단/누운개야광(장미과) *Cotoneaster horizontalis*

🌳 갈잎떨기나무(높이 1~2m) ❁ 꽃 | 5~6월 🍂 열매 | 10월

중국 원산이며 관상수로 심는다. 줄기에서 가지가 많이 갈라져 비스듬히
누워 자란다. 줄기와 가지는 매우 단단하다. 잎은 가지에 2줄로 나란히 어
긋난다. 잎몸은 둥근 타원형이며 5~14mm 길이이고 끝이 뾰족하며 가장자
리가 밋밋하다. 잎자루는 아주 짧다. 잎겨드랑이에 연홍색 꽃이 1~2개씩
피는데 지름 6mm 정도이며 5장의 꽃잎은 위를 향한 채 활짝 벌어지지 않
는다. 구형~달걀형 열매는 5mm 정도 길이이고 붉게 익는다.

잎 앞면 p.752

7월의 어린 열매

9월의 열매

5월에 핀 꽃

잎 뒷면

9월의 섬개야광나무

나무껍질

**섬개야광나무**(장미과) *Cotoneaster horizontalis* v. *wilsonii*

🌳 갈잎떨기나무(높이 1~4m)  ✳ 꽃 | 5~6월  🍎 열매 | 10월

울릉도의 바닷가에서 자라며 가지는 비스듬히 처진다. 잎은 어긋나고 달 걀형~달걀 모양의 타원형이며 2~4㎝ 길이이고 끝은 뾰족하거나 둔하며 가장자리가 밋밋하다. 잎 뒷면에는 털이 많다. 가지 끝의 고른꽃차례에 5~20개의 흰색~연분홍색 꽃이 핀다. 꽃은 지름 8~12㎜이고 5장의 꽃잎 은 서로 떨어져 있으며 수술은 15~20개이고 암술대는 2~3개이다. 네모 진 구형 열매는 지름 7~8㎜이고 적자색으로 익으며 단맛이 난다.

잎 앞면 p.752

411

9월 초의 열매

잎 뒷면

4월에 핀 꽃

4월의 모과나무

겨울눈

나무껍질

## 모과나무(장미과) *Chaenomeles sinensis*

🌳 갈잎작은키나무(높이 6~10m) ✽ 꽃 | 4~5월 🍎 열매 | 10~11월

중국 원산이며 관상수로 심는다. 나무껍질은 묵은 껍질조각이 벗겨지며 얼룩을 만든다. 잎은 어긋나고 거꿀달걀형~타원형이며 4~8cm 길이이고 끝이 뾰족하며 가장자리에 가는 잔톱니가 있다. 잎이 돋을 때 꽃도 함께 피는데 분홍색 꽃이 1개씩 달린다. 꽃받침조각은 세모진 피침형이며 가장자리에 톱니가 있고 뒤로 젖혀진다. 울퉁불퉁하게 생긴 타원형 열매는 길이 8~15cm이며 노랗게 익는데 향기는 좋으나 신맛이 강하다.

잎 앞면 p.770

꽃받침

4월에 핀 꽃

6월 말의 열매

잎 뒷면

4월의 명자나무

4월의 [1]풀명자

## 명자나무/명자꽃(장미과) *Chaenomeles speciosa*

🍂 갈잎떨기나무(높이 1~2m)  🌸 꽃 | 4~5월  🍎 열매 | 9~10월

중국 원산이며 관상수로 심는다. 잔가지는 털이 없으며 끝이 가시로 변하기
도 한다. 잎은 어긋나고 달걀형~긴 타원형이며 끝이 뾰족하고 가장자리에
날카로운 겹톱니가 있다. 턱잎은 달걀형~피침형으로 일찍 떨어진다. 짧은
가지의 잎겨드랑이에 2~3개의 붉은색 꽃이 핀다. 타원형 열매는 4~6㎝ 길
이이고 노란색으로 익는다. [1]풀명자(*C. japonica*)는 일본 원산이며 잎은 거
꿀달걀형이고 가장자리에 둔한 톱니가 있으며 턱잎은 부채 모양이다.

10월의 사과나무

7월의 어린 열매　　　10월의 열매　　　잎 뒷면

## 사과나무(장미과) *Malus pumila*

🌳 갈잎큰키나무(높이 3~10m) 🌸 꽃 | 4~5월 🍎 열매 | 9~10월

서아시아와 유럽 원산이며 과일나무로 재배한다. 나무껍질은 흑갈색~회색
이며 노목은 세로로 갈라진다. 겨울눈은 달걀형~원뿔형이며 적갈색이다.
잎은 어긋나고 타원형~달걀형이며 4.5~10㎝ 길이이고 끝이 뾰족하며 가장
자리에 둔한 톱니가 있다. 봄에 잎이 돋을 때 꽃도 함께 핀다. 짧은가지 끝에
달리는 우산꽃차례에 흰색~연홍색 꽃이 모여 달린다. 꽃은 지름 3~5㎝이
며 5장의 꽃잎은 달걀형~거꿀달걀형이고 수술은 많으며 암술대는 5~6개이

꽃 모양

5월 초에 핀 꽃

4월의 꽃봉오리

나무껍질

4월의 <sup>1)</sup>꽃사과

8월의 <sup>1)</sup>꽃사과 열매

다. 꽃받침조각은 세모진 달걀형이며 양면에 털이 빽빽하다. 둥근 열매는 지름 2~12cm이고 끝부분의 꽃받침자국 부분이 오목하게 들어가며 가을에 붉은색으로 익고 과일로 먹는다. 많은 재배 품종이 있으며 품종에 따라 열매의 모양과 색깔이 조금씩 다르고 맛도 다르다. <sup>1)</sup>꽃사과(*M.* × *prunifolia*)는 교잡종으로 동그스름한 열매는 지름 2~2.5cm이며 붉은색으로 익고 끝에 꽃받침자국이 남아 있다. 관상수로 심는다.

잎 앞면 p.770

꽃봉오리

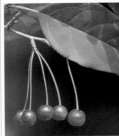

9월의 열매

5월 초에 핀 꽃

잎 뒷면

5월의 야광나무

나무껍질

## 야광나무(장미과)  *Malus baccata*

🌳 갈잎작은키나무(높이 5~10m)  ✲ 꽃 | 4~5월  🍂 열매 | 9~10월

지리산 이북의 산에서 자란다. 잎은 어긋나고 타원형~달걀형이며 3~8㎝ 길이이고 끝이 뾰족하며 가장자리에 날카로운 톱니가 있다. 가지 끝의 고른꽃차례에 흰색 꽃이 모여 핀다. 꽃은 지름 3~3.5㎝이고 꽃잎은 5장이다. 수술은 15~20개이고 암술대는 4~5개로 수술보다 길며 밑부분에 털이 많다. 꽃받침은 털이 빽빽하고 꽃자루는 2~4㎝ 길이로 길다. 둥근 열매는 지름 8~10㎜이고 열매자루가 길며 붉은색이나 노란색으로 익는다.

잎 앞면 p.771

11월에 익은 열매

잎 뒷면

5월에 핀 꽃

10월의 아그배나무

나무껍질

5월의 <sup>1)</sup>이노리나무

## 아그배나무(장미과) *Malus sieboldii*

🌳 갈잎작은키나무(높이 3~6m) 🌸 꽃 | 5월 🍎 열매 | 9~10월

중부 이남의 산에서 자란다. 잎은 어긋나고 타원형~긴 달걀형이며 햇가지의 잎은 잎몸이 3~5갈래로 갈라지기도 한다. 가지 끝의 고른꽃차례에 흰색 꽃이 모여 핀다. 수술은 20개 정도이고 암술대는 3~4개로 수술보다 약간 길다. 둥근 열매는 지름 6~9㎜이고 적색, 황색으로 익으며 자루는 2~4㎝ 길이로 길다. <sup>1)</sup>이노리나무(*M. komarovii*)는 강원 이북 고산에서 자라며 넓은 달걀형 잎은 3~5갈래로 갈라지기도 하고 열매자루는 12~15㎜ 길이로 짧다.

잎 앞면 p.777

417

7월의 열매

잎 뒷면

4월에 핀 꽃

4월 말의 서부해당화

나무껍질

4월의 [1]겹꽃서부해당화

## 서부해당화(장미과) *Malus halliana*

🌳 갈잎작은키나무(높이 5m 정도)  ✾ 꽃 | 4~5월  ✾ 열매 | 9~10월

중국 원산이며 관상수로 심는다. 잎은 어긋나고 달걀형~긴 타원형이며 끝
이 뾰족하고 가장자리에 잔톱니가 있다. 짧은가지 끝의 우산 모양의 꽃차
례는 잎과 함께 나오며 3~7개의 분홍색 꽃이 매달린다. 작은꽃자루는 2~
4㎝ 길이이다. 꽃잎은 5장이며 끝이 둥글거나 오목하다. 둥근 열매는 지
름 6~9㎜이고 자루가 길며 가을에 붉은색이나 노란색으로 익는다. [1]**겹꽃
서부해당화**(v. *parkmannii*)는 서부해당화의 변종으로 분홍색 겹꽃이 핀다.

잎 앞면 p.771

# 사과나무속(*Malus*)의 비교

### 사과나무

열매는 지름 2~12cm이고 끝부분에 남아 있는 꽃받침자국 부분이 오목하게 들어간다. 품종이 많다.

### 꽃사과

동그스름한 열매는 지름 2~2.5cm이며 붉게 익고 끝에 꽃받침자국이 남아 있다. 재배 품종이 많다.

### 야광나무

좁은 타원형 잎은 갈라지지 않는다. 흰색 꽃은 꽃자루가 2~4cm 길이로 길고 꽃받침은 털이 빽빽하다.

### 아그배나무

긴가지의 잎은 잎몸이 3~5갈래로 갈라지기도 한다. 열매는 지름 6~9mm이고 열매자루는 2~4cm 길이로 길다.

### 이노리나무

넓은 달걀형 잎은 잎몸이 3~5갈래로 갈라지기도 한다. 열매는 지름 10~15mm이고 열매자루는 12~15mm 길이로 짧다.

### 서부해당화

우산꽃차례에 매달리는 3~7개의 분홍색 꽃은 꽃자루가 2~4cm 길이로 길다. 열매는 적색이나 황색으로 익는다.

9월의 열매

5월에 핀 꽃

잎 뒷면

6월의 산사나무

나무껍질

4월의 <sup>1)</sup>아광나무

## 산사나무(장미과) *Crataegus pinnatifida*

🌳 갈잎작은키나무(높이 6~8m) ❋ 꽃 | 5~6월 🍂 열매 | 9~10월

산에서 자라며 가지에 가시가 있다. 잎은 어긋나고 넓은 달걀형이며 잎몸이 3~5쌍으로 갈라지고 가장자리에 불규칙하고 뾰족한 톱니가 있다. 봄에 가지 끝의 고른꽃차례에 흰색 꽃이 모여 핀다. 둥근 열매는 끝에 꽃받침자국이 남아 있으며 붉은색으로 익는다. <sup>1)</sup>아광나무(*C. maximowiczii*)는 북부 지방의 깊은 산에서 자라며 봄에 달리는 겹고른꽃차례에 부드러운 털이 빽빽하다. 달걀형 잎은 잎몸이 얕게 갈라지고 뒷면은 털이 빽빽하다.

잎 앞면 p.778

10월의 열매

5월에 핀 꽃

잎 뒷면

8월의 윤노리나무

나무껍질

9월의 1)떡잎윤노리나무 열매

## 윤노리나무(장미과) *Photinia villosa*

🔵 갈잎작은키나무(높이 5m 정도) ✱ 꽃 | 5월 🟤 열매 | 9~10월

중부 이남의 산에서 자란다. 잎은 어긋나고 긴 타원형~거꿀달걀형이며 3~8㎝ 길이이고 뻣뻣하며 거칠다. 잎 끝은 길게 뾰족하며 가장자리에 날카로운 톱니가 촘촘하다. 가지 끝의 털이 촘촘한 고른꽃차례에 흰색 꽃이 모여 핀다. 열매는 타원형~달걀형이며 8~10㎜ 크기이고 열매자루에 껍질눈이 있으며 가을에 붉은색으로 익고 단맛이 난다. 1)떡잎윤노리나무(v. *brunnea*)는 거꿀달걀형 잎이 두껍고 꽃차례가 큼직하다.

1월의 열매

5월에 핀 꽃

봄에 돋은 새순

잎 뒷면

5월의 홍가시나무

나무껍질

## 홍가시나무(장미과) *Photinia glabra*

늘푸른작은키나무(높이 5~10m) 꽃 | 5~6월 열매 | 12월

중국, 일본, 동남아시아 원산이며 남부 지방에서 관상수로 심는다. 잎은 어긋나고 긴 타원형이며 5~8cm 길이이고 끝이 뾰족하며 가장자리에 가는 톱니가 있다. 잎몸은 가죽질이고 앞면은 광택이 있으며 뒷면은 회녹색이다. 새로 돋은 잎가지는 붉은색으로 매우 아름답다. 가지 끝의 겹고른꽃차례에 지름 1cm 정도의 흰색 꽃이 모여 핀다. 둥근 달걀형 열매는 지름 5mm 정도이고 끝에 꽃받침자국이 남아 있으며 붉게 익는다.

잎 앞면 p.771

5월 말에 핀 꽃

5월의 피라칸다 생울타리

1월의 열매

7월의 <sup>1)</sup>피라칸다 콕키네아

<sup>2)</sup>피라칸다 '골든 챠머'

11월의 <sup>3)</sup>피라칸다 '빅토리'

## 피라칸다(장미과) *Pyracantha angustifolia*

🌳 늘푸른떨기나무(높이 1~2m)  🌸 꽃 | 5~6월  🍎 열매 | 10~11월

중국 원산이며 관상수로 심고 흔히 생울타리를 만든다. 가지에는 잔가지가 변한 억센 가시가 있다. 잎은 어긋나고 좁은 타원형~거꿀피침형이며 가장자리가 거의 밋밋하다. 가지 끝의 고른꽃차례에 지름 4~5㎜인 흰색 꽃이 촘촘히 모여 핀다. 둥근 열매는 지름 5~6㎜이며 끝에 꽃받침자국이 남아 있고 가을에 주황색이나 황적색으로 익는다. 열매는 겨우내 매달려 있다. **재배 품종**<sup>1) 2) 3)</sup>에 따라 잎의 모양과 열매의 색깔이 여러 가지이다.

잎 앞면 p.752

6월의 어린 열매

9월의 열매

5월에 핀 꽃

잎 뒷면

경북 울진 쌍전리 산돌배

나무껍질

## 산돌배(장미과)  *Pyrus ussuriensis*

🔶 갈잎큰키나무(높이 10m 정도)  ✤ 꽃 | 4~5월  🔶 열매 | 9~10월

산에서 자란다. 나무껍질은 흑회색~회갈색이며 세로로 불규칙하게 갈라진다. 잎은 어긋나고 달걀형~넓은 달걀형이며 5~10㎝ 길이이고 끝이 길게 뾰족하며 가장자리에 치아 모양의 잔톱니가 있다. 잎 뒷면은 회녹색이다. 잎이 돋을 때 짧은가지 끝에 달리는 고른꽃차례에 5~7개의 흰색~연분홍색 꽃이 모여 핀다. 둥근 열매는 지름 2~6㎝이고 끝에 꽃받침조각이 남아 있으며 표면에 껍질눈이 많고 황갈색으로 익으며 달고 떫다.

잎 앞면 p.771

4월에 핀 꽃

7월의 어린 열매

잎 뒷면

4월의 돌배나무

나무껍질

10월의 <sup>1)</sup>배나무 열매

## 돌배나무(장미과) *Pyrus pyrifolia*

🌳 갈잎작은키나무(높이 5~8m) ✿ 꽃 | 4~5월 🍎 열매 | 9~10월

중부 이남의 마을 주변에서 자란다. 잎은 어긋나고 달걀형~넓은 달걀형
이며 끝은 길게 뾰족하고 가장자리에 치아 모양의 잔톱니가 있다. 짧은가
지 끝의 고른꽃차례에 흰색 꽃이 핀다. 둥근 열매는 지름 2~3㎝이고 꽃
받침은 떨어지며 표면에 껍질눈이 많고 다갈색으로 익는다. <sup>1)</sup>**배나무**(v.
*culta*)는 재배 품종으로 둥근 열매는 지름 4~15㎝로 크고 꽃받침조각은 떨
어지며 표면에 껍질눈이 많다. 열매는 과일로 먹는다.

잎 앞면 p.771

425

9월 초의 열매

4월에 핀 꽃

잎 뒷면

4월의 콩배나무

겨울눈

나무껍질

## 콩배나무(장미과) *Pyrus calleryana*

🌳 갈잎떨기나무(높이 3m 정도) ✽ 꽃 | 4~5월 🍎 열매 | 10월

황해도 이남의 산에서 자란다. 가지 끝이 가시로 변하기도 한다. 잎은 어긋나고 달걀형~넓은 달걀형이며 2~5㎝ 길이이고 끝이 길게 뾰족하며 가장자리에 잔톱니가 있다. 잎이 돋을 때 꽃이 함께 핀다. 가지 끝에 달리는 고른꽃차례에 5~12개의 흰색 꽃이 모여 피는데 수술의 꽃밥은 붉은색이고 암술대는 2~3개이다. 둥근 열매는 지름 1㎝ 정도이고 끝의 꽃받침조각은 떨어지며 표면에 껍질눈이 많고 흑갈색으로 익는다.

426

잎 앞면 p.749

# 배나무속(*Pyrus*)의 비교

| 꽃 | 열매 | 잎 뒷면 | 특징 |
|---|---|---|---|
|  | | | **산돌배**<br>둥근 열매는 지름 2~6cm이고 끝에 꽃받침조각이 남아 있으며 표면에 껍질눈이 많다. |
|  | | | **돌배나무**<br>둥근 열매는 지름 2~3cm이고 꽃받침은 떨어지며 표면에 껍질눈이 많다. |
|  | | | **배나무**<br>둥근 열매는 지름 4~15cm로 크고 꽃받침조각은 떨어지며 표면에 껍질눈이 많다. |
|  | | | **콩배나무**<br>둥근 열매는 지름 1cm 정도이고 끝의 꽃받침조각은 떨어지며 표면에 껍질눈이 많다. 잎도 다른 종보다 작다. |

427

9월의 열매

잎 뒷면

5월에 핀 꽃

봄에 돋은 새순

10월의 마가목

나무껍질

## 마가목(장미과) *Sorbus commixta*

🌳 갈잎작은키나무(높이 6~8m)  ✿ 꽃 | 5~6월  🍂 열매 | 9~10월

황해도와 강원도 이남의 산에서 자란다. 겨울눈은 털이 없고 긴 타원형이
며 끝이 뾰족하다. 잎은 어긋나고 홀수깃꼴겹잎이며 13~20㎝ 길이이고
작은잎은 9~13장이다. 작은잎은 피침형~긴 타원형이며 끝이 길게 뾰족
하고 가장자리에 날카로운 겹톱니가 있다. 가지 끝의 겹고른꽃차례에 흰
색 꽃이 피는데 꽃대에는 털이 거의 없다. 둥근 열매는 지름 6~8㎜이며
노란색으로 변했다가 붉은색~황적색으로 익고 끝에 꽃받침자국이 있다.

잎 앞면  p.780

9월 초의 어린 열매

4월 말에 핀 꽃

10월의 열매

잎 뒷면      10월의 팥배나무      나무껍질

## 팥배나무(장미과) *Sorbus alnifolia*

🌳 갈잎큰키나무(높이 10~15m) ❋ 꽃 | 4~6월 🍎 열매 | 9~10월

산에서 자란다. 잎은 어긋나고 달걀형~타원형이며 5~10㎝ 길이이고 끝
은 뾰족하며 가장자리에 불규칙한 겹톱니가 있다. 잎은 측맥이 뚜렷하고
뒷면은 연녹색이다. 가지 끝의 겹고른꽃차례에 흰색 꽃이 피는데 꽃차례
에는 털이 있다. 꽃은 지름 1~1.5㎝이고 꽃잎은 5장이다. 타원형~구형
열매는 8~12㎜ 길이이고 붉은색으로 익는데 표면에는 흰색 반점이 있다.
꽃이 배꽃을 닮았고 열매가 팥 모양이라서 '팥배나무'라고 한다.

잎 앞면 p.771

9월 말의 어린 열매

열매 모양

9월에 핀 꽃

잎 뒷면

11월의 참느릅나무

나무껍질

### 참느릅나무(느릅나무과) *Ulmus parvifolia*

🌳 갈잎큰키나무(높이 10~15m) ❀ 꽃 | 9월 🍂 열매 | 10~11월

경기도 이남의 숲 가장자리에서 자란다. 잎은 어긋나고 긴 타원형이며 2.5~5cm 길이이다. 잎 끝은 둔하며 밑부분은 좌우가 다르고 가장자리에 둔한 톱니가 있다. 잎 앞면은 광택이 있고 뒷면은 연녹색이다. 9월에 햇가지의 잎겨드랑이에 자잘한 꽃이 3~6개씩 모여 달린다. 수술은 4개이고 꽃밥은 적갈색이며 암술대는 2개로 깊게 갈라진다. 납작한 넓은 타원형 열매는 10mm 정도 길이이고 늦가을에 익으며 가장자리가 날개로 되어 있다.

잎 앞면 p.771

3월 말에 핀 꽃

5월의 열매

열매 모양

잎 뒷면

8월의 비술나무

나무껍질

## 비술나무(느릅나무과) *Ulmus pumila*

🌳 갈잎큰키나무(높이 15~20m)  ✿ 꽃 | 3~4월  🍒 열매 | 5월

지리산 이북의 산골짜기에서 자란다. 나무껍질은 진회색~회갈색이며 세로로 깊게 갈라진다. 잎은 어긋나고 타원형~피침형이며 2~7㎝ 길이이다. 잎 끝은 길게 뾰족하며 밑부분은 좌우가 다른 모양이고 가장자리에 겹톱니가 있다. 잎이 돋기 전에 가지의 갈래꽃차례에 자잘한 꽃이 뭉쳐 달린다. 꽃밥은 적갈색이고 암술대는 2개로 깊게 갈라진다. 납작한 원형~넓은 거꿀달걀형 열매는 지름 10~20㎜이고 둘레가 날개로 되어 있다.

잎 앞면 p.771

431

3월 말에 핀 꽃

4월 말의 열매

어린 열매 모양

잎 뒷면

3월의 왕느릅나무

나무껍질

## 왕느릅나무(느릅나무과) *Ulmus macrocarpa*

🌳 갈잎큰키나무(높이 10~30m) ✿ 꽃 | 4월 🍒 열매 | 5~6월

단양 이북의 석회암 지대에서 자란다. 잎은 어긋나고 거꿀달걀형~넓은 거꿀달걀형이며 5~11㎝ 길이이다. 잎 끝은 갑자기 뾰족해지며 밑부분은 좌우가 다른 모양이고 가장자리에 겹톱니가 있다. 잎이 돋기 전에 가지의 갈래꽃차례에 자잘한 꽃이 뭉쳐 달린다. 수술은 7개이며 꽃밥은 적갈색이고 암술대는 2개로 깊게 갈라진다. 납작하고 동그스름한 열매는 지름 25~35㎜로 동전만 하고 둘레가 날개로 되어 있다.

잎 앞면 p.771

4월 말에 핀 꽃

열매 모양

5월의 열매

잎 뒷면

5월의 난티나무

5월의 ¹⁾미국느릅나무 열매

# 난티나무(느릅나무과) *Ulmus laciniata*

🌳 갈잎큰키나무(높이 20~25m)  ✳ 꽃 | 4~5월  🍎 열매 | 5~7월

울릉도와 지리산 이북의 산에서 자란다. 잎은 어긋나고 거꿀달걀형~긴
타원형이며 윗부분이 대부분 3~5갈래로 갈라지며 끝이 뾰족하고 가장자
리에 겹톱니가 있다. 잎이 돋기 전에 가지의 갈래꽃차례에 자잘한 꽃이 뭉
쳐 달린다. 납작한 타원형 열매는 15~25㎜ 길이이고 둘레가 날개로 되어 있
다. ¹⁾미국느릅나무(*U. americana*)는 북아메리카 원산이며 납작한 타원형 열
매는 끝부분이 오목하게 파이고 털로 덮여 있으며 자루가 길다.

4월에 핀 꽃

잎 뒷면

5월의 열매

강원 삼척 갈전리 느릅나무

나무껍질

4월의 <sup>1)</sup>혹느릅나무

**느릅나무**(느릅나무과)  *Ulmus davidiana* v. *japonica*

🔼 갈잎큰키나무(높이 15~30m)  ✱ 꽃 | 3~4월  🍂 열매 | 5~6월

산에서 자란다. 잎은 어긋나고 거꿀달걀형이며 4~12㎝ 길이이다. 잎 끝은 갑자기 뾰족해지며 밑부분은 좌우가 다른 모양이고 가장자리에 겹톱니가 있다. 잎이 돋기 전에 잎겨드랑이의 갈래꽃차례에 자잘한 꽃이 뭉쳐 달린다. 꽃밥은 적갈색이고 암술대는 끝이 2개로 갈라진다. 납작한 거꿀달걀형 열매는 12~15㎜ 길이이고 가장자리가 날개로 되어 있다. <sup>1)</sup>혹느릅나무(f. *suberosa*)는 가지에 코르크질이 발달하는 품종이다.

## 느릅나무속(*Ulmus*)의 비교

### 참느릅나무
잎은 긴 타원형(2.5~5cm)이며 9월에 꽃이 핀다. 넓은 타원형 열매는 1cm 길이이고 짧은 열매자루가 있다.

### 비술나무
잎은 긴 타원형(2~7cm)이며 털이 없다. 동글납작한 열매는 지름 1~2cm로 큰 편이다.

### 왕느릅나무
잎은 거꿀달걀형(5~11cm)이며 끝이 급히 뾰족해진다. 동글납작한 열매는 지름 25~35mm로 매우 크다.

### 난티나무
거꿀달걀형(7~20cm) 잎은 윗부분이 대부분 3~5갈래로 갈라진다. 납작한 타원형 열매는 15~25mm 길이이다.

### 미국느릅나무
잎은 달걀형(7~20cm)이다. 납작한 타원형 열매는 끝부분이 오목하게 파이며 털로 덮여 있고 자루가 길다.

### 느릅나무
잎은 거꿀달걀형(4~12cm)이며 끝이 급히 뾰족해진다. 납작한 거꿀달걀형 열매는 12~15mm 길이이다.

6월의 열매

열매 모양

4월에 피기 시작한 꽃

잎 뒷면

8월의 시무나무

나무껍질

## 시무나무(느릅나무과) *Hemiptelea davidii*

🌳 갈잎큰키나무(높이 20m 정도)  🌸 꽃 | 4~5월  🍎 열매 | 10월

산에서 자란다. 가지에 어린 가지가 변한 긴 가시가 많다. 잎은 어긋나고 긴 타원형~거꿀달걀 모양의 타원형이며 4~7㎝ 길이이고 끝이 뾰족하며 가장자리에 톱니가 있다. 잎자루는 1~3㎜ 길이로 짧고 털이 있다. 암수한 그루로 잎이 돋을 때 자잘한 황록색 꽃도 따라서 핀다. 수꽃은 햇가지의 밑부분에 달리고 양성화는 햇가지 윗부분에 달린다. 일그러진 달걀 모양의 열매는 5~7㎜ 길이이며 끝이 뾰족하고 한쪽에만 날개가 있다.

잎 앞면 p.771

수꽃

4월에 핀 꽃

9월의 열매

잎 뒷면

10월의 느티나무

나무껍질

## 느티나무(느릅나무과) *Zelkova serrata*

🌳 갈잎큰키나무(높이 20~25m) 🌸 꽃 | 4~5월 🍎 열매 | 10월

산골짜기에서 자라며 정자나무로 심는다. 나무껍질은 회백색~회갈색이고 비늘처럼 떨어진다. 잎은 어긋나고 긴 타원형~달걀형이며 2~9cm 길이이고 끝이 길게 뾰족하며 가장자리에 톱니가 있다. 암수한그루로 잎이 돋을 때 꽃도 함께 핀다. 황록색 수꽃이삭은 햇가지 밑에 모여 달린다. 암꽃은 햇가지 위쪽에 1개씩 피고 자루가 없으며 암술대는 2개로 깊게 갈라진다. 열매는 일그러진 납작한 공 모양이며 지름 3~4mm이고 딱딱하다.

잎 앞면 p.771

437

수꽃

암꽃

7월에 핀 꽃

9월의 열매

잎 뒷면

5월의 좀깨잎나무

## 좀깨잎나무(쐐기풀과) *Boehmeria spicata*

🌳 갈잎떨기나무(높이 50~100㎝)  ✿ 꽃 | 7~8월  🍂 열매 | 10월

산에서 자란다. 줄기는 가지가 많이 갈라지고 어린 가지는 붉은빛이 돈다. 잎은 마주나고 마름모 모양의 달걀형이며 3~8㎝ 길이이고 끝이 꼬리처럼 길게 뾰족하며 가장자리에 큰 톱니가 있다. 잎자루는 1~3㎝ 길이이며 붉은빛이 돈다. 암수한그루로 잎겨드랑이에 이삭꽃차례가 달린다. 수꽃이삭은 줄기 밑부분의 잎겨드랑이에 달리고 암꽃이삭은 윗부분의 잎겨드랑이에 달린다. 열매는 거꿀달걀형이며 끝에 긴 암술대가 남아 있다.

잎 앞면 p.754

6월의 묵은 열매

5월에 핀 암꽃

잎 뒷면

5월의 바위모시

겨울눈

10월의 [1]펠리온나무

## 바위모시/비양나무(쐐기풀과) *Oreocnide frutescens*

🌳 갈잎떨기나무(높이 1~2m) 🌸 꽃 | 4~5월 🍎 열매 | 7~8월

제주도에서 자란다. 잎은 어긋나고 긴 타원형이며 끝은 길게 뾰족하고 가
장자리에 날카로운 톱니가 있다. 잎 앞면은 광택이 있고 뒷면은 백록색이
다. 암수딴그루로 보통 잎과 꽃이 함께 핀다. 꽃송이는 2년생 가지의 잎자
국 옆에 촘촘히 모여 달리며 자루가 없다. 둥근 달걀형 열매는 흑록색으로
익는다. [1]펠리온나무(*Pellionia scabra*)는 제주도에서 자라며 긴 타원형 잎은
상반부에 몇 쌍의 톱니가 있고 암수한그루이며 암꽃이 많이 달린다.

잎 앞면 p.749

10월의 열매

잎 뒷면

7월에 핀 꽃

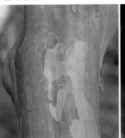

8월의 배롱나무

나무껍질

8월의 [1]흰배롱나무 꽃

---

## 배롱나무 (부처꽃과) *Lagerstroemia indica*

🌳 갈잎작은키나무(높이 3~7m) ❋ 꽃 7~9월 🍎 열매 10~11월

중국 원산의 갈잎작은키나무로 관상수로 심는다. 나무껍질은 연한 홍갈색
이고 얇은 조각으로 떨어지면서 얼룩무늬가 생긴다. 잎은 마주나지만 때
로는 2장씩 교대로 어긋나기도 한다. 잎몸은 타원형~거꿀달걀형이며 끝
이 둔하고 가장자리가 밋밋하다. 가지 끝의 원뿔꽃차례에 피는 붉은색 꽃
은 꽃잎이 우글쭈글하다. 동그스름한 열매는 지름 7mm 정도이며 적갈색으
로 익는다. [1]흰배롱나무('Alba')는 원예 품종으로 흰색 꽃이 핀다.

잎 앞면 p.775

9월의 열매

6월에 핀 꽃

잎 뒷면

6월의 석류나무

나무껍질

8월의 <sup>1)</sup>흰겹꽃석류

## 석류나무(부처꽃과 | 석류과) *Punica granatum*

🌳 갈잎작은키나무(높이 5~6m) 🌸 꽃 | 5~6월 🍎 열매 | 9~10월

유라시아 원산이며 관상수로 심는다. 잎은 마주나지만 가지 끝에서는 모여난다. 잎은 긴 타원형이며 끝이 둔하고 가장자리가 밋밋하다. 가지 끝에 피는 붉은색 꽃은 지름 5cm 정도이고 6장의 꽃잎은 주름이 진다. 꽃받침은 통 모양이며 육질이고 6갈래로 갈라지며 붉은빛이 돌고 광택이 있다. 끝에 꽃받침조각이 붙어 있는 둥근 열매는 붉게 익는다. <sup>1)</sup>흰겹꽃석류('Flore Pleno Alba')는 원예 품종으로 흰색 겹꽃이 핀다.

5월의 꽃봉오리

9월의 열매

7월에 핀 꽃

10월의 병솔나무

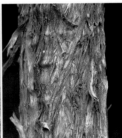

나무껍질

## 병솔나무(도금양과) *Callistemon citrinus*

🌳 늘푸른떨기나무(높이 2~4m) ✿ 꽃 | 여름~가을

호주 원산이며 남쪽 섬에서 관상수로 심는다. 잎은 어긋나고 피침형이며 3~8㎝ 길이이고 끝이 뾰족하며 가장자리가 밋밋하다. 잎몸은 가죽질이고 단단하며 주맥이 뚜렷하다. 어린 가지 끝에 달리는 이삭꽃차례에 붉은색 꽃이 피고 레몬 향이 난다. 꽃차례의 모양이 시험관을 닦는 솔과 비슷해서 '병솔나무'라고 한다. 꽃차례 끝부분에서 다시 잎가지가 자란다. 가지에 바짝 붙는 열매는 원통형이고 길이 5~6㎜이다.

잎 앞면 p.752

6월의 열매

4월 초에 핀 꽃

잎 뒷면

2월 말의 통조화

겨울눈

나무껍질

**통조화**(통조화과) *Stachyurus praecox*

🌳 갈잎떨기나무(높이 2~4m) ❄ 꽃 | 3~4월 🍎 열매 | 7~10월

일본 원산으로 관상수로 심으며 최근에 완도 인근의 무인도에서 자생하는
것이 확인되었다. 잔가지는 광택이 있고 겨울눈은 세모진 원뿔형이다. 잎
은 어긋나고 긴 타원형~달걀형이며 끝이 길게 뾰족하고 가장자리에 둔한
톱니가 있으며 뒷면은 분백색이다. 암수딴그루로 잎이 돋기 전에 잎겨드
랑이에 이삭처럼 늘어지는 송이꽃차례에 연노란색 꽃이 촘촘히 밑을 보고
핀다. 모여 달리는 둥근 열매는 끝이 뾰족하고 황갈색으로 익는다.

잎 앞면 p.749

443

열매와 씨앗

잎 뒷면

5월에 핀 꽃

5월의 고추나무

4월 초의 새순

나무껍질

## 고추나무(고추나무과) *Staphylea bumalda*

🌳 갈잎떨기나무(높이 2~3m) 🌸 꽃 | 5~6월 🍒 열매 | 9~10월

산에서 자란다. 잎은 마주나고 세겹잎이며 작은잎은 타원형~긴 달걀형이고 끝이 길게 뾰족하며 가장자리에 바늘 모양의 잔톱니가 있다. 잎 뒷면은 백록색이다. 가지 끝에 매달리는 원뿔꽃차례에 자잘한 흰색 꽃이 모여 피는데 좋은 향기가 난다. 꽃은 7~8㎜ 길이이다. 꽃받침조각, 꽃잎, 수술은 각각 5개씩이다. 반원형 열매는 길이 2~2.5㎝이고 폭신거린다. 열매 윗부분은 둘로 갈라지고 갈래조각 끝은 뾰족하다.

잎 앞면 p.762

꽃 모양

5월에 핀 꽃

11월의 열매

잎 뒷면

6월의 말오줌때

나무껍질

## 말오줌때(고추나무과) *Euscaphis japonica*

🌳 갈잎떨기나무~작은키나무(높이 3~8m)  ✼ 꽃 | 5~6월  🍂 열매 | 9~11월

남부 지방의 바닷가 산에서 자란다. 가지를 꺾으면 역겨운 냄새가 난다. 잎은 마주나고 홀수깃꼴겹잎이며 작은잎은 5~11장이다. 작은잎은 좁은 달걀형이고 5~9㎝ 길이이며 끝이 길게 뾰족하고 가장자리에 잔톱니가 있다. 가지 끝의 원뿔꽃차례에 자잘한 황록색 꽃이 모여 핀다. 열매송이는 밑으로 처진다. 꼬부라진 타원형 열매는 길이 1㎝ 정도이며 1~3개씩 달리고 붉은색으로 익으면 껍질이 갈라지면서 검은색 씨앗이 드러난다.

수꽃

암꽃

수꽃과 암꽃

9월 초의 열매

7월에 핀 꽃

잎 뒷면

9월의 벽오동

나무껍질

**벽오동**(아욱과 | 벽오동과) *Firmiana simplex*

🌳 갈잎큰키나무(높이 15m 정도) ✿ 꽃 | 6~7월 🍂 열매 | 10월

중국 원산이며 정원수로 심는다. 줄기는 녹색이 돌고 밋밋하다. 잎은 어긋나고 둥근 달걀형이며 잎몸이 3~5갈래로 갈라지고 끝은 뾰족하며 가장자리는 밋밋하다. 암수한그루로 가지 끝의 커다란 원뿔꽃차례에 자잘한 노란색 꽃이 모여 핀다. 꽃받침조각은 선형으로 깊게 갈라져서 뒤로 말린다. 열매는 5개가 손바닥 모양으로 모여 달리며 익기 전에 세로로 길게 갈라진다. 열매껍질 가장자리에는 콩알 모양의 씨앗이 붙어 있다.

446

잎 앞면 p.778

7월에 핀 꽃

9월 초의 열매

열매 모양

암꽃

잎 뒷면　　　　나무껍질

### 장구밥나무(아욱과 | 피나무과) *Grewia biloba* v. *parviflora*

🔷 갈잎떨기나무(높이 2m 정도) ✹ 꽃 | 6~7월 🔶 열매 | 10월

서해와 남해의 바닷가 산기슭에서 자란다. 잎은 어긋나고 달걀형~거꿀
달걀 모양의 타원형이며 4~10㎝ 길이이다. 잎 끝은 뾰족하며 가장자리에
불규칙한 톱니가 있거나 잎몸이 얕게 갈라진다. 암수딴그루로 잎겨드랑이
의 갈래꽃차례에 2~8개의 흰색 꽃이 모여 핀다. 암술머리는 4개로 갈라
지며 씨방에는 털이 빽빽하다. 수술은 많고 꽃밥은 노란색이다. 열매는 2~
4개가 모여서 장구통 같은 모양이 되며 붉은색으로 익는다.

잎 앞면 p.749

447

7월의 열매

9월의 열매

6월에 핀 꽃

잎 뒷면

겨울눈

나무껍질

## 찰피나무(아욱과|피나무과) *Tilia mandshurica*

🌳 갈잎큰키나무(높이 10m 정도) ✳ 꽃 | 6~7월 🍂 열매 | 9~10월

산에서 자란다. 겨울눈은 달걀형이고 털이 많다. 잎은 어긋나고 하트형이
며 8~15㎝ 길이이고 끝은 짧게 뾰족하며 가장자리에 치아 모양의 톱니가
있다. 잎 뒷면은 회백색이며 잎맥 주위에 갈색 털이 있다. 잎겨드랑이에
서 나온 갈래꽃차례에 연노란색 꽃이 모여 핀다. 꽃자루에 3~9㎝ 길이의
주걱 같은 포가 달리며 별모양털로 덮여 있다. 구형~달걀형 열매는 길이
7~9㎜이고 갈색 털로 덮여 있으며 5개의 희미한 세로줄이 있다.

잎 앞면 p.771

9월의 열매

6월에 핀 꽃

열매 모양

잎 뒷면

6월의 보리자나무

나무껍질

## 보리자나무(아욱과|피나무과) *Tilia miqueliana*

⊕ 갈잎큰키나무(높이 10m 정도) ✳ 꽃 | 6월 ◐ 열매 | 9~10월

중국 원산이며 흔히 절에 많이 심는다. 잎은 어긋나고 하트형이며 5~12㎝ 길이이고 끝은 뾰족하며 가장자리에 뾰족한 잔톱니가 있다. 잎 뒷면은 회백색이며 별모양털이 빽빽하다. 잎겨드랑이에서 나온 갈래꽃차례는 6~10㎝ 길이이며 3~12개의 연노란색 꽃이 모여 핀다. 꽃자루에 8~12㎝ 길이의 주걱 같은 포가 달리며 별모양털로 덮여 있다. 둥근 열매는 지름 7~9㎜이고 별모양털로 덮여 있다.

잎 앞면 p.771

7월의 어린 열매

잎 뒷면

7월에 핀 꽃

10월의 피나무

나무껍질

9월의 [1]뽕잎피나무 열매

**피나무**(아욱과｜피나무과) *Tilia amurensis*

🌳 갈잎큰키나무(높이 20~25m)  ✿ 꽃 | 6~7월  🍃 열매 | 8~9월

산에서 자란다. 잎은 어긋나고 하트형이며 5~12㎝ 길이이고 끝이 길게 뾰족하며 가장자리에 치아 모양의 톱니가 있다. 잎 뒷면은 회녹색이며 잎 맥 주위에 갈색 털이 빽빽하다. 잎겨드랑이의 갈래꽃차례에 연노란색 꽃이 모여 피며 포는 3~7㎝ 길이이다. 구형~달걀형 열매는 길이 5~8㎜이고 갈색 털로 덮여 있다. [1]**뽕잎피나무**(v. *taquetii*)는 하트형 잎이 3~5.5㎝ 길이로 작고 포는 2~3㎝ 길이이다. 피나무와 같은 종으로 본다.

9월의 열매

7월에 핀 꽃

잎 뒷면

7월의 구주피나무

나무껍질

9월의 <sup>1)</sup>섬피나무 어린 열매

## 구주피나무(아욱과|피나무과)  *Tilia kiusiana*

🌳 갈잎큰키나무(높이 8~10m)  ✳ 꽃 | 6~7월  🍒 열매 | 10월

일본 원산이며 관상수로 심는다. 잎은 어긋나고 좁은 달걀형이며 끝은 꼬리처럼 길어지고 불규칙한 톱니가 있으며 뒷면 잎맥겨드랑이에 연한 황갈색 털이 빽빽하다. 잎겨드랑이의 갈래꽃차례에 10여 개의 연노란색 꽃이 모여 핀다. 둥근 열매는 지름 4㎜ 정도로 작고 짧은털로 덮여 있다. <sup>1)</sup>섬피나무(*T. insularis*)는 울릉도에서 자라며 하트형 잎의 뒷면은 회녹색이고 잎맥 주위에 흰색 털이 있다. 피나무에 포함시키기도 한다.

잎 앞면 p.772

## 피나무속(*Tilia*)의 비교

| 꽃 | 열매 | 잎 뒷면 | 특징 |
|---|---|---|---|

### 찰피나무

하트형 잎 뒷면은 회백색이다. 구형~달걀형 열매는 길이 7~9㎜이고 포와 함께 털로 덮여 있다.

### 보리자나무

좁은 하트형 잎 뒷면은 회백색이다. 둥근 열매는 지름 7~9㎜이고 포와 함께 털로 덮여 있다.

### 피나무

하트형 잎 뒷면은 회녹색이다. 구형~달걀형 열매는 길이 5~8㎜이며 털로 덮여 있고 세로줄이 없다.

### 구주피나무

좁은 달걀형 잎은 끝이 꼬리처럼 길어진다. 둥근 열매는 지름 4㎜ 정도로 작고 짧은털로 덮여 있다.

9월에 핀 꽃

열매 모양

씨앗

잎 뒷면

9월에 핀 흰색 꽃

¹⁾만첩부용

## 부용(아욱과) *Hibiscus mutabilis*

🌳 갈잎떨기나무(높이 1.5~3m) 🌸 꽃 | 7~10월 🍎 열매 | 10~11월

중국 원산이며 관상수로 심는데 서귀포에서는 저절로 자란다. 잎은 어긋
나고 둥그스름한 잎몸은 10~20㎝ 길이이며 3~7갈래로 갈라지고 갈래조
각 끝은 뾰족하며 가장자리에 둔한 톱니가 있다. 잎몸 밑부분의 잎맥은
7~11개이다. 가지 윗부분의 잎겨드랑이에 연홍색~흰색 꽃이 피는데 지
름 10~13㎝로 큼직하다. 둥그스름한 열매는 지름 2.5㎝ 정도이며 긴털이
난다. ¹⁾만첩부용('Plena')은 붉은색~흰색 겹꽃이 피는 품종이다.

9월의 열매

씨앗

8월에 핀 꽃

나무껍질

1)**무궁화 '백단심'**

2)**무궁화 '배달'**

## 무궁화(아욱과) *Hibiscus syriacus*

🌳 갈잎떨기나무(높이 2~4m) ✽ 꽃 | 7~9월 🍂 열매 | 10~11월

흔히 정원수로 심는다. 잎은 어긋나고 달걀형이며 끝이 뾰족하고 가장자리가 3갈래로 얕게 갈라지기도 하며 불규칙한 톱니가 있다. 햇가지의 잎겨드랑이에 피는 분홍색 꽃은 중심부에 붉은 단심 무늬가 있고 꽃술대가 길게 벋는다. 달걀형~타원형 열매는 꽃받침에 싸여 있다. 1)**무궁화 '백단심'**('Paektanshim')은 흰색 홑꽃의 중심부에 단심 무늬가 진하다. 2)**무궁화 '배달'**('Baedal')은 흰색 꽃에 단심 무늬가 없이 전체가 순백색이다.

7월에 핀 꽃

10월의 열매

씨앗

잎 뒷면

12월의 황근

나무껍질

## 황근(아욱과) *Hibiscus hamabo*

🌳 갈잎떨기나무(높이 1~3m) 🌼 꽃 | 7~8월 🍒 열매 | 10~11월

제주도의 바닷가에서 드물게 자란다. 잎은 어긋나고 원형~넓은 거꿀달걀형이며 끝은 짧게 뾰족해지고 밑부분은 심장저이며 가장자리에 둔한 잔톱니가 있다. 가지 끝부분의 잎겨드랑이에 노란색 꽃이 핀다. 꽃은 지름 5~8cm이고 5장의 꽃잎 안쪽 밑부분은 검은 적색이다. 달걀형 열매는 잔털로 덮여 있고 꽃받침이 달려 있으며 익으면 5갈래로 갈라지며 콩팥 모양의 씨앗이 나온다. 남쪽 지방에서 관상수로도 심는다.

잎 앞면 p.749

잎 뒷면

4월 초의 서향

4월 초에 핀 꽃

나무껍질

4월의 <sup>1)</sup>무늬서향

3월 말의 <sup>2)</sup>알바서향

## 서향/천리향(팥꽃나무과) *Daphne odora*

🌳 늘푸른떨기나무(높이 1m 정도) ❁ 꽃 | 3~4월 🍎 열매 | 7~8월

중국 원산이며 남부 지방에서 관상수로 심는다. 잎은 어긋나고 긴 타원형~거꿀피침형이며 끝이 뾰족하고 가장자리가 밋밋하며 두껍다. 암수딴그루로 묵은 가지 끝에 홍자색 꽃이 둥글게 모여 피는데 향기가 매우 강하다. 꽃받침은 통 모양이고 길이 6㎜ 정도이며 끝이 4갈래로 갈라진다. <sup>1)</sup>**무늬서향**('Aureo-marginata')은 원예 품종으로 잎 가장자리에 흰색 무늬가 있다. <sup>2)</sup>**알바서향**('Alba')은 원예 품종으로 흰색 꽃이 핀다.

꽃차례

4월에 핀 꽃

6월에 익은 열매

잎 뒷면

4월의 백서향

나무껍질

## 백서향(팥꽃나무과) *Daphne kiusiana*

🌳 늘푸른떨기나무(높이 50~100㎝) ❀ 꽃 | 2~4월 🍎 열매 | 6월

남쪽 섬에서 자란다. 잎은 어긋나고 긴 타원형~거꿀피침형이며 4~16㎝ 길이이다. 잎 끝은 뾰족하며 가장자리가 밋밋하고 광택이 있다. 암수딴그루로 가지 끝에 흰색 꽃이 둥글게 모여 피는데 향기가 매우 강하다. 꽃받침은 통 모양이고 8~10㎜ 길이이며 끝이 4갈래로 갈라지고 바깥쪽에는 가는 털이 빽빽하다. 수술은 8개이며 4개씩 2줄로 달린다. 열매는 넓은 타원형~둥근 달걀형이며 8~9㎜ 길이이고 붉게 익으며 독이 있다.

9월의 열매

5월 초에 핀 꽃

잎 뒷면

9월의 두메닥나무

겨울눈

나무껍질

## 두메닥나무(팥꽃나무과) *Daphne koreana*

🔾 갈잎떨기나무(높이 30~100㎝) ✲ 꽃 | 4~5월 🔾 열매 | 8~9월

지리산 이북의 높은 산에서 자란다. 잔가지는 광택이 있으며 겨울눈은 맨눈이다. 잎은 어긋나고 긴 달걀형~거꿀피침형이며 3~10㎝ 길이이고 가장자리가 밋밋하며 양면에 털이 없다. 암수딴그루로 잎이 돋을 때 가지 끝의 잎겨드랑이에 2~10개의 흰색 꽃이 모여 피며 좋은 향기가 난다. 꽃받침통은 6~8㎜ 길이이고 끝이 4갈래로 갈라져서 벌어진다. 열매는 넓은 타원형~둥근 달걀형이며 5~8㎜ 길이이고 붉게 익으며 독이 있다.

잎 앞면 p.752

꽃 모양

4월에 핀 꽃

5월 말의 시든 꽃

잎 뒷면

4월의 팥꽃나무

나무껍질

**팥꽃나무**(팥꽃나무과) *Daphne genkwa*

🌳 갈잎떨기나무(높이 30~100cm)  ✳️ 꽃 | 3~5월  🍒 열매 | 6~7월

전라도의 바닷가에서 자란다. 어린 가지는 흑갈색이며 누운털로 덮여 있다. 잎은 대부분 마주나고 피침형~긴 타원형이며 3~6cm 길이이고 끝이 뾰족하며 가장자리가 밋밋하다. 잎 뒷면은 회녹색이고 잎맥 위에 부드러운 털이 빽빽하다. 잎이 돋기 전에 가지 끝에 홍자색 꽃이 3~7개씩 우산 모양으로 모여 달린다. 꽃받침통은 원통형이고 끝이 4갈래로 갈라져 벌어진다. 타원형 열매는 4~6mm 길이이고 잔털이 있으며 붉은색으로 익는다.

잎 앞면  p.758

6월 초의 어린 열매

잎 뒷면

4월 초에 핀 꽃

3월 말의 삼지닥나무

나무껍질

1)붉은꽃삼지닥나무

---

**삼지닥나무**(팥꽃나무과)  *Edgeworthia tomentosa*

🌳 갈잎떨기나무(높이 1~2m)  ✸ 꽃 | 3~4월  🌑 열매 | 7월

중국 원산이며 남부 지방에서 기른다. 가지는 굵으며 흔히 3개로 갈라진다. 잎은 어긋나고 긴 타원형~피침형이며 끝이 뾰족하고 가장자리가 밋밋하다. 잎이 나기 전에 가지 끝의 머리모양꽃차례에 노란색 꽃이 모여 피는데 꽃차례자루가 밑으로 처진다. 타원형 열매는 6~8mm 길이이고 잔털로 덮여 있다. 나무껍질은 한지를 만드는 원료로 사용한다. 1)붉은꽃삼지닥나무('Red Dragon')는 원예 품종으로 봄에 붉은색 꽃이 핀다.

7월 말에 핀 꽃

9월의 열매

잎 뒷면

8월의 산닥나무

잔가지의 겨울눈

나무껍질

# 산닥나무(팥꽃나무과) *Wikstroemia trichotoma*

🌳 갈잎떨기나무(높이 1~2m) ❋ 꽃 | 7~8월 🍂 열매 | 10~11월

강화도와 남부 지방의 산에서 드물게 자란다. 잎은 마주나고 달걀 모양의 타원형이며 2~8cm 길이이고 끝이 둔하며 가장자리가 밋밋하다. 잎 양면에 털이 없고 뒷면은 회녹색이며 잎자루는 아주 짧다. 가지 끝의 송이꽃차례에 연노란색 꽃이 모여 핀다. 가는 꽃받침통은 7mm 정도 길이이고 끝이 4갈래로 갈라져 벌어지며 수술은 8개이고 꽃밥은 주황색이다. 달걀형 열매는 4~5mm 길이이고 짧은 자루가 있으며 적갈색으로 익는다.

시든 꽃

10월 말의 열매

9월 초에 핀 꽃

잎 뒷면

10월 말의 거문도닥나무

나무껍질

## 거문도닥나무(팥꽃나무과)  *Wikstroemia ganpi*

🌿 갈잎떨기나무(높이 30~80㎝)  ✳ 꽃 | 7~9월  🍂 열매 | 10~11월

남쪽 지방에서 드물게 자란다. 나무껍질은 적갈색이고 가로로 긴 껍질눈이 있다. 잎은 어긋나고 긴 타원형이며 가장자리는 밋밋하고 잎자루는 짧다. 가지 끝과 잎겨드랑이에서 나온 송이꽃차례에 흰색~연노란색 꽃이 모여 핀다. 대롱 모양의 꽃받침통은 7~12㎜ 길이이며 표면에 누운털이 빽빽하고 끝부분은 4갈래로 갈라져 벌어진다. 열매는 달걀 모양의 타원형이며 4~5㎜ 길이이고 표면에 긴털이 많고 꽃받침통이 남아 있다.

잎 앞면 p.752

열매 모양

잎 뒷면

8월에 핀 수꽃

벌레집(오배자)

10월의 붉나무

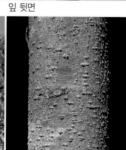
나무껍질

## 붉나무(옻나무과) *Rhus chinensis*

🌳 갈잎작은키나무(높이 7m 정도) 🌸 꽃 | 8~9월 🍒 열매 | 10월

산과 들에서 흔하게 자란다. 잎은 어긋나고 홀수깃꼴겹잎이며 30~60㎝ 길이이고 작은잎은 7~13장이다. 잎자루에는 좁은 잎 모양의 날개가 있다. 암수딴그루로 가지 끝에 달리는 원뿔꽃차례는 15~30㎝ 길이이며 자잘한 흰색~연노란색 꽃이 촘촘히 모여 핀다. 작은 포도송이 모양의 열매는 황적색으로 익는다. 동그스름한 열매는 짜고 신맛이 나는 물질로 덮여 있다. 잎에 달리는 벌레집을 '오배자'라 하여 한약재로 쓴다.

잎 앞면 p.781

6월 초에 핀 수꽃

7월의 어린 열매

6월 초에 핀 암꽃

잎 뒷면

12월의 검양옻나무

겨울눈

## 검양옻나무(옻나무과) *Toxicodendron succedaneum*

🔅 갈잎작은키나무(높이 7~10m) ❇ 꽃 | 5~6월 🔅 열매 | 10~11월

남쪽 섬에서 드물게 자란다. 햇가지와 겨울눈은 털이 거의 없다. 잎은 어긋나고 홀수깃꼴겹잎이며 작은잎은 9~17장이다. 작은잎은 넓은 피침형~좁고 긴 달걀형이며 끝이 길게 뾰족하고 가장자리가 밋밋하다. 잎몸은 가죽질이고 양면에 털이 없다. 암수딴그루로 줄기 끝의 잎겨드랑이에서 나오는 원뿔꽃차례에 자잘한 황록색 꽃이 모여 핀다. 둥글납작한 열매는 지름 8~12mm이고 표면이 밋밋하며 황갈색으로 익는다.

잎 앞면 p.781

암꽃

열매 모양

6월에 핀 수꽃

작은잎 뒷면

9월의 개옻나무

나무껍질

## 개옻나무(옻나무과) *Toxicodendron trichocarpum*

🌳 갈잎떨기나무~작은키나무(높이 3~8m) ✳ 꽃 | 5~6월 🍂 열매 | 10월

산에서 흔하게 자란다. 햇가지와 겨울눈은 짧은 갈색 털이 빽빽하다. 잎은 어긋나고 홀수깃꼴겹잎이며 작은잎은 9~17장이다. 작은잎은 긴 타원형~긴 달걀형이며 끝이 길게 뾰족하고 가장자리가 밋밋하지만 어린잎에는 2~3개의 톱니가 있는 것이 섞여 있다. 암수딴그루로 줄기 끝의 잎겨드랑이에서 나오는 원뿔꽃차례에 자잘한 황록색 꽃이 모여 핀다. 동글납작한 열매는 표면에 가시 같은 털이 촘촘히 있고 황갈색으로 익는다.

잎 앞면 p.781

10월 말의 열매

5월에 핀 꽃

열매 모양

작은잎 뒷면

겨울눈

나무껍질

## 산검양옻나무(옻나무과) *Toxicodendron sylvestre*

🔺 갈잎작은키나무(높이 3~8m) ✿ 꽃 | 5~6월 🍂 열매 | 10월

남부 지방의 숲 가장자리에서 자란다. 햇가지의 긴 갈색 털은 점차 없어지고 겨울눈은 적갈색 털로 덮여 있다. 잎은 어긋나고 홀수깃꼴겹잎이며 작은잎은 7~15장이다. 작은잎은 긴 타원형~긴 달걀형이며 끝이 길게 뾰족하고 가장자리가 밋밋하다. 겹잎자루는 흔히 붉은빛이 돌고 잎 전체에 털이 있다. 암수딴그루로 줄기 끝의 잎겨드랑이에서 나오는 원뿔꽃차례에 자잘한 황록색 꽃이 모여 핀다. 동글납작한 열매는 표면이 밋밋하다.

잎 앞면 p.781

5월에 핀 꽃

8월 말의 열매

열매 모양

잎 뒷면

10월의 옻나무

나무껍질

## 옻나무(옻나무과) *Toxicodendron vernicifluum*

🌳 갈잎큰키나무(높이 20m 정도) ❋ 꽃 | 5~6월 🍎 열매 | 9월

중국과 인도 원산이며 심어 기른다. 겨울눈은 연갈색 털로 덮여 있다. 잎은 어긋나고 홀수깃꼴겹잎이며 작은잎은 7~17장이다. 작은잎은 긴 타원형~긴 달걀형이며 끝이 길게 뾰족하고 가장자리가 밋밋하다. 잎자루와 작은잎 앞면의 잎맥 위, 뒷면에 털이 있다. 암수딴그루로 줄기 끝의 잎겨드랑이에서 자란 원뿔꽃차례에 자잘한 황록색 꽃이 모여 핀다. 동글납작한 열매는 지름 6~8mm이고 표면이 밋밋하다. 만지면 피부 염증이 생긴다.

잎 앞면 p.781

## 곧게 자라는 옻나무 종류의 비교

| 열매 | 잎 뒷면 | 겨울눈 | 특징 |
|---|---|---|---|

### 검양옻나무
열매는 밋밋하다. 작은잎은 넓은 피침형이고 끝이 길게 뾰족하며 겹잎자루와 함께 털이 없다. 겨울눈도 털이 없다.

### 개옻나무
열매는 가시털이 빽빽하다. 어린잎에는 2~3개의 톱니가 있는 것도 있다. 겨울눈은 갈색 털로 덮여 있다.

### 산검양옻나무
열매는 밋밋하다. 작은잎은 긴 타원형이며 4~10㎝ 길이이다. 잎 전체에 털이 있다. 겨울눈은 적갈색 털로 덮여 있다.

### 옻나무
열매는 밋밋하다. 작은잎은 긴 타원형이며 6~13㎝ 길이로 크고 잎자루와 뒷면에 털이 있다. 겨울눈은 황갈색 털로 덮인다.

암꽃

5월 말에 핀 꽃

5월 초의 새로 돋은 잎

잎 뒷면

6월의 덩굴옻나무

줄기의 공기뿌리

### 덩굴옻나무(옻나무과) *Toxicodendron orientale*

🌿 갈잎덩굴나무(길이 3~10m) 🌸 꽃 | 5~6월 🍂 열매 | 9~10월

전남 여수 인근의 섬에서 자란다. 가지에서 나오는 공기뿌리로 다른 물체에 달라붙어 오른다. 어린 가지는 잔털이 있고 겨울눈은 맨눈이며 갈색 털로 덮여 있다. 잎은 어긋나고 세겹잎이며 잎자루가 길다. 작은잎은 달걀형~타원형이며 끝이 뾰족하고 가장자리에 둔한 톱니가 있다. 암수딴그루로 줄기 끝의 잎겨드랑이에서 나온 송이꽃차례에 자잘한 황록색 꽃이 모여 핀다. 편구형 열매는 5~6mm 길이이고 표면에 세로줄이 있다.

잎 앞면 p.746

꽃 모양

7월의 열매

5월에 핀 꽃

열매 모양

잎 뒷면

7월의 안개나무

## 안개나무(옻나무과) *Cotinus coggygria*

🔆 갈잎작은키나무(높이 5~8m)  ✹ 꽃 | 5~6월  🍂 열매 | 7~8월

유라시아 원산이며 정원수로 심는다. 잎은 어긋나고 달걀형~거꿀달걀형
이며 끝이 둔하고 가장자리가 밋밋하다. 잎자루는 1~4㎝ 길이이다. 암수
딴그루로 가지 끝의 원뿔꽃차례는 10~15㎝ 길이이고 털이 빽빽하며 자잘
한 노란색 꽃이 모여 핀다. 꽃받침조각과 꽃잎은 각각 5개씩이다. 꽃잎은
달걀형이고 꽃받침조각은 거꿀달걀형이다. 열매는 콩팥 모양이며 열매자
루에 기다란 실 같은 털이 촘촘히 달려서 안개가 낀 것처럼 보인다.

잎 앞면 p.774

꽃 모양

9월의 어린 열매

6월 말에 핀 꽃

12월의 열매

11월의 참죽나무

나무껍질

## 참죽나무(멀구슬나무과) *Toona sinensis*

🌳 갈잎큰키나무(높이 20~25m) ✳ 꽃 | 6월 🍂 열매 | 10~11월

중국 원산이며 흔히 마을 주변에 심는다. 잎은 어긋나고 짝수깃꼴겹잎이며 작은잎은 5~10쌍이다. 작은잎은 피침형~긴 타원형이며 끝이 길게 뾰족하고 가장자리는 밋밋하거나 얕은 톱니가 있다. 가지 끝의 원뿔꽃차례는 밑으로 처지며 자잘한 흰색 꽃이 모여 핀다. 5장의 꽃잎은 원통 모양으로 돌려난다. 타원형 열매는 황갈색으로 익으면 껍질 끝이 5갈래로 갈라져 뒤로 젖혀진다. 씨앗은 한쪽에 날개가 있다.

잎 앞면 p.781

471

12월의 멀구슬나무

잎 뒷면　　　　　　　　겨울눈　　　　　　　　나무껍질

## 멀구슬나무(멀구슬나무과) *Melia azedarach*

🌳 갈잎큰키나무(높이 5~15m) ✳ 꽃 | 5~6월 🍎 열매 | 10~12월

아시아와 호주 원산이며 전남과 경남 이남의 마을 주변에 심고 저절로 퍼져
자란다. 나무껍질은 회갈색이고 세로로 불규칙하게 갈라지며 작은 껍질눈이
많다. 가지는 굵고 사방으로 퍼지며 어린 가지는 녹색~어두운 녹색이다.
겨울눈은 둥근 공 모양이며 회갈색 털로 촘촘히 덮여 있고 잎자국은 T자 모
양이다. 잎은 어긋나고 2~3회 깃꼴겹잎이며 30~80㎝ 길이이다. 작은잎은
달걀형~긴 타원형이며 끝이 뾰족하고 가장자리에 톱니가 있으며 잎몸이

6월에 핀 꽃

꽃 모양

11월의 열매

어린 열매 가로 단면

1월의 열매

씨앗

얕게 갈라지기도 한다. 가지 끝의 잎겨드랑이에 달리는 원뿔꽃차례에 자잘한 연보라색 꽃이 모여 핀다. 꽃잎과 꽃받침조각은 각각 5~6개씩이다. 10개의 수술은 합쳐져서 원통 모양이 되고 자줏빛이 돈다. 타원형 열매는 1.5~2㎝ 길이이고 황색~황갈색으로 익으며 단맛이 난다. 열매는 나무에 매달린 채 겨울을 난다. 예전에는 열매를 가축의 구충제로 사용했으며 열매에서 기름을 짜기도 하였다.

잎 앞면 p.782

9월의 열매

잎 뒷면

4월에 핀 꽃

10월의 개산초

겨울눈과 가시

나무껍질

## 개산초(운향과) *Zanthoxylum armatum*

⬆ 늘푸른떨기나무(높이 1.5~3m)  ✿ 꽃 | 4~5월  ❀ 열매 | 9~10월

주로 남부 지방의 바닷가 산에서 자란다. 줄기와 가지에 날카로운 가시가
마주난다. 잎은 어긋나고 홀수깃꼴겹잎이며 작은잎은 3~7장이다. 작은
잎은 긴 타원형~넓은 피침형이며 끝이 뾰족하고 겹잎자루에 날개가 있으
며 겹잎자루 위아래로 가시가 있다. 암수딴그루로 짧은가지와 잎겨드랑이
의 원뿔꽃차례에 자잘한 연노란색 꽃이 모여 피는데 꽃잎이 없다. 2갈래
로 갈라져 있는 열매는 동그스름하고 지름 3~5mm이며 붉게 익는다.

잎 앞면 p.764

10월의 열매

5월에 핀 꽃

잎 뒷면

6월의 왕초피

겨울눈과 가시

나무껍질

## 왕초피(운향과) *Zanthoxylum coreanum*

🌳 갈잎떨기나무(높이 2~5m) ✳ 꽃 | 5월 🍂 열매 | 9~10월

제주도에서 자란다. 가지에 마주나는 날카로운 가시는 밑부분이 넓어진다. 잎은 어긋나고 홀수깃꼴겹잎이며 작은잎은 7~13장이다. 작은잎은 달걀형 ~긴 달걀형이며 끝이 뾰족하고 가장자리에 물결 모양의 톱니가 있다. 겹잎자루에 좁은 날개가 있고 위아래로 짧은 가시가 있다. 암수딴그루로 햇가지 끝의 원뿔꽃차례에 달리는 자잘한 연노란색 꽃은 꽃잎이 없다. 2갈래로 갈라져 있는 열매는 둥그스름하고 지름 4~5mm이며 적갈색으로 익는다.

8월 말의 열매

잎 뒷면

5월에 핀 수꽃

8월 말의 초피나무

겨울눈과 가시

나무껍질

## 초피나무(운향과) *Zanthoxylum piperitum*

🔄 갈잎떨기나무(높이 3m 정도)  ✴️ 꽃 | 4~5월  🍂 열매 | 9~10월

황해도 이남의 산기슭에서 자란다. 줄기와 가지에 날카로운 가시가 마주
난다. 잎은 어긋나고 홀수깃꼴겹잎이며 작은잎은 9~19장이다. 작은잎은
달걀형~긴 타원형이며 가장자리에 물결 모양의 톱니와 기름점이 있다.
겹잎자루에 좁은 날개와 짧은 가시가 있다. 암수딴그루로 가지 끝의 원뿔
꽃차례에 달리는 연노란색 꽃은 꽃잎이 없다. 2갈래로 갈라져 있는 열매
는 동그스름하고 붉게 익는다. 잎과 열매를 향신료로 쓴다.

잎 앞면 p.764

수꽃

7월에 핀 수꽃

암꽃

터진 열매와 씨앗

잎 뒷면

겨울눈과 가시

## 산초나무(운향과) *Zanthoxylum schinifolium*

🌳 갈잎떨기나무(높이 3m 정도) 🌸 꽃 | 7~8월 🍒 열매 | 10~11월

산에서 자란다. 줄기와 가지에 날카로운 가시가 어긋난다. 잎은 어긋나고
홀수깃꼴겹잎이며 작은잎은 7~19장이다. 작은잎은 피침형~넓은 달걀형
이며 가장자리에 얕은 톱니가 있다. 겹잎자루에 좁은 날개와 짧은 가시가
있다. 암수딴그루로 가지 끝의 고른꽃차례에 연노란색 꽃이 모여 피는데
5장의 꽃잎은 2㎜ 정도 길이이다. 2갈래로 갈라져 있는 열매는 동그스름
하고 지름 4~5㎜이며 적갈색으로 익는다. 잎과 열매를 향신료로 쓴다.

잎 앞면 p.765

477

수꽃

암꽃

8월에 핀 수꽃

10월의 열매

잎 뒷면

겨울눈

## 머귀나무(운향과) *Zanthoxylum ailanthoides*

🌳 갈잎큰키나무(높이 15m 정도) ❋ 꽃 | 7~8월 🍂 열매 | 11월

울릉도와 남쪽 바닷가 산지에서 자란다. 나무껍질은 회갈색이고 잔가시와 돌기가 많다. 어린 가지는 녹색이고 가시가 있다. 잎은 어긋나고 홀수깃꼴 겹잎이며 작은잎은 13~31장이고 겹잎자루에 가시가 있다. 작은잎은 피침 형~긴 타원형이고 끝이 길게 뾰족하며 가장자리에 얕은 잔톱니가 있다. 암수딴그루로 햇가지 끝의 고른꽃차례에 자잘한 흰색 꽃이 모여 핀다. 3갈 래로 갈라져 있는 열매는 동그스름하고 황갈색으로 익는다.

잎 앞면 p.781

# 산초나무속(*Zanthoxylum*)의 비교

**개산초**
날카로운 가시가 마주난다. 상록성이
며 작은잎은 3~7장이고 겹잎자루에
날개가 있다.

**왕초피**
마주나는 날카로운 가시는 밑부분이
넓어진다. 작은잎은 7~13장으로 적게
달린다.

**초피나무**
날카로운 가시가 마주난다. 작은잎은
9~19장이며 가장자리에 물결 모양의
톱니와 기름점이 있다.

**산초나무**
가시가 어긋나고 여름에 꽃이 핀다. 작
은잎은 7~19장이며 가장자리에 얕은
톱니가 있다.

**머귀나무**
갈잎큰키나무이다. 어린 가지는 녹색이고 가시가 있다. 작은잎은 13~31장이고 피
침형~긴 타원형이며 끝이 길게 뾰족하고 가장자리에 얕은 톱니가 있다.

수꽃

열매 모양

7월에 핀 꽃

잎 뒷면

겨울눈

10월의 쉬나무

## 쉬나무(운향과) *Tetradium daniellii*

🌳 갈잎큰키나무(높이 7~20m) ✳ 꽃 | 7~8월 🍂 열매 | 10월

산기슭이나 마을 주변에서 자란다. 잎은 마주나고 홀수깃꼴겹잎이며 작은 잎은 5~11장이다. 작은잎은 타원형~피침형이며 5~12㎝ 길이이고 끝이 길게 뾰족하며 가장자리는 밋밋하거나 잔톱니가 있다. 작은잎 뒷면은 회녹색이다. 암수딴그루로 가지 끝의 고른꽃차례에 자잘한 흰색 꽃이 핀다. 보통 4~5갈래로 갈라지는 열매는 5~11㎜ 길이이고 끝이 뾰족하다. 예전에는 씨앗으로 짠 기름을 등불 켜는 기름이나 머릿기름으로 사용했다.

잎 앞면 p.781

수꽃

암꽃

7월에 핀 꽃

8월의 열매

열매 모양

잎 뒷면

## 오수유나무(운향과) *Tetradium ruticarpum*

🌳 갈잎떨기나무~작은키나무(높이 3~5m)  ✺ 꽃 | 6~8월  🍀 열매 | 10월

중국 원산이며 드물게 심어 기른다. 잎은 마주나고 홀수깃꼴겹잎이며 작은잎은 5~11장이다. 작은잎은 타원형~달걀형이며 5~17㎝ 길이이고 끝이 뾰족하며 가장자리는 밋밋하거나 잔톱니가 있다. 잎 앞면의 털은 점차 없어지고 뒷면은 털로 덮여 있다. 암수딴그루로 가지 끝의 고른꽃차례에 달리는 자잘한 황록색 꽃은 꽃잎이 5장이다. 열매는 4~5갈래로 갈라지며 끝이 동그스름하다. 덜 익은 열매는 건위제, 이뇨제로 사용한다.

암꽃

10월의 열매

5월에 핀 수꽃

10월의 황벽나무

겨울눈

나무껍질과 속껍질

## 황벽나무(운향과) *Phellodendron amurense*

🌳 갈잎큰키나무(높이 10~20m) ✳ 꽃 | 5~6월 🌰 열매 | 9~10월

산에서 자란다. 회색 나무껍질은 코르크가 발달하며 깊이 갈라진다. 잎은
마주나고 홀수깃꼴겹잎이며 작은잎은 5~13장이다. 작은잎은 달걀 모양의
긴 타원형이고 끝이 길게 뾰족하며 가장자리에 둔한 잔톱니가 있다. 암수
딴그루로 가지 끝의 원뿔꽃차례에 연노란색 꽃이 핀다. 꽃잎과 수술은 각
각 5개씩이고 암꽃의 씨방은 녹색이다. 둥근 열매는 가을에 검게 익는다.
쓴맛이 나는 노란색 속껍질에서 노란색 물감을 얻는다.

잎 앞면 p.781

5월에 핀 꽃

9월의 열매

11월의 열매

잎 뒷면

5월의 둥근금감

나무껍질

## 둥근금감/둥근금귤(운향과) *Citrus japonica*

늘푸른떨기나무(높이 1~3m) 꽃 | 6~7월 열매 | 11~12월

일본 원산이며 남쪽 섬에서 재배한다. 어린 가지는 녹색이며 가시가 있다. 잎은 어긋나고 달걀 모양의 긴 타원형~긴 타원 모양의 피침형이며 4~10㎝ 길이이고 가장자리는 거의 밋밋하다. 잎 앞면에는 광택이 있다. 잎자루에 날개가 거의 없다. 잎겨드랑이에 흰색 꽃이 1~3개씩 모여 피며 좋은 향기가 난다. 둥근 열매는 지름 2~3㎝이고 황색으로 익는다. 단맛이 나는 열매는 껍질째 먹으며 잼, 설탕 조림 등을 만든다.

잎 앞면 p.752

11월의 열매

잎 뒷면

4월에 핀 꽃

11월의 귤

나무껍질

1월의 <sup>1)</sup>불수귤 열매

## 귤(운향과) *Citrus reticulata*(syn.*Citrus unshiu*)

✿ 늘푸른작은키나무(높이 3~5m) ✿ 꽃 | 5~6월 ✿ 열매 | 11~12월

중국, 대만, 일본 원산이며 남쪽 섬에서 과일나무로 기른다. 햇가지는 녹색
이며 가시가 없다. 잎은 어긋나고 달걀 모양의 타원형이며 끝이 뾰족하고
가장자리는 거의 밋밋하다. 잎자루는 1~2㎝ 길이이고 날개가 거의 없다.
가지 끝이나 잎겨드랑이에 1~3개의 흰색 꽃이 핀다. 동글납작한 열매는
주황색으로 익는다. <sup>1)</sup>불수귤/불수감(*C. medica* v. *sarcodactylis*)은 열매 밑부
분이 부처님 손가락 모양으로 갈라지며 끝이 뾰족하다.

5월에 핀 꽃

10월의 열매

잎 뒷면

7월의 유자나무

가지의 가시와 잎자루

나무껍질

## 유자나무(운향과) *Citrus junos*

🌳 늘푸른떨기나무(높이 4m 정도) ❁ 꽃 | 5~6월 🍊 열매 | 10~11월

중국 원산이며 남쪽 바닷가에서 재배한다. 녹색 가지에 길고 뾰족한 가시가 있다. 잎은 어긋나고 좁은 달걀형~긴 타원형이며 끝이 뾰족하고 가장자리는 거의 밋밋하다. 잎자루는 1~2.5㎝ 길이이고 잎 모양의 넓은 날개가 있다. 가지 윗부분의 잎겨드랑이에 흰색 꽃이 1~2개씩 핀다. 동글납작한 열매는 지름 4~10㎝이고 겉껍질은 울퉁불퉁하며 노란색으로 익는다. 신맛이 강한 열매살은 향기가 좋아서 차를 끓여 마신다.

잎 앞면 p.752

10월의 열매

4월에 핀 꽃

잎 뒷면

10월의 탱자나무

나무껍질

봄에 돋은 새순

## 탱자나무(운향과) *Citrus trifoliata*

🔆 갈잎떨기나무(높이 3~4m)  ✳ 꽃 | 4~5월  🌐 열매 | 9~10월

중국 원산이며 관상수로 심고 생울타리를 만든다. 약간 납작한 녹색 가지에 날카로운 가시가 어긋난다. 잎은 어긋나고 세겹잎이며 잎자루에 좁은 날개가 있다. 작은잎은 긴 타원형~거꿀달걀형이며 끝이 둔하고 가장자리는 밋밋하거나 둔한 톱니가 있다. 잎이 나기 전에 가지 끝이나 잎겨드랑이에 흰색 꽃이 피는데 5장의 꽃잎은 서로 떨어져 있다. 둥근 열매는 지름 3~5cm이며 표면에 털이 있고 노랗게 익으며 날로 먹지 못한다.

잎 앞면 p.762

# 귤속(*Citrus*)의 비교

| 꽃 | 열매 | 잎 뒷면 | 특징 |
|---|---|---|---|
|  | | | ### 둥근금감<br>가지에 가시가 있다. 잎은 긴 타원형이며 잎자루에 아주 좁은 날개가 있다. 둥근 열매는 지름 2~3cm로 작다. |
|  | | | ### 귤<br>가지에 가시가 없다. 잎은 긴 타원형이며 잎자루에 날개가 거의 없다. 동글납작한 열매는 지름 4~8cm이다. |
|  | | | ### 유자나무<br>가지에 뾰족한 가시가 있다. 잎자루에 넓은 날개가 있다. 열매는 지름 4~10cm이고 겉껍질은 울퉁불퉁하다. |
|  | | | ### 탱자나무<br>가지에 뾰족한 가시가 있다. 잎은 세 겹잎이며 잎자루에 좁은 날개가 있다. 열매는 지름 3~5cm이며 털이 있다. |

4월에 핀 암꽃

10월의 열매

4월에 핀 수꽃

3월의 묵은 열매

잎 뒷면

나무껍질

## 상산(운향과) *Orixa japonica*

🔼 갈잎떨기나무(높이 2~3m)  ✽ 꽃 | 4~5월  🍂 열매 | 10~11월

주로 남부 지방에서 자란다. 잎은 2장씩 교대로 어긋나고 달걀형~네모진 달걀형이며 끝이 뾰족하고 가장자리는 거의 밋밋하다. 잎 뒷면은 연녹색 이며 자르면 독특한 냄새가 난다. 암수딴그루로 잎겨드랑이에 황록색 꽃 이 모여 핀다. 수꽃은 송이꽃차례에 달리고 암꽃은 1~2개씩 달린다. 보통 3~4갈래로 갈라지는 열매는 둥근 달걀형이고 8~10㎜ 길이이다. 열매는 갈색으로 익으면 껍질이 터지면서 씨앗이 튀어 나간다.

잎 앞면 p.752

5월 초에 핀 꽃

7월 초의 열매

잎 뒷면

5월의 미국칠엽수

나무껍질

5월의 [1]**붉은꽃칠엽수**

## 미국칠엽수(무환자나무과 | 칠엽수과) *Aesculus pavia*

갈잎작은키나무(높이 3~9m) 꽃 | 5~6월 열매 | 가을

북아메리카 원산이며 관상수로 심는다. 잎은 마주나고 손꼴겹잎이며 작은 잎은 대부분 5장이고 가장자리에 잔톱니가 있으며 측맥은 15~20쌍이다. 암수한그루로 곧게 서는 원뿔꽃차례에 붉은색 꽃이 촘촘히 돌려 가며 달린다. 열매는 거꿀달걀형이다. [1]**붉은꽃칠엽수**(*A.* × *carnea*)는 미국칠엽수와 가시칠엽수의 교배종으로 가지 끝의 원뿔꽃차례에 달리는 붉은색 꽃은 꽃잎 안쪽에 노란색 얼룩무늬가 있다. 관상수로 심는다.

잎 앞면 p.779

5월 말에 핀 꽃

수꽃(상)과 암꽃(하)

7월 말의 열매

잎 뒷면

10월의 칠엽수

나무껍질

## 칠엽수(무환자나무과|칠엽수과) *Aesculus turbinata*

🔘 갈잎큰키나무(높이 20m 정도) ✽ 꽃 | 5~6월 🍂 열매 | 9~10월

일본 원산이며 정원수나 가로수로 심는다. 나무껍질은 회갈색~흑갈색이며 불규칙하게 갈라져 벗겨진다. 잎은 마주나고 손꼴겹잎이며 작은잎은 5~9장이다. 작은잎은 좁은 거꿀달걀형~거꿀피침형이고 끝이 길게 뾰족하며 가장자리에 얕은 톱니가 있다. 암수한그루로 가지 끝의 원뿔꽃차례에 흰색 꽃이 모여 핀다. 대부분의 꽃은 수꽃이고 꽃송이 밑부분에 몇 개의 양성화가 달린다. 둥근 열매는 지름 3~5cm이고 미세한 돌기가 많으며 갈색으로 익는다.

5월의 <sup>1)</sup>**가시칠엽수**

5월의 <sup>1)</sup>**가시칠엽수**

7월의 <sup>1)</sup>**가시칠엽수** 열매

<sup>1)</sup>**가시칠엽수** 잎 뒷면

손꼴겹잎은 보통 7장의 작은잎이 둥글게 모여 달리기 때문에 '칠엽수(七葉樹)'라고 한다. <sup>1)</sup>**가시칠엽수**(*A. hippocastanum*)는 유럽 남동부 원산이며 손꼴겹잎은 작은잎 가장자리에 불규칙한 겹톱니가 있다. 잎 앞면은 털이 없고 뒷면은 잎맥 위에 갈색 털이 빽빽하다. 둥근 열매는 지름 2.5~6㎝이고 가시로 덮여 있어서 '가시칠엽수'라고 하며 흔히 '마로니에'라고도 한다. 칠엽수와 함께 관상수로 심는다.

잎 앞면  p.779

11월의 열매

6월 말에 핀 꽃

열매 모양

작은잎 뒷면

10월의 무환자나무

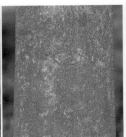
나무껍질

## 무환자나무(무환자나무과) *Sapindus mukorossi*

🌳 갈잎큰키나무(높이 15~20m)  🌸 꽃 | 6~7월  🍃 열매 | 10~11월

중국과 동남아시아 원산이며 남부 지방에서 심는다. 잎은 어긋나고 짝수깃꼴겹잎이며 작은잎은 4~6쌍이고 겹잎자루에 어긋나게 달린다. 작은잎은 긴 타원형이고 끝은 길게 뾰족하며 가장자리가 밋밋하다. 암수한그루로 가지 끝의 원뿔꽃차례에 자잘한 연노란색 꽃이 모여 핀다. 둥근 열매는 지름 2~3㎝이며 밑부분이 볼록하다. 열매는 가을에 황갈색으로 익고 1개의 검은색 씨앗이 들어 있다. 예전에 열매껍질을 비누 대신 사용했다.

잎 앞면 p.781

8월의 어린 열매

열매 속의 씨앗

6월 말에 핀 꽃

작은잎 뒷면

10월의 모감주나무

나무껍질

## 모감주나무(무환자나무과) *Koelreuteria paniculata*

🌳 갈잎작은키나무(높이 10m 정도) ❀ 꽃 | 7월 🍂 열매 | 10월

중부 이남의 바닷가에서 자라며 관상수로 심는다. 나무껍질은 회갈색이며 세로로 얕게 갈라진다. 잎은 어긋나고 홀수깃꼴겹잎이며 작은잎은 7~15장 이다. 작은잎은 달걀형~긴 타원형이고 끝이 뾰족하며 가장자리에 불규칙 하고 둔한 톱니가 있고 잎몸이 깊게 갈라지기도 한다. 가지 끝의 원뿔꽃차 례는 15~40㎝ 길이이며 자잘한 노란색 꽃은 꽃잎 밑부분이 적색이다. 열 매는 꽈리 모양을 닮았고 갈색으로 익으면 3갈래로 갈라진다.

7월의 열매

잎 뒷면

5월에 핀 꽃

10월의 신나무

나무껍질

¹⁾다비드단풍 열매

**신나무**(무환자나무과 | 단풍나무과)  *Acer tataricum* ssp. *ginnala*

🌳 갈잎작은키나무(높이 5~8m)  ✽ 꽃 | 5~6월  🍂 열매 | 9월

산에서 자란다. 잎은 마주나고 세모진 달걀형이며 끝이 길게 뾰족하고 가장자리가 3갈래로 얕게 갈라지며 불규칙한 톱니가 있다. 암수한그루로 가지 끝의 원뿔꽃차례에 자잘한 연노란색 꽃이 모여 핀다. 꽃받침조각과 꽃잎은 각각 5개씩이고 수술은 8개이다. 암술대는 2~3개로 갈라져 밖으로 휘어진다. 열매는 양쪽 날개가 八자로 벌어진다. ¹⁾**다비드단풍**(*A. davidii*)은 잎이 긴 타원형~달걀형이며 꽃이삭과 열매이삭은 길게 늘어진다.

잎 앞면  p.778

6월의 열매

4월에 핀 꽃

잎 뒷면

10월의 중국단풍

봄에 돋은 새순

나무껍질

**중국단풍**(무환자나무과 | 단풍나무과)  *Acer buergerianum*

🍂 갈잎큰키나무(높이 15m 정도) ❋ 꽃 | 4~5월 🍁 열매 | 10월

중국과 대만 원산이며 관상수나 가로수로 심는다. 나무껍질은 회갈색이고
종이처럼 얇게 벗겨진다. 잎은 마주나고 둥근 달걀형이며 잎몸이 3갈래로
갈라지고 끝이 뾰족하며 가장자리가 밋밋하다. 어린 나무의 잎은 가장자
리에 큰 톱니가 있다. 암수한그루로 잎이 돋을 때 꽃도 함께 핀다. 햇가지
끝의 고른꽃차례에 자잘한 연노란색 꽃이 모여 핀다. 열매는 양쪽 날개가
八자로 벌어진다. 가을에 붉은 단풍이 매우 아름답다.

4월에 핀 꽃

잎 뒷면

8월의 열매

10월의 고로쇠나무

줄기의 수액 채취

5월 말의 <sup>1)</sup>우산고로쇠 열매

## 고로쇠나무(무환자나무과|단풍나무과) *Acer pictum*

⬤ 갈잎큰키나무(높이 20m 정도) ✴ 꽃 | 4~5월 ◐ 열매 | 10월

산에서 자란다. 잎은 마주나고 둥글며 잎몸이 5~7갈래로 갈라진다. 갈래
조각 끝은 뾰족하고 가장자리가 밋밋한 편이다. 암수한그루로 잎이 돋을
때 햇가지 끝에 달리는 고른꽃차례에 자잘한 연노란색 꽃이 모여 핀다. 꽃
받침조각과 꽃잎은 5개씩이다. 열매는 양쪽 날개가 八자로 벌어진다. 이른
봄에 수액을 받아 마신다. <sup>1)</sup>우산고로쇠(*A. okamotoanum*)는 잎몸이 6~9갈
래로 갈라지는데 고로쇠나무보다 좀 더 많이 갈라지고 좀 더 크다.

잎 앞면 p.778

4월에 핀 수꽃

암꽃

8월의 열매

잎 뒷면

겨울눈

어린 나무껍질

**청시닥나무**(무환자나무과 | 단풍나무과) *Acer barbinerve*

🌳 갈잎작은키나무(높이 3~7m)  ❋ 꽃 | 5~6월  🍂 열매 | 10월

지리산 이북의 높은 산에서 자란다. 잎은 마주나고 잎몸이 손바닥처럼 5갈래로 갈라지며 끝이 뾰족하고 가장자리에 날카로운 겹톱니가 있다. 잎자루는 연한 붉은빛이 돌기도 하고 털이 있다. 암수딴그루로 가지 끝에서 늘어지는 송이꽃차례에 연노란색 꽃이 모여 핀다. 꽃잎과 꽃받침조각은 각각 4개이고 활짝 벌어지지 않으며 암술과 수술은 꽃잎 밖으로 나온다. 열매는 양쪽 날개가 거의 수평으로 벌어진다.

잎 앞면 p.778

497

7월의 열매

잎 뒷면

6월에 핀 꽃

8월의 부게꽃나무

겨울눈

나무껍질

---

**부게꽃나무**(무환자나무과|단풍나무과) *Acer caudatum* ssp. *ukurundense*

🔼 갈잎작은키나무(높이 4~8m) ✳ 꽃 | 5~6월 🔽 열매 | 9~10월

지리산 이북의 높은 산에서 자란다. 나무껍질은 회색~회갈색이며 얇은 조각으로 갈라져 벗겨진다. 잎은 마주나고 둥그스름하며 잎몸이 5~7갈래로 갈라지고 끝이 길게 뾰족하며 가장자리에 날카롭고 불규칙한 톱니가 있다. 잎 뒷면의 잎맥을 따라 털이 촘촘히 난다. 암수한그루로 가지 끝에서 곧게 서는 송이꽃차례~원뿔꽃차례에 황록색 꽃이 모여 핀다. 꽃잎과 꽃받침조각은 각각 5개씩이다. 열매이삭은 곧게 서고 열매의 양쪽 날개는 직각 정도로 벌어진다.

잎 앞면 p.778

5월 말에 핀 수꽃

8월의 열매

5월에 핀 암꽃

잎 뒷면

10월의 시닥나무

겨울눈

## 시닥나무(무환자나무과|단풍나무과) *Acer tschonoskii* v. *koreanum*

🔷 갈잎작은키나무(높이 7m 정도) ✳ 꽃 | 5~6월 🍂 열매 | 10월

지리산 이북의 높은 산에서 자란다. 어린 가지와 겨울눈은 적자색이다. 잎은 마주나고 잎몸이 손바닥처럼 3~5갈래로 갈라지며 끝이 뾰족하고 가장자리에 날카로운 톱니와 겹톱니가 있다. 잎자루는 붉은빛이 돌며 털이 있다. 대부분이 암수딴그루로 가지 끝에서 곧게 서는 송이꽃차례에 연노란색 꽃이 모여 핀다. 꽃은 지름 8~10㎜이며 꽃잎과 꽃받침조각은 각각 5개씩이고 비슷한 모양이다. 열매는 양쪽 날개가 거의 수평으로 벌어진다.

잎 앞면 p.778

7월의 열매

잎 뒷면

4월에 핀 꽃

10월의 산겨릅나무

겨울눈

나무껍질

## 산겨릅나무(무환자나무과|단풍나무과) *Acer tegmentosum*

🟢 갈잎큰키나무(높이 10m 정도) ✳ 꽃 | 4~5월 🍂 열매 | 9~10월

지리산 이북의 높은 산에서 자란다. 겨울눈은 긴 달걀형이고 자루가 있다.
잎은 마주나고 넓은 달걀형이며 잎몸이 3~5갈래로 얕게 갈라진다. 갈래
조각 끝은 길게 뾰족하고 가장자리에 겹톱니가 있다. 잎 뒷면 잎맥겨드랑
이에 황색 털이 있다. 대부분이 암수딴그루이며 가지 끝에 달리는 송이꽃
차례는 밑으로 늘어지고 연한 황록색 꽃이 모여 핀다. 꽃잎과 꽃받침조각
은 각각 5개씩이다. 열매는 양쪽 날개가 거의 수평으로 벌어진다.

잎 앞면 p.778

3월 말에 핀 수꽃

5월의 어린 열매

4월 초에 핀 암꽃

6월의 잎가지

잎 뒷면

나무껍질

## 은단풍(무환자나무과 | 단풍나무과) *Acer saccharinum*

🌳 갈잎큰키나무(높이 20~25m) ✿ 꽃 | 3~4월 🍂 열매 | 5~6월

북아메리카 원산이며 관상수로 심는다. 잎은 마주나고 둥그스름하며 잎몸이 5갈래로 깊게 갈라지고 갈래조각은 다시 2~3갈래로 얕게 갈라진다. 갈래조각 끝은 길게 뾰족하며 가장자리에 뾰족한 톱니가 불규칙하게 있다. 잎 뒷면은 은백색이다. 암수딴그루로 잎이 돋기 전에 꽃이 먼저 핀다. 가지 끝에 촘촘히 모여 피는 자잘한 붉은색 꽃은 꽃잎이 없다. 열매는 양쪽 날개가 직각 이내이며 흔히 한쪽 날개만 크게 자라기도 한다.

잎 앞면 p.778

10월 말의 단풍나무

6월의 ¹⁾단풍나무 '노무라'

7월의 ²⁾세열단풍

4월의 ³⁾홍공작단풍

**단풍나무**(무환자나무과 | 단풍나무과)  *Acer palmatum*

🌳 갈잎큰키나무(높이 10~15m) ✿ 꽃 | 4~5월 🍂 열매 | 9~10월

남부 지방의 산에서 자라며 정원수로도 심는다. 잎은 마주나고 5~7㎝ 길이
이며 잎몸이 손바닥처럼 5~7갈래로 갈라진다. 갈래조각은 폭이 좁고 끝은
길게 뾰족하며 가장자리에 불규칙한 겹톱니가 있다. 잎 뒷면 잎맥겨드랑이
에 연갈색 털이 모여 있다. 암수한그루로 잎과 함께 나오는 가지 끝의 고른
꽃차례에 작은 붉은색 꽃이 모여 핀다. 꽃받침조각과 꽃잎은 각각 5개씩이
고 수꽃은 수술이 8개이다. 열매는 양쪽 날개가 거의 수평으로 벌어진다.

---

4월에 핀 꽃

7월의 열매

잎 뒷면

4월의 단풍나무 분재

겨울눈

나무껍질

무환자나무목

잎자루, 꽃차례, 열매에 털이 없다. [1]**단풍나무 '노무라'**('Nomura')는 원예 품종으로 손바닥처럼 7~9갈래로 갈라지는 잎은 봄부터 가을까지 어두운 붉은빛이 돈다. [2]**세열단풍/공작단풍**('Dissectum')은 잎몸이 7~11갈래로 완전히 갈라지며 좁은 갈래조각은 다시 가늘게 갈라진다. [3]**홍공작단풍**('Dissectum Atropurpureum')은 세열단풍을 닮은 잎이 봄부터 붉은색이다. 모두 정원수로 심는다.

잎 앞면 p.778

503

4월에 핀 꽃

7월의 열매

잎 뒷면

10월의 당단풍

나무껍질

5월의 [1)]섬단풍나무

**당단풍**(무환자나무과|단풍나무과) *Acer pseudosieboldianum*

🔺 갈잎작은키나무(높이 8m 정도) ✳ 꽃 | 4~5월 🍂 열매 | 9~10월

산에서 자란다. 잎은 마주나고 잎몸이 손바닥처럼 7~11갈래로 갈라지며 갈래조각 끝은 뾰족하고 가장자리에 겹톱니가 있다. 잎 뒷면 잎맥겨드랑이와 잎자루에 흰색 털이 빽빽하다. 암수한그루로 가지 끝의 고른꽃차례에 자잘한 붉은색 꽃이 모여 핀다. 열매는 양쪽 날개가 거의 수평으로 벌어진다. [1)]섬단풍나무(ssp. *takesimense*)는 울릉도에서 자라며 잎몸은 손바닥처럼 11~13갈래로 갈라진다. 당단풍과 같은 종으로 보기도 한다.

잎 앞면 p.779

5월 초에 핀 수꽃

4월에 핀 양성화

10월의 열매

잎 뒷면

10월의 복자기

나무껍질

## 복자기/나도박달(무환자나무과ㅣ단풍나무과) *Acer triflorum*

🌳 갈잎큰키나무(높이 15m 정도) ❋ 꽃ㅣ4~5월 🍃 열매ㅣ9~10월

중부 이북의 산에서 자라며 관상수로 심는다. 나무껍질은 회갈색이고 얇은 조각으로 벗겨진다. 잎은 마주나고 세겹잎이며 작은잎은 긴 타원형~달걀 모양의 피침형이다. 작은잎 끝은 뾰족하고 가장자리에 2~4개의 큰 톱니가 있다. 암수딴그루로 가지 끝의 고른꽃차례에 황록색 꽃이 모여 핀다. 꽃자루에 연노란색 털이 많다. 꽃잎과 꽃받침조각은 5개씩이고 수술은 10개이다. 열매는 털이 있고 양쪽 날개가 직각 이내로 좁게 벌어진다.

잎 앞면 p.779

수꽃

7월의 열매

5월에 핀 양성화

잎 뒷면

10월의 복장나무

나무껍질

## 복장나무(무환자나무과|단풍나무과) *Acer mandshuricum*

🌳 갈잎큰키나무(높이 10m 정도) ❀ 꽃 | 5월 🍃 열매 | 9~10월

지리산 이북의 높은 산에서 자란다. 나무껍질은 회갈색이며 밋밋하다. 잎
은 마주나고 세겹잎이며 작은잎은 긴 타원형~피침형이다. 작은잎 끝은
길게 뾰족하고 가장자리에 둔한 잔톱니가 있다. 작은잎 뒷면은 회녹색이
고 잎맥 위에 털이 있다. 암수딴그루로 가지 끝의 고른꽃차례에 황록색 꽃
이 모여 피는데 꽃자루에 털이 없다. 꽃잎과 꽃받침조각은 각각 5개씩이
다. 열매는 털이 없고 양쪽 날개가 직각 이내로 벌어진다.

잎 앞면 p.779

4월에 핀 수꽃

4월에 핀 암꽃

6월의 열매

잎 뒷면

나무껍질

1)네군도단풍 '플라밍고'

## 네군도단풍(무환자나무과|단풍나무과) *Acer negundo*

🌳 갈잎큰키나무(높이 15~20m)  ✱ 꽃 | 4월  ⬤ 열매 | 9월

북아메리카 원산이며 관상수로 심는다. 잎은 마주나고 홀수깃꼴겹잎이며
작은잎은 3~7장이다. 작은잎은 달걀형~긴 타원형이고 잎몸이 3~5갈래
로 얕게 갈라지기도 한다. 암수딴그루로 잎이 나기 전에 꽃이 핀다. 수꽃
은 가지 윗부분에 15~20개가 모여서 실처럼 밑으로 늘어진다. 열매는 양
쪽 날개가 좁게 벌어진다. 1)네군도단풍 '플라밍고'('Flamingo')는 원예 품종
으로 녹색 잎에 분홍색과 연노란색 얼룩무늬가 섞여 있다.

## 단풍나무속(*Acer*)의 비교

### 신나무
잎은 세모진 달걀형이며 3갈래로 갈라지고 끝이 길게 뾰족하며 가장자리가 얕게 갈라지고 불규칙한 톱니가 있다.

### 중국단풍
잎은 둥근 달걀형이며 잎몸이 3갈래로 갈라지고 끝이 뾰족하며 가장자리가 밋밋하다.

### 고로쇠나무
둥근 잎몸은 5~7갈래로 갈라진다. 갈래조각 끝은 뾰족하고 가장자리가 밋밋한 편이다.

### 청시닥나무
잎몸이 5갈래로 얕게 갈라지며 가장자리에 날카로운 겹톱니가 있다. 뾰족한 갈래조각 끝부분에는 톱니가 없다.

### 부게꽃나무
둥근 잎몸은 5~7갈래로 갈라지고 끝이 뾰족하며 날카롭고 불규칙한 톱니가 있다. 긴 꽃차례는 곧게 선다.

### 시닥나무
잎몸이 3~5갈래로 갈라지며 가장자리에 날카로운 톱니와 겹톱니가 있다. 뾰족한 갈래조각 끝부분에도 톱니가 있다.

### 산겨릅나무

잎은 넓은 달걀형이며 3~5갈래로 얕게 갈라진다. 겨울눈은 긴 달걀형이고 자루가 있다. 꽃차례는 늘어진다.

### 은단풍

둥근 잎몸은 5갈래로 깊게 갈라지고 갈래조각은 다시 2~3갈래로 얕게 갈라진다. 잎 뒷면은 은백색이다.

### 단풍나무

둥근 잎몸은 5~7갈래로 갈라지며 갈래조각은 폭이 좁다. 잎자루, 꽃차례, 열매에 털이 없다.

### 당단풍

둥근 잎몸은 7~11갈래로 갈라지며 갈래조각 끝은 뾰족하고 가장자리에 겹톱니가 있다.

### 복자기/복장나무

복자기는 세겹잎이며 가장자리에 2~4개의 큰 톱니가 있다. 복장나무는 세겹잎이며 가장자리에 둔한 잔톱니가 있다.

### 네군도단풍

홀수깃꼴겹잎이며 작은잎은 3~7장이다. 작은잎은 잎몸이 3~5갈래로 얕게 갈라지기도 한다.

열매 모양

잎 기부의 돌기

6월에 핀 수꽃

8월의 가죽나무

겨울눈

나무껍질

## 가죽나무(소태나무과) *Ailanthus altissima*

🌳 갈잎큰키나무(높이 10~20m)  ✳ 꽃 | 5~6월  🍂 열매 | 9~10월

중국 원산이며 마을 주변에서 자란다. 큼직한 하트 모양의 잎자국 위에 둥근 겨울눈이 있다. 잎은 어긋나고 홀수깃꼴겹잎이며 40~100㎝ 길이이고 작은잎은 13~25장이다. 작은잎 밑부분에 2~4개의 톱니와 기름점이 있어서 고약한 냄새가 난다. 암수딴그루로 가지 끝의 원뿔꽃차례는 10~20㎝ 길이이고 자잘한 녹백색 꽃이 모여 핀다. 수꽃은 꽃잎이 5장이고 수술은 10개이다. 좁은 타원형 열매는 가운데에 1개의 씨앗이 있다.

잎 앞면 p.781

암꽃

7월 말의 열매

5월에 핀 수꽃

작은잎 뒷면

10월의 소태나무

나무껍질

## 소태나무(소태나무과) *Picrasma quassioides*

🌳 갈잎큰키나무(높이 9~12m) ✳️ 꽃 | 5~6월 🌰 열매 | 9월

산에서 자란다. 잎은 어긋나고 홀수깃꼴겹잎이며 15~25㎝ 길이이고 작은
잎은 9~15장이다. 작은잎은 긴 달걀형이며 4~8㎝ 길이이고 끝이 뾰족하
며 가장자리에 얕은 톱니가 있고 밑부분은 좌우의 모양이 다르다. 암수딴
그루로 햇가지의 잎겨드랑이에 달리는 고른꽃차례는 5~10㎝ 길이이고
자잘한 황록색 꽃이 모여 핀다. 둥그스름한 열매는 지름 6㎜ 정도이고 여
러 개가 모여 달리며 흑자색으로 익는다. 나무껍질은 매우 쓰다.

잎 앞면 p.781

꽃이삭

5월의 꽃봉오리

6월에 핀 꽃

12월의 열매

잎 앞면과 뒷면

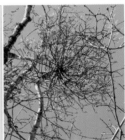

12월의 꼬리겨우살이

## 꼬리겨우살이(꼬리겨우살이과|겨우살이과) *Loranthus tanakae*

🔵 갈잎떨기나무(높이 20~40cm)  ✴ 꽃 | 6~7월  🟤 열매 | 10~11월

산에서 드물게 자란다. 참나무와 같은 갈잎넓은잎나무의 줄기에 기생한다. 햇가지는 녹색이며 적갈색으로 변한다. 잎은 마주나고 타원형이며 2~4cm 길이이고 끝이 둥글며 가장자리가 밋밋하고 양면이 비슷하다. 햇가지 끝에 달리는 이삭꽃차례에 10~20개의 자잘한 황록색 꽃이 모여 핀다. 둥근 열매는 지름 5~8mm이며 포도송이처럼 모여 달려서 밑으로 늘어지고 노란색으로 익으며 끈적거리는 열매살은 단맛이 난다.

잎 앞면 p.757

꽃 모양

10월에 핀 꽃

꽃봉오리

새로 돋은 잎　　　　잎 뒷면　　　　기생하는 줄기

## 참나무겨우살이(꼬리겨우살이과|겨우살이과) *Taxillus yadoriki*

🌳 늘푸른떨기나무(높이 80~200㎝)　✳ 꽃 | 9~11월　🍂 열매 | 다음 해 3~4월

제주도 서귀포의 해안가에서 자란다. 주로 늘푸른나무에 기생하지만 갈잎
나무에도 드물게 기생한다. 잎은 마주나고 넓은 타원형~달걀형이며 가장
자리는 밋밋하고 뒷면은 적갈색 털로 덮여 있다. 잎겨드랑이와 줄기에
2~7개씩 모여 피는 적갈색 꽃부리는 끝이 4갈래로 갈라져 뒤로 젖혀지며
적갈색 별모양털로 덮여 있다. 붉은색 수술은 4개이고 암술은 길게 벋는
다. 긴 타원형 열매는 8~10㎜ 길이이고 열매살은 점액질이다.

잎 앞면 p.758

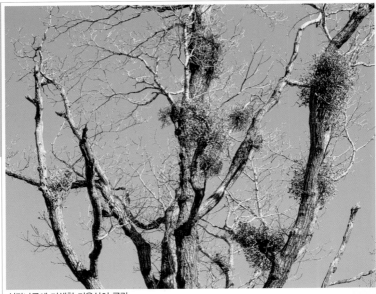

신갈나무에 기생한 겨우살이 군락

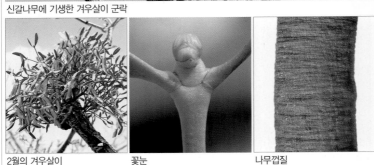

2월의 겨우살이　　　　꽃눈　　　　나무껍질

## 겨우살이(단향과|겨우살이과)　*Viscum coloratum*

⚘ 늘푸른떨기나무(높이 50~80㎝)　✲ 꽃 | 3~4월　☀ 열매 | 10~12월

산에서 참나무 등에 기생해서 자라며 스스로도 광합성을 통해 양분을 만들기 때문에 '반기생식물'이라고 한다. 전체적으로 새둥지 같은 둥근 모양을 만든다. 여러 대가 모여나는 줄기는 조금씩 늘어지며 녹색~황록색 가지는 계속 2개로 갈라진다. 잎은 가지 끝마다 2장씩 마주나고 타원형~타원 모양의 피침형이며 3~7㎝ 길이이고 밑으로 갈수록 점점 좁아지며 잎자루가 없다. 잎몸은 진녹색이고 두꺼운 가죽질이며 광택이 없다. 암수딴그루로 3~4월에

4월에 핀 수꽃

수꽃

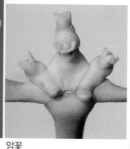

암꽃

10월의 어린 열매

12월의 열매

<sup>1)</sup>**붉은겨우살이** 열매

가지 끝에 연노란색 꽃이 보통 3개씩 모여 피는데 자루가 없다. 총포는 술
잔 모양이고 꽃잎은 없으며 꽃덮이는 종 모양으로 끝이 4갈래로 갈라진다.
수술은 수술대가 없고 꽃밥이 직접 꽃덮이에 붙어 있으며 암술머리도 대가
없다. 둥근 열매는 지름 6~8㎜이며 1~3개씩 모여 달리고 겨울에 연노란색으로
익으며 끈적거리는 열매살은 단맛이 난다. <sup>1)</sup>**붉은겨우살이**(f. *rubroaurantiacum*)는
열매가 붉게 익는 품종이다. 겨우살이와 같은 종으로 본다.

잎 앞면 p.757

1월의 동백나무겨우살이

줄기 뒷면

10월의 열매

사스레피나무에 기생한 동백나무겨우살이

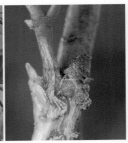

기생뿌리

## 동백나무겨우살이(단향과│겨우살이과) *Korthalsella japonica*

🌳 늘푸른떨기나무(높이 10~20㎝) 🌸 꽃│4~9월 🍂 열매│다음 해 6~11월

남쪽 섬의 산에서 자란다. 주로 늘푸른나무의 가지에 기생한다. 나무 전체가 녹색이며 가지는 보통 마주 달린다. 납작한 가지는 녹색으로 마디가 많고 마디를 누르면 잘 부러진다. 잎은 작은 돌기 모양으로 퇴화되었으며 마디에 돌려난다. 암수한그루로 마디에 3~6개의 꽃이 모여 핀다. 황록색 꽃은 지름 1㎜ 정도로 아주 작다. 열매는 구형~거꿀달걀형이고 길이 2㎜ 정도로 작으며 반투명한 노란색으로 익는다.

잎 앞면 p.757

꽃 모양

8월에 핀 꽃

6월의 열매

잎가지

8월의 위성류

나무껍질

## 위성류(위성류과) *Tamarix chinensis*

🟢 갈잎작은키나무(높이 5~8m) ✳️ 꽃 | 5월, 8~9월 🟤 열매 | 10월

중국 원산이며 관상수로 심는다. 가지는 가늘고 길며 밑으로 처진다. 잎은 어긋나고 바늘 모양이며 1~3㎜ 길이로 아주 작다. 꽃은 1년에 2번 피는데 송이꽃차례에 자잘한 연분홍색 꽃이 핀다. 꽃잎과 꽃받침조각과 수술은 5개씩이고 암술대는 3개이다. 8~9월에 피는 것은 햇가지에 달리며 꽃은 작지만 열매를 잘 맺는다. 열매는 3㎜ 정도 크기이며 익으면 3갈래로 갈라지고 털이 달린 씨앗이 바람에 날려 퍼진다.

잎 앞면 p.785

9월의 산딸나무

잎 뒷면　　　　　　　5월의 산딸나무　　　　　　　나무껍질

## 산딸나무(층층나무과) *Cornus kousa*

🌳 갈잎작은키나무(높이 7m 정도) ✳️ 꽃 | 5~6월 🌐 열매 | 9~10월

중부 이남의 산에서 자란다. 나무껍질은 어두운 적갈색이고 노목은 불규칙하게 벗겨진다. 잎은 마주나고 달걀형~타원형이며 4~12㎝ 길이이고 끝이 뾰족하며 가장자리는 밋밋하고 물결 모양으로 구불거린다. 측맥은 4~5쌍이며 잎 끝을 향해 활처럼 굽고 뒷면 잎맥겨드랑이에 갈색 털이 있다. 가지 끝에 흰색 꽃이 피는데 十자 모양으로 된 4장의 흰색 총포조각이 꽃잎처럼 보이고 그 가운데에 20~30개의 연한 황록색 꽃이 머리모양꽃차례로 모여

6월에 핀 꽃

꽃차례

9월의 열매

5월의 <sup>1)</sup>서양산딸나무 꽃

9월의 <sup>1)</sup>서양산딸나무 열매

5월의 <sup>2)</sup>붉은꽃서양산딸나무

달린다. 딸기 모양의 열매는 지름 1.5~2㎝이며 가을에 붉은색으로 익는데 단맛이 나며 먹을 수 있다. <sup>1)</sup>**서양산딸나무**(*C. florida*)는 북아메리카 원산으로 가지 끝에 흰색 꽃이 피는데 十자 모양으로 된 4장의 흰색 총포조각은 3㎝ 정도 길이이며 끝이 오목하게 들어가고 타원형 열매는 2~10개가 촘촘히 모여 달린다. <sup>2)</sup>**붉은꽃서양산딸나무**(*C. f.* 'Rubra')는 원예 품종으로 꽃잎 모양의 총포조각이 붉은색이다.

잎 앞면 p.776

9월 말의 열매

씨앗

4월 초에 핀 꽃

잎 뒷면

4월 초의 산수유

나무껍질

## 산수유(층층나무과) *Cornus officinalis*

🌳 갈잎작은키나무(높이 4~8m)  🌸 꽃 | 3~4월  🍒 열매 | 9~11월

중국 원산이며 마을에서 재배하고 정원수로도 심는다. 나무껍질은 갈색이
며 비늘조각처럼 벗겨진다. 잎은 마주나고 달걀형~넓은 달걀형이며 끝이
길게 뾰족하고 가장자리는 밋밋하다. 잎 뒷면은 분백색이다. 잎이 돋기
전에 짧은가지 끝에 달리는 우산꽃차례에 자잘한 노란색 꽃이 둥글게 모
여 핀다. 4장의 꽃잎은 선상피침형이며 뒤로 젖혀지고 꽃자루는 5~10㎜
길이이다. 붉게 익는 긴 타원형 열매는 시고 떫은맛이 난다.

잎 앞면 p.776

꽃 모양

5월에 핀 꽃

10월의 열매

잎 뒷면

10월의 층층나무

수액이 흐르는 줄기

## 층층나무 (층층나무과) *Cornus controversa*

🌳 갈잎큰키나무(높이 10~20m) ❀ 꽃 | 5~6월 🍒 열매 | 9~10월

산에서 자란다. 나무껍질은 회갈색~회흑색이며 세로로 얕게 갈라진다. 잎은 어긋나고 넓은 달걀형~넓은 타원형이며 6~15cm 길이이고 끝이 갑자기 뾰족해지며 가장자리가 밋밋하다. 측맥은 6~9쌍이다. 햇가지 끝의 고른꽃차례에 자잘한 흰색 꽃이 모여 핀다. 4장의 꽃잎은 수평으로 벌어지며 수술은 4개이고 암술은 1개이다. 둥근 열매는 지름 6~7mm이며 가을에 붉은색으로 변했다가 흑자색으로 익는다.

잎 앞면 p.774

521

꽃 모양

9월의 열매

5월에 핀 꽃

잎 뒷면

경복궁의 말채나무

나무껍질

## 말채나무(층층나무과) *Cornus walteri*

🌳 갈잎큰키나무(높이 10~15m)　✹ 꽃 | 5~6월　❀ 열매 | 9~10월

산에서 자란다. 나무껍질은 회갈색~흑갈색이며 그물처럼 깊게 갈라진다. 겨울눈은 달걀형이며 짧은털로 덮여 있다. 잎은 마주나고 타원형~넓은 달걀형이며 끝이 길게 뾰족하고 가장자리가 밋밋하다. 잎 뒷면은 백록색이고 측맥은 3~5쌍이다. 가지 끝에 달리는 고른꽃차례 모양의 갈래꽃차례에 자잘한 흰색 꽃이 모여 핀다. 둥근 열매는 지름 6~7mm이고 검은색으로 익는다. 낭창낭창한 가지를 말채찍으로 써서 '말채나무'라고 한다.

522

잎 앞면 p.776

9월의 열매

잎 뒷면

6월에 핀 꽃

6월의 곰의말채

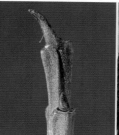
겨울눈

나무껍질

## 곰의말채(층층나무과) *Cornus macrophylla*

🌳 갈잎큰키나무(높이 10~15m)  ✳️ 꽃 | 6~7월  🍒 열매 | 9~10월

남부 지방의 산에서 자란다. 나무껍질은 회갈색이며 노목은 얕게 갈라진다. 겨울눈은 달걀형이며 짧은 흑갈색 털로 덮여 있다. 잎은 마주나고 달걀 모양의 긴 타원형이며 6~15㎝ 길이이고 끝이 길게 뾰족하며 가장자리가 밋밋하다. 잎 뒷면은 백록색이고 측맥은 4~8쌍이다. 가지 끝에 달리는 고른꽃차례에 자잘한 흰색 꽃이 모여 핀다. 4장의 꽃잎은 달걀 모양의 긴 타원형이다. 둥근 열매는 지름 5~6㎜이고 검은색으로 익는다.

꽃 모양

7월의 열매

6월에 핀 꽃

잎 뒷면

1월의 흰말채나무

2월의 <sup>1)</sup>플라비라메아말채 줄기

---

## 흰말채나무(충충나무과) *Cornus alba*

🌳 갈잎떨기나무(높이 2~3m) ✿ 꽃 | 5~6월 🍂 열매 | 8~9월

평북 및 함경도에서 자란다. 가지는 겨울에 적자색으로 변한다. 잎은 마주나고 타원형~넓은 타원형이며 끝이 뾰족하고 가장자리는 밋밋하다. 가지 끝에 달리는 고른꽃차례 모양의 갈래꽃차례에 자잘한 흰색 꽃이 모여 핀다. 둥근 열매는 지름 6~8mm이며 끝에 꽃받침자국이 남아 있고 흰색으로 익으며 단맛이 난다. <sup>1)</sup>플라비라메아말채(*C. sericea* 'Flaviramea')는 흰말채나무와 비슷하지만 줄기와 가지가 겨울에 노란색으로 변한다.

잎 앞면 p.758

# 층층나무 종류의 비교

| 열매 | 잎 뒷면 | 나무껍질 | 특징 |
|------|---------|----------|------|
|  | | | **층층나무**<br>나무껍질은 회갈색~회흑색이며 세로로 얕게 갈라진다. 잎은 어긋나고 측맥은 6~9쌍이다. 열매는 흑자색이다. |
|  | | | **말채나무**<br>나무껍질은 회갈색~흑갈색이며 그물처럼 깊게 갈라진다. 잎은 마주나고 측맥은 3~5쌍이다. 열매는 검은색이다. |
|  | | | **곰의말채**<br>나무껍질은 회갈색이며 노목은 얕게 갈라진다. 잎은 마주나고 측맥은 4~8쌍이다. 열매는 검은색이다. |
| | | | **흰말채나무**<br>갈잎떨기나무로 가지는 겨울에 적자색으로 변한다. 잎은 마주나고 측맥은 4~6쌍이다. 열매는 흰색이다. |

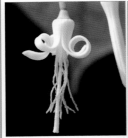
꽃 모양

6월에 핀 꽃

8월의 열매

6월의 박쥐나무

나무껍질

잎 뒷면

### 박쥐나무(충층나무과|박쥐나무과) *Alangium platanifolium*

🔵 갈잎떨기나무(높이 2~4m) ✳️ 꽃 | 5~6월 🟤 열매 | 9~10월

산에서 자란다. 나무껍질은 회색이고 껍질눈이 있다. 잎은 어긋나고 둥그
스름하며 7~20㎝ 길이이고 끝이 3~5갈래로 얕게 갈라지며 갈래조각 끝
은 뾰족하고 가장자리는 밋밋하다. 잎겨드랑이에서 자란 갈래꽃차례에 매
달리는 2~5개의 흰색 꽃은 6장의 선형 꽃잎이 용수철처럼 바깥쪽으로 말
린다. 노란색 수술과 흰색 암술은 술처럼 밑으로 늘어진다. 달걀형~구형
열매는 끝에 꽃받침자국이 남아 있고 벽자색으로 익는다.

526

잎 앞면 p.761

꽃 모양

5월에 핀 꽃

8월의 열매

잎 뒷면

6월 초의 빈도리

6월의 ¹⁾만첩빈도리

## 빈도리(수국과|범의귀과) *Deutzia crenata*

🔵 갈잎떨기나무(높이 1~3m) ✿ 꽃 | 5~7월 🔵 열매 | 10~11월

일본 원산이며 정원수로 심는다. 줄기 단면의 골속은 비어 있다. 잎은 마주나고 달걀형~달걀 모양의 피침형이며 4~9㎝ 길이이고 끝이 길게 뾰족하며 가장자리에 잔톱니가 있다. 잎 양면에 별모양털이 있다. 가지 끝의 원뿔꽃차례에 흰색 꽃이 고개를 숙이고 핀다. 수술은 10개이며 수술대 양쪽에 날개가 있다. 둥근 열매는 별모양털로 덮여 있고 끝에 암술대가 남아 있다. ¹⁾**만첩빈도리**('Plena')는 원예 품종으로 겹꽃이 핀다.

잎 앞면 p.754

꽃 모양

8월의 어린 열매

5월에 핀 꽃

잎 뒷면

5월의 애기말발도리 군락

나무껍질

## 애기말발도리(수국과 | 범의귀과)  *Deutzia gracilis*

🔄 갈잎떨기나무(높이 50~150㎝)  ✳️ 꽃 | 4~5월  🔄 열매 | 10월

일본 원산이며 정원수로 심는다. 나무껍질은 회갈색이고 어린 가지는 연
녹색이며 털이 없다. 잎은 마주나고 좁은 달걀형~피침형이며 4~8㎝ 길
이이고 끝이 길게 뾰족하며 가장자리에 잔톱니가 있다. 잎 앞면에 별모양
털이 있으며 뒷면은 털이 없다. 가지 끝의 원뿔꽃차례에 흰색 꽃이 약간
고개를 숙이고 핀다. 꽃잎은 5장이고 7~10㎜ 길이이다. 콩알만 한 둥근
열매에는 별모양털이 있고 끝에 암술대가 남아 있다.

528

잎 앞면 p.755

암술과 수술

4월에 핀 꽃

6월의 열매

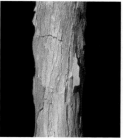

잎 뒷면

4월의 매화말발도리

나무껍질

## 매화말발도리(수국과 | 범의귀과) *Deutzia uniflora*

🌳 갈잎떨기나무(높이 1m 정도) ❋ 꽃 | 4~5월 🍒 열매 | 9~10월

산의 숲 가장자리나 바위틈에서 자란다. 잎은 마주나고 긴 타원형~넓은 피침형이며 끝이 길게 뾰족하고 가장자리에 불규칙한 잔톱니가 있다. 잎 양면에 별모양털이 있고 측맥은 4~6쌍이다. 지난해 가지의 잎겨드랑이에 흰색꽃이 1~3개씩 고개를 숙이고 핀다. 꽃은 지름 2~3cm이며 꽃잎은 5장이다. 꽃받침은 5갈래로 갈라지고 꽃받침조각은 좁은 삼각형이며 통부보다 짧다. 열매는 종 모양이며 지름 4~6mm이고 끝에 기다란 암술대가 남아 있다.

8월의 열매

열매 모양

5월에 핀 꽃

잎 뒷면

잎자루와 겨울눈

나무껍질

## 바위말발도리(수국과 | 범의귀과) *Deutzia baroniana*

🌳 갈잎떨기나무(높이 1m 정도)  🌸 꽃 | 4~5월  🍒 열매 | 9~10월

경기도와 강원도 이북의 산지 능선이나 바위틈에서 자란다. 잎은 마주나고 달걀형~타원형이며 2~7㎝ 길이이고 끝이 뾰족하며 가장자리에 불규칙한 잔톱니가 있다. 잎 양면에 별모양털이 있다. 햇가지 끝에 흰색 꽃이 1~3개씩 달린다. 꽃은 지름 2~3㎝이고 꽃잎은 5장이다. 꽃받침통은 별모양털로 덮여 있고 5개의 꽃받침조각은 가는 피침형이며 통부보다 길다. 반구형 열매는 별모양털이 있으며 끝에는 기다란 암술대가 남아 있다.

잎 앞면 p.755

8월의 열매

6월 초에 핀 꽃

열매의 별모양털

꽃 모양

잎 앞면

줄기

## 말발도리(수국과 | 범의귀과) *Deutzia parviflora*

🍂 갈잎떨기나무(높이 1~3m) ✿ 꽃 | 5~6월 🍃 열매 | 9~10월

제주도를 제외한 전국의 산에서 자란다. 잎은 마주나고 타원 모양의 달걀형이며 3~6cm 길이이고 끝이 뾰족하며 가장자리에 잔톱니가 있다. 잎 양면에 별모양털이 있어서 만지면 껄끄럽다. 가지 끝의 고른꽃차례에 자잘한 흰색 꽃이 모여 핀다. 꽃은 지름 7~12mm이며 꽃잎은 5장이고 수술은 10개이다. 컵 모양의 꽃받침통은 별모양털로 덮여 있다. 말발굽 모양의 반구형 열매는 별모양털로 덮여 있고 끝에 암술대가 남아 있다.

잎 앞면 p.755

531

7월의 열매

5월에 핀 꽃

열매 모양

잎 뒷면

6월 초의 물참대

줄기 단면

## 물참대(수국과ㅣ범의귀과) *Deutzia glabrata*

🌳 갈잎떨기나무(높이 2m 정도)  🌸 꽃ㅣ5~6월  🍒 열매ㅣ9~10월

제주도를 제외한 전국의 산골짜기에서 자란다. 햇가지는 적갈색이고 겨울에 껍질이 벗겨지기도 한다. 줄기 단면의 골속은 비어 있다. 잎은 마주나고 달걀형~달걀 모양의 피침형이며 끝이 길게 뾰족하고 가장자리에 잔톱니가 있다. 잎 앞면에 별모양털이 약간 있고 뒷면은 매끈하다. 가지 끝의 고른꽃차례에 피는 흰색 꽃은 꽃잎이 5장이다. 컵 모양의 꽃받침통은 털이 없다. 반구형 열매는 털이 없고 끝에 암술대가 남아 있다.

잎 앞면 p.755

# 말발도리속(*Deutzia*)의 비교

### 빈도리
가지 끝의 원뿔꽃차례에 흰색 꽃이 고개를 숙이고 핀다. 햇가지, 잎 양면, 열매는 별모양털이 있다.

### 애기말발도리
가지 끝의 원뿔꽃차례에 흰색 꽃이 핀다. 햇가지와 잎 뒷면은 털이 없다. 열매도 털이 거의 없다.

### 매화말발도리
지난해 가지의 잎겨드랑이에 흰색 꽃이 1~3개씩 달린다. 꽃받침조각은 좁은 삼각형이며 통부보다 짧다.

### 바위말발도리
햇가지 끝에 흰색 꽃이 1~3개씩 달린다. 꽃받침조각은 가는 피침형이며 통부보다 길다.

### 말발도리
가지 끝의 고른꽃차례에 흰색 꽃이 핀다. 잎 양면에 별모양털이 있다. 열매도 별모양털로 덮여 있다.

### 물참대
가지 끝의 고른꽃차례에 흰색 꽃이 핀다. 잎에 털이 거의 없다. 열매도 털이 없이 매끈하다.

수술의 일부가 꽃잎으로 변한 꽃

잎 뒷면      5월의 얇은잎고광나무      겨울눈

## 얇은잎고광나무(수국과 | 범의귀과) *Philadelphus tenuifolius*

🌳 갈잎떨기나무(높이 2~3m) 🌸 꽃 | 5~6월 🍎 열매 | 9~10월

숲 가장자리에서 자란다. 어린 가지는 적갈색이며 겨울눈은 세모진 잎자국 속에 숨어 있다. 잎은 마주나고 달걀형~타원형이며 3~11㎝ 길이이고 끝이 길게 뾰족하며 가장자리에 희미한 톱니가 있다. 잎 양면에 털이 있고 잎자루는 3~10㎝ 길이이다. 가지 끝에서 나온 송이꽃차례에 3~9개의 흰색 꽃이 핀다. 꽃차례와 꽃받침통에 잔털이 많고 암술대에는 털이 없다. 꽃잎은 4장이며 수술은 20~30개이다. 간혹 꽃 중에 수술의 일부가 가느다란 꽃잎

5월에 핀 꽃

암술과 수술

<sup></sup>1)**고광나무** 암술

7월 말의 열매

5월의 <sup></sup>2)**애기고광나무**

2)**애기고광나무** 꽃차례

으로 변한 것을 볼 수 있다. 열매는 타원형~구형이며 8~10㎜ 길이이고 꽃받침조각과 기다란 암술대가 남아 있다. <sup></sup>1)**고광나무**(*P. schrenkii*)는 얇은잎고광나무와 비슷하지만 잎이 두꺼운 편이고 암술대에 털이 있는 것으로 구분하는데 실제로는 구분이 어렵다. <sup></sup>2)**애기고광나무**(*P. pekinensis*)는 얇은잎고광나무와 비슷하지만 전체에 털이 거의 없으며 꽃차례에도 털이 없고 암술대는 끝부분만 약간 갈라진다.

잎 앞면 p.755

7월의 산수국

잎 뒷면                겨울눈                나무껍질

## 산수국(수국과|범의귀과) *Hydrangea macrophylla* ssp. *serrata*

🌳 갈잎떨기나무(높이 1m 정도) ✿ 꽃 | 6~8월 🍂 열매 | 10월

중부 이남의 산에서 자란다. 나무껍질은 회갈색~갈색이며 얇은 조각으로 벗겨진다. 햇가지는 연녹색이며 털이 빽빽이 난다. 잎은 마주나고 긴 타원형~달걀 모양의 타원형이며 5~10㎝ 길이이다. 잎 끝은 꼬리처럼 길게 뾰족하며 가장자리에 뾰족한 톱니가 있다. 잎 뒷면 잎맥과 잎맥겨드랑이에 털이 빽빽하다. 가지 끝에 접시 모양의 고른꽃차례가 달리는데 지름 5~10㎝로 큼직하다. 꽃차례 가운데에는 자잘한 양성화가 촘촘히 모여 피고 가장자

7월에 핀 꽃

9월의 어린 열매

열매 모양

장식꽃과 양성화

7월의 <sup>1)</sup>탐라산수국

9월의 <sup>2)</sup>꽃산수국

리에는 꽃잎처럼 생긴 3~4장의 꽃받침조각을 가진 장식꽃이 둘러 핀다. 장
식꽃은 자주색, 연한 푸른색, 연분홍색 등 여러 가지이다. 열매는 달걀형~
타원형이며 3~4㎜ 길이이고 끝에 암술대가 남아 있다. 정원수로도 심는다.
<sup>1)</sup>**탐라산수국**(f. *fertilis*)은 둘레에 있는 장식꽃이 암술과 수술이 있는 양성화
이다. <sup>2)</sup>**꽃산수국**(f. *buergeri*)은 둘레에 있는 장식꽃의 가장자리에 톱니가 있
다. 모두 산수국과 같은 종으로 본다.

10월의 시든 꽃송이

6월의 수국

6월에 핀 꽃

4월의 ¹⁾수국 '블루 스타'

6월의 ²⁾수국 '핫 레드'

7월의 ³⁾수국 '슈팅 스타'

**수국**(수국과|범의귀과) *Hydrangea macrophylla* v. *otaksa*

🔼 갈잎떨기나무(높이 1m 정도) ✸ 꽃 | 6~7월

중국 원산이며 정원수로 심는다. 잎은 마주나고 달걀형~넓은 달걀형이다.
가지 끝에 달린 동그스름한 꽃송이에는 양성화가 없고 모두 장식꽃이다.
¹⁾**수국 '블루 스타'**('Blue Star')는 장식꽃이 황청색에서 점차 청색으로 변한다.
²⁾**수국 '핫 레드'**('Hot Red')는 촘촘히 달리는 장식꽃이 홍적색이다. ³⁾**수국**
**'슈팅 스타'**('Shooting Star')는 꽃송이 가운데에 양성화가 모여 피고 둘레
의 흰색 장식꽃은 꽃받침조각이 여러 겹이며 별 모양이다.

잎 앞면 p.755

장식꽃과 양성화

7월 초에 피기 시작한 꽃

10월의 열매

잎 뒷면

7월의 나무수국

8월의 [1]큰나무수국

## 나무수국(수국과|범의귀과) *Hydrangea paniculata*

🌳 갈잎떨기나무(높이 2~5m)  ✲ 꽃 | 7~8월  🍂 열매 | 9~11월

동북아시아 원산이며 정원수로 심는다. 잎은 마주나거나 3장이 돌려난다. 잎몸은 타원형~달걀 모양의 타원형이며 끝이 길게 뾰족하고 가장자리에 잔톱니가 있다. 가지 끝에 달리는 원뿔꽃차례는 8~30㎝ 길이이며 장식꽃과 양성화가 모여 달린다. 장식꽃은 흰색 꽃받침조각이 3~5장이다. [1]큰나무수국('Grandiflora')은 원예 품종으로 7~8월에 가지 끝에 달리는 큼직한 원뿔꽃차례는 모두 흰색 장식꽃으로 이루어져 있다.

잎 앞면 p.755

장식꽃과 양성화

8월 말의 열매

6월 초에 핀 꽃

6월의 등수국

줄기의 공기뿌리

나무껍질

# 등수국(수국과|범의귀과) *Hydrangea petiolaris*

✿ 갈잎덩굴나무(길이 10~20m)  ✿ 꽃 | 5~6월  ✿ 열매 | 10~11월

제주도와 울릉도의 숲속에서 자란다. 가지에서 나온 공기뿌리로 다른 물체에 달라붙어 오른다. 잎은 마주나고 넓은 달걀형이며 끝이 뾰족하고 가장자리에 날카로운 톱니가 있다. 가지 끝에 고른꽃차례가 달린다. 꽃가지 끝에 달리는 장식꽃은 흰색 꽃받침조각이 3~4개이다. 꽃가지 밑부분에 달리는 흰색 양성화는 꽃잎이 5장이며 수술은 15~20개로 많고 암술대는 2개이다. 동그스름한 열매 끝에는 2개의 암술대가 남아 있다.

잎 앞면 p.745

장식꽃과 양성화

5월에 핀 꽃

9월의 열매

잎 뒷면

5월의 바위수국

나무껍질

## 바위수국(수국과 | 범의귀과) *Schizophragma hydrangeoides*

🌳 갈잎덩굴나무(길이 10m 정도) ✳ 꽃 | 5~6월 🍂 열매 | 9~10월

제주도와 울릉도의 숲속에서 자란다. 가지에서 나온 공기뿌리로 다른 물체에 달라붙어 오른다. 잎은 마주나고 넓은 달걀형이며 5~15cm 길이이다. 잎 끝은 뾰족하고 밑부분은 둥글거나 심장저이며 가장자리의 톱니는 끝으로 갈수록 점점 커진다. 가지 끝에 달리는 고른꽃차례는 지름 10~20cm이다. 꽃가지 끝에 달리는 장식꽃은 흰색 꽃받침조각이 1개이고 달걀형~넓은 달걀형이다. 열매는 거꿀원뿔형이고 10개의 모가 진다.

잎 앞면 p.745

양성화

6월의 어린 열매

6월 초에 핀 수꽃

잎 뒷면

가지 단면의 골속

10월의 [1]섬다래 잎가지

**다래**(다래나무과) *Actinidia arguta*

갈잎덩굴나무(길이 10m 정도) 꽃 | 5~6월 열매 | 10월

산에서 자란다. 가지 단면의 갈색 골속은 계단 모양이다. 잎은 어긋나고 넓은 달걀형이며 끝이 뾰족하고 가장자리에 잔톱니가 있다. 암수딴그루로 잎겨드랑이의 갈래꽃차례에 매달리는 흰색 꽃은 꽃잎이 4~6장이며 꽃밥이 검은색이다. 열매는 둥근 타원형이고 녹황색으로 익는다. [1]**섬다래**(A. *rufa*)는 남쪽 섬에서 자라며 흰색 꽃은 꽃자루와 꽃받침과 씨방에 갈색 털이 빽빽하고 넓은 타원형 열매는 녹갈색으로 익는다.

잎 앞면 p.744

6월에 핀 꽃

양성화

9월의 열매

6월 말의 개다래

가지 단면의 골속

나무껍질

## 개다래 (다래나무과) *Actinidia polygama*

🌳 갈잎덩굴나무(길이 10m 정도) 🌼 꽃 | 6~7월 🍀 열매 | 9~10월

산에서 자란다. 가지 단면의 골속은 흰색으로 꽉 차 있다. 잎은 어긋나고 넓은 달걀형~긴 달걀형이며 끝이 뾰족하고 가장자리에 잔톱니가 있다. 개화기에 잎 앞면에 흰색 무늬가 생긴다. 암수딴그루로 잎겨드랑이에 1~3개의 흰색 꽃이 밑을 보고 핀다. 수꽃은 수술이 많고 꽃밥은 노란색이며 양성화는 가는 암술대가 방사상으로 퍼진다. 긴 타원형 열매는 끝이 뾰족하고 꽃받침조각이 남아 있으며 주황색으로 익고 맛이 맵다.

잎 앞면 p.744

수꽃

양성화

6월 초에 핀 수꽃

8월 말의 열매

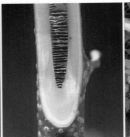

가지 단면의 골속

6월의 쥐다래

## 쥐다래(다래나무과) *Actinidia kolomikta*

🌿 갈잎덩굴나무(길이 10m 정도) ✳ 꽃 | 6월 🍂 열매 | 9~10월

산에서 자란다. 가지 단면의 골속은 갈색이며 계단 모양이다. 잎은 어긋
나고 넓은 달걀형~거꿀달걀형이며 끝이 뾰족하고 가장자리에 잔톱니가
있다. 개화기에 잎 앞면에 흰색 무늬가 생기며 점차 분홍색으로 변한다. 암
수딴그루로 햇가지의 잎겨드랑이에 1~3개의 흰색 꽃이 밑을 보고 핀다.
수꽃은 수술이 많고 꽃밥은 노란색이며 양성화는 가는 암술대가 방사상으
로 퍼진다. 열매는 넓은 타원형이고 녹황색으로 익으며 맛이 달다.

잎 앞면 p.744

5월 말에 핀 수꽃

5월 말에 핀 양성화

9월의 열매

잎 뒷면

8월의 양다래

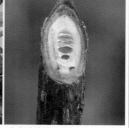

가지 단면의 골속

## 양다래/키위(다래나무과) *Actinidia chinensis*

⬆ 갈잎덩굴나무(길이 10m 이상) ✿ 꽃 | 5∼6월 🍓 열매 | 9∼10월

중국 원산이며 주로 남부 지방에서 과일나무로 재배한다. 어린 가지는 적
갈색 털이 빽빽하지만 점차 없어진다. 잎은 어긋나고 둥근 거꿀달걀형∼
원형이며 끝은 평평하거나 약간 뾰족하고 밑부분은 심장저이며 가장자리
에 잔톱니가 있다. 잎 뒷면은 별모양털로 덮여 있다. 암수딴그루로 잎겨
드랑이의 갈래꽃차례에 흰색 꽃이 모여 핀다. 흔히 '키위'라고 하는 커다
란 다래 모양의 열매 표면에는 갈색 털이 빽빽이 나 있다.

잎 앞면 p.744

# 다래나무속(*Actinidia*)의 비교

| 꽃 | 열매 | 골속 | 특징 |
|---|---|---|---|

**다래**
수술의 꽃밥은 검은색이고 꽃받침조각은 젖혀진다. 열매는 녹황색으로 익는다. 갈색 골속은 계단 모양이다.

**개다래**
수술의 꽃밥은 노란색이다. 열매는 꽃받침조각이 남고 주황색으로 익는다. 골속은 흰색으로 꽉 차 있다.

**쥐다래**
수술의 꽃밥은 노란색이다. 열매는 녹황색으로 익는다. 갈색 골속은 계단 모양이다.

**양다래**
수술의 꽃밥은 노란색이다. 열매는 3~5cm로 크고 갈색 털이 빽빽하다. 어린 가지는 적갈색 털이 빽빽하다.

7월에 핀 꽃

10월의 열매

잎 뒷면

7월의 매화오리

겨울눈

나무껍질

## 매화오리(매화오리과) *Clethra barbinervis*

🌳 갈잎작은키나무(높이 8~10m) 🌸 꽃 | 6~8월 🍎 열매 | 10월

중국과 일본에 분포하며 제주도 한라산에서도 자란다고 한다. 나무껍질은
진갈색이며 불규칙하게 얇은 조각으로 갈라져 벗겨진다. 겨울눈은 원뿔형
이다. 잎은 어긋나고 가지 끝에서는 모여난다. 잎몸은 달걀형~거꿀달걀
모양의 긴 타원형이며 끝이 뾰족하고 가장자리에 날카로운 잔톱니가 있
다. 가지 끝에서 모여나오는 송이꽃차례에 자잘한 흰색 꽃이 모여 핀다. 둥
근 열매는 약간 납작하고 지름 3~4mm이며 털로 덮여 있다.

잎 앞면 p.772

10월 말의 곶감을 말리는 농가

11월의 감나무

겨울눈

나무껍질

## 감나무(감나무과) *Diospyros kaki*

🌳 갈잎큰키나무(높이 10m 정도) ✴ 꽃 | 5~6월 🍂 열매 | 10~11월

중국 원산이며 과일나무로 재배한다. 나무껍질은 회색~회갈색이며 세로로
불규칙하게 비늘 모양으로 갈라진다. 겨울눈은 세모진 달걀형이며 끝이 뾰
족하다. 잎은 어긋나고 넓은 타원형~달걀 모양의 타원형이며 7~15㎝ 길이
이고 끝이 뾰족하며 가장자리가 밋밋하다. 잎몸은 두꺼운 가죽질이고 앞면
은 광택이 있다. 잎 뒷면은 회백색이고 부드러운 털이 빽빽하다. 암수한그
루이지만 드물게 암수딴그루도 있으며 햇가지의 잎겨드랑이에 연노란색 꽃

6월에 핀 수꽃

6월에 핀 암꽃

7월의 어린 열매

9월에 익은 열매

잎 뒷면

10월의 단풍

이 핀다. 수꽃은 종 모양이고 5~10mm 길이이며 여러 개가 모여 달린다. 꽃부리는 4갈래로 갈라지고 갈래조각은 뒤로 젖혀진다. 수술은 16개이다. 암꽃은 납작한 종 모양이고 지름 1.2~1.5cm이며 꽃부리는 4갈래로 갈라지고 갈래조각은 뒤로 젖혀진다. 1개의 암술과 8개의 퇴화한 수술이 있다. 둥근 열매는 지름 3~8cm이고 황홍색으로 익으며 과일로 먹는다. 생감의 껍질을 벗겨 햇빛에 말린 것을 '곶감'이라고 한다.

잎 앞면 p.774

6월 초에 핀 수꽃

10월의 열매

6월 초에 핀 암꽃

잎 뒷면

6월의 고욤나무

나무껍질

## 고욤나무(감나무과) *Diospyros lotus*

🔼 갈잎큰키나무(높이 10m 정도) ✳ 꽃 | 5~6월 🔽 열매 | 10월

낮은 산에서 자란다. 나무껍질은 암회색이며 불규칙하게 갈라진다. 잎은
어긋나고 타원형~긴 타원형이며 끝이 뾰족하고 가장자리가 밋밋하다. 암
수딴그루로 햇가지 밑부분의 잎겨드랑이에 연노란색 꽃이 핀다. 수꽃은
종 모양이고 5㎜ 정도 길이이며 1~3개씩 모여 달린다. 암꽃은 종 모양이
고 6~7㎜ 길이이며 1개씩 달린다. 꽃부리는 4갈래로 갈라지고 갈래조각
은 뒤로 젖혀진다. 열매는 둥글고 지름 1.5㎝ 정도로 작다.

잎 앞면 p.774

10월의 열매

6월에 핀 꽃

5월의 수꽃          5월의 암꽃

6월의 가솔송

## 애기감나무/노아시(감나무과)

*Diospyros rhombifolia*

🌳 갈잎작은키나무(높이 5~8m)

🌸 꽃 | 4~5월  🍂 열매 | 10~11월

중국 원산으로 정원수로 심는다. 잎은 어긋나고 마름모꼴의 거꿀달 걀형~마름모꼴의 달걀형이며 끝이 둔하고 가장자리는 밋밋하다. 암수 딴그루로 잎겨드랑이에 항아리 모 양의 연노란색 꽃이 핀다. 암꽃은 꽃받침조각이 큼직하다. 열매는 원 형~타원형이며 2cm 정도 길이이고 끝이 뾰족하며 자루가 길다.

## 가솔송(진달래과)

*Phyllodoce caerulea*

🌳 늘푸른떨기나무(높이 10~25cm)

🌸 꽃 | 6~8월  🍂 열매 | 9월

함경도의 높은 산에서 자란다. 줄 기는 밑동이 옆으로 누우며 가지 가 많이 갈라진다. 촘촘히 어긋나 는 선형 잎은 끝이 둔하며 가장자 리에 미세한 잔톱니가 있고 살짝 뒤로 말린다. 가지 끝에 항아리 모 양의 홍자색 꽃이 밑을 향해 피며 7~8mm 길이이다. 둥근 열매는 끝 에 기다란 암술대가 남아 있다.

잎 앞면 p.775(애기감나무)

4월 말에 핀 수꽃

5월의 어린 열매

4월 말에 핀 암꽃

9월의 열매

한라산의 시로미 군락

뿌리와 줄기

## **시로미**(진달래과 | 시로미과) *Empetrum nigrum* ssp. *asiaticum*

🌳 늘푸른떨기나무(높이 10~20㎝) ✳ 꽃 | 5월 🍃 열매 | 8~9월

한라산의 고지대에서 자란다. 줄기가 옆으로 기고 작은 가지는 비스듬히 선다. 가지에 촘촘히 모여 달리는 넓은 선형 잎은 5~6㎜ 길이이며 두껍고 광택이 있으며 가장자리가 뒤로 말린다. 잎자루는 거의 없다. 암수딴그루로 가지 위쪽의 잎겨드랑이에 자잘한 자주색 꽃이 핀다. 수꽃의 꽃밥은 홍색이고 암꽃의 암술머리는 흑자색이며 6~8개로 갈라진다. 둥근 열매는 지름 5~6㎜이고 흑자색으로 익으며 새콤달콤한 맛이 난다.

잎 앞면 p.783

5월의 꽃봉오리

5월 말에 핀 꽃

잎 뒷면

5월 말의 백산차

나무껍질

6월의 [1]좁은잎백산차

## 백산차(진달래과) *Ledum palustre*

🌳 늘푸른떨기나무(높이 50~70cm) ❀ 꽃 | 6~7월 🍒 열매 | 9월

양강도와 함경도에서 자란다. 어린 가지는 잔털이 빽빽하다. 잎은 어긋나고 가는 피침형~긴 타원형이며 2~8cm 길이이고 가장자리는 밋밋하며 뒤로 말린다. 잎몸은 두껍고 뒷면에 비늘조각이 있으며 황갈색 털이 빽빽하다. 가지 끝의 고른꽃차례에 흰색 꽃이 모여 핀다. 꽃부리는 5갈래로 깊게 갈라진다. 긴 타원형 열매는 3~4mm 길이이고 끝에 암술대가 남아 있다. 잎의 너비가 2~3mm로 더 좁은 품종은 [1]좁은잎백산차(v. *decumbens*)로 나누기도 한다.

잎 앞면 p.753

6월의 [1]홍만병초

10월의 열매

7월 초에 핀 꽃

잎 뒷면

7월의 만병초

나무껍질

## 만병초(진달래과) *Rhododendron fauriei*

🌳 늘푸른떨기나무(높이 1~3m)  ❋ 꽃 | 6~7월  🍃 열매 | 9월

지리산 이북의 높은 산에서 자란다. 잎은 어긋나고 가지 끝에서는 모여 달린다. 잎몸은 좁은 타원형이며 가장자리는 밋밋하고 뒤로 약간 말린다. 잎몸은 가죽질이고 앞면은 광택이 있으며 뒷면은 연갈색의 부드러운 털로 덮여 있다. 가지 끝에 5~15개의 흰색 꽃이 모여 핀다. 원통형 열매는 2~3cm 길이이다. [1]홍만병초(v. *roseum*)는 울릉도에서 자라고 연분홍색 꽃이 피는 품종이며 지금은 만병초와 같은 종으로 본다.

잎 앞면 p.753

6월에 핀 꽃

7월에 핀 꽃

6월의 노랑만병초

7월의 영산홍

## 노랑만병초(진달래과)

*Rhododendron aureum*

🌳 늘푸른떨기나무(높이 10~100㎝)

🌸 꽃 | 5~7월  🍂 열매 | 9월

설악산 이북의 높은 산에서 자란다. 줄기는 밑부분이 땅으로 눕고 가지는 위로 선다. 잎은 어긋나고 긴 타원형이며 3~8㎝ 길이이고 가죽질이며 양면에 털이 없다. 가지 끝에 깔때기 모양의 연노란색 꽃이 2~10개씩 모여 핀다. 암술대는 수술보다 길고 털이 없다. 긴 달걀형 열매는 갈색으로 익는다.

## 영산홍(진달래과)

*Rhododendron indicum*

🌳 떨기나무(높이 10~100㎝)

🌸 꽃 | 5~7월  🍂 열매 | 9~10월

일본 원산으로 반상록성이다. 잎은 어긋나고 피침형~넓은 피침형이며 끝이 뾰족하고 두껍다. 5~7월에 피는 붉은 주황색 꽃은 넓은 깔때기 모양이며 꽃부리가 5갈래로 갈라진다. 수술은 5개이고 밑부분에 돌기가 있다. 긴 달걀형 열매는 거친 털이 있다. 관상수로 심으며 재배 품종이 많다.

잎 앞면  p.753(노랑만병초)  p.753(영산홍)

5월에 고산 지대에서 피기 시작한 꽃

잎 뒷면      겨울눈      나무껍질

## 진달래(진달래과) *Rhododendron mucronulatum*

✿ 갈잎떨기나무(높이 2~3m) ✿ 꽃 | 4~5월 ✿ 열매 | 9~10월

산에서 자란다. 나무껍질은 회색이고 매끈하며 겨울눈은 긴 타원형이다. 잎은 어긋나지만 가지 끝에서는 모여난다. 잎몸은 긴 타원형~거꿀피침형이며 4~7㎝ 길이이고 끝이 뾰족하며 가장자리가 밋밋하다. 잎 양면에 흰색과 갈색 비늘조각이 섞여 있다. 잎이 돋기 전에 가지 끝마다 1~5개의 홍자색~연분홍색 꽃이 모여 핀다. 꽃부리는 넓은 깔때기 모양이고 지름 3~4.5㎝이며 5갈래로 갈라진다. 위쪽 갈래조각 안쪽에 진한 색 반점이 있다. 수술은

4월에 핀 꽃

암술대와 수술대

9월의 열매

11월의 단풍

4월의 [1]흰진달래

[2]털진달래 꽃봉오리

10개이며 하반부에 털이 있다. 암술대는 1개이고 수술보다 길며 털이 없다. 원통형 열매는 10~15㎜ 길이이며 비늘조각으로 덮여 있고 갈색으로 익으면 위쪽이 4~5갈래로 갈라져 벌어진다. 길쭉한 씨앗은 적갈색이다. [1]**흰진달래**(f. *albiflorum*)는 흰색 꽃이 피는 품종이다. [2]**털진달래**(v. *ciliatum*)는 높은 산에서 자라며 두꺼운 잎몸 양면에 비늘조각과 더불어 털이 있다. 모두 진달래와 같은 종으로 보기도 한다.

8월 말의 열매

잎 뒷면

4월에 핀 꽃

4월의 <sup>1)</sup>겹산철쭉

5월의 <sup>2)</sup>흰산철쭉

5월의 산철쭉 군락

## 산철쭉(진달래과) *Rhododendron yedoense* v. *poukhanense*

갈잎떨기나무(높이 1~2m) ✿ 꽃 | 4~5월 ✿ 열매 | 9월

산의 능선이나 산골짜기에서 자란다. 잎은 어긋나지만 가지 끝에서는 모여
난다. 잎몸은 긴 타원형~거꿀피침형이며 양면에 갈색 털이 있다. 잎이 돋은
후에 가지 끝마다 2~3개의 홍자색 꽃이 모여 핀다. <sup>1)</sup>겹산철쭉(*R. yedoense*)
은 재배 품종으로 겹꽃이 핀다. 겹산철쭉을 기본종으로 먼저 등록하는 바
람에 산철쭉은 품종으로 등록이 되었다. <sup>2)</sup>흰산철쭉(*R. y.* f. *albiflora*)은 흰색
꽃이 피는 품종으로 산에서 드물게 자란다.

잎 앞면 p.753

8월의 열매

잎 뒷면

5월에 핀 꽃

5월의 철쭉

나무껍질

4월의 [1]흰철쭉

## 철쭉(진달래과) *Rhododendron schlippenbachii*

🌳 갈잎떨기나무(높이 2~5m)  ❀ 꽃 | 4~5월  🍎 열매 | 10월

산에서 자란다. 잎은 어긋나지만 가지 끝에서는 보통 5장씩 모여난다. 잎몸은 거꿀달걀형~넓은 거꿀달걀형이며 5~8㎝ 길이이고 끝이 둥글며 가장자리가 밋밋하다. 잎과 함께 가지 끝부분에 3~7개의 연분홍색 꽃이 모여 핀다. 꽃부리는 넓은 깔때기 모양이고 지름 5~7㎝이며 5갈래로 갈라진다. 달걀형 열매는 1.5~2㎝ 길이이고 익으면 위쪽이 5갈래로 갈라진다. [1]흰철쭉(f. *albiflorum*)은 흰색 꽃이 피는 품종이다.

잎 앞면 p.753

11월의 열매

잎 뒷면

5월에 핀 꽃

5월의 참꽃나무

겨울눈

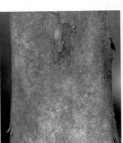
나무껍질

**참꽃나무**(진달래과)  *Rhododendron weyrichii*

🌳 갈잎떨기나무(높이 3~6m)  ✳ 꽃 | 4~5월  🍂 열매 | 9~10월

제주도 한라산에서 자란다. 겨울눈은 타원형이다. 잎은 가지 끝에 3개씩 돌려나고 달걀 모양의 원형~마름모 모양의 원형이며 끝이 뾰족하고 가장 자리가 밋밋하다. 잎이 돋을 때 꽃도 함께 핀다. 가지 끝에 1~3개가 모여 달리는 진한 주홍색 꽃은 넓은 깔때기 모양이며 5갈래로 갈라진다. 수술은 10개이며 털이 없고 씨방은 달걀형이며 기다란 흰색 털이 빽빽하다. 원통 형 열매는 1~2㎝ 길이이고 갈색 털이 있으며 끝에 암술대가 남아 있다.

잎 앞면  p.753

# 진달래, 산철쭉, 철쭉, 참꽃나무의 비교

| 꽃 | 열매 | 잎 뒷면 | 특징 |
|---|---|---|---|
| | | | **진달래**<br>잎이 나기 전에 꽃이 핀다. 잎몸은 긴 타원형~거꿀피침형이며 양면에 비늘조각이 있다. 열매는 원통형이다. |
| | | | **산철쭉**<br>잎이 돋은 후에 홍자색 꽃이 핀다. 긴 타원형 잎은 가지와 함께 긴털이 빽빽하다. 열매는 달걀형이다. |
| | | | **철쭉**<br>잎과 함께 연분홍색 꽃이 핀다. 가지 끝에 거꿀달걀형 잎이 보통 5장씩 모여난다. 열매는 달걀형이다. |
| | | | **참꽃나무**<br>잎과 함께 진한 주홍색 꽃이 핀다. 둥근 달걀형 잎은 가지 끝에 3장씩 돌려난다. 열매는 원통형이다. |

6월의 어린 열매

5월의 새로 돋은 잎

5월에 핀 꽃

나무껍질

6월의 <sup>1)</sup>담자리참꽃나무

## 황산차(진달래과) *Rhododendron lapponicum*

🌳 갈잎떨기나무(높이 1m 정도)  ✳️ 꽃 | 5~6월  🍂 열매 | 9~10월

함경도의 높은 산에서 자란다. 전체가 비늘조각에 덮여 있다. 잎은 어긋나고 긴 타원형이며 0.5~2㎝ 길이이고 가장자리는 밋밋하며 뒷면은 갈색 비늘조각으로 덮여 있다. 가지 끝의 우산꽃차례에 2~5개의 넓은 깔때기 모양의 홍자색 꽃이 모여 핀다. 열매는 긴 달걀형이다. <sup>1)</sup>담자리참꽃나무(v. *alpinum*)는 함경도의 고산에서 자라고 줄기와 가지가 땅바닥을 긴다. 잎과 꽃은 황산차와 비슷하므로 같은 종으로 보기도 한다.

잎 앞면 p.753

8월 말의 열매

7월 초의 흰참꽃

햇가지의 잎

잎 뒷면

8월 말의 흰참꽃

나무껍질

## 흰참꽃(진달래과) *Rhododendron tschonoskii*

🌳 갈잎떨기나무(높이 30~100cm) 🌸 꽃 | 6~7월 🍎 열매 | 9~10월

지리산, 덕유산, 가야산의 능선이나 높은 곳에서 자란다. 잎은 어긋나고
가지 끝에서는 모여 달리며 타원형~거꿀달걀형이고 1~3cm 길이이며 가
장자리는 밋밋하다. 잎 양면에 누운털이 많다. 가지 끝에 2~5개의 흰색
꽃이 모여 핀다. 깔때기 모양의 꽃부리는 지름 1cm 정도이고 4~5갈래로
갈라진다. 4~5개의 수술은 꽃부리 갈래조각보다 긴 것이 있고 꽃밥은 자
주색이다. 열매는 달걀형이며 8~10mm 길이이고 갈색 털로 덮여 있다.

꽃 모양

2월의 열매

7월에 핀 꽃

잎 뒷면

7월의 꼬리진달래

나무껍질

## 꼬리진달래 / 참꽃나무겨우살이(진달래과) *Rhododendron micranthum*

🌳 늘푸른떨기나무(높이 1~2m)　✳ 꽃 | 6~7월　🍎 열매 | 9~10월

강원도, 충북, 경북에서 자란다. 잎은 어긋나지만 가지 끝에서는 모여 달린다. 잎몸은 타원형~거꿀피침형이며 2~4㎝ 길이이고 끝이 뾰족하며 가장자리는 밋밋하다. 잎 양면에는 비늘조각이 퍼져 있고 뒷면은 분백색이다. 가지 끝의 고른꽃차례 모양의 송이꽃차례에 흰색 꽃이 모여 핀다. 꽃부리는 깔때기 모양이고 6~8㎜ 길이이며 5갈래로 갈라진다. 수술은 10개이고 꽃밥은 주황색이다. 열매는 원통형이며 5~8㎜ 길이이다.

잎 앞면 p.753

5월의 어린 열매

4월에 핀 꽃

4월의 새로 자란 가지

잎 뒷면

6월의 진퍼리꽃나무

나무껍질

## 진퍼리꽃나무(진달래과) *Chamaedaphne calyculata*

🌳 늘푸른떨기나무(높이 30~100cm) 🌸 꽃 | 4~6월 🍒 열매 | 8~9월

함경도 산의 습지에서 자란다. 어린 가지에 비늘 모양의 기름점과 잔털이 있다. 잎은 어긋나고 긴 타원형이며 가장자리에 불분명한 톱니가 있다. 잎몸은 가죽질이며 뒷면은 회백색이다. 가지 끝에 달리는 송이꽃차례는 4~12cm 길이이고 비스듬히 휘어지며 항아리 모양의 흰색 꽃이 밑을 보고 핀다. 잎처럼 생긴 포는 위로 갈수록 작아진다. 꽃받침은 5갈래로 완전히 갈라진다. 동그스름한 열매는 끝에 암술대가 남아 있다.

잎 앞면 p.749

시든 꽃과 새순

6월의 열매

잎 앞면과 뒷면

5월의 장지석남

4월의 ¹⁾흰장지석남

5월에 핀 꽃

## 장지석남/애기석남/각시석남(진달래과) *Andromeda polifolia*

🌳 늘푸른떨기나무(높이 10~30㎝)  ✳️ 꽃 | 5~6월  🍂 열매 | 8~9월

함경도 산의 습지에서 자란다. 원줄기는 옆으로 누우며 자란다. 잎은 어긋
나고 가는 피침형이며 1.5~4㎝ 길이이고 끝이 뾰족하며 가장자리는 밋밋
하고 뒤로 말린다. 가지 끝에 달리는 우산꽃차례에 2~6개의 연홍색 꽃이
고개를 숙이고 핀다. 꽃부리는 항아리 모양이며 입구가 좁고 가장자리는
5갈래로 얕게 갈라져 뒤로 젖혀진다. 동그스름한 열매는 위를 향한다. ¹⁾**흰
장지석남**('Alba')은 흰색 꽃이 피는 품종이다.

잎 앞면 p.753

꽃 단면

10월의 열매

4월 말에 핀 꽃

잎 뒷면

11월의 단풍철쭉

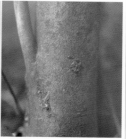
나무껍질

**단풍철쭉**(진달래과) *Enkianthus perulatus*

🌳 갈잎떨기나무(높이 1~2m) 🌸 꽃 | 4~5월 🍂 열매 | 7~10월

일본 원산이며 관상수로 심는다. 나무껍질은 회색이다. 잎은 어긋나고 가지 끝에서는 모여 달린다. 잎몸은 긴 달걀형~타원형이며 2~4㎝ 길이이고 끝이 뾰족하며 가장자리에 잔톱니가 있다. 잎 뒷면은 주맥 밑부분에 흰색 털이 모여 있다. 잎이 돋을 때 가지 끝에 1~5개의 항아리 모양의 흰색 꽃이 늘어진다. 꽃자루는 1~2.5㎝ 길이로 길다. 좁은 타원형 열매는 8㎜ 정도 길이이고 끝에 뾰족한 암술대가 남아 있으며 위를 향한다.

잎 앞면 p.750

8월의 어린 열매

9월의 열매

5월에 핀 꽃

잎 뒷면

8월의 등대꽃

나무껍질

## 등대꽃(진달래과) *Enkianthus campanulatus*

갈잎떨기나무(높이 2~5m) 꽃 | 5~7월 열매 | 9~11월

일본 원산이며 관상수로 심는다. 잎은 어긋나고 가지 끝에서는 모여 달린다. 잎몸은 거꿀달걀형~타원형이며 3~7㎝ 길이이고 끝이 뾰족하며 가장자리에 잔톱니가 있다. 가지 끝에서 늘어지는 송이꽃차례에 종 모양의 꽃이 모여 피는데 꽃자루가 길다. 꽃은 7~10㎜ 길이이며 붉은색 세로줄이 있고 끝부분이 5갈래로 얕게 갈라진다. 밑으로 처진 긴 열매자루는 끝에서 위로 굽어서 타원형~긴 달걀형 열매는 위를 향한다.



잎 앞면 p.750

꽃 모양

7월에 핀 꽃

12월의 열매

잎 뒷면

7월의 모새나무

나무껍질

## 모새나무(진달래과) *Vaccinium bracteatum*

🌳 늘푸른떨기나무(높이 3m 정도) 🌸 꽃 | 6~7월 🍒 열매 | 10~11월

서해와 남해의 섬에서 자란다. 잎은 어긋나고 타원형~달걀 모양의 타원형이며 끝이 뾰족하고 가장자리에 얕은 톱니가 있다. 2년생 가지의 잎겨드랑이에서 나온 송이꽃차례는 3~8㎝ 길이이고 각 꽃에 잎 모양의 포가 있어서 잎겨드랑이에 1개의 꽃이 핀 것처럼 보인다. 항아리 모양의 흰색 꽃은 5~7㎜ 길이이고 끝이 5갈래로 얕게 갈라져 뒤로 젖혀진다. 둥근 열매는 지름 6~7㎜이며 흰색 가루로 덮여 있고 검게 익으며 새콤달콤하다.

잎 앞면 p.750

6월의 어린 열매

7월 말의 열매

5월 말에 핀 꽃

잎 앞면과 뒷면

5월의 월귤

6월의 월귤 군락

**월귤**(진달래과) *Vaccinium vitis-idaea*

🌳 늘푸른떨기나무(높이 5~20cm) ✿ 꽃 | 5~7월 🍎 열매 | 8~9월

강원도 이북의 높은 산에서 자란다. 잎은 어긋나고 타원형~거꿀달걀형이며
1~2cm 길이이고 끝이 둥글며 가장자리에 물결 모양의 둔한 톱니가 있다.
잎몸은 두꺼운 가죽질이고 앞면은 광택이 있으며 뒷면은 연녹색이고 검은
점이 흩어져 난다. 2년생 가지 끝에 2~8개의 흰색 꽃이 밑을 보고 핀다.
꽃부리는 종 모양이고 5mm 정도 길이이며 끝이 4갈래로 갈라져 살짝 젖혀
진다. 둥근 열매는 지름 5~8mm이며 붉게 익고 신맛이 난다.

잎 앞면 p.750

9월의 열매

6월 초에 핀 꽃

잎 뒷면

8월 초의 산앵도나무

겨울눈

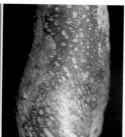
나무껍질

## 산앵도나무(진달래과) *Vaccinium koreanum*

🌳 갈잎떨기나무(높이 1~1.5m)  ❋ 꽃 | 5~6월  🍒 열매 | 9월

제주도를 제외한 전국의 산 능선에서 자란다. 겨울눈은 긴 달걀형이고 끝이 뾰족하다. 잎은 어긋나고 넓은 피침형~달걀형이며 끝이 뾰족하고 가장자리에 날카로운 잔톱니가 있다. 2년생 가지 끝에서 나오는 송이꽃차례에 2~3개의 연노란색~황적색 꽃이 고개를 숙이고 핀다. 꽃부리는 종 모양이며 끝이 5갈래로 얕게 갈라져 뒤로 젖혀진다. 붉게 익는 둥근 달걀형 열매는 남아 있는 꽃받침자국 때문에 절구같이 보이며 새콤달콤하다.

잎 앞면 p.750

꽃 모양

6월 말의 열매

5월에 핀 꽃

잎 뒷면

7월의 블루베리

나무껍질

## 블루베리(진달래과) *Vaccinium corymbosum*

🔺 갈잎떨기나무(높이 2~4m)   ✿ 꽃 | 4~5월   ☀ 열매 | 7~9월

북아메리카 원산이며 과일나무로 심고 관상수로도 기른다. 잎은 어긋나고
긴 타원형~달걀형이며 끝이 뾰족하고 가장자리는 밋밋하며 뒷면은 백록
색이다. 잎이 돋을 때 가지 끝의 꽃송이에 흰색 꽃이 고개를 숙이고 핀다.
꽃부리는 항아리 모양이며 5~8㎜ 길이이고 끝이 5갈래로 얕게 갈라져 뒤
로 젖혀진다. 둥근 열매는 지름 8~15㎜이며 끝에 꽃받침자국이 남아 있
고 흰색 가루로 덮여 있으며 검푸른색으로 익고 새콤달콤하다.

잎 앞면 p.753

8월 말의 열매

잎 뒷면

6월 초에 핀 꽃

8월 말의 정금나무

겨울눈

나무껍질

## 정금나무(진달래과) *Vaccinium oldhamii*

🌳 갈잎떨기나무(높이 2~3m) ✳ 꽃 | 5~6월 🍂 열매 | 8~10월

남부 지방의 바닷가 산에서 자란다. 잎은 어긋나고 타원형~넓은 달걀형이며 끝이 뾰족하고 가장자리는 밋밋하며 털이 있다. 가지 끝에서 수평으로 벋는 송이꽃차례에 5~15개의 붉은색~황록색 꽃이 밑을 보고 핀다. 꽃부리는 짧은 항아리 모양이며 끝이 5갈래로 얕게 갈라져 뒤로 젖혀진다. 포는 피침형~넓은 달걀형이며 4~7㎜ 길이이다. 둥근 열매는 끝에 꽃받침이 떨어져 나간 흔적이 있고 가을에 검게 익으며 새콤달콤하다.

잎 앞면 p.753

8월 초의 어린 열매

## 넌출월귤(진달래과) *Vaccinium oxycoccos*

🌳 늘푸른떨기나무(높이 5~10㎝)  ❀ 꽃 | 6~7월  🍂 열매 | 8~9월

양강도와 함경도의 습기가 많은 곳에서 자란다. 줄기는 쇠줄처럼 가늘고 적
갈색이며 이끼 속으로 벋으며 퍼져 나간다. 잎은 어긋나고 긴 타원형~좁은
달걀형이며 3~10㎜ 길이이다. 잎 끝은 뾰족하며 가장자리는 거의 밋밋하
고 뒤로 약간 말리며 뒷면은 분백색이다. 가지 끝의 잎겨드랑이에 연홍색
꽃이 밑을 향해 핀다. 꽃자루는 1.5~2.5㎝ 길이로 길고 붉은빛이 돈다. 꽃
부리는 4갈래로 깊게 갈라지고 갈래조각은 넓은 피침형이며 뒤로 활짝 젖

갓 피기 시작한 꽃

9월의 열매

6월에 핀 꽃

잎 뒷면

4월의 넌출월귤

6월에 핀 [1]들쭉나무 꽃

혀진다. 8개의 수술은 촘촘히 모여 있고 그 가운데에서 암술이 길게 뻗는다. 둥그스름한 열매는 지름 6~10mm이고 붉게 익으며 새콤달콤하다. [1]들쭉나무 (*V. uliginosum*)는 높은 산에서 자라는 갈잎떨기나무이다. 잎은 넓은 거꿀달 걀형~긴 타원형이며 끝이 둔하고 가장자리는 밋밋하다. 종 모양의 꽃부리는 연홍색이고 5mm 정도 길이이며 둥근 열매는 지름 1~1.5cm이고 7~9월에 흑자색으로 익으며 새콤달콤하다.

잎 앞면 p.753

9월의 열매

7월에 핀 꽃

잎 뒷면

겨울눈

9월의 산매자나무

나무껍질

## 산매자나무(진달래과) *Vaccinium japonicum*

🔴 갈잎떨기나무(높이 30~100㎝) ✳ 꽃 | 6~7월 🔴 열매 | 9~10월

제주도 한라산에서 자란다. 어린 가지는 녹색이고 모가 진다. 겨울눈은 달
걀형~긴 타원형이고 끝이 뾰족하다. 잎은 어긋나고 달걀형~넓은 피침형
이며 끝이 뾰족하고 가장자리에 잔톱니가 있으며 뒷면은 회녹색이다. 햇
가지의 잎겨드랑이에 연분홍색 꽃이 1개씩 고개를 숙이고 핀다. 꽃자루는
가늘고 1~2㎝ 길이이다. 꽃부리는 4갈래로 깊게 갈라지고 갈래조각은 뒤
로 완전히 말린다. 둥근 열매는 지름 7~8㎜이고 붉게 익는다.

잎 앞면 p.750

7월의 어린 열매

잎 뒷면

4월에 핀 꽃

4월의 새로 돋은 잎

4월의 마취목

나무껍질

## 마취목(진달래과) *Pieris japonica*

늘푸른떨기나무~작은키나무(높이 1~8m)  꽃 | 3~5월  열매 | 9~10월

일본 원산이며 관상수로 심는다. 잎은 촘촘히 어긋나고 거꿀피침형~긴 타원형이며 3~10㎝ 길이이고 끝이 뾰족하며 가장자리의 상반부에 잔톱니가 있다. 잎몸은 가죽질이고 뒷면은 연녹색이다. 가지 끝의 겹송이꽃차례는 비스듬히 처지며 흰색 꽃이 밑을 보고 핀다. 꽃부리는 항아리 모양이며 6~8㎜ 길이이고 끝이 5갈래로 얕게 갈라진다. 둥근 열매는 지름 5~6㎜이고 끝에 암술대가 남아 있다. 독성이 강하다.

수꽃

암꽃

4월에 핀 수꽃

10월의 열매

11월의 사스레피나무

겨울눈

## 사스레피나무(펜타필락스과|차나무과) *Eurya japonica*

⬆ 늘푸른떨기나무~작은키나무(높이 3~10m)　✳ 꽃│3~4월　🍂 열매│10~11월

남쪽 바닷가에서 자란다. 잎은 어긋나고 타원형~거꿀피침형이며 3~7㎝
길이이고 끝이 뾰족하거나 둔하며 가장자리에 잔톱니가 있다. 대부분이
암수딴그루로 잎겨드랑이에 1~3개의 연노란색 꽃이 밑을 보고 피는데 약
한 지린내가 난다. 꽃은 종 모양이며 지름 2.5~5㎜이고 꽃잎은 5장이다.
수꽃은 12~15개의 수술이 있고 암꽃의 암술대는 3개로 갈라진다. 둥근
열매는 지름 4~5㎜이며 가을에 흑자색으로 익는다.

수꽃

암꽃

11월에 핀 수꽃

12월의 열매

잎 뒷면

우묵사스레피 생울타리

## 우묵사스레피(펜타필락스과 | 차나무과) *Eurya emarginata*

🌳 늘푸른떨기나무~작은키나무(높이 4~6m) 🌸 꽃 | 11~12월 🍒 열매 | 다음 해 11~12월

남해안과 섬에서 자란다. 바닷가에서는 바람 때문에 눕는다. 잎은 어긋나고 거꿀달걀형이며 2~4㎝ 길이이고 끝이 둥글거나 오목하며 가장자리에 얕은 톱니가 있고 뒤로 젖혀진다. 잎몸은 가죽질이며 앞면은 광택이 있다. 암수딴그루로 잎겨드랑이에 1~4개의 종 모양의 연한 황록색 꽃이 밑을 향해 피는데 약한 지린내가 난다. 종 모양의 꽃은 지름 2~6㎜이고 꽃잎은 5장이다. 둥근 열매는 흑자색으로 익으며 암꽃과 함께 달리기도 한다.

잎 앞면 p.750

579

9월의 열매

씨앗

7월에 핀 양성화

2월의 후피향나무

겨울눈

나무껍질

## 후피향나무(펜타필락스과│차나무과)  *Ternstroemia gymnanthera*

🔵 늘푸른큰키나무(높이 10~15m)  ✳ 꽃│6~7월  🔶 열매│10~11월

제주도의 바닷가나 산에서 자란다. 겨울눈은 반구형이며 적갈색이다. 잎은 어긋나지만 가지 끝에서는 모여 달린다. 잎몸은 좁은 거꿀달걀형~타원모양의 달걀형이며 끝은 둔하거나 둥글고 가장자리는 밋밋하다. 암수딴그루로 잎겨드랑이에 연노란색 꽃이 밑을 보고 핀다. 꽃은 지름 1~1.5㎝이며 5장의 꽃잎은 수평으로 벌어진다. 둥근 열매는 붉은색으로 익으면 껍질이 불규칙하게 갈라지면서 속에 있는 5개의 붉은 씨앗이 나온다.

잎 앞면 p.775

1월의 열매

씨앗

6월에 핀 꽃

12월의 비쭈기나무

겨울눈

나무껍질

## 비쭈기나무/빗죽이나무(펜타필락스과l차나무과) *Cleyera japonica*

🌳 늘푸른작은키나무(높이 10m 정도) ✸ 꽃 | 6~7월 ⬤ 열매 | 11~12월

남쪽 섬에서 자란다. 겨울눈은 긴 피침형이며 낫처럼 구부러진다. 잎은 어긋나고 타원형~넓은 피침형이며 7~10㎝ 길이이고 끝은 뾰족하거나 둥글며 가장자리가 밋밋하다. 잎 양면에 털이 없고 뒷면은 연녹색이다. 잎 겨드랑이에 1~3개의 연노란색 꽃이 밑을 보고 핀다. 꽃은 지름 1.5㎝ 정도이며 꽃잎은 5장이다. 둥근 열매는 끝이 뾰족하며 지름 7~9㎜이고 검은색으로 익는다. 동글납작한 씨앗은 검은색이며 광택이 있다.

잎 앞면 p.775

11월의 열매

잎 모양

6월에 핀 꽃

잎자루와 어린 줄기

3월의 산호수

나무껍질

## 산호수(앵초과 | 자금우과) *Ardisia pusilla*

🌳 늘푸른떨기나무(높이 10~20㎝)  ✴ 꽃 | 6~8월  🍂 열매 | 11~12월

제주도에서 자라며 관상수로 심는다. 줄기는 땅을 기면서 뿌리를 내린다. 줄기에는 부드러운 털이 빽빽하다. 잎은 어긋나고 줄기 끝에서는 3~5장이 돌려 가며 달린다. 잎몸은 달걀형~긴 타원형이고 2~6㎝ 길이이며 가장자리에 큰 톱니가 드문드문 있다. 잎겨드랑이에서 나온 꽃차례에 흰색 꽃이 피는데 꽃부리는 5갈래로 깊게 갈라진다. 둥근 열매는 지름 5~6㎜이며 붉은색으로 익고 밑으로 늘어지며 겨우내 매달려 있다.

잎 앞면 p.750

꽃 모양

7월에 핀 꽃

1월의 열매

잎 뒷면

자금우 군락

줄기

## 자금우(앵초과│자금우과) *Ardisia japonica*

🌳 늘푸른떨기나무(높이 10~20㎝)  🌸 꽃│6~8월  🍂 열매│10~12월

남쪽 섬과 울릉도에서 자란다. 땅속줄기가 벋으면서 퍼지고 무리 지어 자
란다. 잎은 어긋나거나 돌려나고 긴 타원형~달걀형이며 4~13㎝ 길이이고
양면에 털이 없다. 잎 끝은 뾰족하고 가장자리에 뾰족한 잔톱니가 있다.
줄기 끝의 잎겨드랑이에서 나온 꽃차례에 2~5개의 흰색~연분홍색 꽃이
밑을 보고 핀다. 꽃부리는 지름 6~8㎜이고 5갈래로 깊게 갈라지며 활짝
벌어진다. 둥근 열매는 지름 5~6㎜이고 붉은색으로 익는다.

잎 앞면 p.750

꽃 모양

6월의 열매

7월에 핀 꽃

잎 뒷면

4월의 백량금

4월의 <sup>1)</sup>흰백량금

## 백량금(앵초과|자금우과) *Ardisia crenata*

🌳 늘푸른떨기나무(높이 30~100㎝)   ❀ 꽃 | 7~8월   🍒 열매 | 11월

남쪽 섬의 숲속에서 자란다. 잎은 어긋나고 긴 타원형이며 4~13㎝ 길이이고 끝이 뾰족하며 가장자리에 물결 모양의 톱니가 있다. 잎몸은 가죽질이고 두꺼우며 양면에 털이 없다. 가지 끝에 달리는 우산 모양의 꽃차례에 흰색 꽃이 밑을 보고 핀다. 꽃부리는 지름 6~8㎜이고 5갈래로 깊게 갈라지며 갈래조각은 뒤로 젖혀진다. 둥근 열매는 지름 6~8㎜이고 붉게 익는다. <sup>1)</sup>흰백량금('Alba')은 원예 품종으로 열매가 흰색으로 익는다.

잎 앞면 p.750

꽃차례

10월의 열매

4월 초에 핀 꽃

잎 뒷면

겨울눈

7월의 빌레나무

## 빌레나무(앵초과|자금우과) *Maesa japonica*

🌳 늘푸른떨기나무(높이 50~150㎝) 🌸 꽃 | 4~5월 🍒 열매 | 11월~다음 해 3월

제주도 서쪽의 곶자왈에서 자란다. 잎은 어긋나고 타원형~긴 타원형이며 5~17㎝ 길이이고 끝이 뾰족하며 가장자리에 물결 모양의 톱니가 드문드문 있다. 대부분이 암수딴그루이며 잎겨드랑이에 달리는 송이꽃차례~원뿔꽃차례에 흰색~연노란색 꽃이 고개를 숙이고 핀다. 꽃부리는 항아리 모양이며 5㎜ 정도 길이이고 끝부분이 5갈래로 얕게 갈라지며 수술은 5개이다. 동그스름한 열매는 지름 4~6㎜이며 흰색~연노란색으로 익는다.

잎 앞면 p.750

7월의 열매

벌레집

5월에 핀 꽃

잎 뒷면

10월의 때죽나무

나무껍질

## 때죽나무(때죽나무과) *Styrax japonicus*

🌳 갈잎작은키나무(높이 7~8m)  ✳ 꽃 | 5~6월  🍂 열매 | 9월

중부 이남의 산에서 자란다. 잎은 어긋나고 달걀형~긴 타원형이며 4~8㎝
길이이고 끝이 뾰족하며 가장자리에 잔톱니가 있거나 밋밋하다. 잎 뒷면은
연녹색이다. 햇가지 끝부분에서 나온 송이꽃차례에 종 모양의 흰색 꽃이
2~6개씩 밑을 보고 매달린다. 꽃자루는 2~3㎝ 길이이다. 꽃부리는 지름
2.5㎝ 정도이고 5갈래로 깊게 갈라지며 수술은 10개이다. 둥근 달걀형 열
매는 1㎝ 정도 길이이고 회백색이며 별모양털로 덮여 있다.

잎 앞면 p.772

8월의 열매

6월 초에 핀 꽃

잎 뒷면

5월의 쪽동백나무

겨울눈

나무껍질

## 쪽동백나무(때죽나무과) *Styrax obassia*

🔼 갈잎작은키나무~큰키나무(높이 6~15m)  ✖ 꽃 | 5~6월  🔽 열매 | 9월

산에서 자란다. 겨울눈은 긴 달걀형이며 털로 덮여 있다. 잎은 어긋나고 거 꿀달걀형~넓은 달걀형이며 10~20㎝ 길이이고 끝은 짧게 뾰족하며 가장 자리의 윗부분에 돌기 모양의 톱니가 드문드문 있다. 잎 뒷면은 회백색이 며 별모양털이 빽빽하다. 가지 끝에 달리는 송이꽃차례는 8~17㎝ 길이이 고 비스듬히 처지며 흰색 꽃이 촘촘히 달려 밑을 향해 핀다. 둥근 달걀형 열매는 1~1.5㎝ 길이이고 별모양털이 빽빽하다.

10월의 열매

잎 뒷면

5월에 핀 꽃

5월의 노린재나무

나무껍질

¹⁾섬노린재 잎

## 노린재나무(노린재나무과) *Symplocos sawafutagi*

🌳 갈잎떨기나무(높이 2~5m)  ✳ 꽃 | 5~6월  🍂 열매 | 9월

산에서 자란다. 잎은 어긋나고 타원형~거꿀달걀형이며 4~8㎝ 길이이고 끝이 뾰족하며 가장자리에 날카로운 톱니가 있다. 햇가지 끝에 달리는 원뿔꽃차례에 자잘한 흰색 꽃이 모여 달리며 많은 수술은 길고 꽃차례자루에 털이 있다. 타원형 열매는 6~7㎜ 길이이고 가을에 남색으로 익는다. ¹⁾섬노린재(*S. coreana*)는 한라산에서 자라며 잎 가장자리에 길고 날카로운 톱니가 있으며 달걀형 열매는 남흑색으로 익는다.

5월에 핀 꽃

꽃 모양

10월의 열매

잎 뒷면

5월의 검노린재

나무껍질

## 검노린재(노린재나무과) *Symplocos tanakana*

🔆 갈잎떨기나무~작은키나무(높이 2~8m) ✳ 꽃 | 5~6월 🍂 열매 | 9~10월

남부 지방의 산에서 자란다. 잎은 어긋나고 긴 타원형이며 4~8㎝ 길이이고 끝이 뾰족하며 가장자리에 날카로운 잔톱니가 있다. 잎 뒷면은 회녹색이며 잎맥 위에 털이 있다. 햇가지 끝의 원뿔꽃차례는 3~10㎝ 길이이고 흰색 꽃이 모여 핀다. 꽃부리는 지름 8㎜ 정도이고 5갈래로 깊게 갈라진다. 수술은 여러 개이고 꽃부리보다 길다. 열매는 둥근 달걀형이고 6~7㎜ 길이이며 검은색으로 익는다.

잎 앞면 p.750

잎 모양

잎 뒷면

5월에 핀 꽃

10월의 검은재나무

나무껍질

[1]사철검은재나무 어린 열매

## 검은재나무(노린재나무과) *Symplocos sumuntia*

🌲 늘푸른작은키나무(높이 5~10m)  ❋ 꽃 | 5~6월  🍒 열매 | 10~12월

제주도 서귀포에서 드물게 자란다. 잎은 어긋나고 긴 타원형이며 끝이 뾰족하고 가장자리에 잔톱니가 있다. 2년생 가지의 잎겨드랑이에 달리는 송이꽃차례는 4~7㎝ 길이이고 흰색 꽃이 모여 핀다. 꽃부리는 지름 8㎜ 정도이고 5갈래로 깊게 갈라진다. 열매는 달걀 모양의 긴 타원형이고 6~8㎜ 길이이며 흑자색으로 익는다. [1]사철검은재나무(*S. lucida*)는 늘푸른작은키나무로 꽃줄기가 없으며 타원형 열매가 5~18㎜ 길이로 크다.

잎 앞면 p.772

11월에 핀 꽃

9월의 열매

잎 뒷면

11월의 애기동백

나무껍질

11월의 [1]애기동백 '코튼 캔디'

**애기동백**(차나무과) *Camellia sasanqua*

🌳 늘푸른작은키나무(높이 5~6m) 🌸 꽃 | 10~12월 🍎 열매 | 다음 해 9월

일본 원산이며 남부 지방에서 관상수로 심는다. 잎은 어긋나고 긴 타원형이며 3~7㎝ 길이이고 끝이 뾰족하며 가장자리에 둔한 톱니가 있다. 가지 끝에 지름 5~8㎝의 흰색 꽃이 피는데 꽃잎이 활짝 벌어진다. 꽃이 질 때는 꽃잎이 각각 1장씩 지기 때문에 통째로 떨어지는 동백과 구별이 된다. 동그스름한 열매는 지름 2.5~3.5㎝이다. [1]**애기동백 '코튼 캔디'**('Cotton Candy')는 원예 품종으로 연분홍색 겹꽃이 핀다.

잎 앞면 p.772

1월에 핀 꽃

잎 뒷면　　　　3월의 동백나무　　　　나무껍질

## 동백나무(차나무과) *Camellia japonica*

🌳 늘푸른작은키나무(높이 5~7m)　✳ 꽃 | 11월~다음 해 4월　🍎 열매 | 9~10월

남부 지방의 산과 들에서 자란다. 나무껍질은 회갈색~황갈색이고 밋밋하다. 잎눈은 긴 타원형이고 꽃눈은 달걀형~넓은 달걀형이며 잎눈보다 훨씬 크다. 잎은 어긋나고 긴 타원형~달걀 모양의 타원형이며 5~10㎝ 길이이고 끝이 뾰족하며 가장자리에 잔톱니가 있다. 잎몸은 두꺼운 가죽질이고 앞면은 광택이 있으며 뒷면은 연녹색이다. 가지 끝이나 잎겨드랑이에 1개씩 피는 붉은색 꽃은 지름 5~7㎝이고 5~7장의 꽃잎은 비스듬히 벌어진다. 수술은

12월에 핀 꽃

밑부분이 합쳐진 수술

10월의 열매

익어서 벌어진 열매

씨앗

2월에 핀 [1]흰동백 꽃

많으며 흰색 수술대는 하반부가 서로 합쳐져서 원통 모양이 된다. 꽃밥은 노란색이다. 수술은 꽃잎에 붙어 있어서 꽃이 질 때면 꽃잎과 함께 통째로 떨어진다. 둥그스름한 열매는 지름 2~3㎝이며 붉은색으로 익으면 3갈래로 갈라지면서 씨앗이 드러난다. 옛날에 씨앗으로 짠 기름을 부인들의 머릿기름 등으로 사용하였다. [1]흰동백(f. *albipetala*)은 흰색 꽃이 피는 품종으로 남쪽 섬에서 드물게 자란다.

잎 앞면 p.772

8월의 열매

잎 뒷면

10월에 핀 꽃

10월의 차나무

10월의 차나무 밭

나무껍질

## 차나무(차나무과) *Camellia sinensis*

🌳 늘푸른떨기나무(높이 2m 정도)  ❁ 꽃 | 10~12월  ● 열매 | 다음 해 가을

중국 원산이며 남부 지방에서 재배한다. 나무껍질은 회백색이고 밋밋하다. 잎은 어긋나고 타원형~긴 타원형이며 5~9㎝ 길이이고 끝이 둔하며 가장자리에 둔한 톱니가 있다. 잎 뒷면은 연녹색이다. 잎겨드랑이와 가지 끝에 고개를 숙이고 피는 흰색 꽃은 지름 2~3㎝이고 꽃잎은 5~7장이며 동그스름하다. 수술은 많고 꽃밥은 노란색이다. 동그스름한 열매는 지름 1.5~2㎝이고 꽃받침이 남아 있으며 세로로 3개의 얕은 골이 진다.

594

잎 앞면 p.751

7월에 핀 꽃

9월의 열매

잎 뒷면

8월의 노각나무

겨울눈

나무껍질

## 노각나무(차나무과) *Stewartia pseudocamellia*

🍂 갈잎큰키나무(높이 7~15m) ❁ 꽃 | 6~8월 🍂 열매 | 10월

남부 지방의 산에서 자란다. 나무껍질은 회갈색이고 얇은 조각으로 벗겨지면서 적갈색의 얼룩무늬가 생긴다. 겨울눈은 긴 타원형이고 끝이 뾰족하다. 잎은 어긋나고 타원형~긴 타원형이며 가장자리에 치아 모양의 톱니가 있다. 햇가지의 잎겨드랑이에 피는 흰색 꽃은 지름 5~6cm이고 꽃잎은 5~6장이다. 꽃잎 가장자리에는 미세한 톱니가 있고 표면에 털이 빽빽하다. 5각뿔 모양의 열매는 지름 1.5cm 정도이고 털로 덮여 있다.

잎 앞면 p.772

595

새로 돋은 잎

잎 뒷면

7월에 핀 꽃

7월의 송양나무

겨울눈

나무껍질

## 송양나무 (지치과) *Ehretia acuminata*

🌳 갈잎큰키나무(높이 10~15m)  ✽ 꽃 | 6~7월  🍂 열매 | 8~9월

전남의 섬과 제주도에서 자란다. 나무껍질은 황갈색~회갈색이며 세로로
갈라진다. 잎은 어긋나고 거꿀달걀형~거꿀달걀 모양의 긴 타원형이며
5~20㎝ 길이이고 끝이 뾰족하며 가장자리에 잔톱니가 있다. 잎 뒷면은
연녹색이다. 가지 끝의 원뿔꽃차례는 8~15㎝ 길이이며 자잘한 흰색 꽃이
모여 피고 좋은 향기가 난다. 흰색 꽃부리는 지름 5㎜ 정도이며 5갈래로
갈라진다. 둥근 열매는 지름 5㎜ 정도이고 연노란색으로 익는다.

잎 앞면 p.772

4월에 핀 수꽃

4월에 핀 암꽃

10월의 열매

잎 뒷면

7월의 두충

나무껍질

## 두충(두충과) *Eucommia ulmoides*

🌳 갈잎큰키나무(높이 10~20m) 🌸 꽃 | 4월 🍂 열매 | 10월

중국 원산이며 전국에서 심어 기른다. 잎은 어긋나고 달걀형~긴 타원형이며 끝이 갑자기 뾰족해지고 가장자리에 날카로운 톱니가 있다. 잎이나 열매를 찢으면 고무 같은 흰색 실이 늘어난다. 암수딴그루로 잎이 돋을 때 햇가지 밑부분에 연초록색 꽃이 모여 핀다. 수꽃은 기다란 수술이 4~16개이고 암꽃의 씨방은 주걱 모양이다. 긴 타원형 열매는 납작하고 3~4cm 길이이며 가장자리가 날개로 되어 있다. 잎은 두충차로 이용한다.

잎 앞면 p.772

4월에 핀 암꽃

잎 뒷면

4월에 핀 수꽃

2월의 열매

나무껍질

2월의 1)금식나무 열매

# 식나무(가리야과|층층나무과) *Aucuba japonica*

🌳 늘푸른떨기나무(높이 2~3m) ✳️ 꽃 | 3~5월 🍂 열매 | 11~12월

울릉도와 전남, 제주도의 산에서 자란다. 잎은 마주나고 긴 타원형~달걀
모양의 긴 타원형이며 8~25㎝ 길이이고 끝이 뾰족하며 가장자리에 날카
로운 톱니가 있다. 암수딴그루로 가지 끝의 원뿔꽃차례에 자갈색 꽃이 모
여 핀다. 꽃은 지름 1㎝ 정도이며 꽃잎은 4장이다. 긴 타원형 열매는 1.5~
2㎝ 길이이고 붉게 익는다. 식나무의 원예 품종 중에 잎에 황금색 얼룩무
늬가 있는 것을 1)금식나무('Variegata')라고 한다.

잎 앞면 p.755

9월의 어린 열매

8월에 핀 꽃

잎 뒷면

9월의 협죽도

나무껍질

10월의 [1]무늬협죽도

## 협죽도(협죽도과)  *Nerium oleander*

🔵 늘푸른떨기나무(높이 3~4m)  ✳ 꽃 | 7~9월  🟢 열매 | 10~11월

인도와 유럽 동부 원산이며 남부 지방에서 관상수로 심는다. 잎은 가지의
마디마다 3장씩 돌려나고 선형~좁은 피침형이며 끝이 뾰족하고 가장자
리가 밋밋하다. 가지 끝의 갈래꽃차례에 붉은색 꽃이 핀다. 열매는 선형
이고 10~14㎝ 길이이며 위를 향한다. 잎이나 가지는 독성이 강하므로 입
에 닿지 않도록 주의해야 한다. [1]무늬협죽도('Variegata')는 원예 품종으로
잎에 연노란색 얼룩무늬가 있으며 분홍색 겹꽃이 핀다.

잎 앞면 p.758

꽃봉오리와 꽃받침

11월의 열매

7월에 핀 꽃

잎 뒷면

5월의 마삭줄

줄기의 공기뿌리

## 마삭줄(협죽도과) *Trachelospermum asiaticum*

🌀 늘푸른덩굴나무(길이 5~10m)  ✳ 꽃 | 5~6월  🍂 열매 | 9~11월

남부 지방에서 덩굴지며 자란다. 가는 줄기는 매우 질기다. 잎은 마주나고
타원형~달걀형이며 3~9㎝ 길이이고 끝이 둔하며 가장자리가 밋밋하다.
가지 끝이나 잎겨드랑이에서 여러 개의 흰색 꽃이 모여 피는데 꽃부리는
고배 모양이며 5갈래로 갈라져 수평으로 벌어진다. 수술은 5개이고 꽃부
리 밖으로 약간 나온다. 꽃자루는 털이 없고 작은 꽃받침조각은 거의 젖혀
지지 않는다. 기다란 열매는 2개가 매달린다.

잎 앞면 p.745

꽃받침

6월 초에 핀 꽃

9월의 열매

잎 뒷면

6월의 털마삭줄

나무껍질

**털마삭줄**(협죽도과)  *Trachelospermum jasminoides*

🔆 늘푸른덩굴나무(길이 5~10m)  ✳️ 꽃 | 5~6월  🍂 열매 | 9~11월

남부 지방에서 덩굴지며 자란다. 가는 줄기는 매우 질기다. 잎은 마주나고 타원형~달걀형이며 4~8㎝ 길이이고 끝이 둔하며 가장자리가 밋밋하고 뒷면에 털이 있다. 가지 끝이나 잎겨드랑이에서 모여 피는 고배 모양의 흰색 꽃은 5갈래로 갈라져 수평으로 벌어진다. 수술은 5개이고 꽃부리 안쪽에 숨어 있다. 꽃자루와 어린 가지에 털이 많고 마삭줄보다 큰 꽃받침조각이 옆으로 젖혀진다. 기다란 열매는 2개가 매달린다.

잎 앞면 p.745

10월의 열매

잎 뒷면

8월에 핀 꽃

8월의 구슬꽃나무

겨울눈

나무껍질

## 구슬꽃나무/중대가리나무(꼭두서니과) *Adina rubella*

🌳 갈잎떨기나무(높이 3~4m)  ✺ 꽃 | 7~8월  🍂 열매 | 10~12월

제주도 남쪽의 낮은 산골짜기에서 자란다. 겨울눈은 작고 반원형이다. 잎은 마주나고 달걀 모양의 피침형~좁은 달걀형이며 2.5~4㎝ 길이이고 끝이 뾰족하며 가장자리가 밋밋하다. 잎 앞면은 광택이 있고 뒷면은 연녹색이다. 가지 끝과 윗부분의 잎겨드랑이에서 나온 머리모양꽃차례는 지름 1.5~2㎝이며 자잘한 황홍색~백색 꽃이 모여 핀다. 암술대는 꽃부리 밖으로 길게 벋고 암술머리는 황록색이다. 열매송이는 동그랗다.

잎 앞면 p.758

1월의 열매

잎 뒷면

7월에 핀 꽃

6월의 치자나무

나무껍질

6월의 [1]겹치자나무

## 치자나무(꼭두서니과) *Gardenia jasminoides*

🌳 늘푸른떨기나무(높이 1~2m) ✿ 꽃 | 6~7월 🍂 열매 | 11~12월

중국과 일본 원산이며 남부 지방에서 재배하고 관상수로도 심는다. 잎은 마주나거나 3장이 돌려나고 긴 타원형~거꿀달걀형이며 끝이 뾰족하고 가장자리가 밋밋하다. 가지 끝에 1개씩 피는 고배 모양의 흰색 꽃은 6~7갈래로 깊게 갈라진다. 타원형 열매 끝에는 꽃받침이 길게 남아 있고 황적색으로 익는다. 열매에서 노란색 물감을 얻어 음식물을 물들이는 데 사용하였다. [1]겹치자나무('Fortuniana')는 원예 품종으로 겹꽃이 핀다.

잎 앞면 p.758

1월의 열매

잎 뒷면

9월 초에 핀 꽃

8월의 계요등

겨울눈

나무껍질

## 계요등(꼭두서니과) *Paederia foetida*

🌿 갈잎덩굴나무(길이 5~7m) ✿ 꽃 | 7~9월 🍂 열매 | 10~11월

주로 남부 지방에서 자란다. 잎은 마주나고 달걀형~긴 달걀형이며 끝이 뾰족하고 밑부분은 평평하거나 얕은 심장저이며 가장자리는 밋밋하다. 잎을 자르면 닭똥처럼 심한 냄새가 난다. 가지 끝이나 잎겨드랑이에서 나온 원뿔꽃차례에 흰색 꽃이 모여 핀다. 꽃부리는 원통 모양이며 끝부분은 4~5갈래로 얕게 갈라져 벌어진다. 꽃부리 입구와 안쪽은 적자색이고 흰색 털이 빽빽하다. 둥근 열매는 지름 5~7㎜이고 황갈색으로 익는다.

잎 앞면 p.745

잎 뒷면

4월에 핀 꽃

2월의 백정화 생울타리

나무껍질

5월의 <sup>1)</sup>무늬백정화

4월의 <sup>2)</sup>단정화

## 백정화(꼭두서니과) *Serissa japonica*

🌳 늘푸른떨기나무(높이 1m 정도) ✿ 꽃 | 5~6월

중국과 베트남 원산이며 남부 지방에서 관상수로 심는다. 잎은 마주나고
긴 타원형~거꿀피침형이다. 턱잎은 작은 가시로 변한다. 잎겨드랑이에
1~2개씩 피는 흰색 꽃부리는 깔때기 모양이고 5갈래로 깊게 갈라져 벌어
진다. 갈래조각은 끝부분이 다시 3갈래로 얕게 갈라지고 가장자리가 구불
거리기도 한다. <sup>1)</sup>무늬백정화('Variegata')는 원예 품종으로 잎 가장자리에
연노란색 무늬가 있고 <sup>2)</sup>단정화('Rosea')는 분홍색 꽃이 핀다.

10월의 어린 열매

5월의 열매

5월에 핀 꽃

잎 뒷면

4월의 호자나무

나무껍질

### 호자나무(꼭두서니과) *Damnacanthus indicus*

🔆 늘푸른떨기나무(높이 20~60㎝) ✳ 꽃 | 5~6월 🍂 열매 | 11월~다음 해 1월

제주도에서 자라며 남부 지방에서 관상수로 심는다. 가지에 잎의 길이와 비슷한 날카로운 가시가 있다. 잎은 마주나고 달걀형~넓은 달걀형이며 1~2㎝ 길이이고 끝이 뾰족하며 가장자리가 밋밋하고 가죽질이다. 잎겨드랑이에 1~2개의 흰색 꽃이 피는데 깔때기 모양의 꽃부리는 끝이 4갈래로 갈라지고 안쪽에 털이 있다. 둥근 열매는 지름 5㎜ 정도이고 끝에 날카로운 꽃받침조각이 남아 있으며 겨울에 붉은색으로 익는다.

잎 앞면 p.758

5월 초의 꽃봉오리

5월에 핀 꽃

9월의 열매

잎 뒷면

5월의 수정목

나무껍질

## 수정목(꼭두서니과) *Damnacanthus major*

🌳 늘푸른떨기나무(높이 40~70㎝)  ❋ 꽃 | 5월  🔴 열매 | 11월~다음 해 1월

전남의 섬과 제주도의 숲속에서 자란다. 가지에 짧은 가시가 있다. 잎은
마주나고 달걀형~타원 모양의 달걀형이며 2~4㎝ 길이이고 끝이 뾰족하
며 가장자리가 밋밋하다. 잎 앞면은 광택이 있고 뒷면은 연녹색이다. 잎
겨드랑이에 피는 1~2개의 흰색 꽃은 깔때기 모양이고 1~1.5㎝ 길이이며
안쪽에 털이 있고 끝부분이 4개로 갈라져 벌어진다. 둥근 열매는 지름
5~10㎜이고 끝에 날카로운 꽃받침조각이 남아 있으며 붉게 익는다.

잎 앞면 p.758

7월의 능소화

잎 뒷면 　　　　　겨울눈과 붙음뿌리 　　　　　나무껍질

## 능소화(능소화과) *Campsis grandiflora*

🌳 갈잎덩굴나무(길이 10m 정도) 　✱ 꽃 | 7~9월 　🍂 열매 | 10월

중국 원산이며 관상수로 심는다. 줄기의 마디에서 생기는 공기뿌리로 다른 물체에 달라붙어 오른다. 나무껍질은 회갈색이며 세로로 불규칙하게 갈라 진다. 둥근 잎자국 위에 작은 겨울눈이 달린다. 잎은 마주나고 홀수깃꼴겹 잎이며 20~30㎝ 길이이고 작은잎은 7~11장이다. 작은잎은 달걀형~긴 달 걀형이고 끝이 길게 뾰족하며 가장자리에 톱니가 있다. 가지 끝에서 늘어지 는 원뿔꽃차례에 주홍색 꽃이 옆을 보고 핀다. 꽃부리는 넓은 깔때기 모양

6월 말에 핀 꽃    8월의 <sup>1)</sup>미국능소화

수술이 먼저 벌어진 꽃    나중에 벌어진 암술    꽃받침

이며 지름 6~7㎝이고 끝부분이 5갈래로 얕게 갈라져 벌어진다. 꽃부리 안쪽은 황적색이며 주홍색 줄무늬가 있다. 수술은 4개이고 그중 2개가 길며 안쪽으로 휘어진다. 수술대 끝에 2개의 노란색 꽃밥이 八자로 달린다. 암술머리는 납작한 타원형이다. 열매는 네모지고 끝이 둔하다. <sup>1)</sup>**미국능소화**(*C. radicans*)는 북아메리카 원산이며 관상수로 심는다. 꽃부리는 좁은 깔때기 모양이고 지름은 3~4㎝로 작다.

꽃 모양

7월에 핀 꽃

9월의 열매

경북 청송 홍원리 개오동

나무껍질

씨앗

## 개오동(능소화과) *Catalpa ovata*

🌳 갈잎큰키나무(높이 8~12m) ✿ 꽃 | 6~7월 🍂 열매 | 10월

중국 원산이며 관상수로 심는다. 잎은 가지에 2장씩 마주나거나 간혹 3장씩 돌려나며 넓은 달걀형이고 잎몸이 3~5갈래로 얕게 갈라진다. 잎 끝은 뾰족하고 밑부분은 심장저이며 가장자리는 밋밋하다. 가지 끝의 원뿔꽃차례에 연노란색 꽃이 모여 핀다. 꽃부리는 넓은 깔때기 모양이며 5갈래로 갈라지고 안쪽에 노란색과 자갈색 반점이 있다. 열매는 가늘고 약간 납작하며 30~40㎝ 길이이고 씨앗은 양쪽으로 명주실 같은 털이 나 있다.

잎 앞면 p.779

꽃 모양

6월에 핀 꽃

잎 뒷면

8월 말의 열매

7월의 꽃개오동

나무껍질

### 꽃개오동(능소화과) *Catalpa bignonioides*

🌳 갈잎큰키나무(높이 10~18m) ✲ 꽃 | 6~7월 🍂 열매 | 10월

북아메리카 원산이며 관상수로 심는다. 잎은 마주나거나 돌려나고 넓은
달걀형이다. 잎 끝은 길게 뾰족하며 밑부분은 심장저이고 가장자리가 밋
밋하다. 가지 끝의 원뿔꽃차례에 흰색 꽃이 모여 핀다. 꽃부리는 넓은 깔
때기 모양이며 5갈래로 갈라지고 안쪽에 노란색과 자갈색 반점이 있다.
열매는 가늘고 약간 납작하며 30~40㎝ 길이이고 갈색으로 익으면 세로
로 쪼개진다. 씨앗 양쪽으로 명주실 같은 털이 나 있다.

잎 앞면 p.776

9월 말의 열매

잎 뒷면

6월 말에 핀 꽃

8월의 백리향 군락

나무껍질

6월의 [1]섬백리향

## 백리향(꿀풀과) *Thymus quinquecostatus*

🌳 갈잎떨기나무(높이 3~15㎝) 🌸 꽃 | 6~8월 🍂 열매 | 9월

높은 산에서 땅바닥을 기며 자란다. 잎은 마주나고 타원형~긴 달걀형이며 5~10㎜ 길이이고 양면에 기름점이 있어서 향기가 난다. 가지 끝에 작은 홍자색 꽃이 2~4개씩 둥글게 모여 핀다. 꽃부리는 6~9㎜ 길이이고 입술 모양이다. 둥근 열매는 지름 1㎜ 정도이며 꽃받침에 싸여 있다. [1]섬백리향(*T. japonicus*)은 울릉도에서 자라며 잎의 길이가 15㎜ 정도이고 꽃의 길이가 1㎝ 정도로 백리향보다 크다. 백리향과 같은 종으로 본다.

잎 앞면 p.758

9월 초의 어린 열매

10월의 열매

5월 말에 핀 꽃

잔가지와 잎자루

5월의 새비나무

나무껍질

### 새비나무(꿀풀과|마편초과) *Callicarpa mollis*

🌳 갈잎떨기나무(높이 2~3m) ✳ 꽃 | 6~7월 🍂 열매 | 10~11월

남쪽 지방에서 자란다. 어린 가지에 별모양털이 많다. 잎은 마주나고 긴 달걀형~타원형이며 5~10㎝ 길이이고 끝이 길게 뾰족하며 가장자리에 톱니가 있다. 잎 앞면에는 짧은털이 있고 뒷면에는 별모양털이 많다. 잎겨드랑이의 갈래꽃차례에 피는 홍자색 꽃은 꽃받침에 털과 별모양털이 빽빽이 난다. 꽃부리는 종 모양이고 4갈래로 갈라지며 갈래조각은 뒤로 약간 젖혀진다. 둥근 열매는 지름 3~4㎜이고 보라색으로 익는다.

꽃 모양

10월의 열매

6월에 핀 꽃

잎 뒷면

겨울눈

7월의 <sup>1)</sup>왕작살나무

### 작살나무(꿀풀과|마편초과) *Callicarpa japonica*

🌳 갈잎떨기나무(높이 1~3m)  ❄ 꽃 | 6~8월  🍂 열매 | 가을

산에서 자란다. 가지는 둥글고 겨울눈은 좁고 긴 타원형이며 1~1.4㎝ 길이이고 자루가 있다. 잎은 마주나고 긴 타원형~달걀형이며 6~13㎝ 길이이고 끝이 길게 뾰족하며 가장자리에 잔톱니가 있다. 잎겨드랑이의 갈래꽃차례에 피는 연자주색 꽃은 종 모양이며 윗부분은 4갈래로 갈라져 벌어진다. 둥근 열매는 지름 3~7㎜이며 보라색으로 익는다. <sup>1)</sup>**왕작살나무**(v. *luxurians*)는 작살나무에 비해 잎이 크고 두꺼우며 꽃차례도 크다.

잎 앞면 p.755

7월에 핀 꽃

9월의 열매

잎 뒷면

9월의 좀작살나무

겨울눈

1)흰좀작살나무 열매

**좀작살나무**(꿀풀과|마편초과) *Callicarpa dichotoma*

🌳 갈잎떨기나무(높이 1~2m) ❋ 꽃 | 7~8월 🍒 열매 | 10월

중부 이남의 바닷가 산에서 자라며 관상수로도 심는다. 어린 가지는 사각형이고 겨울눈은 구형~달걀형이며 별모양털로 덮여 있다. 잎은 마주나고 피침형~거꿀달걀형이며 3~7㎝ 길이이고 끝이 길게 뾰족하며 가장자리의 상반부에 톱니가 있다. 잎겨드랑이 약간 위쪽에 달리는 갈래꽃차례에 연자주색 꽃이 핀다. 둥근 열매는 지름 3㎜ 정도이며 보라색으로 익는다. 1)**흰좀작살나무**(f. *albifructa*)는 흰색 꽃이 피고 열매도 흰색이다.

잎 앞면 p.755

615

꽃 모양

11월의 열매

9월에 핀 꽃

잎 뒷면

나무껍질

9월의 [1]흰층꽃나무

### 층꽃나무(꿀풀과|마편초과) *Caryopteris incana*

🌳 갈잎떨기나무(높이 30~60㎝)  ❋ 꽃 | 7~9월  🍂 열매 | 10~11월

남부 지방의 바닷가에서 자란다. 잎은 마주나고 달걀형~피침형이며 2~
6㎝ 길이이고 가장자리에 큰 톱니가 있다. 잎 뒷면은 회백색이고 부드러
운 털이 촘촘하다. 가지 윗부분의 잎겨드랑이에 보라색 꽃이 핀 갈래꽃차
례가 층을 이루며 모여 달리기 때문에 '층꽃나무'라고 한다. 열매는 꽃받
침 안에 5개씩 들어 있다. 식물 전체에서 특유의 박하 향이 난다. [1]흰층꽃
나무('Candida')는 층꽃나무와 비슷하지만 흰색 꽃이 핀다.

잎 앞면 p.755

7월에 핀 꽃

9월의 열매

열매 모양

잎 뒷면

겨울눈

7월의 1)꽃누리장나무

## 누리장나무(꿀풀과|마편초과)  *Clerodendrum trichotomum*

🌳 갈잎떨기나무(높이 2m 정도)  ✳ 꽃 | 7~8월  🍒 열매 | 10월

중부 이남의 산에서 자란다. 잎은 마주나고 달걀형~세모진 달걀형이며 8~15㎝ 길이이고 끝이 뾰족하며 가장자리가 밋밋하다. 가지 끝의 갈래꽃 차례에 피는 흰색 꽃은 암수술이 길게 벋는다. 둥근 열매는 지름 6~7㎜이고 남색으로 익으며 붉은색 꽃받침에 싸여 있다. 1)꽃누리장나무(*C. bungei*)는 중국과 인도 원산의 갈잎떨기나무로 여름에 가지 끝에 큼직한 붉은색 반구형 꽃송이가 피어난다. 남부 지방에서 관상수로 심는다.

꽃 모양

7월 말의 어린 열매

7월에 핀 꽃

잎 뒷면

7월의 좀목형

7월의 <sup>1)</sup>목형

## 좀목형(꿀풀과│마편초과) *Vitex negundo*

🌳 갈잎떨기나무(높이 2~3m)  ✽ 꽃│6~8월  🟤 열매│9~11월

경상도와 충북과 경기도의 숲 가장자리에서 자란다. 잎은 마주나고 손꼴겹
잎이며 작은잎은 3~5장이다. 작은잎은 피침형~긴 타원형이며 끝이 뾰족
하고 가장자리는 큰 톱니가 있거나 깊게 파이며 밋밋한 것도 있다. 잎 뒷면
은 회백색이다. 가지 끝이나 잎겨드랑이의 원뿔꽃차례에 입술 모양의 연자
주색 꽃이 모여 핀다. 둥근 열매는 검게 익는다. <sup>1)</sup>목형(v. *cannabifolia*)은 중
국 원산이며 손꼴겹잎이고 작은잎 가장자리에 거친 톱니가 있다.

잎 앞면  p.761

꽃 모양

7월에 핀 꽃

9월의 열매

잎 뒷면

8월의 순비기나무

나무껍질

## 순비기나무(꿀풀과|마편초과)　*Vitex trifolia* ssp. *litoralis*

🌳 갈잎떨기나무(높이 30~70cm)　🌸 꽃 | 7~9월　🍂 열매 | 10~11월

중부 이남의 바닷가에서 자란다. 줄기는 모래 위를 길게 벋으며 퍼져 나가고 가지는 비스듬히 선다. 잎은 마주나고 넓은 달걀형~타원형이며 끝이 둔하고 가장자리가 밋밋하다. 잎 뒷면은 회백색이다. 가지 끝의 원뿔꽃차례에 청자색 꽃이 모여 핀다. 꽃차례자루는 회백색 털로 덮여 있다. 꽃부리는 깔때기 모양이며 끝이 5갈래로 갈라지고 아래쪽 갈래조각 안쪽에 털과 무늬가 있다. 동그스름한 열매는 흑자색으로 익는다.

잎 앞면 p.758

4월에 핀 양성화

4월에 핀 수꽃

5월 말의 어린 열매

잎자루

10월의 들메나무

나무껍질

## 들메나무(물푸레나무과) *Fraxinus mandshurica*

🌳 갈잎큰키나무(높이 25~30m)  ❀ 꽃 | 4~5월  🍂 열매 | 9~10월

중부 이북의 산골짜기에서 자란다. 잎은 마주나고 홀수깃꼴겹잎이며 40cm 정도 길이이고 작은잎은 7~11장이다. 작은잎은 긴 타원형~긴 달걀형이며 끝이 뾰족하고 가장자리에 잔톱니가 있다. 작은잎과 잎자루가 만나는 부분에 갈색 털이 뭉쳐 난다. 암수딴그루로 잎이 돋기 전에 2년생 가지의 잎 겨드랑이에서 나오는 원뿔꽃차례에 꽃잎이 없는 자잘한 꽃이 모여 핀다. 열매는 좁고 긴 타원형이며 가장자리에 날개가 있다.

잎 앞면 p.781

5월에 핀 수꽃

7월의 어린 열매

4월에 핀 암꽃

잎 뒷면

10월의 물푸레나무

나무껍질

## 물푸레나무(물푸레나무과) *Fraxinus chinensis* ssp. *rhynchophylla*

갈잎큰키나무(높이 10~15m) ❀ 꽃 | 4~5월 ❀ 열매 | 9월

산에서 자란다. 어린 나무껍질은 흰색의 얼룩무늬가 있다. 잎은 마주나고 홀수깃꼴겹잎이며 작은잎은 5~7장이고 가장자리에 물결 모양의 얕은 톱니가 있다. 작은잎 뒷면은 회녹색이며 주맥 위에 털이 있다. 암수딴그루로 잎이 돋을 때 햇가지 끝에서 나오는 원뿔꽃차례에 꽃잎이 없는 꽃이 모여 핀다. 양성화는 2개의 짧은 수술과 1개의 암술이 있고 수꽃은 2개의 수술이 있다. 열매는 거꿀피침형이며 가장자리에 날개가 있다.

6월의 어린 열매

잎 뒷면

4월에 핀 꽃

10월의 단풍

6월의 쇠물푸레

나무껍질

## 쇠물푸레(물푸레나무과) *Fraxinus sieboldiana*

🌳 갈잎작은키나무(높이 5~9m)  ✳️ 꽃 | 4~5월  🍂 열매 | 9월

중부 이남의 산에서 자란다. 잎은 마주나고 홀수깃꼴겹잎이며 작은잎은 3~
7장이다. 작은잎은 달걀형~긴 달걀형이고 끝이 길게 뾰족하며 가장자리
가 밋밋하지만 잔톱니가 있기도 하다. 암수딴그루로 햇가지 끝이나 잎겨
드랑이에서 나온 원뿔꽃차례에 자잘한 흰색 꽃이 모여 핀다. 꽃부리는 4갈
래로 깊게 갈라지고 갈래조각은 가는 피침형이다. 열매는 거꿀피침형이며
가장자리에 날개가 있고 붉게 익는다.

잎 앞면 p.781

# 물푸레나무속(*Fraxinus*)의 비교

| 꽃 | 열매 | 특징 |
|---|---|---|

### 들메나무

작은잎은 7~11장이고 작은 잎과 잎자루가 만나는 부분에 갈색 털이 뭉쳐 난다. 원뿔꽃차례는 2년생 가지의 잎겨드랑이에 달리며 꽃에는 꽃잎이 없다.

### 물푸레나무

작은잎은 5~7장이고 뒷면 주맥에 털이 빽빽하다. 원뿔꽃차례는 햇가지 끝에 달리며 꽃에는 꽃잎이 없다.

### 쇠물푸레

작은잎은 3~7장이다. 원뿔꽃차례는 햇가지 끝이나 잎겨드랑이에서 나온다. 흰색 꽃부리는 4갈래로 깊게 갈라지고 갈래조각은 가는 피침형이다.

4월의 미선나무

잎 뒷면　　　　　6월의 잎가지　　　　　10월의 단풍

## 미선나무(물푸레나무과) *Abeliophyllum distichum*

🌳 갈잎떨기나무(높이 1~2m)　✿ 꽃 | 3~4월　🍂 열매 | 9~10월

충북과 전북의 산에서 드물게 자란다. 나무껍질은 회갈색이며 세로로 얕게 갈라지고 가지 끝이 밑으로 처진다. 햇가지는 네모지고 자줏빛이 돌지만 점차 황갈색으로 변한다. 작고 둥근 꽃눈은 적갈색이며 여러 개가 뭉쳐 달린다. 잎은 마주나고 달걀형~타원형이며 3~8㎝ 길이이고 끝이 뾰족하며 가장자리가 밋밋하다. 잎이 돋기 전에 꽃이 먼저 핀다. 잎겨드랑이의 송이꽃차례에 개나리 꽃을 닮은 흰색 꽃이 모여 핀다. 꽃부리는 넓은 종 모양이며

4월에 핀 꽃

6월의 어린 열매

열매 속의 씨앗

나무껍질

3월 말의 ¹⁾**상아미선**

4월의 ²⁾**분홍미선**

지름 1.5~2㎝이고 4갈래로 깊게 갈라진다. 장주화와 단주화가 각각 다른 그루에 핀다. 둥글납작한 열매는 지름 2~2.5㎝이고 끝이 오목하며 '미선'이 라고 하는 둥근 부채와 닮았고 갈색으로 익는다. 우리나라에서만 자라는 특 산식물이다. 관상수로 심기도 한다. ¹⁾**상아미선**(f. *eburneum*)은 상아색 꽃이 피 는 품종이다. ²⁾**분홍미선**(f. *lilacinum*)은 연분홍색 꽃이 피는 품종이다. 모두 미 선나무와 같은 종으로 본다.

잎 앞면 p.758

9월의 열매

열매 모양

5월에 핀 꽃

잎 뒷면

12월의 향선나무

나무껍질

## 향선나무(물푸레나무과) *Fontanesia phyllyreoides*

🔼 갈잎떨기나무~작은키나무(높이 3~5m) ✳ 꽃 | 5월 🔵 열매 | 10월

아시아 서부 원산이며 관상수로 심는다. 어린 가지는 네모진다. 잎은 마주나고 달걀 모양의 피침형~긴 달걀형이며 끝이 길게 뾰족해지고 가장자리는 밋밋하다. 잎 뒷면은 회녹색이다. 가지 끝과 잎겨드랑이의 짧은 송이꽃차례에 흰색 꽃이 촘촘히 모여 달리며 전체적으로 원뿔꽃차례 모양이 된다. 꽃부리는 밑부분까지 4갈래로 깊게 갈라진다. 열매는 넓은 타원형이며 납작하고 6~8㎜ 길이이며 끝에 암술대가 남아 있다.

잎 앞면 p.776

6월 말의 열매

4월에 핀 꽃

8월의 잎가지

잎 뒷면

4월의 산개나리

나무껍질

## 산개나리(물푸레나무과) *Forsythia saxatilis*

🟢 갈잎떨기나무(높이 1~2.5m) ✳️ 꽃 | 3~4월 🟤 열매 | 9월

산에서 드물게 자란다. 가지는 아래로 처지지 않는다. 잎은 마주나고 타원형~긴 달걀형이며 3~8㎝ 길이이고 끝이 뾰족하며 가장자리에 날카로운 톱니가 있다. 잎 뒷면은 연녹색이고 잎맥 위에 털이 있거나 없다. 잎이 돋기 전에 꽃이 먼저 핀다. 잎겨드랑이에 1개씩 피는 노란색 꽃은 넓은 종 모양이며 지름 2.5~3㎝이고 4갈래로 깊게 갈라진다. 달걀 모양의 열매는 끝이 뾰족하고 표면에 작은 돌기가 있다.

잎 앞면 p.756

627

4월의 개나리

잎 뒷면 　　　　　갈래진 잎 　　　　　11월의 단풍

## 개나리(물푸레나무과) *Forsythia koreana*

⬆ 갈잎떨기나무(높이 3m 정도) ✳ 꽃 | 4월 🍒 열매 | 9~10월

전국에서 관상수로 심는다. 나무껍질은 회색~회갈색이고 껍질눈이 뚜렷하
다. 줄기 속은 비어 있다. 가지는 둥글게 휘어지고 끝이 밑으로 처진다. 잎
은 마주나고 피침형~긴 달걀형이며 5~10㎝ 길이이다. 잎 끝은 뾰족하며
가장자리의 밑부분을 제외하고 날카로운 톱니가 있다. 어린 가지에 달리는
잎은 잎몸이 3갈래로 갈라지기도 한다. 양면에 털이 없고 뒷면은 연녹색이
다. 잎자루는 1~2㎝ 길이이고 털이 없다. 잎이 돋기 전에 잎겨드랑이에 1~

4월에 핀 꽃

단주화

장주화

10월의 열매

나무껍질

10월의 [1]금선개나리

3개씩 모여 피는 노란색 꽃은 넓은 종 모양이며 지름 3㎝ 정도이고 4갈래로 깊게 갈라진다. 1개의 암술이 2개의 수술보다 긴 장주화와 암술이 수술보다 짧은 단주화가 서로 다른 그루에 핀다. 달걀 모양의 열매는 1.5㎝ 정도 길이이고 표면에 작은 돌기가 있다. 우리나라 특산식물로 생울타리를 많이 만든다. [1]금선개나리('Aureoreticulata')는 원예 품종으로 잎에 노란색 그물 무늬가 있다.

잎 앞면 p.756

4월에 핀 꽃

열매 모양

7월의 열매

잎 뒷면

4월의 의성개나리

나무껍질

## 의성개나리(물푸레나무과) *Forsythia viridissima*

🌳 갈잎떨기나무(높이 2~3m) ❋ 꽃 | 3~4월 ⬡ 열매 | 9~10월

중국 원산이며 관상수로 심고 약용으로도 재배한다. 어린 가지는 녹색~
황록색이며 모가 진다. 잎은 마주나고 긴 타원형~피침형이며 3.5~11㎝
길이이고 끝이 뾰족하며 가장자리의 상반부에 잔톱니가 있다. 잎이 돋기
전에 잎겨드랑이에 1~3개씩 모여 피는 노란색 꽃은 넓은 종 모양이며 지
름 2.5㎝ 정도이고 4갈래로 깊게 갈라진다. 달걀 모양의 열매는 1~1.5㎝
길이이고 끝이 뾰족하며 표면에 작은 돌기가 있다.

잎 앞면 p.756

10월의 잎가지

4월에 핀 꽃

7월의 어린 열매

잎 뒷면

4월의 만리화

나무껍질

## 만리화(물푸레나무과)  *Forsythia ovata*

🌳 갈잎떨기나무(높이 1.5~2.5m)  ✲ 꽃 | 3~4월  🍎 열매 | 9~10월

경북과 강원도의 산에서 자란다. 잎은 마주나고 넓은 달걀형이며 5~7㎝ 길이이고 끝이 뾰족하며 가장자리에 톱니가 있다. 잎자루는 8~10㎜ 길이이다. 잎이 돋기 전에 잎겨드랑이에 1개씩 피는 노란색 꽃은 넓은 종 모양이며 지름 2.5㎝ 정도이고 4갈래로 깊게 갈라져 활짝 벌어진다. 수술은 2개이고 암술은 1개이며 장주화와 단주화가 다른 그루에 핀다. 달걀 모양의 열매는 끝이 뾰족하고 표면에 작은 돌기가 있다.

잎 앞면 p.756

## 개나리속(*Forsythia*)의 비교

| 꽃 | 열매 | 잎 | 특징 |
|---|---|---|---|
|  | | | **산개나리**<br>잎은 긴 달걀형이며 뒷면 잎맥 위에 털이 있거나 없다. 가지는 아래로 처지지 않는다. |
|  | | | **개나리**<br>잎은 긴 달걀형이며 어린 가지에 달리는 잎은 잎몸이 3갈래로 갈라지기도 한다. 가지는 아래로 처진다. |
|  | | | **의성개나리**<br>잎은 긴 타원형~피침형이며 두껍고 상반부에 잔톱니가 있다. 어린 가지는 녹색~황록색이며 모가 진다. |
|  | | | **만리화**<br>잎은 넓은 달걀형으로 큼직하다. 꽃부리는 갈래조각이 짧은 편이며 넓게 벌어진다. |

잎 모양

잎 뒷면

4월에 핀 꽃

3월의 영춘화

나무껍질

6월의 [1]**황소형**

## 영춘화(물푸레나무과) *Jasminum nudiflorum*

🌳 갈잎떨기나무(높이 1m 정도) ❋ 꽃 | 3~4월

중국 원산이며 서울 이남에서 관상수로 심는다. 잔가지는 녹색이며 네모지고 끝부분이 밑으로 처진다. 잎은 마주나고 세겹잎이며 끝의 작은잎이 가장 크다. 2년생 가지의 잎겨드랑이에 노란색 꽃이 1개씩 핀다. 꽃부리는 고배 모양이며 가는 원통형 끝부분이 5~6갈래로 갈라져 수평으로 벌어진다. 열매는 달걀형~타원형이다. [1]**황소형**(*J. humile*)은 홀수깃꼴겹잎이며 작은잎은 3~7장이고 갈래꽃차례에 3~9개의 노란색 꽃이 모여 핀다.

잎 앞면 p.763

6월의 개회나무

잎 뒷면　　　　　　겨울눈　　　　　　나무껍질

## 개회나무(물푸레나무과) *Syringa reticulata* ssp. *amurensis*

🔼 갈잎작은키나무(높이 4~7m) ✳ 꽃 | 6~7월 🔵 열매 | 9월

지리산 이북의 산에서 자란다. 나무껍질은 회갈색이고 껍질눈이 많다. 잎은
마주나고 넓은 달걀형이며 5~12㎝ 길이이다. 잎 끝은 갑자기 뾰족해지며
밑은 둥글거나 약간 심장저이고 가장자리는 밋밋하다. 잎 양면에 털이 없
다. 2년생 가지 끝에서 나오는 원뿔꽃차례는 10~25㎝ 길이이고 자잘한 흰
색 꽃이 촘촘히 모여 피는데 향기가 있다. 꽃차례는 길이만큼 너비도 넓게
퍼진다. 꽃부리는 깔때기 모양이며 4갈래로 깊게 갈라져 옆으로 벌어지거나

6월 말에 핀 꽃

꽃 모양

9월의 열매

7월의 <sup>1)</sup>**돌개회나무**

6월 초의 <sup>2)</sup>**버들개회나무**

<sup>2)</sup>**버들개회나무 열매**

뒤로 젖혀지고 지름 5~6㎜이다. 열매는 긴 타원형이고 2~2.5㎝ 길이이며 표면에는 껍질눈이 약간 흩어져 난다. 열매는 익으면 세로로 쪼개진다. 씨 앗은 납작한 타원형이고 둘레에 날개가 있다. <sup>1)</sup>**돌개회나무**(*S. reticulata*)는 개 회나무와 비슷하지만 달걀형~넓은 달걀형 잎은 뒷면의 주맥 기부에 짧은 흰 색 털이 있다. 개회나무의 기본종이다. <sup>2)</sup>**버들개회나무**(*S. fauriei*)는 개회나무 와 비슷하지만 잎이 버들잎처럼 길쭉하다. 개회나무와 같은 종으로도 본다.

잎 앞면 p.776

꽃 모양

8월의 열매

6월에 핀 꽃

잎 뒷면

6월의 꽃개회나무

나무껍질

## 꽃개회나무(물푸레나무과) *Syringa villosa* ssp. *wolfii*

🔄 갈잎떨기나무(높이 4~6m)  ✽ 꽃 | 6~7월  🍂 열매 | 9월

지리산 이북의 높은 산에서 자란다. 잎은 마주나고 타원형~넓은 달걀형이며 끝이 뾰족하고 가장자리는 밋밋하며 측맥은 보통 7~9개이다. 햇가지 끝에 달리는 원뿔꽃차례는 10~30㎝ 길이이고 연한 홍자색 꽃이 모여피며 꽃차례자루에 털이 있다. 꽃부리는 좁은 깔때기 모양이고 12~18㎜ 길이이며 끝이 4갈래로 얕게 갈라져 벌어지고 부드러운 털이 있다. 열매는 좁고 긴 타원형이며 1~1.5㎝ 길이이고 껍질눈이 없다.

잎 앞면 p.758

꽃 모양

7월의 열매

5월에 핀 꽃

잎 뒷면

5월의 털개회나무

나무껍질

## 털개회나무 (물푸레나무과) *Syringa pubescens* ssp. *patula*

🌳 갈잎떨기나무(높이 2~4m) ✳️ 꽃 | 5월 🍂 열매 | 9~10월

깊은 산에서 자란다. 잎은 마주나고 타원형~달걀 모양의 타원형이며 3~10㎝ 길이이고 끝이 뾰족하며 가장자리가 밋밋하다. 잎 뒷면은 연녹색이며 보통 털이 많다. 2년생 가지 끝에 달리는 원뿔꽃차례는 5~16㎝ 길이이며 연자주색~흰색 꽃이 모여 핀다. 꽃부리는 기다란 깔때기 모양이며 6~17㎜ 길이이고 끝이 4갈래로 갈라져 벌어진다. 열매는 좁고 긴 타원형이며 끝이 뾰족하고 표면에 사마귀 같은 껍질눈이 흩어져 난다.

잎 앞면 p.758

7월의 어린 열매

잎 뒷면

4월 말에 핀 꽃

4월 말의 라일락

나무껍질

[1]**라일락 '아그네스 스미스'**

## 라일락(물푸레나무과) *Syringa vulgaris*

갈잎떨기나무(높이 2~4m) 꽃 | 4~5월 열매 | 9월

유럽 원산이며 관상수로 심는다. 잎은 마주나고 넓은 달걀형~달걀형이며 앞면은 광택이 있고 끝이 뾰족하며 가장자리가 밋밋하다. 2년생 가지 끝에 달리는 원뿔꽃차례에 연자주색~흰색 꽃이 모여 핀다. 꽃은 좁은 깔때기 모양이고 6~10㎜ 길이이며 끝이 4갈래로 갈라져 벌어진다. 긴 타원형 열매는 끝이 뾰족하고 껍질눈이 없다. [1]**라일락 '아그네스 스미스'**('Agnes Smith')는 원예 품종으로 가지 끝에 큼직한 흰색 꽃송이가 달린다.

잎 앞면 p.758

# 개회나무속(*Syringa*)의 비교

| 꽃 | 열매 | 잎 | 특징 |
|---|---|---|---|
|  | | | **개회나무**<br>2년생 가지에 달리는 흰색 원뿔꽃차례는 너비가 길이만큼 넓다. 잎은 넓은 달걀형이다. 열매에 껍질눈이 있다. |
|  | | | **꽃개회나무**<br>햇가지 끝에 연한 홍자색 꽃차례가 달린다. 측맥은 보통 7~9개이다. 열매에 껍질눈이 없다. |
|  | | | **털개회나무**<br>2년생 가지 끝에 연자주색~흰색 꽃차례가 달린다. 잎 뒷면에 보통 털이 많다. 열매에 껍질눈이 있다. |
|  | | | **라일락**<br>2년생 가지 끝에 연자주색~흰색 꽃차례가 풍성하게 달린다. 잎은 넓은 달걀형이며 앞면은 광택이 있다. 열매에 껍질눈이 없다. |

5월의 이팝나무

경남 양산 신전리 이팝나무　　10월의 이팝나무　　잎 뒷면

## 이팝나무(물푸레나무과) *Chionanthus retusus*

🌳 갈잎큰키나무(높이 20m 정도) ✿ 꽃 | 5월 🍂 열매 | 10~11월

중부 이남의 산과 들에서 드물게 자란다. 나무껍질은 회갈색이고 불규칙하게 세로로 갈라진다. 겨울눈은 원뿔형이다. 잎은 마주나고 긴 타원형~거꿀달걀형이며 4~12㎝ 길이이고 끝은 둔하거나 뾰족하며 가장자리가 밋밋하다. 어린 나무는 잎 가장자리에 잔톱니가 있다. 암수딴그루로 햇가지 끝에 달리는 원뿔꽃차례는 3~12㎝ 길이이고 흰색 꽃이 무더기로 모여 달려 나무 전체가 흰색으로 뒤덮인다. 꽃부리는 4갈래로 깊게 갈라지며 갈래조각은 가

5월에 핀 꽃

꽃 모양

씨앗

10월 말의 열매

겨울눈

나무껍질

는 선형이고 1.5~2㎝ 길이이다. 양성화는 밑부분이 통통하며 2개의 수술과 1개의 암술이 있고 씨방은 동그스름하다. 타원형~달걀형 열매는 1.5~2㎝ 길이이며 검푸른색으로 익고 속에는 1개의 씨앗이 들어 있다. 타원형 씨앗은 1~1.5㎝ 길이이며 표면에 그물 모양의 무늬가 있다. 정원수나 가로수로도 많이 심는다. 풍성한 꽃이 핀 나무가 쌀밥이 가득 담긴 밥사발과 비슷해서 '이밥(쌀밥)나무'라고 하던 것이 '이팝나무'로 변했다고 한다.

잎 앞면 p.776

꽃 모양

10월의 열매

6월에 핀 꽃

잎맥

6월의 광나무

나무껍질

## 광나무(물푸레나무과) *Ligustrum japonicum*

🌳 늘푸른떨기나무(높이 3~5m) 🌸 꽃 | 6월 🍒 열매 | 10~11월

남해안 이남에서 자란다. 잎은 마주나고 타원형~넓은 달걀형이며 4~7㎝ 길이이고 끝이 뾰족하며 가장자리는 밋밋하다. 잎몸은 가죽질이고 양면에 털이 없으며 햇빛에 비춰도 잎맥이 뚜렷하지 않다. 햇가지 끝의 원뿔꽃차례는 5~12㎝ 길이이고 흰색 꽃부리는 5~6㎜ 길이이며 깔때기 모양이고 중간까지 4갈래로 갈라져 벌어진다. 타원형 열매는 가을에 흑자색으로 익는다. 남부 지방에서 관상수로 심으며 생울타리를 만들기도 한다.

잎 앞면 p.759

7월에 핀 꽃

1월의 열매

잎맥

11월의 제주광나무

겨울눈

나무껍질

## 제주광나무/당광나무(물푸레나무과) *Ligustrum lucidum*

🌳 늘푸른큰키나무(높이 10~15m)  ❋ 꽃 | 6~7월  🍂 열매 | 10~12월

제주도에서 자라며 관상수로 심는다. 잎은 마주나고 달걀형~타원형이며 5~12cm 길이이고 끝이 뾰족하며 가장자리는 밋밋하다. 잎몸은 가죽질이며 햇빛에 비추면 잎맥이 뚜렷하게 보인다. 햇가지 끝에 달리는 원뿔꽃차례는 10~20cm 길이이고 깔때기 모양의 흰색 꽃부리는 4갈래로 깊게 갈라져서 뒤로 말린다. 2개의 수술과 1개의 암술은 꽃부리 밖으로 길게 나온다. 타원형 열매는 8~10mm 길이이고 흑자색으로 익는다.

꽃 모양

9월의 어린 열매

6월에 핀 꽃

11월의 열매

잎 뒷면

나무껍질

## 상동잎쥐똥나무(물푸레나무과) *Ligustrum quihoui*

🌳 늘푸른떨기나무~갈잎떨기나무(높이 2m 정도) ✳ 꽃 | 6~7월 🔴 열매 | 10~11월

전라도의 바닷가에서 자라며 반상록성이다. 어린 가지에는 잔털이 있다. 잎은 마주나고 넓은 타원형~거꿀달걀형이며 1~4㎝ 길이이다. 잎 끝은 둔하거나 뾰족하며 가장자리가 밋밋하다. 잎 뒷면은 연녹색이고 기름점이 많다. 햇가지 끝에 달리는 좁고 긴 원뿔꽃차례는 5~20㎝ 길이이고 자잘한 흰색 꽃이 모여 피며 향기가 있다. 꽃부리는 깔때기 모양이며 4~5㎜ 길이로 짧고 4갈래로 갈라진다. 둥근 달걀형 열매는 검게 익는다.

잎 앞면 p.759

9월 초의 어린 열매

6월에 핀 꽃

잎 뒷면

11월의 왕쥐똥나무

나무껍질

6월의 [1]황금왕쥐똥나무

## 왕쥐똥나무(물푸레나무과) *Ligustrum ovalifolium*

🌳 늘푸른떨기나무~갈잎떨기나무(높이 2~6m) 🌸 꽃 | 6~7월 🍇 열매 | 10~11월

전남 이남의 섬에서 자라며 반상록성이다. 잎은 마주나고 타원형~거꿀달 걀형이며 4~10㎝ 길이이고 가장자리가 밋밋하다. 잎을 햇빛에 비추면 측 맥이 보인다. 가지 끝에 달리는 원뿔꽃차례는 5~10㎝ 길이이고 흰색 꽃 이 모여 핀다. 꽃부리는 7~8㎜ 길이이고 끝이 4갈래로 얕게 갈라져 벌어 진다. 타원형~둥근 달걀형 열매는 7~8㎜ 길이이고 흑자색으로 익는다.

[1]황금왕쥐똥나무('Aureum')는 원예 품종으로 잎이 거의 노란색이다.

잎 앞면 p.759

6월 초의 꽃봉오리

9월의 열매

6월에 핀 꽃

잎 뒷면

6월의 섬쥐똥나무

나무껍질

## 섬쥐똥나무(물푸레나무과) *Ligustrum foliosum*

🔄 갈잎떨기나무(높이 1~3m) ✿ 꽃 | 6~9월 🍂 열매 | 10~11월

울릉도의 산에서 자란다. 잎은 마주나고 긴 타원형~달걀형이며 2~5㎝ 길이이고 끝이 약간 뾰족하며 가장자리가 밋밋하다. 잎 뒷면은 연녹색이고 잎자루는 2~5㎜ 길이이다. 햇가지 끝의 원뿔꽃차례는 5~10㎝ 길이이고 흰색 꽃이 모여 핀다. 꽃차례에 작은잎 모양의 포가 달린다. 꽃부리는 깔때기 모양이며 4갈래로 갈라져 벌어진다. 둥근 타원형 열매는 7~8㎜ 길이이고 흑자색으로 익는다. 왕쥐똥나무에 포함시키기도 한다.

잎 앞면 p.759

11월의 열매

씨앗

5월 말에 핀 꽃

잎 뒷면

5월 말의 쥐똥나무

6월 초의 [1]산동쥐똥나무

**쥐똥나무**(물푸레나무과) *Ligustrum obtusifolium*

🌳 갈잎떨기나무(높이 1~4m) ❋ 꽃 | 5~6월 🍂 열매 | 10~12월

산기슭에서 자란다. 잎은 마주나고 긴 타원형~거꿀달걀 모양의 타원형이며 2~6㎝ 길이이고 끝은 둔하며 가장자리는 밋밋하고 뒷면은 연녹색이다. 잎자루는 1~3㎜ 길이이다. 햇가지 끝의 송이꽃차례는 2~4㎝ 길이이고 잔털이 많다. 흰색 꽃부리는 6~9㎜ 길이이고 끝이 4갈래로 갈라져 벌어진다. [1]**산동쥐똥나무**(*L. leucanthum*)는 전남 이남에서 자라는 갈잎떨기나무로 쥐똥나무에 비해 피침형 잎이 뾰족하며 가지 끝에 원뿔꽃차례가 달린다.

잎 앞면 p.759

## 쥐똥나무속(*Ligustrum*)의 비교

**광나무**
상록성(3~5m)이다. 가죽질 잎은 햇빛에 비춰도 잎맥이 뚜렷하지 않다. 꽃부리는 중간까지 갈라져 벌어진다.

**제주광나무**
상록성(10~15m)이다. 가죽질 잎은 햇빛에 비추면 잎맥이 뚜렷하다. 꽃부리는 깊게 갈라져 뒤로 젖혀진다.

**상동잎쥐똥나무**
반상록성(2m)이다. 원뿔꽃차례는 폭이 좁고 꽃부리는 4~5㎜ 길이로 짧다. 햇가지에 잔털이 많다.

**왕쥐똥나무**
반상록성(2~6m)이다. 잎은 4~10㎝ 길이로 큰 편이다. 꽃부리는 7~8㎜ 길이로 길고 끝이 얕게 갈라져 벌어진다.

**섬쥐똥나무**
낙엽성(1~3m)이다. 쥐똥나무와 달리 원뿔꽃차례에 작은잎 모양의 포가 달린다. 잎자루는 2~5㎜ 길이이다.

**쥐똥나무**
낙엽성(1~4m)이다. 송이꽃차례는 2~4㎝ 길이이고 잔털이 많다. 잎자루는 1~3㎜ 길이이다.

5월의 열매

11월에 핀 꽃

잎 뒷면

나무껍질

10월에 핀 [1]금목서 꽃

[1]금목서 꽃 모양

## 목서(물푸레나무과) *Osmanthus fragrans*

🌳 늘푸른작은키나무(높이 3~6m)  ✳ 꽃 | 9~10월  🍃 열매 | 다음 해 5월

중국 원산이며 남부 지방에서 관상수로 심는다. 잎은 마주나고 좁은 타원형이며 가죽질이고 끝이 뾰족하며 상반부에 잔톱니가 있거나 밋밋하다. 암수딴그루로 잎겨드랑이에 흰색~연노란색 꽃이 모여 핀다. 꽃받침과 꽃부리는 4갈래로 갈라지고 향기가 진하다. 타원형 열매는 자루가 길며 검게 익는다. [1]금목서(v. *aurantiacus*)는 목서의 변종으로 가을에 잎겨드랑이에 주황색 꽃이 모여 핀다. 남부 지방에서 관상수로 심는다.

잎 앞면 p.775

11월 초의 수꽃

10월에 핀 암꽃

4월의 열매

잎 뒷면

10월의 박달목서

나무껍질

## **박달목서**(물푸레나무과) *Osmanthus insularis*

🌳 늘푸른큰키나무(높이 15m 정도) ✿ 꽃 | 10~11월 🍂 열매 | 다음 해 5~6월

제주도와 전남의 가거도, 거문도에서 자란다. 잎은 마주나고 긴 타원형이며 7~11㎝ 길이이고 끝이 길게 뾰족하며 가장자리가 밋밋하다. 어린 나무의 잎은 가장자리에 날카로운 톱니가 있다. 잎몸은 가죽질이고 앞면은 광택이 있다. 암수딴그루로 잎겨드랑이에 자잘한 흰색 꽃이 모여 피며 향기가 난다. 꽃부리는 두껍고 지름 5~6㎜이며 4갈래로 갈라져서 벌어진다. 타원형 열매는 1.6~2㎝ 길이이며 흑벽색으로 익는다.

잎 앞면 p.775

6월의 열매

11월에 핀 꽃

잎 뒷면

10월의 구골나무

나무껍질

10월의 [1]구골목서

## 구골나무(물푸레나무과) *Osmanthus heterophyllus*

🌳 늘푸른떨기나무~작은키나무(높이 4~8m) 🌸 꽃 | 11~12월 🔴 열매 | 다음 해 6~7월

일본과 대만 원산이며 남부 지방에서 관상수로 심는다. 잎은 마주나고 타
원형이며 3~7㎝ 길이이고 가장자리가 밋밋한 잎과 2~5개의 모서리가
가시로 된 잎이 함께 난다. 암수딴그루로 잎겨드랑이에 흰색 꽃이 모여 피
는데 꽃부리는 4갈래로 깊게 갈라져서 뒤로 젖혀진다. 타원형 열매는 흑
자색으로 익는다. [1]구골목서(*O. × fortunei*)는 구골나무와 목서의 교잡종으
로 잎 가장자리의 가시 같은 톱니가 작고 수가 많다.

잎 앞면 p.761

651

꿀풀목

## 목서속(*Osmanthus*)의 비교

**목서**

잎은 좁은 타원형이며 상반부에 잔톱니가 있거나 밋밋하다. 잎겨드랑이에 흰색~연노란색 꽃이 핀다.

**금목서**

잎은 좁은 타원형이며 상반부에 잔톱니가 있거나 밋밋하다. 잎겨드랑이에 주황색 꽃이 촘촘히 핀다.

**박달목서**

잎은 긴 타원형이며 끝이 길게 뾰족하고 가장자리가 밋밋하다. 잎겨드랑이에 흰색 꽃이 핀다.

**구골나무**

타원형 잎은 가장자리가 밋밋한 잎과 2~5개의 모서리가 가시로 된 잎이 있다. 꽃부리는 뒤로 젖혀진다.

구골목서 생울타리

**구골목서**

구골나무와 목서의 교잡종으로 남부 지방에서 관상수로 심는다. 타원형 잎은 가장자리에 바늘 모양의 톱니가 8~10쌍이 있다. 구골나무에 비해 톱니가 작고 수가 많다. 잎겨드랑이에 흰색 꽃이 모여 피며 대부분이 수그루이다.

꽃 모양

5월에 핀 꽃

[1]**오동나무** 꽃 모양

8월의 열매

씨앗

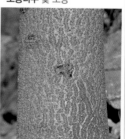

나무껍질

## 참오동(오동나무과|현삼과) *Paulownia tomentosa*

🌳 갈잎큰키나무(높이 10~15m) ❋ 꽃 | 5~6월 🍎 열매 | 10월

중국 원산이며 산에서 기르거나 관상수로 심는다. 잎은 마주나고 넓은 달걀형이며 3~5개의 모가 진다. 가지 끝의 원뿔꽃차례에 연보라색 꽃이 달린다. 꽃부리는 바깥쪽에 끈적거리는 샘털이 있고 안쪽 밑부분에는 자주색 줄무늬가 있다. 달걀형 열매는 갈색으로 익는다. 씨앗은 가장자리에 얇은 날개가 있다. [1]**오동나무**(*P. coreana*)는 꽃부리 안쪽에 자주색 줄무늬가 없는 것으로 구분하지만 참오동과 같은 종으로도 본다.

잎 앞면 p.779

4월의 묵은 열매

8월에 핀 꽃

잎 뒷면

9월의 부들레야 다비디

나무껍질

8월의 <sup>1)</sup>부들레야 아시아티카

## 부들레야 다비디(현삼과 | 마전과) *Buddleja davidii*

🌳 갈잎떨기나무(높이 1~3m) 🌸 꽃 | 7~9월 🍂 열매 | 10~11월

중국 원산이며 남쪽 지방에서 관상수로 심는다. 잎은 마주나고 피침형~
좁은 달걀형이며 끝이 뾰족하고 가장자리에 잔톱니가 있다. 잎 뒷면은 회
백색 별모양털로 덮여 있다. 가지 끝에 달리는 원뿔꽃차례는 10~30㎝ 길
이이고 연자주색 꽃이 촘촘히 모여 피며 향기가 있다. <sup>1)</sup>부들레야 아시아티
카(*B. asiatica*)는 중국 원산의 늘푸른떨기나무로 여름에 가지 끝에 달리는
원뿔꽃차례는 20㎝ 정도 길이이며 흰색 꽃이 모여 핀다.

잎 앞면  p.756

10월의 열매

7월에 핀 꽃

잎 뒷면

5월의 구기자나무

가지의 가시

나무껍질

## 구기자나무(가지과) *Lycium chinense*

🌳 갈잎떨기나무(높이 2~4m) ❀ 꽃 | 6~9월 🍎 열매 | 9~11월

마을 주변에서 자란다. 모여나는 줄기는 비스듬히 자라며 끝이 밑으로 처진다. 잎은 어긋나고 짧은가지 끝에서는 모여 달린다. 잎몸은 피침형~달걀형이며 끝이 둔하고 가장자리가 밋밋하다. 잎 뒷면은 연녹색이다. 짧은가지의 잎겨드랑이에 자주색 꽃이 1~4개씩 모여 핀다. 꽃부리는 깔때기 모양이고 5갈래로 갈라져 수평으로 벌어진다. 타원형~달걀형 열매는 붉은색으로 익는다. 열매는 약으로 쓰거나 차를 끓여 마신다.

잎 앞면 p.754

5월에 핀 수꽃

5월에 핀 암꽃

8월 말의 열매

잎 뒷면

11월의 대팻집나무

나무껍질

## 대팻집나무(감탕나무과) *Ilex macropoda*

🌳 갈잎큰키나무(높이 10~15m)  ❀ 꽃 | 5~6월  🍂 열매 | 9~10월

충청도 이남의 산에서 자란다. 짧은가지가 발달한다. 잎은 어긋나고 짧은 가지 끝에서는 모여 달린다. 잎몸은 넓은 달걀형~타원형이고 3~7㎝ 길이이며 끝이 뾰족하고 가장자리에 잔톱니가 있다. 잎 뒷면은 연녹색이다. 암수딴그루로 짧은가지 끝에 지름 4~5mm의 백록색 꽃이 모여 핀다. 꽃잎과 꽃받침조각은 4~5개씩이다. 수꽃은 수술이 4~5개이고 암술머리는 원반 모양이다. 둥근 열매는 지름 6~7mm이며 노랗게 변했다가 붉게 익는다.

잎 앞면 p.772

6월에 핀 수꽃

6월에 핀 암꽃

10월의 열매

잎 뒷면

1월의 <sup>1)</sup>노랑낙상홍 열매

6월의 <sup>2)</sup>미국낙상홍

## 낙상홍(감탕나무과) *Ilex serrata*

🍂 갈잎떨기나무(높이 2~3m) ✿ 꽃 | 6월 🍎 열매 | 9~10월

일본 원산이며 관상수로 심는다. 잎은 어긋나고 타원형이며 가장자리에 날카로운 잔톱니가 있다. 암수딴그루로 햇가지의 잎겨드랑이에 지름 3~4㎜의 연자주색 꽃이 모여 핀다. 꽃은 꽃잎과 꽃받침조각과 수술이 4~5개씩이다. 둥근 열매는 붉게 익는다. <sup>1)</sup>노랑낙상홍('Leucocarpa')은 노란색 열매가 열리는 품종이다. <sup>2)</sup>미국낙상홍(*I. verticillata*)은 북아메리카 원산이며 긴 타원형 잎과 톱니가 낙상홍보다 크고 흰색 꽃이 핀다.

암꽃 모양

2월의 열매

6월 초에 핀 수꽃

잎 뒷면

나무껍질          10월의 ¹⁾**좀꽝꽝나무**

### 꽝꽝나무(감탕나무과)  *Ilex crenata*

🌳 늘푸른떨기나무~작은키나무(높이 2~6m)  ✳ 꽃 | 5~6월  🍒 열매 | 10~11월

남부 지방에서 자란다. 잎은 어긋나고 타원형~긴 타원형이며 1~3㎝ 길이이고 끝이 뾰족하며 가장자리에 얕고 둔한 톱니가 있다. 잎몸은 가죽질이다. 암수딴그루로 잎겨드랑이에 지름 4~5㎜의 흰색 꽃이 핀다. 수꽃은 2~6개가 모여 피고 암꽃은 1개씩 핀다. 꽃잎, 수술은 각각 4개씩이고 암술은 1개이다. 둥근 열매는 지름 5~6㎜이며 검은색으로 익는다. ¹⁾**좀꽝꽝나무**(f. *microphylla*)는 변종으로 잎의 길이가 8~14㎜로 작다.

잎 앞면 p.751

수꽃

6월 초에 핀 암꽃과 묵은 열매

8월의 어린 열매

잎 뒷면

1월의 먼나무

나무껍질

## 먼나무(감탕나무과) *Ilex rotunda*

🌳 늘푸른큰키나무(높이 10m 정도) ✽ 꽃 | 6월 🍂 열매 | 11~12월

제주도와 보길도에서 자란다. 햇가지는 약간 모가 지며 털이 없고 자줏빛이 돈다. 잎은 어긋나고 타원형~긴 타원형이며 끝이 둔하거나 뾰족하고 가장자리가 밋밋하다. 잎몸은 가죽질이고 앞면은 광택이 있다. 잎자루는 1~2cm 길이이고 자줏빛이 돈다. 암수딴그루로 햇가지의 잎겨드랑이에서 나온 우산꽃차례에 연자주색 꽃이 모여 핀다. 꽃은 지름 4~5mm이며 꽃잎과 꽃받침조각은 4~6개씩이다. 둥근 열매는 붉게 익는다.

잎 앞면 p.775

1월의 <sup>1)</sup>둥근잎호랑가시나무 열매

10월의 호랑가시나무

겨울눈

나무껍질

## 호랑가시나무(감탕나무과) *Ilex cornuta*

🌳 늘푸른떨기나무(높이 2~3m) ✸ 꽃 | 4~5월 🍊 열매 | 9~10월

전북 변산반도 이남과 제주도의 바닷가에서 자란다. 나무껍질은 회백색이고 껍질눈이 있다. 잎은 어긋나고 타원 모양의 사각형~타원 모양의 육각형이며 4~10㎝ 길이이다. 잎 끝과 모서리는 날카로운 가시가 된다. 잎몸은 단단한 가죽질이며 양면에 털이 거의 없고 앞면은 광택이 있으며 뒷면은 연녹색이다. 암수딴그루로 2년생 가지의 잎겨드랑이에 작은 녹백색 꽃이 모여 피며 좋은 향기가 난다. 꽃은 지름 7~8㎜이며 꽃부리는 4갈래로 갈라진다.

5월에 핀 암꽃

5월에 핀 수꽃

10월 말의 열매

씨앗

잎 뒷면

2)완도호랑가시나무 암꽃

둥근 열매는 지름 8~10㎜이며 붉은색으로 익고 약간 단맛이 난다. 남부 지방에서 정원수로도 심는다. 1)둥근잎호랑가시나무('Burfordii')는 원예 품종으로 잎 가장자리가 밋밋하고 끝은 가시처럼 뾰족하다. 2)완도호랑가시나무(*I. × wandoensis*)는 호랑가시나무와 감탕나무의 자연 교잡종으로 추정되며 타원형 잎 가장자리는 밋밋하거나 몇 개의 날카로운 톱니가 있다. 모두 남부 지방에서 정원수로 심는다.

잎 앞면 p.761

6월 초에 핀 암꽃

11월의 열매

5월에 핀 수꽃

잎 뒷면

2월의 감탕나무

나무껍질

### 감탕나무(감탕나무과) *Ilex integra*

🌳 늘푸른작은키나무(높이 6~10m) ✿ 꽃 | 4~5월 🍎 열매 | 11~12월

울릉도와 남쪽 섬에서 자란다. 잎은 어긋나고 타원형~긴 거꿀달걀형이며
4~7㎝ 길이이다. 잎 끝은 둔하거나 약간 뾰족하고 가장자리는 밋밋하지만
어린 나무의 잎은 가장자리에 2~3개의 톱니가 있다. 잎자루는 5~15㎜ 길
이이다. 암수딴그루로 2년생 가지의 잎겨드랑이에 자잘한 황록색 꽃이 모
여 핀다. 꽃잎과 꽃받침조각은 4개씩이다. 수꽃은 2~15개가 모여 달리고
암꽃은 1~4개가 모여 달린다. 둥근 열매는 붉게 익는다.

잎 앞면 p.775

6월 초에 핀 수꽃

7월의 어린 열매

6월 초에 핀 암꽃

잎 뒷면

6월의 동청목

줄기

## 동청목(감탕나무과) *Ilex pedunculosa*

늘푸른떨기나무~작은키나무(높이 3~7m) ✿ 꽃 | 6~7월 ◯ 열매 | 10~11월

중국, 대만, 일본 원산이며 서울 이남에서 관상수로 심는다. 잎은 어긋나고 타원형~달걀 모양의 타원형이며 4~8㎝ 길이이다. 잎 끝은 뾰족하며 가장자리는 밋밋하고 물결 모양으로 구불거린다. 암수딴그루로 햇가지의 잎겨드랑이에서 기다란 꽃자루가 나오고 끝부분에 자잘한 흰색 꽃이 모여 핀다. 둥근 열매는 지름 8㎜ 정도이고 3~4㎝ 길이의 자루 끝에 1~3개가 달리며 붉은색으로 익는다. 씨앗은 세모진 달걀형이다.

잎 앞면 p.775

663

## 상록성 감탕나무속(*Ilex*)의 비교

### 꽝꽝나무

잎은 타원형이며 1~3㎝ 길이로 작고 가장자리에 얕고 둔한 톱니가 있다. 열매는 검게 익는다.

### 먼나무

잎은 타원형이며 밋밋하고 잎자루는 자줏빛이 돈다. 햇가지의 잎겨드랑이에 연자주색 꽃이 모여 핀다.

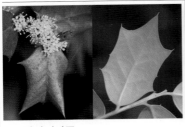

### 호랑가시나무

잎은 타원 모양의 4각형~타원 모양의 6각형이며 모서리는 가시로 된다. 꽃은 묵은 가지에 핀다.

### 완도호랑가시나무

잎은 타원형이며 가장자리는 밋밋하거나 몇 개의 날카로운 톱니가 있다. 잎의 두께는 호랑가시나무보다 얇은 편이다.

### 감탕나무

잎은 거꿀달걀형~타원형이며 가장자리가 밋밋하지만 어린 나무는 2~3개의 톱니가 있다. 꽃은 묵은 가지에 핀다.

### 동청목

잎은 긴 타원형이며 가장자리가 물결 모양이다. 햇가지의 잎겨드랑이에 달리는 꽃차례는 자루가 길다.

9월에 핀 꽃

꽃차례

10월의 열매

잎 뒷면

6월의 더위지기

나무껍질

## 더위지기 (국화과) *Artemisia gmelinii*

🌳 갈잎떨기나무(높이 1m 정도) ✳ 꽃 | 7~9월 🌰 열매 | 11월

제주도를 제외한 전국의 산과 들에서 자란다. 잎은 마주나고 세모진 달걀형이며 5~8㎝ 길이이고 2회깃꼴로 깊게 갈라진다. 잎 양면에 거미줄 같은 털이 있지만 점차 없어진다. 잎 뒷면은 연녹색이고 기름점이 있다. 가지 끝이나 잎겨드랑이에 여러 개의 머리모양꽃차례가 모여 달리며 전체적으로 원뿔꽃차례 모양이 된다. 머리모양꽃차례는 지름 2~5㎜이고 연노란색이며 밑을 향해 달린다. 열매는 달걀 모양의 타원형이다.

잎 앞면 p.765

꽃차례 부분

7월 초의 열매

5월에 핀 꽃

잎 뒷면

7월 초의 딱총나무

나무껍질

## 딱총나무(연복초과 | 인동과)  *Sambucus racemosa* ssp. *kamtschatica*

🌳 갈잎떨기나무(높이 3~5m)  ✳ 꽃 | 4~5월  🍂 열매 | 7월

산에서 자란다. 나무껍질은 회갈색이고 노목은 코르크질이 발달한다. 잎은 마주나고 홀수깃꼴겹잎이며 작은잎은 3~7장이다. 작은잎은 긴 타원형~달걀형이며 끝이 길게 뾰족하고 가장자리에 뾰족한 톱니가 있다. 햇가지 끝의 원뿔꽃차례에 자잘한 연노란색 꽃이 모여 핀다. 꽃차례는 짧고 털이 촘촘히 난다. 수술은 5개이고 암술머리는 노란색이며 3개로 갈라진다. 둥근 열매는 지름 4~5mm이고 붉은색으로 익는다.

666

잎 앞면 p.765

6월 말의 열매

4월에 핀 꽃

3월 말의 꽃봉오리

잎 뒷면

4월의 말오줌나무

나무껍질

## 말오줌나무(연복초과|인동과) *Sambucus racemosa* ssp. *pendula*

🌳 갈잎떨기나무(높이 3~4m) 🌸 꽃 | 4~6월 🍒 열매 | 6~7월

울릉도의 산에서 자란다. 잎은 마주나고 홀수깃꼴겹잎이며 작은잎은 5~7장
이다. 작은잎은 긴 타원형~피침형이며 끝이 길게 뾰족하고 가장자리에
잔톱니가 있다. 잎 양면에 털이 거의 없다. 잎에서 역한 냄새가 난다. 햇
가지 끝의 원뿔꽃차례에 자잘한 연노란색 꽃이 모여 핀다. 꽃차례는 길고
밑으로 처지며 털이 없다. 수술은 5개이고 암술머리는 연노란색~흑자색
이며 3개로 갈라진다. 둥근 열매는 지름 4~5mm이고 붉게 익는다.

잎 앞면  p.765

667

꽃 모양

5월의 어린 열매

4월에 핀 꽃

작은잎 뒷면

5월의 덧나무

나무껍질

## 덧나무(연복초과|인동과) *Sambucus sieboldiana*

🔼 갈잎떨기나무(높이 2~6m) ✳ 꽃 | 4~5월 🔽 열매 | 6~8월

제주도의 산과 들에서 자란다. 잎은 마주나고 홀수깃꼴겹잎이며 작은잎은
5~7장이다. 작은잎은 긴 타원형~피침형이며 끝이 뾰족하고 가장자리에 안
으로 굽은 뾰족한 톱니가 있다. 잎 양면에 털이 있거나 없다. 햇가지 끝의
원뿔꽃차례에 연노란색 꽃이 모여 핀다. 꽃차례는 짧고 돌기 모양의 털이
난다. 수술은 5개이고 암술머리는 암적색이며 3개로 갈라진다. 둥근 열매
는 지름 3~5㎜이고 진한 붉은색으로 익는다.

잎 앞면 p.765

꽃 모양

6월에 핀 꽃

7월의 열매

잎 뒷면

6월의 미국딱총나무

6월의 [1]황금미국딱총나무

## 미국딱총나무(연복초과|인동과) *Sambucus canadensis*

🌳 갈잎떨기나무(높이 3~4m) ✿ 꽃 | 5~7월 🍒 열매 | 7~9월

북아메리카 원산이며 관상수로 심고 야생화하였다. 잎은 마주나고 홀수깃
꼴겹잎이며 작은잎은 5~9장이다. 작은잎은 피침형~타원형이며 끝이 뾰
족하고 가장자리에 톱니가 있다. 가지 끝의 고른꽃차례에 자잘한 흰색 꽃
이 촘촘히 모여 핀다. 수술은 5개이며 꽃밥은 연노란색이다. 둥근 열매는
지름 3~5㎜로 작고 흑자색으로 익으며 과일로 먹는다. [1]황금미국딱총나무
('Aurea')는 원예 품종으로 깃꼴겹잎이 노란색~황록색이다.

# 딱총나무속(*Sambucus*)의 비교

| 꽃 | 열매 | 잎 뒷면 | 특징 |
|---|---|---|---|

**말오줌나무**
원뿔꽃차례는 길고
밑으로 처지며 털이
없다. 암술머리는
연노란색~흑자색
이다.

**딱총나무**
원뿔꽃차례는 짧고
대부분 위를 향하며
털이 촘촘히 난다.
암술머리는 노란색
이다.

**덧나무**
원뿔꽃차례는 짧고
대부분 위를 향하
며 돌기 모양의 털
이 난다. 암술머리
는 암적색이다.

**미국딱총나무**
가지 끝의 고른꽃
차례에 자잘한 흰
색 꽃이 촘촘히 모
여 핀다. 둥근 열매
는 흑자색으로 익
는다.

꽃 모양

7월 초에 핀 꽃

9월의 열매

잎맥겨드랑이의 벌레집

12월의 아왜나무

나무껍질

### 아왜나무(연복초과|인동과) *Viburnum odoratissimun* v. *awabuki*

🌳 늘푸른큰키나무(높이 10m 정도) ✸ 꽃 | 6~7월 🔴 열매 | 9~10월

제주도에서 자란다. 잎은 마주나고 긴 타원형~거꿀달걀형이며 끝이 뾰족하고 가장자리는 밋밋하거나 물결 모양의 얕은 톱니가 있다. 잎몸은 가죽질이고 앞면은 광택이 있으며 뒷면은 연녹색이고 미세한 기름점이 있다. 잎맥겨드랑이에 작은 벌레집이 생기기도 한다. 가지 끝에 달리는 원뿔꽃차례에 자잘한 흰색 꽃이 모여 핀다. 꽃부리는 지름 6~8㎜이며 5개의 갈래조각은 뒤로 젖혀진다. 타원형 열매는 7~9㎜ 길이이며 붉게 익는다.

잎 앞면 p.775

671

12월의 열매

잎 뒷면

5월에 핀 꽃

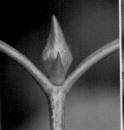
5월의 푸른가막살

겨울눈

4월의 새순

## 푸른가막살(연복초과|인동과) *Viburnum japonicum*

✿ 늘푸른떨기나무(높이 2~4m) ✿ 꽃 | 5~6월 ✿ 열매 | 11~12월

전남 가거도에서 자란다. 겨울눈은 타원 모양의 피침형이고 털이 없다. 잎은 마주나고 넓은 달걀형~마름모꼴의 달걀형이며 5~20㎝ 길이이고 끝이 뾰족하며 가장자리에 잔톱니가 있다. 잎몸은 가죽질이며 앞면은 광택이 있고 뒷면은 연녹색이며 기름점이 빽빽하다. 가지 끝의 갈래꽃차례에 자잘한 흰색 꽃이 핀다. 꽃부리는 지름 5~8㎜이고 5갈래로 갈라져서 벌어진다. 넓은 달걀형 열매는 7~9㎜ 길이이며 붉은색으로 익는다.

잎 앞면 p.756

5월 초에 핀 꽃

꽃 모양

10월의 열매

잎 뒷면

5월의 분꽃나무

나무껍질

**분꽃나무**(연복초과|인동과) *Viburnum carlesii*

🌳 갈잎떨기나무(높이 2~3m) ✳ 꽃|4~5월 🍂 열매|9~10월

산에서 자란다. 어린 가지와 겨울눈에 별모양털이 **빽빽**하다. 잎은 마주나고 타원형~넓은 달걀형이며 3~10㎝ 길이이고 끝이 뾰족하며 가장자리에 치아 모양의 톱니가 드문드문 있다. 잎 뒷면에는 별모양털이 촘촘하다. 가지 끝의 갈래꽃차례에 모여 피는 연홍색 꽃은 향기가 진하다. 꽃부리는 깔때기 모양이고 8~10㎜ 길이이며 끝이 5갈래로 갈라져 옆으로 퍼진다. 둥근 달걀형 열매는 약간 납작하고 검은색으로 익는다.

잎 앞면 p.756

꽃차례

5월 말의 어린 열매

5월에 핀 꽃

9월의 묵은 열매

5월의 산분꽃나무

나무껍질

## 산분꽃나무(연복초과 | 인동과) *Viburnum burejaeticum*

🔼 갈잎떨기나무(높이 2~4m) ✳️ 꽃 | 5~6월 🟤 열매 | 9~10월

중부 이북의 산에서 자란다. 잎은 마주나고 긴 타원형~달걀형이며 4~6㎝ 길이이고 끝이 뾰족하며 가장자리에 날카로운 잔톱니가 있다. 잎 양면에 별모양털이 있다. 가지 끝의 갈래꽃차례는 지름 4~5㎝이고 흰색 꽃이 모여 핀다. 꽃부리는 지름 7㎜ 정도이며 통부는 1~2㎜ 길이로 매우 짧고 끝이 5갈래로 갈라지며 갈래조각 끝이 뒤로 약간 젖혀진다. 열매는 타원형이며 1㎝ 정도 길이이고 붉게 변했다가 검은색으로 익는다.

잎 앞면 p.756

5월 말에 핀 꽃

꽃 모양

8월 말의 열매

잎 뒷면

어린 가지와 잎자루

나무껍질

## 산가막살나무(연복초과|인동과)  *Viburnum wrightii*

🌳 갈잎떨기나무(높이 2~3m)  ✿ 꽃 | 5~6월  🍒 열매 | 9~10월

높은 산에서 드물게 자란다. 겨울눈은 달걀형이며 털이 없거나 드물게 있다. 잎은 마주나고 거꿀달걀형~넓은 거꿀달걀형이며 6~14㎝ 길이이고 끝이 길게 뾰족하며 가장자리에 잔톱니가 있다. 잎 양면에 털이 거의 없고 뒷면은 연녹색이다. 잎자루는 9~20㎜ 길이이고 보통 붉은빛이 돌며 턱잎은 없다. 가지 끝에 달리는 갈래꽃차례에 자잘한 흰색 꽃이 접시 모양으로 모여 핀다. 둥근 달걀형 열매는 6~9㎜ 길이이고 붉게 익는다.

잎 앞면 p.756

꽃 모양

9월의 열매

6월 초에 핀 꽃

잎 뒷면

10월의 가막살나무

나무껍질

## 가막살나무(연복초과|인동과) *Viburnum dilatatum*

🌳 갈잎떨기나무(높이 2~3m) ✳️ 꽃 | 5~6월 🌰 열매 | 9~10월

중부 이남의 산에서 자란다. 어린 가지는 별모양털로 덮여 있다. 잎은 마주나고 거꿀달걀형~넓은 달걀형이며 5~14㎝ 길이이다. 잎 끝은 뾰족하며 밑부분은 얕은 심장저이고 가장자리에 얕은 톱니가 있다. 잎자루는 5~20㎜ 길이이며 털이 많고 턱잎은 없다. 가지 끝에 달리는 갈래꽃차례는 지름 6~10㎝이며 자잘한 흰색 꽃이 접시 모양으로 납작하게 모여 달린다. 꽃차례는 별모양털로 덮여 있다. 열매는 둥근 달걀형이며 붉게 익는다.

잎 앞면 p.756

꽃 모양

5월에 핀 꽃

9월의 열매

잎 뒷면

5월의 덜꿩나무

나무껍질

## 덜꿩나무(연복초과|인동과) *Viburnum erosum*

🌳 갈잎떨기나무(높이 2m 정도) ✳️ 꽃|4~5월 🍂 열매|9~10월

경기도 이남의 낮은 산에서 자란다. 어린 가지는 별모양털로 덮여 있다. 잎은 마주나고 달걀형~타원 모양의 피침형이며 4~9㎝ 길이이고 끝이 뾰족하며 가장자리에 날카로운 톱니가 있다. 잎자루는 짧고 밑부분에 턱잎이 오래 남는다. 가지 끝에 달리는 갈래꽃차례는 지름 3~7㎝이며 자잘한 흰색 꽃이 접시 모양으로 납작하게 모여 달린다. 꽃부리는 지름 5㎜ 정도이고 5갈래로 갈라져서 벌어진다. 둥근 달걀형 열매는 붉게 익는다.

잎 앞면 p.756

677

양성화와 장식꽃

4월에 핀 꽃

9월의 열매

잎 뒷면

4월의 분단나무

나무껍질

## 분단나무(연복초과│인동과) *Viburnum furcatum*

🌳 갈잎떨기나무~작은키나무(높이 3~6m)  🌸 꽃│4~5월  🍂 열매│9~10월

제주도와 울릉도의 산에서 자란다. 잎은 마주나고 넓은 달걀형~원형이며
끝은 갑자기 뾰족해지고 밑부분은 심장저이며 가장자리에 잔톱니가 있다.
잎 뒷면은 연녹색이며 7~10쌍의 측맥이 튀어나온다. 가지 끝의 고른꽃차
례 모양의 갈래꽃차례에 자잘한 흰색 꽃이 접시 모양으로 납작하게 달린
다. 꽃송이 둘레에는 장식꽃이 빙 둘러 있고 중심부에는 자잘한 양성화가
모여 있다. 넓은 타원형 열매는 붉게 변했다가 검게 익는다.

잎 앞면 p.756

5월에 핀 꽃

7월의 열매

잎 뒷면

5월의 별당나무

나무껍질

5월의 [1]설구화

**별당나무**(연복초과|인동과) *Viburnum plicatum* v. *tomentosum*

🔼 갈잎떨기나무~작은키나무(높이 2~6m) ✽ 꽃 | 5~6월 🍂 열매 | 8~10월

일본과 중국 원산이며 관상수로 심는다. 잎은 마주나고 타원형~넓은 타원형이며 끝이 뾰족하고 가장자리에 둔한 톱니가 있다. 측맥은 7~12쌍이고 튀어나온다. 가지 끝에 달리는 고른꽃차례는 납작한 접시 모양이다. 흰색 꽃차례 둘레에 장식꽃이 빙 둘러 있고 중심부에는 자잘한 양성화가 모여 있다. 타원형 열매는 붉게 변했다가 검게 익는다. [1]설구화(*V. plicatum*)는 별당나무와 비슷하지만 가지 끝의 둥근 흰색 꽃송이는 모두 장식꽃만으로 이루어져 있다.

잎 앞면 p.756

5월의 <sup>1)</sup>불두화

10월의 백당나무

겨울눈

나무껍질

## 백당나무(연복초과|인동과)  *Viburnum opulus* ssp. *calvescens*

🌲 갈잎떨기나무(높이 3m 정도)  ✽ 꽃 | 5~6월  🍂 열매 | 9월

산에서 자란다. 나무껍질은 회갈색이고 얇은 조각으로 갈라진다. 겨울눈은
달걀형이다. 잎은 마주나고 넓은 달걀형이며 4~12㎝ 길이이고 끝이 뾰족
하며 불규칙한 큰 톱니가 있다. 잎몸은 윗부분이 흔히 3갈래로 갈라진다.
가지 끝에 달리는 고른꽃차례는 지름 6~12㎝이며 자잘한 흰색 꽃이 둥글
납작하게 모여 달린다. 꽃송이 가장자리에는 꽃잎만 가진 장식꽃이 돌려 가
며 달리고 중심부에는 자잘한 양성화가 모여 있다. 장식꽃은 4~5갈래로 갈

양성화와 장식꽃

6월에 핀 꽃

9월의 열매

씨앗

잎 뒷면

6월의 ²⁾배암나무

라진다. 둥근 열매는 지름 6~9㎜이고 가을에 붉게 익으며 겨울까지 매달려 있다. ¹⁾불두화('Sterile')는 원예 품종으로 둥근 꽃송이는 모두 장식꽃만으로 이루어져 있다. 모두 관상수로 심는다. ²⁾배암나무(*V. koreanum*)는 설악산 이 북에서 자라는 갈잎떨기나무이다. 잎은 넓은 달걀형이며 밑부분은 대부분 얕은 심장저이고 윗부분은 흔히 2~3갈래로 갈라진다. 6~7월에 가지 끝의 갈래꽃차례에 지름 6~8㎜의 흰색 꽃이 모여 핀다.

잎 앞면 p.761

## 덜꿩나무속(*Viburnum*)의 비교

### 아왜나무
상록성이다. 잎은 두껍고 가장자리는
거의 밋밋하다. 원뿔꽃차례에 자잘한
흰색 꽃이 모여 핀다.

### 푸른가막살
상록성이다. 잎은 마름모꼴의 달걀형
이며 가죽질이고 앞면은 광택이 있고
뒷면은 기름점이 빽빽하다.

### 분꽃나무
꽃부리는 깔때기 모양이고 끝이 5갈래
져서 퍼진다. 넓은 달걀형 잎은 가장자
리에 치아 모양의 톱니가 성글다.

### 산분꽃나무
꽃부리는 넓은 종 모양이고 갈래조각
은 뒤로 젖혀진다. 긴 타원형 잎은 가
장자리에 잔톱니가 촘촘하다.

### 산가막살나무
잎은 넓은 거꿀달걀형이며 양면에 털
이 거의 없다. 잎자루는 9~20㎜ 길이
이고 보통 붉은빛이 돈다.

### 가막살나무
잎은 둥근 달걀형이고 양면에 별모양
털이 많다. 잎자루는 5~20㎜ 길이이
며 털이 많고 턱잎은 없다.

## 덜꿩나무

잎은 긴 달걀형이며 잎자루는 짧고 밑부분에 턱잎이 오래 남는다. 어린 가지와 꽃자루에 짧은털이 많다.

## 분단나무

잎은 둥그스름하고 심장저이며 측맥은 7~10쌍이다. 꽃송이 둘레에는 장식꽃이 둘러 있다. 열매는 검다.

## 별당나무

잎은 타원형~넓은 타원형이며 측맥은 7~12쌍이다. 꽃송이 둘레에는 장식꽃이 빙 둘러 있다. 열매는 검다.

## 백당나무

잎몸은 윗부분이 흔히 3갈래로 갈라진다. 꽃송이 둘레에는 장식꽃이 빙 둘러 있다. 열매는 붉게 익는다.

불두화          설구화

## 불두화/설구화

불두화는 잎몸이 3갈래로 갈라지고 꽃은 모두 장식꽃이다. 설구화는 별당나무와 비슷하지만 꽃이 모두 장식꽃이다.

## 배암나무

잎몸은 윗부분이 흔히 3갈래로 갈라지고 밑부분은 대부분 얕은 심장저이다. 꽃은 모두 양성화뿐이다.

꽃봉오리

9월의 열매

9월에 핀 꽃

잎 뒷면

9월의 꽃댕강나무

나무껍질

## 꽃댕강나무(인동과) *Abelia × grandiflora*

🔆 늘푸른떨기나무~갈잎떨기나무(높이 1~2m) ✳ 꽃 | 6~10월 🍂 열매 | 9~12월

중국 원산이며 관상수로 심고 반상록성이다. 잎은 마주나고 달걀형~타원형이며 2~5㎝ 길이이고 끝은 둔하거나 뾰족하며 가장자리에 몇 개의 둔한 톱니가 있다. 잎 앞면은 광택이 있고 뒷면은 연녹색이다. 가지 끝이나 잎겨드랑이의 원뿔꽃차례에 흰색 꽃이 모여 핀다. 꽃부리는 깔때기 모양이며 12~20㎜ 길이이고 끝이 5갈래로 갈라져서 벌어지며 안쪽에 짧은털이 있다. 열매는 거의 맺지 않고 끝에 꽃받침이 남아 있다.

꽃봉오리

5월에 핀 꽃

8월의 열매

잎 뒷면

5월의 댕강나무

나무껍질

## 댕강나무(인동과) *Abelia mosanensis*

🌳 갈잎떨기나무(높이 2m 정도) ✽ 꽃 | 5월 🍎 열매 | 9월

충북과 강원도 이북의 석회암 지대에서 자란다. 줄기에 세로로 6개의 골이 있다. 잎은 마주나고 피침형~타원 모양의 달걀형이며 끝이 뾰족하고 가장자리는 밋밋하다. 가지 끝의 머리모양꽃차례에 연홍색 꽃이 모여 핀다. 꽃부리는 좁고 긴 깔때기 모양이며 끝이 5갈래로 갈라져서 벌어지며 표면이 털로 덮여 있다. 꽃받침통은 털로 덮여 있으며 5갈래로 깊게 갈라진다. 열매는 꽃받침이 남아 있고 갈색으로 익는다.

잎 앞면 p.759

꽃 모양

어린 열매

5월에 핀 꽃

잎 뒷면

7월의 털댕강나무

나무껍질

### 털댕강나무(인동과) *Abelia biflora*

🔄 갈잎떨기나무(높이 2m 정도) ✽ 꽃 | 5월 🍃 열매 | 9월

경기도, 강원도, 충북, 경북의 산이나 석회암 지대에서 자란다. 잎은 마주
나고 피침형~달걀형이며 끝이 뾰족하고 가장자리는 밋밋하거나 몇 개의
톱니가 있다. 잎 양면에 털이 있다. 가지 끝에 흰색이나 연분홍색 꽃이
1~2개씩 달리는데 꽃자루는 2~3㎜ 길이이다. 꽃부리는 원통형이며 끝이
4갈래로 갈라져서 벌어진다. 꽃받침통은 털이 약간 있고 4갈래로 깊게 갈
라진다. 열매는 꽃받침이 남아 있고 갈색으로 익는다.

잎 앞면 p.757

꽃봉오리

5월에 핀 꽃

7월 말의 열매

잎 뒷면

5월의 주걱댕강나무

나무껍질

## 주걱댕강나무(인동과) *Diabelia spathulata*

🌳 갈잎떨기나무(높이 2m 정도) 🌸 꽃 | 5~6월 🍎 열매 | 9~11월

경남 양산의 천성산에서 자라며 관상수로 심는다. 잎은 마주나고 달걀형~타원 모양의 달걀형이며 끝은 길게 뾰족하고 가장자리에 불규칙한 톱니가 있다. 잎 뒷면은 연녹색이다. 햇가지 끝에 보통 2개의 연노란색 꽃이 핀다. 꽃부리는 깔때기 모양이며 끝은 5갈래로 갈라지고 안쪽에는 주황색 무늬가 있고 긴털이 빽빽하다. 꽃받침통은 끝부분이 5갈래로 깊게 갈라진다. 열매는 선형이며 꽃받침이 남아 있고 갈색으로 익는다.

잎 앞면 p.757

## 댕강나무 종류의 비교

| 꽃 | 열매 | 잎 뒷면 | 특징 |
|---|---|---|---|

**꽃댕강나무**

반상록성이다. 가지 끝의 원뿔꽃차례에 흰색 꽃이 모여 핀다. 잎 가장자리에 몇 개의 둔한 톱니가 있다.

**댕강나무**

가지 끝의 머리모양 꽃차례에 연홍색 꽃이 모여 핀다. 잎 가장자리는 밋밋하다.

**털댕강나무**

가지 끝에 꽃이 1~2개씩 달린다. 잎 양면에 털이 있고 가장자리에 몇 개의 톱니가 있는 것도 있다.

**주걱댕강나무**

가지 끝에 꽃이 보통 2개씩 달리고 꽃부리 안쪽에 주황색 무늬가 있다. 잎 가장자리에 불규칙한 톱니가 있다.

7월의 열매

잎 뒷면

5월에 핀 꽃

5월의 붉은병꽃나무

나무껍질

5월의 <sup>1)</sup>흰병꽃나무

## 붉은병꽃나무(인동과) *Weigela florida*

🌳 갈잎떨기나무(높이 2~3m)  ✱ 꽃 | 5~6월  🍂 열매 | 9~10월

산에서 자란다. 잎은 마주나고 달걀형~거꿀달걀형이며 4~10㎝ 길이이고 끝이 길게 뾰족하며 가장자리에 얕은 톱니가 있다. 잎겨드랑이에 홍자색 꽃이 1~3개씩 모여 고개를 숙이고 핀다. 꽃부리는 깔때기 모양이고 끝부분은 5갈래로 갈라져서 벌어지며 표면에는 털이 약간 있다. 꽃받침은 중간 정도까지 5갈래로 갈라진다. 열매는 길쭉한 병을 닮았다. <sup>1)</sup>**흰병꽃나무** (f. *candida*)는 흰색 꽃이 피는 품종으로 드물게 자란다.

잎 앞면 p.757

7월의 열매

잎 뒷면

5월 초에 핀 꽃

4월의 병꽃나무

나무껍질

5월의 <sup>1)</sup>골병꽃나무

## 병꽃나무(인동과) *Weigela subsessilis*

🌳 갈잎떨기나무(높이 2~3m) 🌸 꽃 | 5~6월 🍎 열매 | 9~10월

산에서 자란다. 잎은 마주나고 거꿀달걀형~달걀형이며 3~7㎝ 길이이고 끝이 길게 뾰족하며 가장자리에 뾰족한 톱니가 있다. 잎겨드랑이에 1~2개씩 피는 깔때기 모양의 연노란색 꽃은 점차 붉은색으로 변한다. 꽃받침은 5갈래로 깊게 갈라지고 털이 빽빽하다. 기다란 열매는 윗부분이 가는 모양으로 길쭉한 병을 닮았다. <sup>1)</sup>**골병꽃나무**(*W. hortensis*)는 꽃이 깔때기 모양의 연홍색으로 피며 꽃받침이 5갈래로 깊게 갈라지고 긴털이 많다.

잎 앞면 p.757

꽃봉오리

5월 말에 핀 꽃

9월의 열매

잎 뒷면

5월의 일본병꽃나무

나무껍질

### 일본병꽃나무 / 삼백병꽃나무(인동과)  *Weigela coraeensis*

🔼 갈잎떨기나무(높이 3~5m)  ✳ 꽃 | 5~6월  🟤 열매 | 9~10월

일본 원산이며 관상수로 심는다. 잎은 마주나고 타원형~넓은 달걀형이며 6~16㎝ 길이이고 끝이 길게 뾰족하며 가장자리에 가는 톱니가 있다. 잎 뒷면의 잎맥 위에는 털이 있다. 잎겨드랑이에 깔때기 모양의 꽃이 2~3개씩 핀다. 갓 피어난 꽃의 색깔은 흰색이지만 점차 붉은색으로 변한다. 꽃받침은 5갈래로 깊게 갈라지고 털이 있다. 열매는 가는 원기둥 모양이며 윗부분이 점차 가늘어지는 것이 길쭉한 병을 닮았다.

잎 앞면 p.757

691

10월의 열매

잎 뒷면

5월에 핀 꽃

9월의 괴불나무

겨울눈

나무껍질

### 괴불나무(인동과) *Lonicera maackii*

🌳 갈잎떨기나무(높이 2~4m) 🌸 꽃 | 5~6월 🌰 열매 | 9~10월

산골짜기에서 자란다. 잎은 마주나고 달걀 모양의 타원형~달걀 모양의 피침형이며 끝은 길게 뾰족하고 가장자리는 밋밋하다. 잎겨드랑이에 2개씩 피는 흰색 꽃은 점차 노랗게 된다. 꽃부리는 2㎝ 정도 길이이고 끝이 입술처럼 2갈래로 갈라지며 윗입술꽃잎은 다시 4갈래로 얕게 갈라진다. 꽃자루는 2~4㎜ 길이로 짧으며 꽃받침조각은 5개이고 피침형이며 뚜렷하다. 둥근 열매는 지름 5~7㎜이며 2개가 나란히 달리고 붉게 익는다.

잎 앞면 p.759

8월의 열매

5월에 핀 꽃

잎 뒷면

5월의 각시괴불나무

겨울눈

나무껍질

### 각시괴불나무(인동과) *Lonicera chrysantha*

🌳 갈잎떨기나무(높이 3m 정도) ❋ 꽃 | 5~6월 🍂 열매 | 8~9월

지리산 이북의 깊은 산에서 자란다. 겨울눈은 가늘고 긴 원뿔형이다. 잎은 마주나고 넓은 피침형~긴 달걀형이며 끝이 길게 뾰족하고 가장자리는 밋밋하다. 잎겨드랑이에 2개씩 피는 연노란색 꽃은 점차 노랗게 된다. 꽃부리는 12~15㎜ 길이이고 끝이 입술처럼 2갈래로 갈라지며 윗입술꽃잎은 다시 4갈래로 얕게 갈라진다. 꽃자루는 12~25㎜ 길이로 긴 편이다. 둥근 열매는 지름 4~8㎜이며 보통 2개가 나란히 달리고 붉게 익는다.

4월 말의 꽃봉오리

6월 말의 열매

5월에 핀 꽃

잎 뒷면

5월의 섬괴불나무

겨울눈

## 섬괴불나무(인동과) *Lonicera tatarica* v. *morrowii*

🔄 갈잎떨기나무(높이 1~2m) ✸ 꽃 | 4~6월 🟤 열매 | 7~9월

울릉도에서 자란다. 겨울눈은 세모진 달걀형이고 털이 **빽빽**하다. 잎은 마주나고 긴 타원형~달걀형이며 가장자리는 밋밋하다. 잎몸은 두꺼운 편이며 양면에 털이 있다. 잎겨드랑이에 2개씩 피는 흰색 꽃은 점차 노래진다. 꽃부리는 2~2.5cm 길이이고 끝이 입술처럼 2갈래로 갈라지며 윗입술꽃잎은 다시 4갈래로 얕게 갈라진다. 꽃자루는 5~15mm 길이로 긴 편이다. 둥근 열매는 2개가 나란히 달리며 약간 합쳐지고 붉게 익는다.

잎 앞면 p.759

9월의 열매

잎 뒷면

5월에 핀 꽃

6월의 구슬댕댕이

겨울눈

5월의 [1]댕댕이나무

## 구슬댕댕이(인동과) *Lonicera ferdinandii*

🌳 갈잎떨기나무(높이 2~3m) 🌸 꽃 | 5~6월 🍒 열매 | 9~10월

중부 이북의 산에서 자란다. 가지에 뻣뻣한 털이 많다. 잎은 마주나고 달걀
형이며 끝이 뾰족하고 양면에 거친털이 있다. 잎겨드랑이에 2개씩 피는 깔
때기 모양의 흰색 꽃은 표면에 샘털과 잔털이 빽빽하며 점차 노래진다. 둥
근 타원형 열매는 2개가 약간 합쳐지고 포조각이 남아 있으며 붉게 익는
다. [1]댕댕이나무(*L. caerulea*)는 고산에서 자라며 5~6월에 깔때기 모양의
연노란색 꽃이 피고 타원형 열매는 흑자색으로 익는다.

3월에 핀 꽃

잎 뒷면

5월의 열매

5월의 올괴불나무

겨울눈

나무껍질

## 올괴불나무(인동과) *Lonicera praeflorens*

🔆 갈잎떨기나무(높이 1~2m) ✳ 꽃 | 3~4월 🍂 열매 | 5~6월

제주도를 제외한 전국의 산에서 자란다. 겨울눈은 달걀형이다. 잎은 마주
나고 달걀 모양의 타원형~넓은 달걀형이며 끝이 뾰족하고 가장자리는 밋
밋하다. 잎 양면에 부드러운 털이 빽빽하다. 잎이 돋기 전에 잎겨드랑이
에 연홍색 꽃이 2개씩 피는데 꽃밥은 홍자색이다. 꽃부리는 깔때기 모양
이며 끝이 5갈래로 갈라지고 갈래조각은 뒤로 젖혀진다. 둥근 열매는 지
름 6~7㎜이며 2개가 나란히 달리고 붉게 익으며 단맛이 난다.

696

잎 앞면 p.759

4월에 핀 꽃

5월의 열매

5월 초의 어린 열매

잎 뒷면            9월의 길마가지나무            나무껍질

## 길마가지나무(인동과) *Lonicera harae*

🌳 갈잎떨기나무(높이 1~2m)  ❀ 꽃 | 2~4월  🍒 열매 | 5~6월

황해도 이남의 산에서 자란다. 어린 가지는 황갈색이고 긴털이 있다. 잎
은 마주나고 타원형~달걀 모양의 타원형이며 끝은 둔하거나 뾰족하고 가
장자리는 밋밋하다. 잎이 돋을 때 잎겨드랑이에 흰색~연홍색 꽃이 2개씩
피는데 꽃밥은 노란색이다. 꽃부리는 끝이 입술처럼 2갈래로 갈라지며 윗
입술꽃잎은 다시 3~4갈래로 얕게 갈라진다. 둥근 타원형 열매는 2개가
절반 정도 합쳐져서 V자 모양이 되며 붉게 익고 단맛이 난다.

잎 앞면 p.759

5월 초의 꽃봉오리

7월의 열매

5월에 핀 꽃

잎 뒷면

7월의 왕괴불나무

나무껍질

## 왕괴불나무(인동과) *Lonicera vidalii*

🔼 갈잎떨기나무(높이 2~5m) ✳️ 꽃 | 5~6월 🔄 열매 | 7~8월

중부 이남의 산에서 드물게 자란다. 햇가지에 기름점이나 샘털이 있다. 잎은 마주나고 달걀형~긴 타원형이며 3~9㎝ 길이이고 끝이 뾰족하며 가장자리는 밋밋하다. 잎자루는 10~15㎜ 길이이며 샘털이 있다. 잎겨드랑이에 2개씩 피는 흰색 꽃은 점차 연노란색으로 변한다. 꽃부리는 끝이 입술처럼 2갈래로 갈라진다. 꽃자루는 길이 1~2㎝로 긴 편이며 샘털이 있기도 하다. 동그스름한 열매는 2개가 절반 이상 합쳐지며 붉게 익는다.

잎 앞면 p.759

5월에 핀 꽃

7월의 어린 열매

8월 말의 열매

꽃 모양

잎 뒷면

나무껍질

## 청괴불나무(인동과) *Lonicera subsessilis*

🌳 갈잎떨기나무(높이 1~2m) ❀ 꽃 | 5~6월 🍂 열매 | 7~8월

평남 이남의 산에서 자란다. 잎은 마주나고 타원형~거꿀달걀형이며 끝이 뾰족하고 가장자리는 밋밋하다. 잎 앞면은 광택이 있고 대부분 양면에 털이 없다. 잎자루는 2~5㎜ 길이로 짧고 털이 없다. 잎겨드랑이에 흰색 꽃이 1~2개씩 피는데 점차 연노란색으로 변한다. 꽃부리는 끝이 입술처럼 2갈래로 갈라지며 윗입술꽃잎은 다시 3갈래로 얕게 갈라진다. 꽃자루는 길이 4~5㎜이다. 열매는 2개가 거의 하나처럼 합쳐지며 붉게 익는다.

잎 앞면 p.759

꽃 모양

5월 초의 꽃봉오리

6월 초에 핀 꽃

8월의 열매

잎 뒷면

5월의 흰괴불나무

## 흰괴불나무(인동과) *Lonicera tatarinowii*

🔵 갈잎떨기나무(높이 1~2m) ✳️ 꽃 | 5~6월 🔴 열매 | 7~8월

제주도와 강원도 이북의 산에서 자란다. 잎은 마주나고 넓은 피침형~긴 타원형이며 3~7㎝ 길이이고 끝은 뾰족하며 가장자리는 밋밋하다. 잎 뒷면은 대부분 흰색 털로 덮여 있어서 회백색이 된다. 잎겨드랑이에 흑자색~적자색 꽃이 2개씩 모여 핀다. 꽃부리는 끝이 입술처럼 2갈래로 갈라진다. 꽃자루는 1.5~3㎝ 길이로 매우 길다. 열매는 2개가 하나처럼 합쳐져서 둥근 모양이 되며 지름 6~8㎜이고 붉은색으로 익는다.

꽃 모양

6월에 핀 꽃

8월의 열매

잎 뒷면

8월 말의 홍괴불나무

겨울눈

## 홍괴불나무(인동과) *Lonicera maximowiczii*

🌳 갈잎떨기나무(높이 1~2m)  ✳ 꽃 | 5~6월  🌰 열매 | 8~9월

한라산과 지리산 이북의 높은 산에서 자란다. 잎은 마주나고 달걀형~긴 타원형이며 3~8㎝ 길이이고 끝이 뾰족하며 가장자리는 밋밋하다. 잎 뒷면은 연녹색이며 흰색 털이 많다. 잎자루는 4~7㎜ 길이이다. 잎겨드랑이에 홍자색 꽃이 2개씩 모여 피며 꽃부리는 끝이 입술처럼 2갈래로 갈라진다. 꽃자루는 1~2㎝ 길이로 긴 편이다. 열매는 2개가 하나처럼 합쳐져서 둥근 모양이 되며 지름 8~10㎜이고 붉은색으로 익는다.

잎 앞면 p.760

10월의 열매

잎 뒷면

6월 초에 핀 꽃

5월의 인동덩굴

겨울눈

5월의 [1]잔털인동

## 인동덩굴(인동과) *Lonicera japonica*

🌳 갈잎덩굴나무(길이 4~5m)  ✳ 꽃 | 5~6월  🍂 열매 | 10~12월

산에서 자란다. 잎은 마주나고 긴 타원형~달걀형이며 어린 나무는 잎몸이 깃꼴로 갈라지기도 한다. 잎겨드랑이에 입술 모양의 기다란 흰색 꽃이 2개씩 모여 피며 점차 노란색으로 변한다. 한 그루에 금색과 은색의 꽃이 함께 피는 것처럼 보여서 '금은화'라고도 한다. 둥근 열매는 지름 5~6㎜이며 검은색으로 익는다. [1]잔털인동(v. *chinensis*)은 털이 적고 꽃부리 표면에 홍색이 도는 변종이며 인동덩굴에 포함시키기도 한다.

잎 앞면 p.745

꽃봉오리

9월의 열매

5월에 핀 꽃

잎 뒷면

6월의 붉은인동

7월의 [1]산호인동

## 붉은인동(인동과) *Lonicera periclymenum* ‘Belgica’

🌿 갈잎덩굴나무(길이 5~6m)　✿ 꽃 | 5~7월　🍂 열매 | 9~12월

유럽 원산의 원예 품종으로 갈잎덩굴나무이며 관상수로 심는다. 잎은 마
주나고 달걀형이며 가장자리가 밋밋하고 뒤로 살짝 말리며 뒷면은 분백색
이다. 가지 끝에 촘촘히 달리는 깔때기 모양의 적자색 꽃은 끝부분이 입술
처럼 2갈래로 갈라진다. 둥근 열매는 지름 7~8mm이며 붉게 익는다. [1]산호
인동(*L. sempervirens*)은 북아메리카 원산의 늘푸른덩굴나무로 깔때기 모양
의 홍적색 꽃은 끝부분이 5갈래로 얕게 갈라져서 벌어진다.

잎 앞면 p.745

## 인동속(*Lonicera*)의 비교

### 괴불나무

꽃은 흰색이고 꽃자루는 2~4mm 길이로 짧다. 둥근 열매는 지름 5~7mm이며 2개가 나란히 달린다.

### 각시괴불나무

흰색 꽃은 누렇게 변하고 꽃자루는 12~25mm 길이로 긴 편이다. 둥근 열매는 지름 4~8mm이며 2개가 나란하다.

### 섬괴불나무

흰색~연노란색 꽃은 꽃자루가 5~15mm 길이로 긴 편이다. 달걀형 잎은 두껍고 털이 많다. 열매는 2개가 나란하다.

### 구슬댕댕이

흰색 꽃은 표면에 샘털과 잔털이 빽빽하며 노래진다. 열매는 2개가 약간 합쳐지고 포조각이 남아 있다.

### 댕댕이나무

연노란색 꽃은 긴털로 덮여 있다. 타원형 열매는 흑자색으로 익는다. 턱잎이 날개처럼 줄기를 감싼다.

### 올괴불나무

연홍색 꽃은 꽃밥이 홍자색이다. 잎은 양면에 부드러운 털이 빽빽하다. 열매는 2개가 나란히 달린다.

### 길마가지나무

흰색~연홍색 꽃은 꽃밥이 노란색이다. 둥근 타원형 열매는 2개가 절반 정도 합쳐져서 V자 모양이 된다.

### 왕괴불나무

흰색~연노란색 꽃은 꽃자루가 1~2cm 길이로 길다. 열매는 2개가 절반 이상 합쳐진다. 햇가지에 기름점이 있다.

### 청괴불나무

잎 앞면은 광택이 있고 양면에 털이 없다. 꽃자루는 4~5mm 길이이다. 열매는 2개가 거의 하나처럼 합쳐진다.

### 흰괴불나무

잎은 넓은 피침형이며 뒷면은 회백색이다. 흑자색 꽃은 꽃자루가 1.5~3cm 길이로 길다. 두 열매는 하나처럼 합쳐진다.

### 홍괴불나무

잎은 긴 달걀형이며 뒷면은 연녹색이다. 홍자색 꽃은 꽃자루가 1~2cm 길이이다. 두 열매는 하나처럼 합쳐진다.

인동덩굴    붉은인동

### 인동덩굴

인동덩굴은 덩굴성이며 입술 모양의 흰색 꽃은 누렇게 변한다. 붉은인동은 덩굴성이며 홍자색 입술 모양의 꽃이 핀다.

705

꽃 모양

8월의 열매

6월에 핀 꽃

잎 뒷면

6월의 애기병꽃

나무껍질

## 애기병꽃(인동과) *Diervilla sessilifolia*

🌳 갈잎떨기나무(높이 1.5m 정도) 🌸 꽃 | 6~7월 🍂 열매 | 8~9월

북아메리카 원산이며 관상수로 심는다. 햇가지는 잔털이 빽빽하다. 잎은 마주나고 긴 달걀형~달걀 모양의 피침형이며 끝은 길게 뾰족하고 가장자리에 날카로운 톱니가 있다. 잎자루는 거의 없다. 가지 끝의 갈래꽃차례에 3~7개의 노란색 깔때기 모양의 꽃이 모여 달린다. 꽃부리는 끝부분이 5갈래로 갈라져 젖혀지고 표면에 잔털이 빽빽하다. 긴 달걀형 열매는 9~12㎜ 길이이고 끝에 뾰족한 꽃받침이 남아 있으며 억센 털이 있다.

잎 앞면 p.757

꽃 모양

10월에 핀 꽃

4월의 열매

잎 뒷면

줄기의 공기뿌리

10월의 송악

## 송악(두릅나무과) *Hedera rhombea*

🌳 늘푸른덩굴나무(길이 10m 정도) ❋ 꽃 | 10~11월 🍂 열매 | 다음 해 5월

주로 남부 지방과 울릉도의 산에서 자란다. 줄기에서 많은 공기뿌리가 나와 다른 물체에 달라붙어 오른다. 잎은 어긋나고 마름모꼴~마름모 모양의 달걀형이며 끝이 뾰족하고 가장자리가 밋밋하다. 어린 가지의 잎은 삼각형~오각형이고 잎몸이 3~5갈래로 얕게 갈라지기도 한다. 가지 끝에서 자란 우산꽃차례에 자잘한 황록색 꽃이 달리며 꽃잎은 5장이다. 둥근 열매는 지름 8~10mm이고 적자색으로 변했다가 검은색으로 익는다.

잎 앞면 p.744

1월에 핀 꽃

잎 뒷면        겨울눈        봄에 돋은 새순

### 팔손이(두릅나무과) *Fatsia japonica*

🌳 늘푸른떨기나무(높이 2~3m) ❄ 꽃 | 11~12월 🍎 열매 | 다음 해 4~5월

남쪽 섬의 바닷가 숲속에서 자란다. 나무껍질은 회갈색이고 껍질눈이 있다.
잎은 어긋나지만 줄기 끝에서는 촘촘히 모여 달린다. 잎몸은 원형이고 지름
20~40㎝로 큼직하며 7~9갈래로 깊게 갈라져서 손바닥 모양이 된다. 갈래
조각 끝은 길게 뾰족하고 가장자리에 톱니가 있다. 잎몸은 가죽질이고 광택
이 나며 두껍다. 가지 끝에 달리는 둥근 우산꽃차례에 자잘한 흰색 꽃이 모
여 피며 향기가 있다. 우산꽃차례가 모여서 커다란 원뿔꽃차례를 만들며 꽃

꽃차례

4월의 열매

4월 초의 어린 열매

열매송이

11월의 팔손이

나무껍질

차례자루는 갈색 털로 덮여 있다. 5장의 꽃잎은 뒤로 젖혀지고 5개의 수술은 길게 벋으며 짧은 암술대도 5개이다. 동그스름한 열매는 지름 7~10㎜이며 흑자색으로 익는다. 씨앗은 납작한 타원형이며 4~5㎜ 길이이다. 큼직한 잎의 모양이 보기 좋아서 남부 지방에서는 정원수로 많이 심고 있으며 중부 지방에서는 실내에서 관엽식물로 기른다. 큼직한 잎이 흔히 8갈래로 갈라져서 '팔손이'라고 한다.

잎 앞면 p.761

꽃차례

3월 말의 열매

1월에 핀 꽃

잎 뒷면

잎 모양

9월의 통탈목

## 통탈목(두릅나무과) *Tetrapanax papyrifer*

🌳 늘푸른떨기나무(높이 3~4m)  ❄ 꽃 | 11~12월  🍂 열매 | 다음 해 1~2월

대만 원산이며 제주도에서 관상수로 심고 야생화하였다. 잎은 어긋나고 가지 끝에서는 모여 달린다. 잎몸은 원형이며 지름 70㎝ 정도로 대형이고 7~12갈래로 손바닥처럼 갈라진다. 잎 뒷면은 흰색이고 별모양털로 덮여 있다. 새로 돋은 잎과 가지는 갈색 털이 빽빽하다. 가지 끝에 둥근 우산꽃 차례가 모여 달린 커다란 원뿔꽃차례는 갈색 털로 덮여 있다. 꽃은 연한 황백색이며 꽃잎은 4장이다. 둥근 열매는 검게 익는다.

잎 앞면 p.761

10월의 열매

잎 뒷면

8월 초에 핀 꽃

강원 삼척 궁촌리 음나무

가지의 가시

어린 줄기와 잎

## 음나무/엄나무(두릅나무과) *Kalopanax septemlobus*

🌳 갈잎큰키나무(높이 10~25m) ❀ 꽃 | 7~8월 🍎 열매 | 10월

산에서 자란다. 가지에 날카롭고 억센 가시가 많다. 겨울눈은 둥근 달걀형이다. 잎은 어긋나고 가지 끝에서는 모여 달린다. 잎몸은 원형이고 지름 10~30㎝이며 5~9갈래로 손바닥처럼 갈라지고 밑부분은 얕은 심장저이다. 가지 끝에 커다란 갈래꽃차례가 달린다. 꽃차례의 잔가지 끝에 달리는 우산꽃차례는 둥근 공 모양이며 자잘한 연노란색 꽃이 모여 핀다. 둥근 열매는 지름 4~5㎜이고 적갈색으로 변했다가 검게 익는다. 새순은 나물로 먹는다.

잎 앞면 p.779

9월의 열매

잎 뒷면

6월에 핀 꽃

6월의 땃두릅나무

가지의 가시와 겨울눈

나무껍질

## 땃두릅나무(두릅나무과) *Oplopanax elatus*

🌳 갈잎떨기나무(높이 1~3m)  ✿ 꽃 | 6~7월  🍒 열매 | 8~9월

지리산 이북의 높은 산에서 자란다. 줄기는 바늘 모양의 가시가 촘촘히 나며 오래 묵으면 가시가 떨어진다. 잎은 어긋나고 원형이며 지름 15~30㎝이다. 잎몸은 5~7갈래로 얕게 갈라지며 양면에 억센 털이 촘촘히 나고 잎맥 위에는 가시가 많다. 잎자루에도 가시가 촘촘히 난다. 암수딴그루로 줄기 끝의 잎겨드랑이에서 나온 원뿔꽃차례에 자잘한 황록색 꽃이 모여 핀다. 납작한 구형 열매는 지름 5~8㎜이며 붉게 익는다.

잎 앞면 p.761

9월에 핀 꽃과 어린 열매

11월의 열매

어린 나무의 잎

잎 뒷면

10월의 황칠나무

나무껍질

## 황칠나무(두릅나무과) *Dendropanax morbiferus*

🌳 늘푸른작은키나무(높이 3~8m) ✱ 꽃 | 8월 🍂 열매 | 10월

남쪽 섬에서 자란다. 잎은 어긋나고 가지 윗부분에서는 모여 달린다. 잎
몸은 타원 모양의 달걀형~넓은 달걀형이며 7~12cm 길이이고 끝이 뾰족
하며 가장자리가 밋밋하다. 어린 나무는 잎몸이 2~5갈래로 갈라진다. 가
지 끝의 우산꽃차례에 자잘한 황록색 꽃이 모여 핀다. 꽃잎과 수술은 각각
5개씩이다. 타원형 열매는 6~8mm 길이이며 흑자색으로 익는다. 줄기에
상처를 내면 나오는 수액을 '황칠'이라고 하며 가구에 칠하였다.

7월 말의 열매

작은잎 뒷면

5월에 핀 꽃

7월의 오가나무

겨울눈

나무껍질

## 오가나무(두릅나무과) *Eleutherococcus sieboldianus*

✪ 갈잎떨기나무(높이 2m 정도) ✺ 꽃 | 5~6월 ◉ 열매 | 7~9월

중국 원산이며 관상수로 심는다. 나무껍질은 회갈색이고 껍질눈이 있으며 피침형 가시가 있다. 잎은 어긋나고 손꼴겹잎이며 작은잎은 3~5장이다. 작은잎은 2~7㎝ 길이이고 끝이 뾰족하며 가장자리에 뾰족한 톱니가 있다. 보통 양면에 털이 없다. 짧은가지 끝에서 나온 우산꽃차례에 황록색 꽃이 모여 핀다. 5장의 꽃잎은 뒤로 활짝 젖혀진다. 꽃자루는 5~10㎝ 길이로 길다. 동글납작한 열매는 지름 6~8㎜이며 흑자색으로 익는다.

잎 앞면 p.762

8월의 어린 열매

10월의 열매

5월에 핀 꽃

작은잎 뒷면

6월의 섬오갈피

가시와 겨울눈

## 섬오갈피(두릅나무과) *Eleutherococcus nodiflorus*

🌳 갈잎떨기나무(높이 2m 정도) 🌸 꽃 | 5~6월 🍂 열매 | 10~12월

제주도에서 자란다. 비스듬히 휘어지는 가지에 밑으로 휘어진 날카로운 가시가 난다. 잎은 어긋나고 손꼴겹잎이며 작은잎은 3~5장이다. 작은잎은 거꿀달걀형~거꿀피침형이고 끝이 뾰족하며 가장자리에 뾰족한 톱니가 있다. 잎 뒷면의 잎맥겨드랑이에 갈색 털이 있다. 암수딴그루로 짧은 가지의 잎겨드랑이에 달리는 1~3개의 우산꽃차례에 황록색 꽃이 둥글게 모여 핀다. 꽃자루는 1~4cm 길이이다. 둥근 열매는 검게 익는다.

꽃차례

7월 말의 열매

6월에 핀 꽃

잎 뒷면

7월 말의 가시오갈피

3월의 새순

## 가시오갈피(두릅나무과) *Eleutherococcus senticosus*

🟢 갈잎떨기나무(높이 2~3m) ✳ 꽃 | 6~7월 🟤 열매 | 9~10월

지리산 이북의 깊은 산에서 자란다. 줄기와 가지에 바늘 모양의 가시가 많이 난다. 잎은 어긋나고 손꼴겹잎이며 작은잎은 3~5장이다. 작은잎은 거꿀달걀 모양의 타원형~긴 타원형이고 5~13㎝ 길이이며 끝이 뾰족하고 가장자리에 뾰족한 겹톱니가 있다. 가지 끝에 달리는 2~6개의 우산꽃차례에 연노란색 꽃이 둥글게 모여 핀다. 작은꽃자루는 1~2㎝ 길이이다. 둥근 달걀형 열매는 8~10㎜ 크기이고 검은색으로 익는다.

잎 앞면 p.762

꽃 모양

9월에 핀 꽃

10월의 열매

잎 뒷면

8월의 오갈피나무

나무껍질

## 오갈피나무(두릅나무과) *Eleutherococcus sessiliflorus*

🌳 갈잎떨기나무(높이 2~4m) ✴ 꽃 | 8~9월 🍒 열매 | 10~11월

중부 이남의 산에서 자란다. 줄기에는 드물게 굵은 가시가 달린다. 잎은 어긋나고 손꼴겹잎이며 작은잎은 3~5장이다. 작은잎은 거꿀달걀형~타원형이며 6~15cm 길이이고 끝이 뾰족하며 가장자리에 자잘한 겹톱니가 있다. 가지 끝에 달리는 3~6개의 우산꽃차례에 자주색 꽃이 둥글게 모여 핀다. 작은꽃자루는 길이 1.2mm 정도로 짧아서 머리 모양이 된다. 5개의 수술은 5개의 꽃잎 밖으로 길게 벋는다. 동그스름한 열매는 검게 익는다.

잎 앞면 p.762

꽃차례

9월의 어린 열매

9월에 핀 꽃

잎 뒷면

9월의 털오갈피나무

나무껍질

## 털오갈피나무(두릅나무과) *Eleutherococcus divaricatus*

갈잎떨기나무(높이 2~3m)  꽃 | 7~8월  열매 | 10월

산에서 드물게 자란다. 가지에는 가시가 거의 없다. 잎은 어긋나고 손꼴
겹잎이며 작은잎은 3~5장이다. 작은잎은 좁은 거꿀달걀형~긴 타원형이
며 3~10㎝ 길이이고 끝이 뾰족하며 가장자리에 뾰족한 겹톱니가 있다.
잎 뒷면과 잎자루에는 털과 가시가 있다. 가지 끝에 달리는 3~7개의 우산
꽃차례에 연한 황백색 꽃이 둥글게 모여 핀다. 작은꽃자루는 6~18㎜ 길
이로 길다. 둥근 타원형 열매는 자루가 길며 붉게 변했다가 검게 익는다.

잎 앞면 p.762

# 오갈피나무속(*Eleutherococcus*)의 비교

### 오가나무

가지에 피침형 가시가 있다. 작은잎은 보통 양면에 털이 없다. 꽃차례자루는 5~10㎝ 길이로 길다.

### 섬오갈피

가지에 밑으로 휘어진 가시가 난다. 잎 뒷면의 잎맥겨드랑이에 갈색 털이 있다. 꽃차례자루는 1~4㎝ 길이이다.

### 가시오갈피

가지에 바늘 모양의 가시가 많다. 우산꽃차례에 둥글게 달리는 연노란색 꽃은 작은꽃자루가 1~2㎝ 길이이다.

### 오갈피나무

줄기에는 드물게 굵은 가시가 달린다. 자주색 꽃은 작은꽃자루가 짧아서 공 모양이 된다.

### 털오갈피나무

잎 뒷면과 잎자루에 털과 가시가 있다. 둥글게 모여 달리는 연노란색 꽃은 작은꽃자루가 6~18㎜ 길이로 길다. 열매자루도 꽃자루처럼 길다. 가지에는 가시가 거의 없다.

꽃차례

9월의 열매

8월에 핀 꽃

잎 모양

잎자루의 가시

8월의 두릅나무

**두릅나무**(두릅나무과) *Aralia elata*

🌳 갈잎떨기나무~작은키나무(높이 3~5m)   ❁ 꽃 | 8~9월   🍂 열매 | 10월

산에서 자란다. 가지나 잎자루에 날카로운 가시가 있다. 잎은 어긋나고 가지 끝에서는 모여 달리며 2회깃꼴겹잎이고 50~100㎝ 길이로 큼직하다. 작은잎은 달걀형~타원형이며 끝이 뾰족하고 가장자리에 불규칙한 톱니가 있다. 가지 끝에 달리는 겹우산꽃차례는 30~50㎝ 길이이며 자잘한 녹백색 꽃이 모여 핀다. 꽃은 지름 3㎜ 정도이다. 둥근 열매는 지름 3㎜ 정도이고 검게 익는다. 봄에 돋는 새순을 봄나물로 먹는다.

잎 앞면 p.765

720

11월의 열매

5월에 핀 꽃

잎 뒷면

5월의 돈나무

나무껍질

## 돈나무(돈나무과) *Pittosporum tobira*

🌳 늘푸른떨기나무(높이 2~3m)  🌸 꽃 | 4~6월  🍂 열매 | 11~12월

남부 지방의 바닷가 산에서 자란다. 잎은 어긋나고 가지 끝에서는 모여 달린다. 잎몸은 거꿀달걀형~거꿀달걀 모양의 피침형이며 5~10cm 길이이고 끝은 둥글며 가장자리가 밋밋하고 뒤로 말린다. 잎몸은 가죽질이고 앞면은 광택이 있으며 뒷면은 연녹색이다. 가지 끝에 모여 피는 흰색 꽃은 꽃잎이 5장이며 점차 노랗게 변한다. 둥근 열매는 지름 1~1.5cm이고 익으면 3갈래로 벌어지면서 붉은색 점액질에 싸인 씨앗이 드러난다.

잎 앞면 p.754

9월의 일본잎갈나무 숲

팽나무

# 부록

# 용어 해설 🍋

| | |
|---|---|
| **2년생 가지**(2년지 : 二年枝) | 지난해에 새로 나서 자란 묵은 가지. 그 해에 나서 새로 자란 가지는 '햇가지'라고 한다. |
| **2회깃꼴겹잎**<br>(2회우상복엽 : 二回羽狀複葉) | 잎자루 양쪽으로 작은잎이 새깃꼴로 마주 붙는 깃꼴겹잎이 다시 깃꼴로 붙는 겹잎. |
| **2회세겹잎**(2회삼출엽 : 二回三出葉) | 3장의 작은잎으로 이루어진 세겹잎이 다시 세겹잎 형태로 붙는 겹잎. |
| **3주맥**(三走脈) | 잎몸의 밑부분에서 3개의 큰 주맥이 벋은 잎맥. 육계나무나 참식나무와 같은 녹나무과 식물에서 흔히 볼 수 있다. |
| **가죽질**(혁질 : 革質) | 가죽처럼 단단하고 질긴 성질. 가죽질 잎은 잎몸이 두껍고 광택이 있으며 가죽 같은 촉감이 있다. |
| **갈래꽃차례**(취산화서 : 聚繖花序) | 꽃차례의 끝에 달린 꽃 밑에서 한 쌍의 꽃자루가 나와 각각 그 끝에 꽃이 한 송이씩 달리는 것이 반복되는 꽃차례. |
| **갈잎나무**(낙엽수 : 落葉樹) | 가을에 날씨가 추워지거나 건조해지면 낙엽이 지고 다음 해 봄에 다시 잎이 나오는 나무. |
| **개화기**(開花期) | 꽃이 피는 시기. |
| **거꿀달걀형**(도란형 : 倒卵形) | 뒤집힌 달걀형의 잎 모양. 잎의 밑부분이 좁고 위로 갈수록 넓어지며 끝부분은 둥그스름하다. |
| **거꿀피침형**(도피침형 : 倒披針形) | 뒤집힌 피침형의 잎 모양. 잎몸은 길이가 너비의 몇 배가 되고 위에서 1/3 정도 되는 부분이 가장 넓다. |
| **겉씨껍질**(외종피 : 外種皮) | 씨앗을 싸고 있는 2겹의 껍질 중에서 가장 바깥쪽에 있는 껍질. |
| **겉씨식물**(나자식물 : 裸子植物) | 밑씨가 씨방 안에 있지 않고 겉으로 드러나 있는 식물. 바늘잎나무가 대부분이다. |

| | |
|---|---|
| **겨울눈**(동아 : 冬芽) | 봄에 잎이나 꽃을 피우기 위해 만들어져 겨울을 나는 눈. 겨울눈은 보통 눈비늘조각이나 털 등으로 덮여 있다. |
| **견과**(堅果) | 도토리나 호두처럼 껍질이 단단한 열매. 마른 열매로 열매껍질이 단단하고 깍정이를 가지고 있는 것이 많다. |
| **겹고른꽃차례**(복산방화서 : 複繖房花序) | 고른꽃차례가 반복되는 꽃차례. |
| **겹꽃**(중판화 : 重瓣花) | 여러 겹의 꽃잎으로 이루어진 꽃. 꽃잎이 한 겹으로 이루어진 홑꽃에 대응되는 말이다. |
| **겹송이꽃차례**(복총상화서 : 複總狀花序) | 송이꽃차례가 다시 송이꽃차례 모양으로 달리는 꽃차례. 보통 밑부분의 꽃차례 가지가 길기 때문에 전체가 원뿔꽃차례 모양이 되는 것이 많다. |
| **겹우산꽃차례**(복산형화서 : 複傘形花序) | 각각의 우산꽃차례가 다시 우산 모양으로 모여 달리는 꽃차례. 미나리과 식물은 겹우산꽃차례가 대부분이다. |
| **겹잎**(복엽 : 複葉) | 여러 개의 작은잎으로 이루어진 잎. 잎몸이 1개인 홑잎에 대응되는 말이다. |
| **겹잎자루**(엽축 : 葉軸, 총엽병 : 總葉柄) | 겹잎에서 작은잎이 모여 달린 큰 잎자루. |
| **겹톱니**(중거치 : 重鋸齒, 복거치 : 複鋸齒) | 잎몸 가장자리에 생긴 큰 톱니 가장자리에 다시 작은 톱니가 생겨 이중으로 된 톱니. |
| **고른꽃차례**(산방화서 : 繖房花序) | 무한꽃차례의 일종으로 작은꽃자루의 길이가 꽃대 아래쪽에 달리는 것일수록 길어져서 꽃이 거의 평면으로 가지런하게 피는 꽃차례. |
| **고배 모양**(고배형 : 高杯形) | 패랭이꽃처럼 대롱부는 가늘고 길며 꽃잎은 꽃목에서 수평으로 퍼지는 꽃. 고배(高杯)는 높은 굽이 있는 접시로 '굽다리접시'라고도 한다. |
| **골속**(수 : 髓) | 풀이나 나무 줄기의 한가운데에 들어 있는 연한 심. |

| | |
|---|---|
| **공기뿌리**(기근 : 氣根) | 줄기에서 나와 공기 중에 드러나 있는 뿌리. 몸을 붙이거나 물을 흡수하는 역할을 하고 땅에 닿으면 뿌리를 내리고 버팀목 역할을 하는 것도 있다. |
| **기름점**(선점 : 腺點, 유점 : 油點) | 기름을 분비하는 구멍. |
| **긴가지**(장지 : 長枝) | 정상적으로 길게 자란 가지. 끝눈이나 곁눈에서 발달하며 곧게 벋고 잎이 드문드문 달린다. |
| **깃꼴겹잎**(우상복엽 : 羽狀複葉) | 잎자루 양쪽으로 작은잎이 새깃꼴로 마주 붙는 잎. 홀수깃꼴겹잎과 짝수깃꼴겹잎이 있다. |
| **깍정이**(각두 : 殼斗) | 참나무 등의 열매를 싸고 있는 술잔 또는 주머니 모양의 받침. 깍정이는 총포(總苞)를 구성하는 포(苞)가 촘촘히 모여서 만들어진다. |
| **껍질눈**(피목 : 皮目) | 나무의 줄기나 뿌리에 만들어진 코르크 조직으로 잎 뒷면의 공기구멍(기공 : 氣孔)처럼 공기의 통로가 되는 부분. 특이한 모양을 가진 종도 있어서 나무를 동정(同定)하는 데 도움이 된다. |
| **꼬리꽃차례**<br>(미상화서 : 尾狀花序, 유이화서 : 葇荑花序) | 작은꽃자루가 거의 없는 꽃이 꼬리 모양으로 처진 꽃대에 촘촘히 달린 꽃차례. 자작나무과나 참나무과에서 흔히 볼 수 있다. |
| **꼬투리열매**(협과 : 莢果, 두과 : 豆果) | 콩과식물의 열매 또는 열매를 싸고 있는 껍질로 보통 봉합선을 따라 터진다. |
| **꽃**(화 : 花) | 속씨식물의 생식을 담당하는 기관으로 기본적으로 꽃잎, 꽃받침, 암술, 수술의 네 기관으로 이루어져 있다. 수정이 되면 열매와 씨앗이 자란다. |
| **꽃가루**(화분 : 花粉) | 수술의 꽃밥 속에 들어 있는 가루 모양의 알갱이. 바람에 날려 퍼지는 꽃가루는 알레르기 증상을 일으키기도 한다. |
| **꽃가루받이**(수분 : 受粉) | 꽃가루가 암술머리에 옮겨 붙는 것. 꽃가루는 바람이나 곤충, 동물 등에 운반되어 꽃가루받이가 이루어진다. |

| | |
|---|---|
| **꽃눈**(화아 : 花芽) | 겨울눈 중에서 자라서 꽃이 될 눈.<br>일반적으로 꽃눈은 잎눈에 비해 크고 둥근<br>것이 많지만 구분이 어려운 것도 있다. |
| **꽃대**(화축 : 花軸) | 꽃자루가 달리는 줄기. |
| **꽃덮개**(불염포 : 佛焰苞) | 육수꽃차례를 둘러싸고 있는 넓은 포.<br>천남성과에서 흔히 볼 수 있으며 생김새와<br>크기, 모양, 빛깔은 속에 따라 조금씩 다르다. |
| **꽃덮이**(화피 : 花被) | 꽃부리와 꽃받침을 통틀어 이르는 말. |
| **꽃덮이조각**(화피편 : 花被片) | 꽃덮이를 이루는 하나하나의 조각. |
| **꽃받침**(악 : 萼) | 꽃의 가장 밖에서 꽃잎을 받치고 있는<br>작은잎. 밑부분이 합쳐진 것도 있고<br>여러 개의 조각으로 나누어진 것도<br>있는 등 모양이 여러 가지이다. |
| **꽃받침자국** | 꽃받침이 떨어져 나간 흔적. |
| **꽃받침조각**(악편 : 萼片) | 꽃받침이 여러 개의 조각으로 나뉘어져<br>있을 때 각각의 조각을 말한다. |
| **꽃받침통**(악통 : 萼筒) | 꽃받침이 합쳐져서 생긴 통 모양의 구조.<br>갈라진 꽃받침조각을 제외한 아래쪽의<br>원통 부분은 '통부(筒部)'라고 한다. |
| **꽃밥**(약 : 葯) | 수술의 끝에 달린 꽃가루를 담고 있는 주머니.<br>일반적으로 꽃밥은 2개의 꽃가루주머니로<br>이루어지며 크기와 모양이 다양하다. |
| **꽃봉오리**(화봉 : 花峯) | 망울만 맺히고 아직 피지 않은 꽃.<br>꽃의 싹을 보호하고 있는 비늘조각과<br>포 등을 포함하여 말한다. |
| **꽃부리**(화관 : 花冠) | 꽃잎 전체를 이르는 말. |
| **꽃술대**(예주 : 蘂柱) | 암술과 수술이 함께 합쳐져 있는 복합체.<br>일반적으로 난과의 식물은 대부분이<br>꽃술대를 가지고 있다. |

| | |
|---|---|
| **꽃이삭**(화수 : 花穗) | 1개의 꽃대에 무리 지어 이삭 모양으로 꽃이 달린 꽃차례를 이르는 말. |
| **꽃잎**(화판 : 花瓣) | 꽃부리를 이루고 있는 낱낱의 조각으로 보통 암수술과 꽃받침 사이에 있다. |
| **꽃자루**(화경 : 花梗) | 꽃을 달고 있는 자루. 열매가 익을 때까지 남아 있으면 그대로 열매자루(과병 : 果柄)가 된다. |
| **꽃주머니**(화낭 : 花囊) | 동그란 열매 모양의 속에 숨어서 꽃이 피는 꽃차례의 모양을 일컫는 말. |
| **꽃차례**(화서 : 花序) | 꽃이 줄기나 가지에 배열하는 모양. |
| **꽃차례자루**(화서축 : 花序軸) | 꽃차례를 달고 있는 자루. |
| **꽃턱**(화탁 : 花托) | 꽃에서 꽃잎, 꽃받침, 암술, 수술이 붙어 있는 자루. |
| **꿀샘**(밀선 : 蜜腺) | 꽃이나 잎 등에서 꿀을 내는 조직이나 기관. |
| **나무껍질**(수피 : 樹皮) | 나무 줄기의 맨 바깥쪽을 싸고 있는 조직으로 외부로부터 속살을 보호하는 역할을 한다. |
| **나뭇진**(수지 : 樹脂) | 나무에서 분비되는 끈끈한 액체로 송진과 호박 등이 있다. 끈끈한 액체가 산화해 굳어진 것도 '나뭇진'이라 한다. |
| **노목**(老木) | 나이가 많은 나무. |
| **누운털**(복모 : 伏毛) | 누워 있는 털. |
| **단심**(丹心) | 무궁화 꽃잎의 중심부에 있는 붉은색 무늬를 일컫는 말. |
| **단주화**(短柱花) | 수술이 길고 암술이 짧은 꽃. 보통 암술대가 짧으며 긴 수술대는 길이가 조금씩 달라서 꽃밥의 높이가 약간씩 다른 것이 많다. |
| **덩굴나무**(만경 : 蔓莖) | 줄기나 덩굴손으로 물체에 감기거나 담쟁이덩굴처럼 붙음뿌리로 물체에 붙어 기어오르며 자라는 줄기를 가진 나무. |

| | |
|---|---|
| **덩굴손**(권수 : 卷鬚) | 줄기나 잎의 끝이 가늘게 변하여 다른 물체를 감아 나갈 수 있도록 덩굴로 모양이 바뀐 부분. 줄기, 잎 끝, 작은잎, 턱잎 등 여러 부위가 덩굴손으로 변한다. |
| **돌려나기**(윤생 : 輪生) | 줄기의 한 마디에 3장 이상의 잎이 돌려 붙는 잎차례. |
| **두갈래맥**(차상맥 : 叉狀脈) | 계속 둘로 갈라지는 잎맥. 주로 고사리식물이나 은행나무 등에서 발견되기 때문에 다른 잎맥보다는 원시적인 것으로 여겨진다. |
| **떡잎**(자엽 : 子葉) | 씨앗에서 처음으로 싹트는 최초의 잎. 옥수수처럼 싹이 틀 때 1장의 떡잎이 나오는 식물을 '외떡잎식물', 콩처럼 2장의 떡잎이 나오는 식물을 '쌍떡잎식물'이라고 한다. 겉씨식물인 소나무 종류는 떡잎이 6~12개로 많이 나온다. |
| **떨기나무**(관목 : 灌木) | 대략 5m 이내로 자라는 키가 작은 나무. 흔히 줄기가 모여나는 나무가 많다. |
| **마주나기**(대생 : 對生) | 줄기의 한 마디에 2장의 잎이 마주 달리는 잎차례. |
| **막눈**(부정아 : 不定芽) | 끝눈이나 곁눈처럼 일정한 자리가 아닌 곳에서 나오는 눈. |
| **머리모양꽃차례**(두상화서 : 頭狀花序) | 국화처럼 꽃대 끝에 작은꽃자루가 없는 꽃이 촘촘히 모여 전체가 하나의 꽃처럼 보이는 꽃차례. |
| **모여나기**(총생 : 叢生) | 한 마디나 한 곳에 여러 개의 잎이 무더기로 모여난 잎차례. |
| **밑씨**(배주 : 胚珠) | 암꽃의 씨방 안에 있으며 수정한 후 자라서 씨앗이 되는 기관. |
| **바늘잎**(침엽 : 針葉) | 소나무처럼 바늘 모양으로 생긴 잎. 구조적으로 수분의 증발을 억제하기 때문에 가뭄에 잘 견디며 추위에도 강하다. |

| | |
|---|---|
| **바늘잎나무**(침엽수 : 針葉樹) | 소나무처럼 바늘잎을 달고 있는 나무를 모두 일컫는 말. 측백나무처럼 비늘이 포개진 모양의 비늘잎을 가진 나무들도 바늘잎나무에 포함되며 모두 겉씨식물에 속한다. |
| **반겹꽃**(반중판화 : 半重瓣花) | 겹꽃 중에서 수술의 일부만이 꽃잎으로 변한 꽃을 '반겹꽃'이라고 한다. |
| **반떨기나무**<br>(반관목 : 半灌木, 아관목 : 亞灌木) | 풀과 비슷해서 겨울에는 가지가 모두 말라 죽지만 줄기 밑부분의 일부가 목질화돼서 겨울에도 살아남는 식물. |
| **반상록성**(半常綠性) | 줄기에 부분적으로 푸른 잎이 남아 있는 채로 겨울을 나는 것. |
| **벌레집**(충영 : 蟲癭) | 식물체에 곤충이 알을 낳거나 기생해서 만들어지는 혹 모양의 조직. |
| **별모양털**(성상모 : 星狀毛) | 별 모양으로 갈라지는 털. |
| **붙음뿌리**(부착근 : 附着根) | 다른 것에 달라붙기 위해서 줄기의 군데군데에서 뿌리를 내는 식물의 뿌리. |
| **비늘잎**(인엽 : 鱗葉) | 작은잎이 물고기의 비늘조각처럼 포개지는 잎. |
| **비늘조각**(인편 : 鱗片) | 식물체 표면에 생기는 비늘 모양의 작은 조각. |
| **비늘털**(인모 : 鱗毛) | 식물의 가지나 잎의 겉면을 덮어서 보호하는 비늘 모양의 잔털. |
| **비단털**(견모 : 絹毛) | 비단실같이 부드러운 털. |
| **뿌리줄기**(근경 : 根莖) | 줄기가 변해서 뿌리처럼 땅속에서 옆으로 벋으면서 자라는 것을 말한다. 마디에서 잔뿌리가 돋으며 비늘 모양의 잎이 돋아 구분이 된다. |
| **상록**(常綠) | 나뭇잎이 가을과 겨울에도 낙엽이 지지 않고 사철 내내 푸른 것. 잎 하나하나의 수명은 종마다 다르다. |

| | |
|---|---|
| **샘털**(선모 : 腺毛) | 부푼 끝부분에 분비물이 들어 있는 털. 분비되는 물질은 점액, 수지, 꿀, 기름 등 식물마다 다르다. |
| **생울타리**(생리 : 生籬) | 살아 있는 나무를 촘촘히 심어 만든 울타리로 '산울타리'라고도 한다. |
| **선형**(線形) | 폭이 좁고 길이가 길어 양쪽 가장자리가 거의 평행을 이루는 잎이나 꽃잎. 길이와 너비의 비가 5:1에서 10:1 정도이다. |
| **세겹잎**(3출엽 : 三出葉) | 작은잎 3장으로 이루어진 겹잎. 싸리, 칡, 탱자나무 등에서 볼 수 있다. |
| **세로덧눈**(중생부아 : 重生副芽) | 곁눈의 위나 아래에 달리는 덧눈. 덧눈은 정상적인 눈에 변고가 생겼을 때만 생장을 한다. |
| **속씨식물**(피자식물 : 被子植物) | 꽃이 피고 열매를 맺는 씨식물 중에서 씨방 안에 밑씨가 들어 있는 식물. 식물 중에서 가장 진화한 무리로 전체 식물의 80%를 차지하며, 쌍떡잎식물과 외떡잎식물로 나눈다. |
| **손꼴겹잎**(장상복엽 : 掌狀複葉) | 잎자루 끝에 여러 개의 작은잎이 손바닥 모양으로 빙 돌려가며 붙은 겹잎. |
| **솔방울열매**(구과 : 毬果) | 목질의 비늘조각이 여러 겹으로 포개어진 열매로 조각 사이마다 씨앗이 들어 있다. |
| **솔방울조각**(실편 : 實片, 종린 : 種鱗) | 솔방울을 이루고 있는 비늘 모양의 조각. |
| **송이꽃차례**(총상화서 : 總狀花序) | 긴 꽃대에 작은꽃자루가 있는 여러 개의 꽃이 어긋나게 붙는 꽃차례. 꽃차례 밑부분에 있는 꽃부터 차례대로 피어 올라간다. |
| **수그루**(웅주 : 雄株) | 암수딴그루 중에서 수꽃이 피는 나무. 암꽃만 피는 암그루와 대응되는 말이다. |
| **수꽃**(웅화 : 雄花) | 수술은 완전하지만 암술은 없거나 퇴화되어 흔적만 있는 꽃. |
| **수꽃이삭**(웅화수 : 雄花穗) | 1개의 꽃대에 수꽃이 이삭 모양으로 달린 꽃차례. |

| | |
|---|---|
| **수꽃주머니**(웅화낭 : 雄花囊) | 안에 수꽃이 피는 동그란 꽃주머니. 열매와 모양이 비슷하며 뽕나무과 무화과속 나무에서 볼 수 있다. |
| **수꽃차례**(웅화서 : 雄花序) | 암꽃은 없고 수꽃만 모여 피는 꽃차례. 암수한그루나 암수딴그루에서 볼 수 있다. |
| **수솔방울**(웅구화수 : 雄毬花穗, 수구화수) | 겉씨식물에서 수배우체를 생산하는 기관으로 속씨식물의 수꽃차례에 해당한다. 성숙하면 가루 모양의 수배우체가 바람에 날려 퍼진다. |
| **수술**(웅예 : 雄蕊) | 식물이 씨앗을 만드는 데 꼭 필요한 꽃가루를 만드는 기관. 수술은 보통 한 꽃에 여러 개가 모여 달린다. |
| **수술대**(화사 : 花絲) | 수술의 꽃밥을 달고 있는 실 같은 자루. |
| **수액**(樹液) | 나무줄기나 가지에서 나오는 액으로 '나무즙'이라고도 한다. 뿌리에서 흡수된 물과 무기질은 물관부를 통해서 줄기를 지나 잎까지 도달한다. |
| **수정**(受精) | 꽃가루받이가 되면 암술머리에 묻은 수술의 꽃가루가 가늘고 긴 꽃가루관을 지나 씨방 속의 밑씨와 만나 하나로 합쳐지는 것으로 '정받이'라고도 한다. 수정이 이루어지면 열매와 씨앗이 만들어지기 시작한다. |
| **수형**(樹形) | 나무의 뿌리, 줄기, 잎 등이 어우러져서 만들어 내는 전체적인 모양. 일반적으로 종마다 고유한 모양은 유전이 되지만 환경에 따라 모양이 많이 달라지기도 한다. |
| **숨구멍줄**(기공조선 : 氣孔條線) | 숨쉬기와 증산작용을 하는 작은 구멍이 모인 줄. 흔히 솔송나무나 전나무와 같은 바늘잎나무의 잎 뒷면에서 흔히 볼 수 있으며 흰색이나 연녹색이 돈다. |
| **심장저**(心臟底) | 흔히 볼 수 있는 심장 도형처럼 잎의 밑부분이 둥글고 가운데가 쑥 들어간 모양. 잎 끝이 뾰족하면 전체적으로 하트 모양이 된다. |

| | |
|---|---|
| **씨방**(자방 : 子房) | 암술대 밑부분에 있는 통통한 주머니 모양의 기관으로 속에 밑씨가 들어 있다. |
| **씨앗**(종자 : 種子) | 식물의 밑씨가 수정을 한 뒤에 자란 기관. 기본적으로 씨껍질, 배젖, 배로 구성되며 씨식물(종자식물)에서만 볼 수 있다. |
| **씨앗껍질**(종피 : 種皮) | 식물의 씨앗을 싸고 있는 껍질. '씨껍질'이라고도 한다. |
| **암그루**(자주 : 雌株) | 암수딴그루 중에서 암꽃이 피는 나무. 수꽃만 피는 수그루와 대응되는 말이다. |
| **암꽃**(자화 : 雌花) | 암술은 완전하지만 수술은 없거나 퇴화되어 흔적만 있는 꽃. |
| **암꽃이삭**(자화수 : 雌花穗) | 1개의 꽃대에 암꽃이 이삭 모양으로 달린 꽃차례. |
| **암꽃주머니**(자화낭 : 雌花囊) | 안에 암꽃이 피는 동그란 꽃주머니. 열매와 모양이 비슷하며 뽕나무과 무화과속 나무에서 볼 수 있다. |
| **암꽃차례**(자화서 : 雌花序) | 수꽃은 없고 암꽃만 모여 피는 꽃차례. 암수한그루나 암수딴그루에서 볼 수 있다. |
| **암솔방울**(자구화수 : 雌毬花穗, 암구화수) | 겉씨식물에서 암배우체를 생산하는 기관으로 속씨식물의 암꽃차례에 해당한다. |
| **암수딴그루**<br>(자웅이주 : 雌雄異株, 이가화 : 二家花) | 암꽃이 달리는 암그루와 수꽃이 달리는 수그루가 각각 다른 식물. |
| **암수한그루**<br>(자웅동주 : 雌雄同株, 일가화 : 一家花) | 암꽃과 수꽃이 한 그루에 따로 달리는 식물. 엄밀히 말하면 양성화도 암수한그루라고 할 수 있으므로 씨식물의 대부분이 암수한그루에 해당된다. |
| **암술**(자예 : 雌蘂) | 꽃의 가운데에 있으며 꽃가루를 받아 씨와 열매를 맺는 기관. 보통 암술머리, 암술대, 씨방의 세 부분으로 이루어져 있으며 암술대가 없는 것도 흔하다. |

| | | |
|---|---|---|
| **암술대**(화주 : 花柱) | | 암술에서 암술머리와 씨방을 연결하는 가는 대롱으로 꽃가루가 씨방으로 들어가는 길이 된다. |
| **암술머리**(주두 : 柱頭) | | 암술 꼭대기에서 꽃가루를 받는 부분. 암술머리는 식물의 과(科)나 속(屬)에 따라 일정한 모양을 하고 있다. |
| **양성화**(兩性花) | | 하나의 꽃 속에 암술과 수술을 함께 갖춘 꽃. 실제 생식(生殖)에 관여하는 암술과 수술이 한 꽃에 모두 있어서 '완전화(完全花)'라고도 한다. |
| **어긋나기**(互生) | | 줄기의 마디마다 잎이 1장씩 달려서 서로 어긋나게 보이는 잎차례. |
| **열매**(과실 : 果實) | | 암술의 씨방이나 부속 기관이 자라서 된 기관으로 열매살과 씨앗으로 구성된다. |
| **열매껍질**(과피 : 果皮) | | 씨방벽이 발달하여 생긴 것으로 속에 있는 씨앗을 외부로부터 보호하는 역할을 한다. 일반적으로 열매의 가장 바깥쪽 부분을 '열매 겉껍질(외과피 : 外果皮)'이라고 하고 가장 안쪽에 있는 부분은 '열매 속껍질(내과피 : 內果皮)'이라고 하며 가운데 부분은 '열매 가운데껍질(중과피 : 中果皮)'이라고 한다. |
| **열매살**(과육 : 果肉) | | 열매에서 씨앗을 둘러싸고 있는 살. 열매살은 동물이 섭취하도록 해서 씨앗을 퍼뜨리기 위한 수단이다. |
| **열매이삭**(과수 : 果穗) | | 1개의 자루에 열매가 이삭 모양으로 무리 지어 달린 모습을 이르는 말. |
| **열매자루**(과병 : 果柄, 과경 : 果梗) | | 열매가 매달려 있는 자루. 꽃이 열매로 변하면 꽃자루가 자연스럽게 열매자루가 된다. |
| **왜성종**(矮性種) | | 그 종의 표준에 비해 작게 자라는 특성을 가진 품종. 상대적으로 키가 큰 품종은 '고성종(高性種)'이라고 한다. 근래에는 화단에 심기 좋도록 많은 왜성종이 만들어져 보급되고 있다. |

| | |
|---|---|
| **우산꽃차례**(산형화서 : 傘形花序) | 무한꽃차례의 일종으로 꽃대의 끝에 여러 개의 작은꽃자루가 우산살 모양으로 갈라져서 그 끝에 꽃이 하나씩 피는 꽃차례. |
| **원뿔꽃차례**(원추화서 : 圓錐花序) | 꽃이삭의 자루에서 많은 가지가 갈라지는데 가지는 위로 갈수록 짧아져서 전체가 원뿔 모양으로 되는 꽃차례. |
| **육질**(肉質) | 식물체가 즙을 많이 함유하여 두껍게 살이 찐 것으로 '다육질'이라고도 한다. |
| **이삭꽃차례**(수상화서 : 穗狀花序) | 1개의 긴 꽃차례자루에 작은꽃자루가 없는 꽃이 이삭처럼 촘촘히 붙어서 피는 꽃차례. 송이꽃차례는 작은꽃자루가 있는 꽃이 촘촘히 붙는 점이 이삭꽃차례와 다른 점이다. |
| **입술꽃잎**(순판 : 脣瓣) | 꿀풀과 식물 등에서 볼 수 있는 입술 모양의 꽃잎. 입술꽃잎 중에서 위쪽은 '윗입술꽃잎 (상순화판 : 上脣花瓣)'이라고 하고 아래쪽은 '아랫입술꽃잎(하순화판 : 下脣花瓣)'이라고 한다. |
| **잎**(엽 : 葉) | 뿌리, 줄기와 함께 식물의 영양 기관으로 광합성과 증산작용을 한다. 일반적으로 잎은 잎몸, 잎자루, 턱잎 등으로 이루어진다. |
| **잎겨드랑이**(엽액 : 葉腋) | 줄기에서 잎이 나오는 겨드랑이 같은 부분으로 잎자루와 줄기 사이를 말한다. |
| **잎눈**(엽아 : 葉芽) | 겨울눈 중에서 자라서 잎이나 줄기가 될 눈. 일반적으로 꽃눈보다 작고 길쭉한 것이 많다. |
| **잎맥**(엽맥 : 葉脈) | 잎몸 안에 그물망처럼 분포하는 조직으로 물과 양분의 통로가 된다. 크게 나란히맥과 그물맥으로 나뉜다. |
| **잎맥겨드랑이**(맥액 : 脈腋) | 잎맥과 잎맥이 갈라지는 겨드랑이 부분. |
| **잎몸**(엽신 : 葉身) | 잎을 잎자루와 구분하여 부르는 이름으로 잎자루를 제외한 나머지 부분. |
| **잎자국**(엽흔 : 葉痕) | 줄기에 남아 있는 잎이 떨어진 흔적. 겉은 코르크로 싸서 추위와 병균의 침입을 막는다. |

| | |
|---|---|
| **잎자루**(엽병 : 葉柄) | 잎몸을 줄기나 가지에 붙게 하는 꼭지 부분. 종에 따라 또는 잎이 붙는 위치에 따라 모양과 길이가 달라지기도 한다. |
| **작은꽃자루**(소화경 : 小花梗) | 꽃차례에서 꽃 하나하나를 달고 있는 자루. |
| **작은잎**(소엽 : 小葉) | 겹잎을 구성하고 있는 하나하나의 잎. |
| **작은홀씨잎**(소포자엽 : 小胞子葉) | 홀씨에 암수가 있는 경우 수꽃 역할을 하는 작은홀씨를 생성하는 잎. |
| **작은홀씨주머니**(소포자낭 : 小胞子囊) | 작은홀씨가 들어 있는 주머니. |
| **잔털**(모용 : 毛茸) | 매우 가늘고 짧은 털. |
| **장식꽃**(무성화 : 無性花, 중성화 : 中性花) | 암술과 수술이 모두 퇴화하여 없는 꽃으로 열매를 맺지 못하는 장식용 꽃. |
| **장주화**(長柱花) | 암술이 길고 수술이 짧은 꽃. 보통 수술대가 짧으며 암술대는 길어서 암술머리와 꽃밥이 떨어져 있기 때문에 제꽃가루받이를 최대한 피한다. |
| **주맥**(主脈) | 잎몸에 여러 굵기의 잎맥이 있을 경우 가장 굵은 잎맥. 보통은 잎의 가운데 있는 가장 큰 잎맥을 가리킨다. |
| **줄기**(경 : 莖) | 식물체를 받치고 물과 양분의 통로 역할을 하는 기관. 아래로는 뿌리와 연결되고 위로는 잎과 연결되는 식물의 영양기관이다. |
| **짝수깃꼴겹잎**<br>(우수우상복엽 : 偶數羽狀複葉) | 좌우에 몇 쌍의 작은잎이 달리고 그 끝에는 작은잎이 달리지 않는 깃 모양 겹잎. |
| **짧은가지**(단지 : 短枝) | 마디 사이의 간격이 극히 짧아서 촘촘해 보이는 가지. 잎이 짧은 마디마다 달리기 때문에 모여 달린 것처럼 보인다. |
| **총포조각**<br>(총포엽 : 總苞葉, 총포편 : 總苞片) | 총포(總苞)는 꽃차례 밑을 싸고 있는 비늘 모양의 포를 말하며 총포를 구성하는 각각의 조각을 총포조각이라고 한다. |
| **측맥**(側脈) | 중심이 되는 가운데 주맥에서 좌우로 뻗어 나간 잎맥. |

| | |
|---|---|
| <u>코르크</u> | 참나무의 껍질의 안쪽에 여러 켜로 이루어진 조직으로 탄력이 있어 가공하여 병마개 등으로 쓴다. |
| 큰홀씨잎(대포자엽 : 大胞子葉) | 홀씨에 암수가 있는 경우 암꽃 역할을 하는 큰홀씨를 생성하는 잎. |
| 키나무(교목 : 喬木) | 꽃줄기와 곁가지가 분명하게 구별되며 대략 5m 이상 높이로 자라는 나무. 보통 5~10m 높이로 자라는 나무는 '작은키나무(소교목 : 小喬木)'라고 하고 10m 이상 크게 자라는 나무는 '큰키나무(교목 : 喬木)'라고 한다. |
| 턱잎(탁엽 : 托葉) | 잎자루 기부나 잎자루 밑부분 주변의 줄기에 붙어 있는 비늘 같은 작은 잎조각. 쌍떡잎식물에 주로 볼 수 있으며 대부분이 일찍 탈락한다. |
| 특산식물(特産植物) | 특정한 장소에서만 자라는 식물. 미선나무처럼 우리나라에서만 자라는 특산식물은 좁은 지역에서만 분포하는 희귀식물이기 때문에 법으로 지정해서 보호하고 있다. |
| 펄프(pulp) | 식물체에 들어 있는 섬유를 공장에서 처리하여 뽑아낸 것. |
| 포(苞) | 꽃의 밑에 있는 작은 잎 모양의 조각. '꽃턱잎'이라고도 한다. 잎이 변한 것으로 꽃이나 눈을 보호한다. |
| 포조각(포편 : 苞片) | 포를 구성하는 각각의 조각. |
| 피침형(披針形) | 잎이 창처럼 생겼으며 잎몸은 길이가 너비의 몇 배가 되고 위에서 1/3 정도 되는 부분이 가장 넓으며 끝은 뾰족하다. |
| 하트형(심장형 : 心臟形) | 동그스름한 잎몸의 밑부분은 오목하게 쏙 들어간 심장저이고 잎 끝은 뾰족한 것이 하트(♡) 또는 심장처럼 생긴 잎 모양. |
| 햇가지(신지 : 新枝) | 그해에 새로 나서 자란 어린 가지. '새가지'라고도 한다. |

| | |
|---|---|
| **헛수술**(가웅예 : 假雄蘂) | 퇴화하여 꽃가루를 만들지 못하는 수술. 일반적으로 꽃밥이 발달하지 않으므로 꽃가루가 생기지 않는다. 달개비의 노란색 헛수술은 꽃잎과 함께 곤충을 불러들이는 역할을 한다. |
| **헛씨껍질**(가종피 : 假種皮) | 씨앗을 둘러싸고 있는 육질의 껍데기. 밑씨껍질 이외의 부위가 발달하여 이루어진다. |
| **홀수깃꼴겹잎**<br>(기수우상복엽 : 奇數羽狀複葉) | 좌우에 몇 쌍의 작은잎이 달리고 그 끝에 1장의 작은잎으로 끝나는 깃 모양 겹잎. |
| **홑꽃**(단판화 : 單瓣花) | 꽃잎이 한 겹으로 이루어진 꽃. 꽃잎이 여러 겹인 겹꽃에 대응되는 말이다. |
| **홑잎**(단엽 : 單葉) | 잎몸이 1개인 잎. 여러 개의 작은잎으로 이루어진 겹잎에 대응되는 말이다. |

## ● 학명 표기 방법

**학명(學名)** 전 세계가 공통으로 부르는 이름으로 린네가 고안해 낸
이명법(二名法)을 쓴다. 이명법은 속명과 종소명을 쓰고
그 뒤에 이름을 붙인 학자의 이름을 적는데 학자의 이름은 생략하기도
한다(예 : 무궁화의 학명 *Hibiscus syriacus* Linne에서 Linne는 생략하기도 함).
학명의 속명과 종소명은 이탤릭체로 표기하는 것이 원칙이고
속명의 첫글자는 대문자로 표기한다.
반면에 각 나라에서 그 나라의 언어로 쓰는 '무궁화'와 같은 이름은
'보통명'이라고 한다. 특히 우리 나라에서 쓰는 보통명은 '국명(國名)'이라고 한다.
또 사투리처럼 각 지방에서 다르게 부르는 이름은 '지방명(地方名)'이라고 한다.

**기본종(基本種)** 어떤 종의 기준이 되는 종. 아종, 변종, 품종 등의
기본이 되는 종이다. 소나무(*Pinus densiflora*)처럼 이명법으로 표기하는
종이 기본종이다.

**변종(變種)** 종의 하위 단계로 같은 종 내에서 자연적으로 생긴 돌연변이종을
변종(variety)이라고 하며 보통 줄여서 var. 또는 v.로 표시한다.
변종과 아종은 실제적으로 구분이 애매한 경우가 많다.
예 : 원숭이솔(*Pinus densiflora* v. *longiramea*)은 소나무의 변종이다.

**품종(品種)** 돌연변이종으로 기본종과 한두 가지 형질이 다른 것을
품종(form)이라고 하며 보통 줄여서 for. 또는 f.로 표시한다.
변종보다는 분화의 정도가 적은 하위 단계의 종이다.
예 : 처진솔(*Pinus densiflora* f. *pendula*)은 소나무의 품종이다.

**재배종(栽培種)** 사람이 인공적으로 만든 품종 중에서 식용이나 관상용 등으로
재배하는 품종을 재배종(cultivar)이라고 하며 보통 줄여서 cv.로 표시하거나
작은따옴표 안에 재배종명을 쓰기도 한다.
예 : 뱀솔(*Pinus densiflora* 'Oculus Draconis')은 소나무의 재배종이다.

**아종(亞種)** 종의 하위 단계의 단위로 종이 지리적이나 생태적으로 격리되어
생김새가 달라진 경우에 그 종의 아종(subspecies)이라고 하며 학명 뒤에
아종(subspecies)을 쓰는데 보통 줄여서 subsp. 또는 ssp.로 표시한다.
예 : 수국(*Hydrangea macrophylla*)은 기본종이고
산수국(*Hydrangea macrophylla* ssp. *serrata*)은 아종이다.

**교잡종(交雜種), 잡종(雜種)** 양친종의 종소명 사이에 '×'를 넣어서 쓴다.
속간의 잡종의 표기는 양친 속 사이에 '×'를 넣어서 쓰고 새 속명이나
종소명이 마련되었으면 그 앞에 '×'를 써서 종간 또는 속간 잡종임을 나타낸다.
예 : 붉은꽃칠엽수(*Aesculus* × *carnea*)는 미국칠엽수(*Aesculus pavia*)와
가시칠엽수(*Aesculus hippocastanum*)를 교배해서 만든 교잡종이다.

# 잎 모양으로
## 나무 찾기

＊ 톱니잎과 밋밋한 잎은 잎 가장자리의 모양을 말한다.

＊ 바늘잎나무와 넓은잎나무에는 각각 비슷한 모양의 잎을 가진 나무가
  일부 섞여 있다.

＊ 키나무도 어릴 때는 떨기나무처럼 보이므로 참고한다.

# 덩굴나무
홑잎
어긋나기

오미자 68쪽

흑오미자 68쪽

남오미자 69쪽

등칡 72쪽

후추등 73쪽

청미래덩굴 102쪽

청가시덩굴 103쪽

댕댕이덩굴 125쪽

새모래덩굴 126쪽

방기 126쪽

함박이 127쪽

새머루 161쪽

푼지나무 177쪽

노박덩굴 178쪽

미역줄나무 180쪽

보리장나무 302쪽　　보리밥나무 303쪽　　모람 317쪽　　왕모람 318쪽

청사조 325쪽　　다래 542쪽　　섬다래 542쪽　　개다래 543쪽

쥐다래 544쪽　　양다래 545쪽　　송악 707쪽　　왕머루 158쪽

포도 159쪽　　까마귀머루 160쪽　　개머루 162쪽　　가새잎개머루 162쪽

**덩굴나무**
홑잎
마주나기

담쟁이덩굴 164쪽

줄사철나무 168쪽

등수국 540쪽

바위수국 541쪽

마삭줄 600쪽

털마삭줄 601쪽

계요등 604쪽

인동덩굴 702쪽

붉은인동 703쪽

산호인동 703쪽

**덩굴나무**
겹잎

으름덩굴 122쪽

멀꿀 124쪽

미국담쟁이덩굴 165쪽

세잎으름 123쪽

세잎종덩굴 138쪽

칡 221쪽

덩굴옻나무 469쪽

큰꽃으아리 128쪽

참으아리 130쪽

으아리 131쪽

할미밀망 133쪽

사위질빵 134쪽

검종덩굴 136쪽

종덩굴 137쪽

개버무리 139쪽

등 226쪽

애기등 228쪽

줄딸기 401쪽

능소화 608쪽

미국능소화 609쪽

# 떨기나무
홑잎
어긋나기
톱니잎

실거리나무 217쪽

이대 114쪽

조릿대 115쪽

매발톱나무 116쪽

매자나무 117쪽

풍년화 155쪽

히어리 156쪽

키버들 207쪽

갯버들 208쪽

참오글잎버들 210쪽

개키버들 212쪽

제주산버들 213쪽

개암나무 260쪽

참개암나무 261쪽

갯대추나무 320쪽

상동나무 322쪽

좀갈매나무 328쪽

짝자래나무 329쪽

산황나무 330쪽

가침박달 332쪽

꼬리조팝나무 335쪽

일본조팝나무 336쪽

갈기조팝나무 337쪽

참조팝나무 338쪽

조팝나무 340쪽

가는잎조팝나무 342쪽

인가목조팝나무 343쪽

공조팝나무 344쪽

반호테조팝나무 344쪽

산조팝나무 345쪽

아구장나무 346쪽

당조팝나무 347쪽

풀또기 373쪽

산옥매 374쪽

복사앵도 375쪽

앵두나무 376쪽

이스라지 377쪽

칼슘나무 378쪽

황매화 404쪽

다정큼나무 409쪽

명자나무 413쪽

피라칸다 콕키네아 423쪽

콩배나무 426쪽

바위모시 439쪽

펠리온나무 439쪽

통조화 443쪽

장구밥나무 447쪽

황근 455쪽

진퍼리꽃나무 565쪽

단풍철쭉 567쪽

등대꽃 568쪽

모새나무 569쪽

월귤 570쪽

산앵도나무 571쪽

산매자나무 576쪽

마취목 577쪽

사스레피나무 578쪽

우묵사스레피 579쪽

산호수 582쪽

자금우 583쪽

백량금 584쪽

빌레나무 585쪽

노린재나무 588쪽

섬노린재 588쪽

검노린재 589쪽

차나무 594쪽

낙상홍 657쪽

미국낙상홍 657쪽

꽝꽝나무 658쪽

완도호랑가시나무 661쪽

**떨기나무**
홑잎
어긋나기
밋밋한 잎

털조장나무 78쪽

감태나무 80쪽

뇌성목 80쪽

유카 104쪽

일본매자나무 118쪽

광대싸리 188쪽

조도만두나무 189쪽

박태기나무 216쪽

보리수나무 300쪽

뜰보리수 301쪽

천선과나무 314쪽

좁은잎천선과나무 315쪽

중국가침박달 333쪽

홍자단 410쪽

섬개야광나무 411쪽

피라칸다 423쪽

병솔나무 442쪽

서향 456쪽

백서향 457쪽

두메닥나무 458쪽

삼지닥나무 460쪽

거문도닥나무 462쪽

둥근금감 483쪽

귤 484쪽

유자나무 485쪽

상산 488쪽

백산차 553쪽

만병초 554쪽

노랑만병초 555쪽

영산홍 555쪽

진달래 556쪽

산철쭉 558쪽

철쭉 559쪽

참꽃나무 560쪽

황산차 562쪽

흰참꽃 563쪽

꼬리진달래 564쪽

장지석남 566쪽

블루베리 572쪽

정금나무 573쪽

넌출월귤 574쪽

들쭉나무 575쪽

**떨기나무**
홑잎
마주나기
톱니잎

구기자나무 655쪽

둥근잎호랑가시나무 661쪽

돈나무 721쪽

죽절초 71쪽

사철나무 166쪽

화살나무 169쪽

회목나무 170쪽

나래회나무 171쪽

회나무 172쪽

참회나무 173쪽

갈매나무 326쪽

참갈매나무 327쪽

병아리꽃나무 390쪽

좀깨잎나무 438쪽

빈도리 527쪽

애기말발도리 528쪽

매화말발도리 529쪽

바위말발도리 530쪽

말발도리 531쪽

물참대 532쪽

얇은잎고광나무 534쪽

산수국 536쪽

수국 538쪽

나무수국 539쪽

식나무 598쪽

금식나무 598쪽

새비나무 613쪽

작살나무 614쪽

좀작살나무 615쪽

층꽃나무 616쪽

꽃누리장나무 617쪽

산개나리 627쪽

개나리 628쪽

금선개나리 629쪽

의성개나리 630쪽

만리화 631쪽

구골목서 651쪽

부들레야 다비디 654쪽

푸른가막살 672쪽

분꽃나무 673쪽

산분꽃나무 674쪽

산가막살나무 675쪽

가막살나무 676쪽

덜꿩나무 677쪽

분단나무 678쪽

별당나무 679쪽

꽃댕강나무 684쪽

털댕강나무 686쪽

주걱댕강나무 687쪽

붉은병꽃나무 689쪽

병꽃나무 690쪽

일본병꽃나무 691쪽

애기병꽃 706쪽

**떨기나무**
홑잎
마주나기
밋밋한 잎

자주받침꽃 74쪽

납매 75쪽

가을납매 75쪽

회양목 144쪽

꼬리겨우살이 512쪽

겨우살이 514쪽

동백나무겨우살이 516쪽

망종화 187쪽

갈퀴망종화 187쪽

팥꽃나무 459쪽    산닥나무 461쪽    참나무겨우살이 513쪽    흰말채나무 524쪽    협죽도 599쪽

구슬꽃나무 602쪽    치자나무 603쪽    백정화 605쪽    호자나무 606쪽

수정목 607쪽    백리향 612쪽    누리장나무 617쪽    순비기나무 619쪽

미선나무 624쪽    꽃개회나무 636쪽    털개회나무 637쪽    라일락 638쪽

광나무 642쪽

상동잎쥐똥나무 644쪽

왕쥐똥나무 645쪽

섬쥐똥나무 646쪽

쥐똥나무 647쪽

댕강나무 685쪽

괴불나무 692쪽

각시괴불나무 693쪽

섬괴불나무 694쪽

구슬댕댕이 695쪽

댕댕이나무 695쪽

올괴불나무 696쪽

길마가지나무 697쪽

왕괴불나무 698쪽

청괴불나무 699쪽

흰괴불나무 700쪽

떨기나무
홑잎
갈래잎

홍괴불나무 701쪽

생강나무 76쪽

까마귀밥여름나무 150쪽

까치밥나무 151쪽

서양까치밥나무 152쪽

명자순 153쪽

닥나무 307쪽

꾸지닥나무 308쪽

무화과 316쪽

국수나무 350쪽

일본국수나무 351쪽

나도국수나무 352쪽

양국수나무 353쪽

겨울딸기 391쪽

거문딸기 391쪽

수리딸기 392쪽

산딸기 393쪽

섬나무딸기 393쪽

부용 453쪽

무궁화 454쪽

박쥐나무 526쪽

구골나무 651쪽

호랑가시나무 660쪽

백당나무 680쪽

배암나무 681쪽

팔손이 708쪽

통탈목 710쪽

땃두릅나무 712쪽

떨기나무 겹잎

블랙베리 399쪽

좀목형 618쪽

오가나무 714쪽　　섬오갈피 715쪽　　가시오갈피 716쪽　　오갈피나무 717쪽

털오갈피나무 718쪽　　병조희풀 140쪽　　만년콩 220쪽　　참싸리 232쪽

싸리 233쪽　　조록싸리 234쪽　　삼색싸리 235쪽　　해변싸리 236쪽

좀싸리 237쪽　　된장풀 239쪽　　고추나무 444쪽　　탱자나무 486쪽

영춘화 633쪽

뿔남천 121쪽

중국남천 121쪽

외대으아리 129쪽

좁은잎사위질빵 135쪽

골담초 222쪽

참골담초 223쪽

꽃아까시나무 225쪽

족제비싸리 229쪽

낭아초 230쪽

큰낭아초 230쪽

땅비싸리 231쪽

개느삼 240쪽

쉬땅나무 334쪽

장미 380쪽

노랑해당화 381쪽

찔레꽃 382쪽

돌가시나무 383쪽

흰인가목 384쪽

생열귀나무 385쪽

해당화 386쪽

인가목 388쪽

곰딸기 394쪽

멍석딸기 395쪽

멍덕딸기 396쪽

거지딸기 397쪽

복분자딸기 398쪽

장딸기 400쪽

가시딸기 400쪽

물싸리 405쪽

개산초 474쪽

왕초피 475쪽

초피나무 476쪽

산초나무 477쪽

황소형 633쪽

딱총나무 666쪽

말오줌나무 667쪽

덧나무 668쪽

미국딱총나무 669쪽

남천 120쪽

모란 157쪽

더위지기 665쪽

두릅나무 720쪽

키나무
홑잎
어긋나기
톱니잎

은행나무 14쪽

왕대 109쪽

죽순대 110쪽

솜대 112쪽

나도밤나무 141쪽

765

담팔수 181쪽

산유자나무 182쪽

이나무 190쪽

사시나무 191쪽

은사시나무 192쪽

황철나무 193쪽

양버들 194쪽

이태리포플러 195쪽

왕버들 197쪽

쪽버들 198쪽

분버들 199쪽

버드나무 200쪽

수양버들 202쪽

용버들 203쪽

호랑버들 204쪽

여우버들 205쪽

선버들 206쪽

오리나무 246쪽

물오리나무 247쪽

잔잎산오리나무 248쪽

두메오리나무 249쪽

사방오리 250쪽

좀사방오리 251쪽

거제수나무 253쪽

사스래나무 254쪽

박달나무 255쪽

개박달나무 256쪽

물박달나무 257쪽

자작나무 258쪽

개서나무 262쪽

서나무 263쪽

소사나무 264쪽

까치박달 265쪽　　새우나무 267쪽　　밤나무 269쪽　　구실잣밤나무 270쪽

종가시나무 272쪽　　가시나무 273쪽　　참가시나무 274쪽　　개가시나무 275쪽

졸가시나무 276쪽　　상수리나무 278쪽　　굴참나무 279쪽　　갈참나무 280쪽

졸참나무 281쪽　　신갈나무 282쪽　　떡갈나무 283쪽　　왕팽나무 292쪽

노랑팽나무 292쪽

검팽나무 293쪽

폭나무 294쪽

팽나무 295쪽

좀풍게나무 296쪽

풍게나무 297쪽

푸조나무 299쪽

몽고뽕나무 309쪽

묏대추 319쪽

헛개나무 321쪽

까마귀베개 323쪽

매실나무 354쪽

개살구나무 356쪽

시베리아살구나무 357쪽

살구나무 358쪽

자두나무 359쪽

복숭아나무 360쪽

왕벚나무 362쪽

올벚나무 364쪽

벚나무 365쪽

산벚나무 366쪽

섬벚나무 367쪽

양벚 368쪽

개벚지나무 370쪽

귀룽나무 371쪽

세로티나벚나무 371쪽

산개벚지나무 372쪽

캐나다채진목 406쪽

채진목 407쪽

비파나무 408쪽

모과나무 412쪽

사과나무 414쪽

야광나무 416쪽

서부해당화 418쪽

윤노리나무 421쪽

떡잎윤노리나무 421쪽

홍가시나무 422쪽

산돌배 424쪽

돌배나무 425쪽

팥배나무 429쪽

참느릅나무 430쪽

비술나무 431쪽

왕느릅나무 432쪽

느릅나무 434쪽

시무나무 436쪽

느티나무 437쪽

찰피나무 448쪽

보리자나무 449쪽

피나무 450쪽

구주피나무 451쪽

매화오리 547쪽

때죽나무 586쪽

쪽동백나무 587쪽

검은재나무 590쪽

애기동백 591쪽

동백나무 592쪽

노각나무 595쪽

송양나무 596쪽

두충 597쪽

대팻집나무 656쪽

키나무
홑잎
어긋나기
밋밋한 잎

붓순나무 70쪽

비목나무 79쪽

생달나무 81쪽

녹나무 82쪽

육계나무 84쪽

월계수 85쪽

후박나무 86쪽

센달나무 87쪽

참식나무 88쪽

새덕이 89쪽

까마귀쪽나무 90쪽

육박나무 91쪽

포포나무 92쪽

목련 93쪽

백목련 94쪽

별목련 96쪽

함박꽃나무 97쪽

일본목련 98쪽

태산목 99쪽

초령목 100쪽 · 피고초령목 100쪽 · 굴거리 148쪽 · 좀굴거리 149쪽

조록나무 154쪽 · 사람주나무 184쪽 · 오구나무 185쪽 · 너도밤나무 268쪽

돌참나무 270쪽 · 붉가시나무 271쪽 · 소귀나무 291쪽 · 망개나무 324쪽

안개나무 470쪽 · 층층나무 521쪽 · 감나무 548쪽 · 고욤나무 550쪽

애기감나무 551쪽

후피향나무 580쪽

비쭈기나무 581쪽

먼나무 659쪽

감탕나무 662쪽

동청목 663쪽

**키나무**
홑잎
마주나기
톱니잎

계수나무 147쪽

참빗살나무 174쪽

좁은잎참빗살나무 175쪽

다비드단풍 494쪽

목서 649쪽

박달목서 650쪽

아왜나무 671쪽

**키나무**
홑잎
마주나기
밋밋한 잎

배롱나무 440쪽

석류나무 441쪽

산딸나무 518쪽

서양산딸나무 519쪽

산수유 520쪽

말채나무 522쪽

곰의말채 523쪽

꽃개오동 611쪽

향선나무 626쪽

개회나무 634쪽

버들개회나무 635쪽

이팝나무 640쪽

제주광나무 643쪽

키나무
홑잎
갈래잎

튤립나무 101쪽

워싱턴야자 107쪽

종려나무 108쪽

당종려 108쪽

양버즘나무 143쪽

미국풍나무 146쪽

대만풍나무 146쪽

예덕나무 183쪽

유동 186쪽

은백양 192쪽

핀참나무 285쪽

루브라참나무 285쪽

꾸지뽕나무 305쪽

꾸지나무 306쪽

돌뽕나무 310쪽

산뽕나무 311쪽

가새뽕나무 311쪽

뽕나무 312쪽

아그배나무 417쪽

이노리나무 417쪽　　산사나무 420쪽　　아광나무 420쪽　　난티나무 433쪽

벽오동 446쪽　　신나무 494쪽　　중국단풍 495쪽　　고로쇠나무 496쪽

우산고로쇠 496쪽　　청시닥나무 497쪽　　부게꽃나무 498쪽　　시닥나무 499쪽

산겨릅나무 500쪽　　은단풍 501쪽　　단풍나무 502쪽　　단풍나무 '노무라' 503쪽

세열단풍 503쪽

홍공작단풍 503쪽

당단풍 504쪽

개오동 610쪽

참오동 653쪽

음나무 711쪽

황칠나무 713쪽

키나무
겹잎

미국칠엽수 489쪽

칠엽수 490쪽

가시칠엽수 491쪽

복자기 505쪽

복장나무 506쪽

네군도단풍 507쪽

야타이야자 105쪽

카나리야자 106쪽

합다리나무 142쪽

주엽나무 218쪽

조각자나무 219쪽

아까시나무 224쪽

황단나무 241쪽

회화나무 242쪽

다릅나무 244쪽

솔비나무 245쪽

굴피나무 286쪽

중국굴피나무 287쪽

가래나무 288쪽

호두나무 289쪽

흑호도 289쪽

피칸 290쪽

마가목 428쪽

말오줌때 445쪽

붉나무 463쪽

검양옻나무 464쪽

개옻나무 465쪽

산검양옻나무 466쪽

옻나무 467쪽

참죽나무 471쪽

머귀나무 478쪽

쉬나무 480쪽

오수유나무 481쪽

황벽나무 482쪽

무환자나무 492쪽

가죽나무 510쪽

소태나무 511쪽

들메나무 620쪽

물푸레나무 621쪽

쇠물푸레 622쪽

왕자귀나무 214쪽

자귀나무 215쪽

멀구슬나무 472쪽

모감주나무 493쪽

바늘잎
나무

바늘잎

전나무 16쪽

일본전나무 17쪽

구상나무 18쪽

분비나무 20쪽

솔송나무 22쪽

가문비나무 23쪽

종비나무 24쪽

독일가문비 25쪽

풍겐스가문비 25쪽

일본잎갈나무 38쪽

개잎갈나무 40쪽

나한송 41쪽　　　낙우송 43쪽　　　메타세쿼이아 44쪽　　　삼나무 46쪽

넓은잎삼나무 47쪽　　　노간주나무 60쪽　　　개비자나무 62쪽　　　비자나무 63쪽

주목 64쪽　　　시로미 552쪽　　　소철 12쪽　　　잣나무 27쪽

눈잣나무 28쪽　　　스트로브잣나무 29쪽　　　히말라야잣나무 29쪽　　　섬잣나무 30쪽

바늘잎나무 — 바늘잎

리기다소나무 31쪽

왕솔나무 31쪽

백송 32쪽

곰솔 33쪽

소나무 34쪽

금송 42쪽

바늘잎나무 — 비늘잎

바늘잎
나무
비늘잎

측백나무 48쪽

나한백 61쪽

황금서양측백 50쪽

서양측백 50쪽

눈측백 51쪽

편백 52쪽

화백 54쪽

실화백 54쪽

향나무 56쪽

눈향나무 58쪽

연필향나무 59쪽

위성류 517쪽

# 꽃 색깔로 나무 찾기

* 꽃이 피는 시기는 '봄에 피는 꽃'과 '여름에 피는 꽃'으로 크게 둘로 구분하였다. 가을에 피는 꽃은 여름에 피는 꽃에 포함시켰다.

* 계절별로 꽃의 색깔 구분은 붉은색, 노란색, 흰색, 녹색의 4가지로 나누었다. 분홍색, 보라색, 주황색, 자주색, 파란색 등은 붉은색에 포함시켰다. 외떡잎식물인 야자나무는 여름 녹색꽃 뒷부분에 모아 실었다. 모양을 쉽게 구분할 수 있는 겉씨식물인 바늘잎나무는 녹색꽃 뒷부분에 모아 실었다.

* 각 색깔 내에서는 꽃잎 수대로 배열해서 찾기 쉽도록 하였다. 꽃잎 수를 나눈 방법은 필자의 주관에 따랐으며 통꽃은 앞부분이 갈라진 갈래조각 수로 구분한 것도 있다. 또 식물에 따라 꽃잎 수가 4~7장처럼 꽃마다 조금씩 다른 경우도 있으므로 다른 수의 꽃잎도 참고하도록 한다.

붉은색
봄꽃

으름덩굴 122쪽

세잎으름 123쪽

새덕이 89쪽

서향 456쪽

팥꽃나무 459쪽

붉은꽃삼지닥나무 460쪽

붉은꽃서양산딸나무 519쪽

식나무 598쪽

털개회나무 637쪽

라일락 638쪽

분홍미선 625쪽

홍매화 355쪽

복숭아나무 360쪽

시베리아살구나무 357쪽

풀또기 373쪽

산옥매 374쪽

복사앵도 375쪽

홍자단 410쪽

모과나무 412쪽

명자나무 413쪽

풀명자 413쪽

서부해당화 418쪽

멍석딸기 395쪽

줄딸기 401쪽

복분자딸기 398쪽

인가목 388쪽

멀구슬나무 472쪽

황산차 562쪽

담자리참꽃나무 562쪽

참꽃나무 560쪽

철쭉 559쪽

산철쭉 558쪽

진달래 556쪽

털진달래 557쪽

영산홍 555쪽

동백나무 592쪽

단정화 605쪽

참오동 653쪽

오동나무 653쪽

포포나무 92쪽

자목련 95쪽

석류나무 441쪽

자주받침꽃 74쪽

자주목련 95쪽

별목련 '로제아' 96쪽

모란 157쪽

만첩홍매실 355쪽

만첩홍도 360쪽

겹벚나무 '관잔' 365쪽

만첩풀또기 373쪽

겹꽃서부해당화 418쪽

장미 380쪽

덩굴장미 380쪽

겹산철쭉 558쪽

양버즘나무 143쪽

계수나무(수꽃) 147쪽

굴거리 148쪽

조록나무 154쪽

사시나무 191쪽

은사시나무 192쪽

은백양 192쪽

황철나무 193쪽

양버들 194쪽

790

이태리포플러 195쪽　　박태기나무 216쪽　　땅비싸리 231쪽　　민땅비싸리 231쪽

등 226쪽　　산등 227쪽　　꽃아까시나무 225쪽　　붉은꽃아까시나무 225쪽

오리나무 246쪽　　물오리나무 247쪽　　잔잎산오리나무 248쪽　　소사나무 264쪽

서나무 263쪽　　소귀나무 291쪽　　닥나무 307쪽　　꾸지닥나무 308쪽

느릅나무 434쪽 　　왕느릅나무 432쪽 　　난티나무 433쪽 　　비술나무 431쪽

미국칠엽수 489쪽 　　붉은꽃칠엽수 489쪽 　　은단풍(암꽃) 501쪽 　　당단풍 504쪽

섬단풍나무 504쪽 　　단풍나무 502쪽 　　네군도단풍 507쪽 　　시로미 552쪽

장지석남 566쪽 　　등대꽃 568쪽 　　정금나무 573쪽 　　산앵도나무 571쪽

노란색
봄꽃

붉은병꽃나무 689쪽   골병꽃나무 690쪽   올괴불나무 696쪽

월계수 85쪽   풍년화 155쪽   통조화 443쪽   겨우살이 514쪽   삼지닥나무 460쪽

상산(암꽃) 488쪽   산수유 520쪽   감나무 548쪽   고욤나무 550쪽

개나리 628쪽   금선개나리 629쪽   의성개나리 630쪽   산개나리 627쪽

★ 꽃잎 4~5장

★ 꽃잎 5장

만리화 631쪽

까마귀밥여름나무 150쪽

까치밥나무 151쪽

명자순 153쪽

히어리 156쪽

실거리나무 217쪽

황매화 404쪽

물싸리 405쪽

개옻나무 465쪽

검양옻나무 464쪽

산검양옻나무 466쪽

옻나무 467쪽

덩굴옻나무 469쪽

안개나무 470쪽

고로쇠나무 496쪽

시닥나무 499쪽

산겨릅나무 500쪽　복자기 505쪽　복장나무 506쪽　황소형 633쪽

병꽃나무 690쪽　녹나무 82쪽　생달나무 81쪽　육계나무 84쪽

센달나무 87쪽　후박나무 86쪽　튤립나무 101쪽　피고초령목 100쪽

청미래덩굴 102쪽　청가시덩굴 103쪽　매발톱나무 116쪽　매자나무 117쪽

꽃잎 6~7장 이상

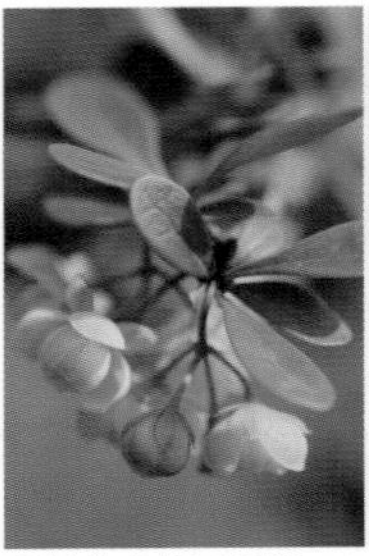
일본매자나무 118쪽

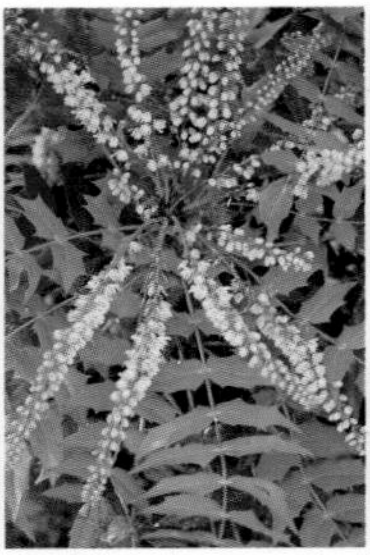
뿔남천 121쪽

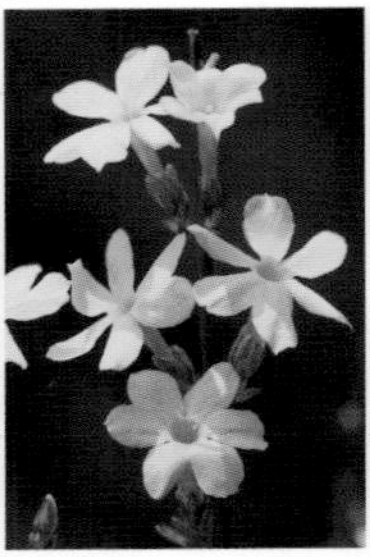
영춘화 633쪽

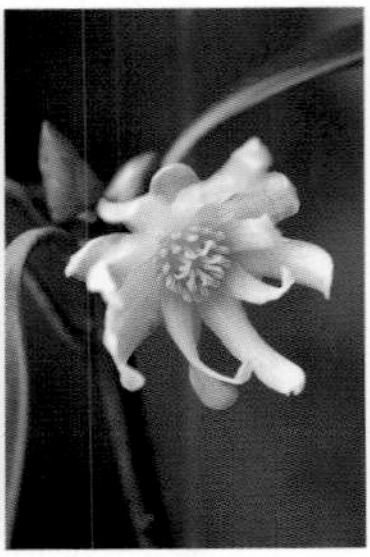
붓순나무 70쪽

꽃잎 7장 이상

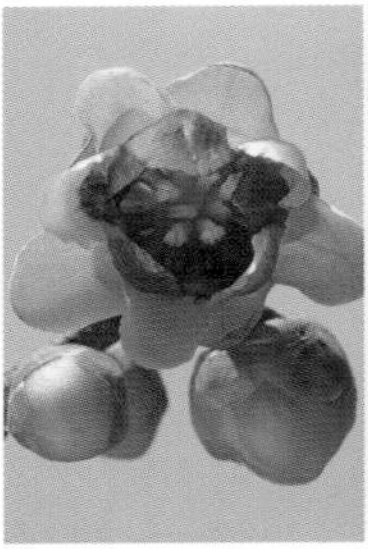
납매 75쪽

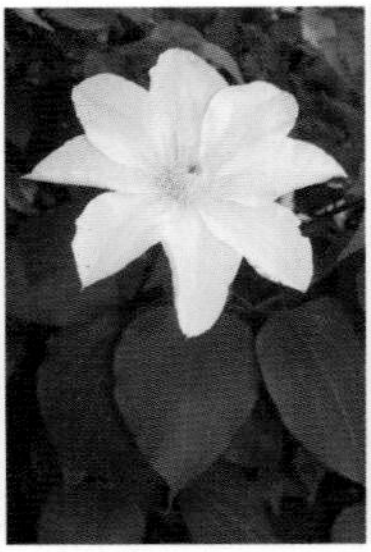
큰꽃으아리 128쪽

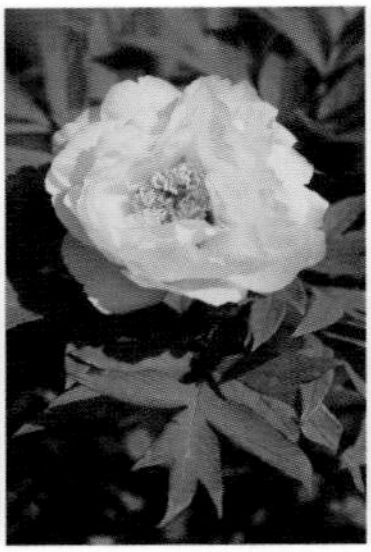
모란 '하이 눈' 157쪽

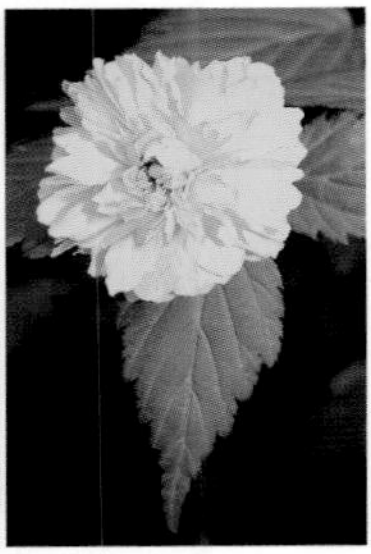
죽단화 404쪽

꽃잎 7장 이상~기타

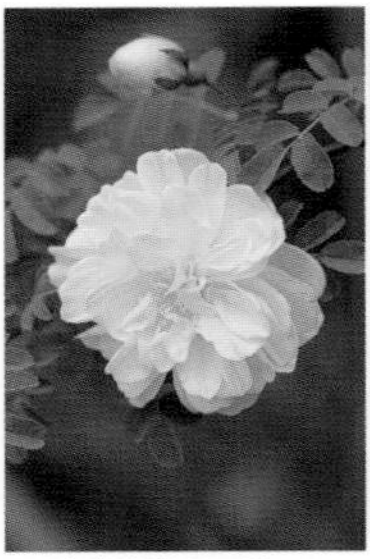
노랑해당화 381쪽

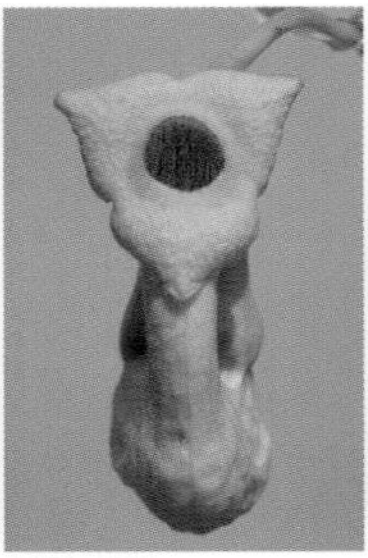
등칡 72쪽

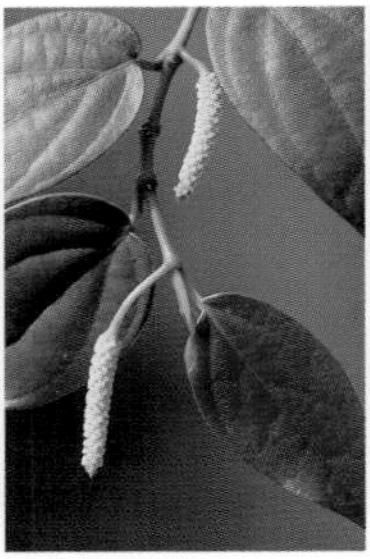
후추등 73쪽

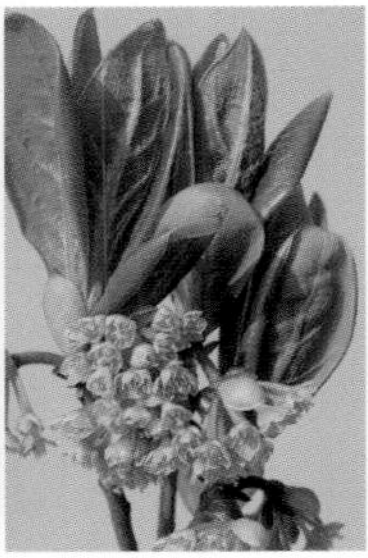
비목나무 79쪽

기타

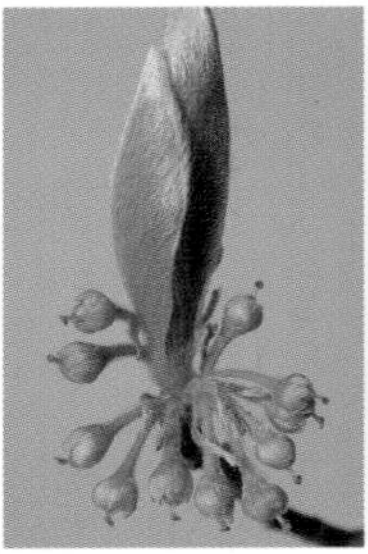
감태나무 80쪽

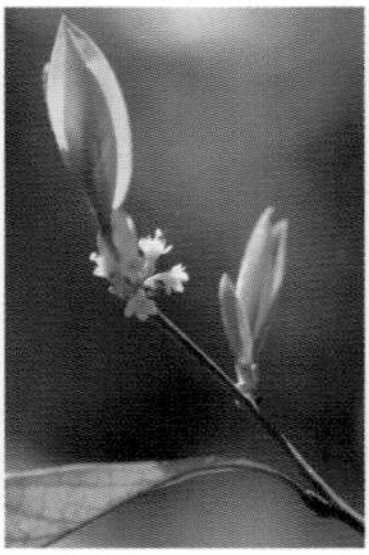
뇌성목 80쪽

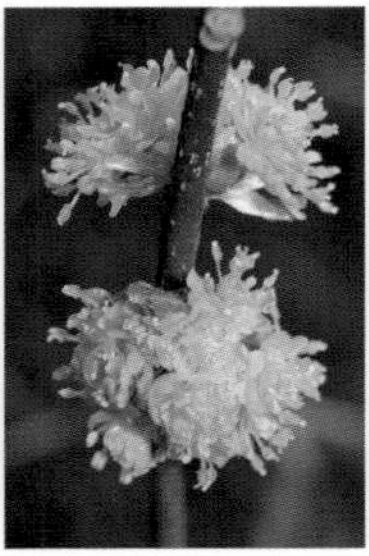
생강나무 76쪽

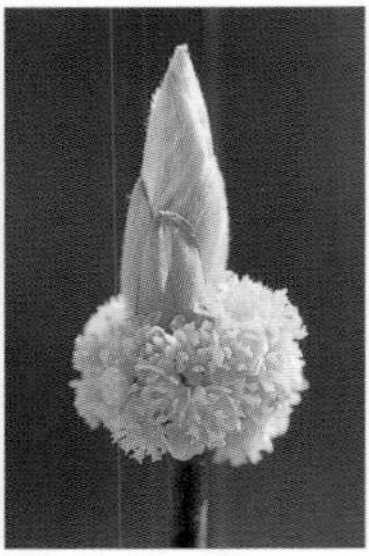
털조장나무 78쪽

회양목 144쪽

이나무 190쪽

왕버들 197쪽

쪽버들 198쪽

분버들 199쪽

버드나무 200쪽

수양버들 202쪽

능수버들 202쪽

용버들 203쪽

호랑버들 204쪽

떡버들 204쪽

여우버들 205쪽

선버들 206쪽

키버들 207쪽

개키버들 212쪽

참오글잎버들 210쪽

갯버들 208쪽　　제주산버들 213쪽　　들버들 213쪽　　개느삼 240쪽

골담초 222쪽　　참골담초 223쪽　　두메오리나무 249쪽　　사방오리 250쪽

좀사방오리 251쪽　　거제수나무 253쪽　　사스래나무 254쪽　　박달나무 255쪽

개박달나무 256쪽　　물박달나무 257쪽　　자작나무 258쪽　　개암나무 260쪽

참개암나무 261쪽　너도밤나무 268쪽　까치박달 265쪽　구실잣밤나무 270쪽

돌참나무 270쪽　붉가시나무 271쪽　종가시나무 272쪽　가시나무 273쪽

참가시나무 274쪽　개가시나무 275쪽　졸가시나무 276쪽　상수리나무 278쪽

굴참나무 279쪽　갈참나무 280쪽　졸참나무 281쪽　신갈나무 282쪽

떡갈나무 283쪽   핀참나무 285쪽   루브라참나무 285쪽   굴피나무 286쪽

꾸지나무 306쪽   느티나무 437쪽   초피나무 476쪽   개산초 474쪽

왕초피 475쪽   신나무 494쪽   다비드단풍 494쪽   중국단풍 495쪽

청시닥나무 497쪽   부게꽃나무 498쪽   애기감나무 551쪽   향선나무 626쪽

말오줌나무 667쪽　딱총나무 666쪽　덧나무 668쪽　구슬댕댕이 695쪽

댕댕이나무 695쪽　왕괴불나무 698쪽

흰색
봄꽃

바위수국 541쪽

외대으아리 129쪽　보리수나무 300쪽　뜰보리수 301쪽　병아리꽃나무 390쪽

알바서향 456쪽　백서향 457쪽　두메닥나무 458쪽　칠엽수 490쪽

가시칠엽수 491쪽  산딸나무 518쪽  서양산딸나무 519쪽  흰말채나무 524쪽

플라비라메아말채 524쪽  말채나무 522쪽  곰의말채 523쪽  층층나무 521쪽

얇은잎고광나무 534쪽  애기고광나무 535쪽  등수국 540쪽  호자나무 606쪽

수정목 607쪽  쇠물푸레 622쪽  이팝나무 640쪽  쥐똥나무 647쪽

산동쥐똥나무 647쪽

라일락 '아그네스 스미스' 638쪽

미선나무 624쪽

상아미선 625쪽

털댕강나무 686쪽

할미밀망 133쪽

서양까치밥나무 152쪽

유동 186쪽

참조팝나무 338쪽

둥근잎조팝나무 339쪽

조팝나무 340쪽

가는잎조팝나무 342쪽

산조팝나무 345쪽

은행잎조팝나무 345쪽

인가목조팝나무 343쪽

아구장나무 346쪽

당조팝나무 347쪽

갈기조팝나무 337쪽

덤불조팝나무 339쪽

공조팝나무 344쪽

반호테조팝나무 344쪽

국수나무 350쪽

나도국수나무 352쪽

양국수나무 353쪽

황금양국수나무 353쪽

자주양국수나무 353쪽

가침박달 332쪽

중국가침박달 333쪽

매실나무 354쪽

개살구나무 356쪽

살구나무 358쪽

자두나무 359쪽

열녀목 359쪽

귀룽나무 371쪽

세로티나벚나무 371쪽

개벚지나무 370쪽

산개벚지나무 372쪽

왕벚나무 362쪽

산벚나무 366쪽

섬벚나무 367쪽

실벚나무 364쪽

올벚나무 364쪽

양벚 368쪽

벚나무 365쪽

칼숨나무 378쪽

이스라지 377쪽

앵두나무 376쪽

다정큼나무 409쪽

섬개야광나무 411쪽    산사나무 420쪽    아광나무 420쪽    윤노리나무 421쪽

떡잎윤노리나무 421쪽    홍가시나무 422쪽    야광나무 416쪽    아그배나무 417쪽

이노리나무 417쪽    사과나무 414쪽    꽃사과 415쪽    피라칸다 423쪽

피라칸다 콕키네아 423쪽    돌배나무 425쪽    배나무 425쪽    산돌배 424쪽

콩배나무 426쪽  채진목 407쪽  캐나다채진목 406쪽  마가목 428쪽

팥배나무 429쪽  은물싸리 405쪽  산딸기 393쪽  수리딸기 392쪽

거문딸기 391쪽  섬나무딸기 393쪽  장딸기 400쪽  곰딸기 394쪽

거지딸기 397쪽  블랙베리 399쪽  찔레꽃 382쪽  흰인가목 384쪽

고추나무 444쪽 유자나무 485쪽 탱자나무 486쪽 귤 484쪽

불수귤 484쪽 매화말발도리 529쪽 바위말발도리 530쪽 말발도리 531쪽

물참대 532쪽 빈도리 527쪽 애기말발도리 528쪽 흰철쭉 559쪽

흰산철쭉 558쪽 흰진달래 557쪽 때죽나무 586쪽 쪽동백나무 587쪽

노린재나무 588쪽　　검노린재 589쪽　　검은재나무 590쪽　　흰동백 593쪽

마삭줄 600쪽　　털마삭줄 601쪽　　백정화 605쪽　　무늬백정화 605쪽

대팻집나무 656쪽　　미국딱총나무 669쪽　　백당나무 680쪽　　불두화 681쪽

별당나무 679쪽　　설구화 679쪽　　분단나무 678쪽　　분꽃나무 673쪽

산분꽃나무 674쪽　　가막살나무 676쪽　　덜꿩나무 677쪽　　산가막살나무 675쪽

푸른가막살 672쪽　　댕강나무 685쪽　　주걱댕강나무 687쪽　　흰병꽃나무 689쪽

일본병꽃나무 691쪽　　돈나무 721쪽　　목련 93쪽　　멀꿀 124쪽

박쥐나무 526쪽　　함박꽃나무 97쪽　　겹함박꽃나무 97쪽　　일본목련 98쪽

백목련 94쪽

별목련 96쪽

초령목 100쪽

새모래덩굴 126쪽

겹조팝나무 341쪽

만첩흰매실 355쪽

만첩백도 360쪽

옥매 374쪽

만첩빈도리 527쪽

흰박태기나무 216쪽

흰등 227쪽

흰산등 227쪽

아까시나무 224쪽

진퍼리꽃나무 565쪽

흰장지석남 566쪽

단풍철쭉 567쪽

블루베리 572쪽

마취목 577쪽

사스레피나무 578쪽

빌레나무 585쪽

괴불나무 692쪽

각시괴불나무 693쪽

섬괴불나무 694쪽

길마가지나무 697쪽

청괴불나무 699쪽

녹색
봄꽃
(넓은잎나무)

참빗살나무 174쪽

좁은잎참빗살나무 175쪽

나래회나무 171쪽

화살나무 169쪽

조각자나무 219쪽

주엽나무 218쪽

짝자래나무 329쪽 　 참갈매나무 327쪽 　 갈매나무 326쪽 　 호랑가시나무 660쪽

완도호랑가시나무 661쪽 　 감탕나무 662쪽 　 먼나무 659쪽 　 회나무 172쪽

참회나무 173쪽 　 노박덩굴 178쪽 　 푼지나무 177쪽 　 말오줌때 445쪽

미국풍나무 146쪽 　 대만풍나무 146쪽 　 좀굴거리 149쪽 　 새우나무 267쪽

개서나무 262쪽

중국굴피나무 287쪽

피칸 290쪽

가래나무 288쪽

호두나무 289쪽

흑호도 289쪽

푸조나무 299쪽

팽나무 295쪽

폭나무 294쪽

왕팽나무 292쪽

검팽나무 293쪽

풍게나무 297쪽

돌뽕나무(수꽃) 310쪽

몽고뽕나무(수꽃) 309쪽

뽕나무(암꽃) 312쪽

산뽕나무(수꽃) 311쪽

★ 기타

무화과 316쪽 천선과나무 314쪽 모람 317쪽 왕모람 318쪽

시무나무 436쪽 바위모시 439쪽 황벽나무 482쪽 소태나무 511쪽

두충(수꽃) 597쪽 들메나무(수꽃) 620쪽 물푸레나무(암꽃) 621쪽

**녹색 봄꽃**
(바늘잎나무)

★

은행나무 14쪽 구상나무(수솔방울) 18쪽 분비나무(암솔방울) 20쪽 전나무(수솔방울) 16쪽

★ 짧은바늘잎나무

**★ 짧은바늘잎나무**

일본젓나무(수솔방울) 17쪽　솔송나무(수솔방울) 22쪽　가문비나무(암솔방울) 23쪽　종비나무(수솔방울) 24쪽

독일가문비(수솔방울) 25쪽　일본잎갈나무 38쪽　노간주나무(수솔방울) 60쪽　넓은잎삼나무(수솔방울) 47쪽

삼나무(수솔방울) 46쪽　낙우송(수솔방울) 43쪽　메타세쿼이아(수솔방울) 44쪽　비자나무(수솔방울) 63쪽

**★ 짧은 ~ 긴바늘잎나무**

주목(수솔방울) 64쪽　개비자나무(수솔방울) 62쪽　소철(수솔방울) 12쪽　섬잣나무(수솔방울) 30쪽

★ 긴바늘잎나무

잣나무(수솔방울) 27쪽　　스트로브잣나무(수솔방울) 29쪽　　히말라야잣나무 29쪽　　리기다소나무(수솔방울) 31쪽

백송 32쪽　　소나무(수솔방울) 34쪽　　곰솔 33쪽　　나한송 41쪽

★ 긴바늘잎 ~ 비늘잎나무

금송(수솔방울) 42쪽　　눈측백 51쪽　　서양측백(수솔방울) 50쪽　　편백(수솔방울) 52쪽

★ 비늘잎나무

화백(암솔방울) 54쪽　　측백나무(암솔방울) 48쪽　　눈향나무(수솔방울) 58쪽　　향나무(수솔방울) 56쪽

✽ 꽃잎 4장

붉은색
여름꽃

✽

연필향나무(수솔방울) 59쪽　나한백(암솔방울) 61쪽　　　　　　검종덩굴 136쪽

종덩굴 137쪽　　　세잎종덩굴 138쪽　　　병조희풀 140쪽　　자주조희풀 140쪽

회목나무 170쪽　　　산수국 536쪽　　　꽃산수국 537쪽　　　수국 538쪽

수국 '블루 스타' 538쪽　수국 '핫 레드' 538쪽　산매자나무 576쪽　좀작살나무 615쪽

★ 꽃잎 4장

작살나무 614쪽　　왕작살나무 614쪽　　새비나무 613쪽　　꽃개회나무 636쪽

★ 꽃잎 4~5장

부들레야 다비디 654쪽　　까막바늘까치밥나무 152쪽　　꼬리조팝나무 335쪽　　일본조팝나무 336쪽

★ 꽃잎 5장

생열귀나무 385쪽　　해당화 386쪽　　천리포해당화 387쪽　　부용 453쪽

무궁화 454쪽　　탐라산수국 537쪽　　협죽도 599쪽　　능소화 608쪽

미국능소화 609쪽    꽃누리장나무 617쪽    구기자나무 655쪽    낙상홍(암꽃) 657쪽

배롱나무 440쪽    만첩해당화 387쪽    만첩부용 453쪽    수국 '슈팅 스타' 538쪽

애기동백 '코튼 캔디' 591쪽    자귀나무 215쪽    낭아초 230쪽    큰낭아초 230쪽

칡 221쪽    족제비싸리 229쪽    싸리 233쪽    참싸리 232쪽

해변싸리 236쪽　　조록싸리 234쪽　　꽃싸리 237쪽　　좀깨잎나무 438쪽

병솔나무 442쪽　참나무겨우살이 513쪽　가솔송 551쪽　백리향 612쪽　충꽃나무 616쪽

좀목형 618쪽　　목형 618쪽　　순비기나무 619쪽　　흰괴불나무 700쪽

홍괴불나무 701쪽　　붉은인동 703쪽　　산호인동 703쪽　　오갈피나무 717쪽

# 노란색 여름꽃

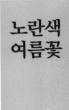

함박이 127쪽　　개버무리 139쪽　　누른종덩굴 138쪽　　모감주나무 493쪽

금목서 649쪽　　망종화 187쪽　　갈퀴망종화 187쪽　　묏대추 319쪽

갯대추나무 320쪽　　헛개나무 321쪽　　상동나무 322쪽　　까마귀베개 323쪽

산황나무 330쪽　　망개나무 324쪽　　청사조 325쪽　　벽오동 446쪽

찰피나무 448쪽

보리자나무 449쪽

피나무 450쪽

뽕잎피나무 450쪽

구주피나무 451쪽

섬피나무 451쪽

황근 455쪽

붉나무 463쪽

무환자나무 492쪽

가죽나무 510쪽

노랑만병초 555쪽

개오동 610쪽

애기병꽃 706쪽

털오갈피나무 718쪽

가시오갈피 716쪽

송악 707쪽

꽃잎 6장

✻ 꽃잎 7장 이상 ~ 기타

✻ 기타

중국남천 121쪽

댕댕이덩굴 125쪽

방기 126쪽

오미자 68쪽

남오미자 69쪽

죽절초 71쪽

까마귀쪽나무 90쪽

육박나무 91쪽

참식나무 88쪽

산유자나무 182쪽

예덕나무 183쪽

오구나무 185쪽

광대싸리 188쪽

콩버들 209쪽

왕자귀나무 214쪽

★ 기타

황단나무 241쪽

회화나무 242쪽

애기등 228쪽

밤나무 269쪽

꾸지뽕나무 305쪽

산닥나무 461쪽

산초나무 477쪽

흰색
여름꽃

★ 꽃잎 4장

참으아리 130쪽

으아리 131쪽

사위질빵 134쪽

보리밥나무 303쪽

보리장나무 302쪽

나무수국 539쪽

큰나무수국 539쪽

넌출월귤 574쪽

왕쥐똥나무 645쪽

황금왕쥐똥나무 645쪽

섬쥐똥나무 646쪽

광나무 642쪽

제주광나무 643쪽

상동잎쥐똥나무 644쪽

구골나무 651쪽

박달목서 650쪽

목서 649쪽

구골목서 651쪽

개회나무 634쪽

버들개회나무 635쪽

부들레야 아시아티카 654쪽

꽝꽝나무 658쪽

좀꽝꽝나무 658쪽

나도밤나무 141쪽

| | | | |
|---|---|---|---|
| 합다리나무 142쪽 | 미역줄나무 180쪽 | 담팔수 181쪽 | 흰일본조팝나무 336쪽 |
| 일본국수나무 351쪽 | 쉬땅나무 334쪽 | 좀쉬땅나무 334쪽 | 비파나무 408쪽 |
| 겨울딸기 391쪽 | 멍덕딸기 396쪽 | 돌가시나무 383쪽 | 흰해당화 387쪽 |
| 장구밥나무 447쪽 | 무궁화 '배달' 454쪽 | 무궁화 '백단심' 454쪽 | 참죽나무 471쪽 |

쉬나무 480쪽  오수유나무 481쪽  머귀나무 478쪽  둥근금감 483쪽

다래 542쪽  개다래 543쪽  쥐다래 544쪽  양다래 545쪽

매화오리 547쪽  백산차 553쪽  꼬리진달래 564쪽  흰참꽃 563쪽

만병초 554쪽  우묵사스레피 579쪽  후피향나무 580쪽  비쭈기나무 581쪽

백량금 584쪽　　자금우 583쪽　　산호수 582쪽　　애기동백 591쪽

차나무 594쪽　　노각나무 595쪽　　송양나무 596쪽　　계요등 604쪽

꽃개오동 611쪽　　누리장나무 617쪽　　미국낙상홍 657쪽　　동청목(암꽃) 663쪽

배암나무 681쪽　　아왜나무 671쪽　　꽃댕강나무 684쪽　　유카 104쪽

남천 120쪽

좁은잎사위질빵 135쪽

흰배롱나무 440쪽

치자나무 603쪽

가을납매 75쪽

태산목 99쪽

담자리꽃나무 406쪽

흰겹꽃석류 441쪽

겹치자나무 603쪽

위성류 517쪽

다릅나무 244쪽

솔비나무 245쪽

만년콩 220쪽

좀싸리 237쪽

삼색싸리 235쪽

거문도닥나무 462쪽

모새나무 569쪽　들쭉나무 575쪽　월귤 570쪽　구슬꽃나무 602쪽

흰층꽃나무 616쪽　인동덩굴 702쪽　잔털인동 702쪽　통탈목 710쪽

팔손이 708쪽　두릅나무 720쪽

**녹색
여름꽃**

사철나무 166쪽

줄사철나무 168쪽　개머루 162쪽　담쟁이덩굴 164쪽　미국담쟁이덩굴 165쪽

새머루 161쪽　왕머루 158쪽　머루 158쪽　포도 159쪽

까마귀머루 160쪽　섬오갈피 715쪽　오가나무 714쪽　황칠나무 713쪽

조도만두나무 189쪽　꼬리겨우살이 512쪽　동백나무겨우살이 516쪽　사람주나무 184쪽

된장풀 239쪽　참느릅나무 430쪽　더위지기 665쪽　음나무 711쪽

땃두릅나무 712쪽

야타이야자 105쪽

카나리야자 106쪽

워싱턴야자 107쪽

종려나무 108쪽

당종려 108쪽

조릿대 115쪽

개잎갈나무(수솔방울) 40쪽

개잎갈나무(암솔방울) 40쪽

# 속명  찾아보기

꾸지닥나무

# 나무 이름 찾아보기

5월의 제주 안덕계곡 상록수림(천연기념물 제377호)

## 저자 윤주복

식물생태연구가이며, 자연이 주는 매력에 빠져 전국을 누비며
꽃과 나무가 살아가는 모습을 사진에 담고 있다.
저서로는 《꽃 책》, 《쉬운 식물책》, 《우리나라 나무 도감》, 《겨울나무 쉽게 찾기》,
《열대나무 쉽게 찾기》, 《들꽃 쉽게 찾기》, 《화초 쉽게 찾기》, 《나무 해설 도감》,
《APG 나무 도감》, 《APG 풀 도감》, 《나뭇잎 도감》, 《식물 학습 도감》,
《어린이 식물 비교 도감》, 《봄 · 여름 · 가을 · 겨울 식물도감》,
《봄 · 여름 · 가을 · 겨울 나무도감》, 《재밌는 식물 이야기》 등이 있다.

# 나무 쉽게 찾기 <small>전면 개정판</small>

**초판 발행** – 2004년 3월 20일
**초판 23쇄** – 2015년 12월 28일
**개정판 발행** – 2018년 3월 20일
**개정판 5쇄** – 2023년 4월 20일
**사진 · 글** – 윤주복
**발행인** – 허진
**발행처** – 진선출판사(주)
**편집** – 김경미, 최윤선, 최지혜
**디자인** – 고은정, 김은희
**총무 · 마케팅** – 유재수, 나미영, 허인화
**주소** – 서울시 종로구 삼일대로 457 (경운동 88번지) 수운회관 15층
　　　전화 (02)720 – 5990　팩스 (02)739 – 2129
　　　www.jinsun.co.kr
**등록** – 1975년 9월 3일 10 – 92

※ **책값은 커버에 있습니다.**

ⓒ 윤주복, 2018
편집 ⓒ 진선출판사, 2018

ISBN 978 – 89 – 7221 – 999 – 6　06480